MÉMOIRES

DE

CHIMIE AGRICOLE

ET DE

PHYSIOLOGIE.

PARIS.—IMPRIMERIE DE MALLET-BACHELIER,
rue du Jardinet, 12.

MÉMOIRES

DE

CHIMIE AGRICOLE

ET DE

PHYSIOLOGIE,

PAR

M. BOUSSINGAULT,

(Membre de l'Institut).

PARIS,

MALLET-BACHELIER, GENDRE ET SUCCESSEUR DE BACHELIER,

Imprimeur-Libraire

DU BUREAU DES LONGITUDES, DE L'ÉCOLE IMPÉRIALE POLYTECHNIQUE,

QUAI DES AUGUSTINS, 55.

—

1854

AVANT-PROPOS.

Les Mémoires rassemblés dans ce volume comprennent des recherches de Chimie agricole et de Physiologie, entreprises dans ces dernières années. Quand des travaux de ce genre sont exécutés avec une certaine précision, ils ont ce double avantage, d'éclairer quelques points de la science, en fournissant au praticien des données quantitatives qu'on ne rencontre que bien rarement dans les ouvrages spéciaux. Par exemple, il peut être assez indifférent à un cultivateur de savoir si les animaux qu'il élève exhalent ou n'exhalent pas d'azote pendant la respiration ; c'est là une question purement physiologique ; mais, pour arriver à la résoudre, on a été obligé de faire une série de déterminations qui, toutes, intéressent essentiellement la pratique agricole. C'est ainsi qu'il a fallu connaître la quantité d'acide carbonique produite, dans un temps donné, par le cheval, la vache et le porc, c'est-à-dire le volume d'air que ces animaux peuvent vicier en respirant ; on a dû aussi peser avec le plus grand soin, d'un côté les rations alimentaires, de l'autre les produits de la digestion, résultats qui permettent de fixer avec exactitude le rapport qui existe entre la consommation de divers fourrages et la production des fumiers.

L'étude du développement de la graisse dans les

animaux a exigé la connaissance de faits nombreux et précis; ainsi, on devait savoir quelle est la quantité de nourriture prise par un porc depuis sa naissance jusqu'à l'époque où il a terminé sa croissance; les aliments qu'il consomme durant son engraissement, le poids du sang, de la chair, de la graisse, des os formés pendant les différentes phases de son alimentation.

En essayant d'apprécier l'influence que le sel, ajouté à la ration, exerce sur le développement du bétail, ou sur la lactation, on a pu, en faisant un usage fréquent de la balance, déterminer ce que 100 kilogrammes de foin produisent de chair ou de lait. Toutes ces notions, d'une utilité incontestable, sont, il est vrai, disséminées dans les Mémoires; c'est là un inconvénient réel qu'il était impossible d'éviter, mais qu'on a cherché à diminuer en plaçant en tête de cet ouvrage une table des matières très-détaillée.

J'ai fait entrer dans cette collection deux Mémoires d'un jeune médecin fort distingué, M. Félix Letellier, que la mort a enlevé bien trop tôt à une science qu'il promettait de parcourir avec succès, et dont les recherches, exécutées dans mon laboratoire, ont eu pour objet d'étudier l'action du sucre dans l'alimentation des granivores, et l'influence des températures extrêmes de l'atmosphère sur la production de l'acide carbonique dans la respiration des animaux à sang chaud.

TABLE DES MATIÈRES.

                                                                    Pages

*Analyses comparées des aliments consommés et des produits
rendus par une vache laitière.* — Recherches entreprises
dans le but d'examiner si les animaux herbivores empruntent de l'azote à l'atmosphère...................   1

Quantités d'aliments consommés par une vache en vingt-
quatre heures...   6

Quantités de lait, d'urine et d'excréments rendus par la vache
en vingt-quatre heures................................   7

Composition élémentaire de la pomme de terre consommée.   7

Composition élémentaire du regain du foin consommé.....   8

Composition élémentaire des excréments rendus par la vache.   8

Composition élémentaire de l'urine....................   9

Composition élémentaire du lait.......................   10

Quantité d'acide carbonique émise en vingt-quatre heures,
pendant la respiration de la vache....................   11

Quantité d'eau perdue en vingt-quatre heures par la vache,
durant la respiration pulmonaire et cutanée...........   12

Tableau résumant les observations.....................   13

*Analyses comparées des aliments consommés et des produits
rendus par un cheval soumis à la ration d'entretien.*—Suite
des recherches entreprises dans le but d'examiner si les
herbivores prélèvent de l'azote sur l'atmosphère.......   15

Ration consommée par le cheval en vingt-quatre heures....   15

Déjections rendues par le cheval en vingt-quatre heures...   16

Composition élémentaire du foin consommé..............   16

Composition élémentaire de l'avoine consommée.........   17

Pages.

Composition élémentaire de l'urine du cheval.   18

Composition élémentaire de l'excrément du cheval.   20

Quantité d'eau sortie, en vingt-quatre heures, par la transpiration pulmonaire et cutanée du cheval   21

Tableau résumant l'expérience.   22

*Analyses comparées de l'aliment consommé et des excré-
ments rendus par une tourterelle, entreprises pour rechercher s'il y a exhalaison d'azote pendant la respiration
des granivores.*   23

Millet consommé et excréments recueillis   25

Composition du millet consommé   26

Composition des excréments de la tourterelle.   27

Tableau résumant l'expérience.   30

Quantité d'eau bue par la tourterelle en vingt-quatre heures.   32

Quantité d'eau sortie, en vingt-quatre heures, par la transpiration pulmonaire et cutanée de la tourterelle   32

Observations sur la quantité d'acide carbonique formée pendant la respiration de la tourterelle.   32

Observations sur la respiration de la tourterelle mise à l'ina-
nition.   37

Examen des excréments de la tourterelle soumise à l'inani-
tion   44

Composition du sang privé de cendres.   45

*Observations sur l'action du sucre dans l'alimentation des gra-
nivores; par M. Félix Letellier*   49

Quantités de graisse trouvées dans des tourterelles au régime
normal.   54

Quantités de graisse trouvées dans des tourterelles mises au
régime du sucre.   55

Acide carbonique produit par heure et pendant le jour, par
des tourterelles mises à l'inanition, au régime du sucre et
au régime du beurre   57

Tableau résumant les observations.   61

*Expériences sur l'alimentation des vaches avec des betteraves
et des pommes de terre.*   63

Pages.

Ration reçue par les vaches avant les expériences 66

Betterave consommée et lait rendu par les vaches, durant
une période de dix-sept jours; composition du lait sécrété
sous l'influence de ce régime.................... . 67

Excréments rendus par les vaches consommant de la betterave 68

Regain de foin consommé et lait rendu par les vaches, durant
une période de quinze jours; composition du lait sécrété
sous l'influence de ce régime...................... 69

Excréments rendus par les vaches consommant du regain de
foin.. 70

Pommes de terre consommées et lait rendu par les vaches,
durant une période de quatorze jours; composition du lait
sécrété sous l'influence de ce régime. 71

Excréments rendus par les vaches consommant de la pomme
de terre.. 72

Variations de poids éprouvés par les vaches, sous l'influence
des différents régimes............................ 73

*Influence des températures extrêmes de l'atmosphère sur la
production de l'acide carbonique dans la respiration des
animaux à sang chaud; par* M. F. LETELLIER......... 79

Résultats généraux................................ 85

Acide carbonique exhalé dans la respiration des petits oiseaux,
à la température ordinaire......................... 95

Acide carbonique produit pendant la respiration des petits
oiseaux, sous l'influence d'une température élevée...... 96

Acide carbonique produit à 0 degré dans la respiration des
petits oiseaux.................................... 97

Transpiration des oiseaux dans les conditions ordinaires des
températures 98

Acide carbonique exhalé dans la respiration des oiseaux du
poids de 130 à 200 grammes, sous l'influence des diverses
températures 99

Acide carbonique produit dans la respiration des mammifères,
aux diverses températures 102

Pages.

Acide carbonique produit à l'état d'inanition par une tour-
    terelle et une crécelle, aux diverses températures........ 103

Recherches expérimentales sur le développement de la graisse
    pendant l'alimentation des animaux.................. 105

Porcs mis au régime exclusif des pommes de terre........ 108
Résultat de l'abattage d'un porc de huit mois élevé avec une
    nourriture normale 109
Détermination de la matière grasse contenue dans les pommes
    de terre consommées par les porcs 109
Pelures obtenues d'une quantité donnée de pommes de
    terre... 110
Résultat de la nourriture exclusive aux pommes de terre,
    avec le porc n° 2................................ 111
Résultat de l'abattage du porc n° 2, pesant $67^{kil},27$....... 112
Pertes éprouvées par la graisse de porc pendant sa fusion... 113
Résumé de l'expérience faite sur le porc n° 2 113
Résultat de la nourriture exclusive aux pommes de terre,
    avec le porc n° 3................................ 114
Résultat de l'abattage du porc n° 3, pesant 84 kilogrammes. 115
Résumé de l'expérience faite sur le porc n° 3 116
Nature et quantité d'aliments consommés par un porc, de-
    puis l'époque du sevrage jusqu'à l'âge de huit mois...... 117
Examen chimique de l'*eau grasse* consommée par le porc... 119
Quantité de graisse contenue dans les aliments qui ont été
    consommés par un porc parvenu à l'âge de huit mois... 121
Détails de l'abattage d'un porc tué au moment de sa nais-
    sance... 121
Constitution chimique de la pomme de terre consommée par
    les porcs dans ces expériences 125
Examen comparatif des aliments consommés et des déjections
    rendues par un porc nourri avec des pommes de terre... 126
Composition élémentaire des déjections................. 127
Composition de l'urine recueillie 128
Tableau résumant l'examen comparatif................. 129
Carbone brûlé et azote exhalé, en vingt-quatre heures, pen-
    dant la respiration d'un porc pesant 60 kilogrammes et âgé

de huit mois.................................... 130

Accroissement des porcs, depuis leur naissance jusqu'à l'âge
de trois mois, sous l'influence d'un régime mixte....... 134

Examen comparatif des aliments consommés et des déjections
rendues par un porc âgé de cinq mois.................. 136

Composition élémentaire des excréments................ 136

Tableau résumant l'examen comparatif.................. 137

Carbone brûlé et azote exhalé en vingt-quatre heures, pendant la respiration d'un porc âgé de cinq mois pesant $32^{kil},2$ 137

Engraissement des porcs effectué en 1844............... 140

Poids des neuf porcs avant et après l'engraissement; aliments
consommés en quatre-vingt-dix-huit jours............. 141

Poids des diverses parties d'un porc engraissé; gain en matière grasse effectué pendant l'engraissement........... 142

Poids des diverses parties d'un porc de 100 kilogrammes,
avant et après l'engraissement....................... 144

Chair produite pendant l'engraissement des porcs......... 144

Ration d'engraissement donnée aux porcs.............. 145

Principes immédiats contenus dans la ration d'engraissement... 146

Engraissement des oies............................. 147

Poids des oies au commencement de l'expérience.......... 148

Poids de la graisse, du sang et des divers organes des cinq
oies tuées avant l'engraissement 149

Poids de la graisse, du sang et des organes de six oies engraissées....................................... 151

Graisse acquise pendant l'engraissement................ 152

Comparaison des diverses parties d'une oie, avant et après
l'engraissement.................................. 152

Perte éprouvée par la graisse d'oie pendant la fusion...... 153

Déjections rendues par les oies pendant leur engraissement. 153

Examen du maïs consommé durant l'engraissement........ 154

Quantité de graisse formée pendant l'engraissement des oies. 155

Expériences sur l'engraissement des canards............. 157

Poids de la graisse, du sang et des divers organes des canards
avant l'engraissement............................. 159

Pages

Accroissement de poids éprouvé pendant l'alimentation au riz... 160
Poids de la graisse, du sang et des divers organes des canards nourris avec du riz.. 161
Quantité de déjections rendues pendant l'alimentation au riz. 162
Poids de la graisse, du sang et des divers organes des canards nourris avec un mélange de riz et de beurre........... 167

Recherches sur la constitution de l'urine des animaux herbivores... 169

Urine d'un porc nourri avec des pommes de terre......... 169
Urine d'une vache nourrie avec des pommes de terre et du regain... 175
Urine d'un cheval nourri avec du trèfle vert et de l'avoine.. 179
Urine d'une vache nourrie avec du trèfle vert.............. 182

Recherches sur le développement de la substance minérale dans le système osseux du porc............................ 187

Composition et poids des os d'un porc nouveau-né........ 187
Poids du squelette et composition des os d'un porc âgé de huit mois... 188
Poids du squelette et composition des os d'un porc âgé de onze mois et demi.. 189
Matières élémentaires du système osseux, contenues dans les pommes de terre consommées par un porc................. 191
Composition de l'eau bue par un porc....................... 192
Substances salines et terreuses contenues dans de l'eau consommée en une année par cent têtes de bétail........... 194
Substances salines et terreuses renfermées dans l'eau émise annuellement par le puits artésien de l'abattoir de-Grenelle... 195

Recherches sur le développement successif de la matière végétale dans la culture du froment........................... 197

Poids des diverses parties des plants de froment à différentes époques de sa végétation................................... 202

Pages

Composition des plants de froment (tiges, feuilles et racines)
arrachés le 19 mai 203
Composition des plants de froment à l'époque de la floraison. 203
Composition des plants de froment à l'époque de la maturité. 204
Poids des diverses parties des plants de froment (grain, paille
et balles, racines) récoltés sur un hectare 204
Tableau résumant les expériences. 205

Recherches expérimentales sur la faculté nutritive des fourrages, après et avant le fanage. 207

Poids du fourrage sec obtenu de 1000 kilogrammes de trèfle
vert, à différentes époques de l'année. 209
Observations comparatives faites avec le trèfle vert et le trèfle
sec . . . . • 211
Observations comparatives faites avec le regain de foin vert
et le regain sec, et résumé des observations 212

Expériences statiques sur la digestion 215

Matières trouvées dans les intestins, et déjections rendues
par les canards soumis à l'observation :

Première, deuxième et troisième expérience : après trente-six
heures d'inanition. 217
Quatrième expérience : canard gavé avec de l'argile 218
Cinquième expérience : riz ingéré 219
Composition du riz ingéré. 221
Sixième expérience : riz ingéré 222
Septième expérience : fromage ingéré. 223
Huitième expérience : lard ingéré. 225
Neuvième et dixième expérience : cacao ingéré, composition
du cacao. 227
Onzième expérience : amidon ingéré. 230
Douzième expérience : sucre ingéré. 232
Treizième expérience : gomme arabique ingérée. 232

Pages.

Quatorzième et quinzième expérience : albumine ingérée... 233
Seizième et dix-septième expérience : caséum pur ingéré... 236
Dix–huitième, dix-neuvième et vingtième expérience : géla-
    tine ingérée. 240
Vingt–unième expérience : fibrine ingérée............... 243
Vingt-deuxième expérience : mélange d'albumine et de géla-
    tine ingéré.. 245
Vingt-troisième expérience : chair musculaire ingérée..... 246

Relation d'une expérience entreprise pour déterminer l'in-
    fluence que le sel, ajouté à la ration, exerce sur le dévelop-
    pement du bétail 251

Poids et ration des lots n° 1 et n° 2, au commencement de
    l'expérience, le 1er octobre 252
Poids des lots le 13 novembre.............................. 250
Poids vivant produit par 100 kilogrammes de foin pendant
    cette expérience 250
Quantité d'eau bue dans un jour par les animaux mis en ob-
    servation... 254
Temps employé par les deux lots à manger leur ration..... 200
Sel marin contenu dans 100 kilogrammes de grains ou de
    fourrage 250
Expérience dans laquelle les aliments sont donnés à discré-
    tion; poids initial des lots 200
Nature et poids des rations consommées par les lots....... 260
Poids vivant produit par 100 kilogrammes de fourrage pen-
    dant cette expérience..................................... 261
Sel marin contenu naturellement dans les aliments consom-
    més.. 262
Influence du sel sur l'engraissement des moutons; résultat
    d'une expérience faite par M. DAILLY................. 262
Sel marin contenu dans les fourrages consommés par les
    moutons.. 264
Expérience pour constater l'influence du sel sur la lactation;
    expérience de M. LEBEL................................. 264

Suite des recherches entreprises pour déterminer l'influence que le sel, ajouté à la ration, exerce sur le développement du bétail 267

Poids des lots le 11 mars et le 31 juillet; foin consommé durant l'observation. 268

Poids des lots le 1er octobre; foin consommé durant l'observation. 269

Poids des lots le 31 octobre; fourrage consommé 270

Résumé des recherches. 271

De l'emploi des fourrages trempés, dans l'alimentation du bétail 273

Observations sur l'influence que le sel, ajouté à la ration, peut exercer sur la production du lait 277

Recherches sur l'influence que certains principes alimentaires peuvent exercer sur la proportion de matières grasses contenue dans le sang 281

Recherches sur la quantité d'ammoniaque contenue dans l'urine 285

Note sur la quantité de potasse enlevée au sol par la culture de la vigne 315

Expériences ayant pour but de déterminer la cause de la transformation du pain tendre en pain rassis 319

Mémoire sur la composition de l'air confiné dans la terre végétale 325

Mémoire sur le dosage de l'ammoniaque contenue dans les eaux 371

Mémoire sur la quantité d'ammoniaque contenue dans la pluie, la rosée et le brouillard recueillis loin des villes . . . 407

Recherches sur la végétation, entreprises dans le but d'examiner si les plantes fixent dans leur organisme l'azote qui est à l'état gazeux dans l'atmosphère 435

PLANCHES.

Planche I. — Sur la respiration des granivores. — Recherches sur la
quantité d'ammoniaque contenue dans l'urine.

Planche II. — Sur la composition de l'air confiné dans la terre végétale. —
Sur le dosage de l'ammoniaque dans les eaux. — Recher-
ches sur la végétation.

ANALYSES COMPARÉES

DES

ALIMENTS CONSOMMÉS

ET DES

PRODUITS RENDUS PAR UNE VACHE LAITIÈRE;

Recherches entreprises dans le but d'examiner si les animaux herbivores empruntent
de l'azote a l'atmosphère.

Par M. BOUSSINGAULT.

On reconnait généralement aujourd'hui que le régime alimentaire des animaux doit contenir une certaine proportion de nourriture azotée. La présence de l'azote, constatée dans un grand nombre de végétaux employés comme aliments, a fait admettre que les herbivores puisent dans leur nourriture l'azote qui entre dans leur constitution.

Dans le cas le plus ordinaire de l'alimentation, l'individu qui consomme les aliments n'augmente pas son poids moyen ; c'est ce qui arrive toutes les fois qu'un animal adulte est soumis à la *ration d'entretien*. On a constaté, par exemple, qu'un homme régulièrement nourri, reprend son poids normal à certaines époques de chaque jour. Les agriculteurs savent très-bien qu'à l'aide d'une proportion de nourriture justement calculée, on donne à un cheval les forces nécessaires au travail que l'on en exige, en évitant ainsi que l'animal augmente en chair.

Il est à peu près certain que, dans de semblables circonstances, la matière élémentaire contenue dans les aliments consommés doit se retrouver en totalité dans les déjections, les sécrétions et les produits des organes respiratoires. Ainsi, dans cette conjoncture, l'azote, pas plus qu'aucun des autres éléments, n'est assimilé, si l'on entend par assimilation l'addition des principes introduits par la nourriture, aux principes déjà existants dans le système. Mais il y a évidemment assimilation, en ce sens que la matière élémentaire des aliments entre et se fixe dans l'organisme, en s'y modifiant, pour remplacer, pour se substituer à celle qui en est journellement expulsée par les forces vitales.

Durant l'alimentation d'un jeune animal, ou bien lors de l'engrais du bétail, les choses se passent différemment ; ici il y a évidemment fixation définitive d'une partie de la matière organique comprise dans la nourriture, puisque les individus augmentent rapidement en poids et en volume.

En admettant, comme je l'ai fait, qu'un animal soumis à la ration d'entretien rend, dans les différents produits résultant de l'action vitale, une quantité de matière organique précisément égale et semblable à celle qu'il perçoit par ses aliments, j'ai supposé, avec presque tous les physiologistes, que les animaux ne fixent dans leur organisation aucun des principes de l'air qu'ils respirent. S'il en est autrement, la supposition que j'ai faite est décidément erronée, et l'égalité que j'ai admise entre la matière organique qui entre dans le corps d'un animal recevant la ration d'entretien et celle qui en sort, ne saurait avoir lieu.

Toutes les recherches des physiologistes s'accordent pour établir que le carbone de l'acide carbonique de l'air n'est point assimilé durant la respiration. On sait, au contraire, que les animaux en versent continuellement dans l'atmosphère ; mais les opinions sont loin d'être aussi unanimes sur le rôle de l'azote. Les uns prétendent que les animaux expirent plus de ce gaz qu'ils n'en inspirent : d'autres admettent entre le gaz inspiré et le gaz expiré une égalité parfaite : enfin, il en est qui ont conclu de leurs expériences une absorption manifeste d'azote.

La question de savoir si les animaux empruntent directement de l'azote à l'atmosphère ne doit pas être envisagée comme ayant un intérêt purement physiologique : c'est encore, dans mon opinion, une question intéressante de la physique du monde.

L'azote est un élément essentiel à l'existence de tout être vivant, qu'il appartienne d'ailleurs à l'un ou l'autre règne. Si l'on recherche quelle peut être la source de ce principe qui se rencontre dans les herbivores, on la trouve tout naturellement dans les végétaux qui lui servent d'aliments : si l'on s'enquiert ensuite de l'origine prochaine de l'azote qui est dans les plantes, on la découvre dans les engrais provenant particulièrement de débris animaux : car les plantes, pour prospérer, doivent recevoir par leurs racines une nourriture azotée. On arrive de cette manière à concevoir que ce sont les végétaux qui fournissent l'azote aux animaux, et que ces derniers le restituent au règne végétal, lorsque leur existence est accomplie : on croit reconnaître, en un mot, que la matière organisée vivante tire son azote de la matière organisée morte. Toutefois, il est bon de remarquer que cette dernière conclusion tend à établir que la matière vivante est limitée à la surface du globe, et que sa limite est posée par la quantité d'azote actuellement en circulation dans les êtres organisés. Mais la question doit

1.

être considérée d'un point de vue plus général, en demandant quelle est l'origine de l'azote qui entre dans la constitution de la matière organique prise dans son ensemble.

Si nous examinons quels sont les gisements de l'azote, nous trouvons, en plaçant en dehors les êtres organisés ou leurs débris, qu'il n'y en a véritablement qu'un seul; et ce gisement, c'est l'atmosphère. Il est donc extrêmement probable que les êtres organisés ont emprunté leur azote à l'atmosphère, comme ils lui ont emprunté le carbone. Cependant les physiologistes qui ont étudié les fonctions que les plantes et les animaux exercent aux dépens du milieu aériforme qui les enveloppe, n'ont pas réussi à constater cet emprunt d'azote; et pour découvrir comment, par une action très-lente, mais suffisamment prolongée, certaines plantes peuvent prendre de l'azote à l'air, j'ai dû employer une méthode qui apporte dans ce genre de recherches une précision que l'on ne peut espérer des procédés manométriques. Le travail que je publie en ce moment a pour objet d'examiner, à l'aide des mêmes moyens, si les animaux herbivores sont doués de la même faculté.

Pour arriver à la solution de la question que j'avais en vue, il fallait nécessairement faire porter mes observations sur un animal soumis rigoureusement à la ration d'entretien ; car une des conditions exigées par ce genre de recherches est que le poids normal de l'individu ne varie pas pendant la durée de l'expérience. J'ai pour ce motif choisi de préférence une vache laitière, parce que la sécrétion du lait s'oppose au développement des dispositions que l'animal pourrait avoir à engraisser.

Pour reconnaître si un animal adulte, dont le poids normal ne s'accroît pas par le régime, fixe dans son organisation une partie de l'azote qu'il respire avec l'air atmosphérique, il suffit de comparer la quantité et la nature de la matière élémentaire qui entre comme aliment, avec la quantité et la nature de la matière élémentaire qui sort avec les produits, par les voies urinaires, digestives, et par la sécrétion du lait.

Malheureusement, dans l'état actuel de la chimie physiologique, nous ne possédons aucune des données qui sont indispensables pour établir cette comparaison. Nous ignorons encore la composition des aliments et des fourrages les plus usuels; nous n'en savons pas beaucoup plus sur les produits d'origine animale; ceux de la vache, dont nous aurions besoin ici, sont à peine examinés. A la vérité, M. Berzelius a analysé le lait de vache; mais ce lait, séparé de sa crème, devait être privé de beurre et d'une forte proportion de caséum (1). L'analyse de l'urine remonte à une époque déjà fort ancienne, puisqu'elle est due à Rouelle. Enfin, les excréments de la vache n'ont point été analysés.

Mais, en supposant même que toutes ces analyses ne laissassent rien à désirer, et que la composition de chaque principe immédiat fût parfaitement établie, il faudrait encore, pour arriver à un résultat précis, que ces analyses eussent été faites sur des produits issus d'un même sujet, alimenté d'ailleurs depuis longtemps avec une nourriture dont la composition eût été préalablement déterminée.

La difficulté d'isoler et de doser les différents principes immédiats de l'organisme animal, l'incertitude qui règne encore sur la composition du plus grand nombre de ces principes, sont autant de causes qui m'ont porté à faire usage d'une méthode qui pût se passer des données que j'ai énumérées.

J'emploie uniquement l'analyse dernière. Je compare la composition élémentaire des aliments à la composition élé-

____

(1) Je ne cite pas l'analyse du lait de vache faite par Luiscius et Bondt, parce que cette analyse est évidemment inexacte, ainsi que je le démontrerai dans un travail particulier.

mentaire des sécrétions et des déjections. Cette méthode permet d'évaluer par différence la matière élémentaire qui s'échappe dans l'acte de la respiration et de la transpiration. C'est, comme on le voit, la marche analytique que j'ai déjà appliquée avec quelque succès à une recherche délicate de physiologie végétale. J'ai l'intime conviction que l'analyse élémentaire, introduite dans l'étude des phénomènes de la vie, peut lui faire faire des progrès rapides.

La vache sur laquelle les observations ont été faites a été isolée dans une stalle de l'étable, dont le sol est disposé de manière à recueillir sans perte les excréments et l'urine. Chaque jour, durant le dosage, les produits de vingt-quatre heures ont été pesés et mesurés; puis on les conservait dans une cave dont la température est de $9°,5$. Le lait a été mesuré matin et soir à six heures.

La vache a reçu pour nourriture, toutes les vingt-quatre heures, 16 kilogrammes de pommes de terre, et $7^{kil.},500$ de regain de foin de prairie, de qualité excellente, et comparable, sous le rapport nutritif, au meilleur foin de trèfle. Avant d'être soumise à l'expérience, la vache avait été nourrie pendant un mois avec ce même régime. Après ce temps, on a trouvé que son poids normal n'avait pas varié d'une quantité appréciable; circonstance qui permet d'admettre que ce poids est resté également invariable pendant les trois jours que le dosage a duré.

La vache a bu dans la stalle, afin d'éviter de la conduire à l'abreuvoir. En trois jours elle a consommé 180 litres d'eau. Un litre de cette eau a donné, par l'évaporation, $0^{gr},834$ de sels terreux. Voici quels ont été les produits rendus par la vache pendant les trois jours de dosage :

Dates.	Lait.	Densité.	Urine.	Densité.	Excré-ments.
	litr.		litr.		kil.
Du 19 au 20 mai....	8,50	1,035	6,60	1,034	26,25
Du 20 au 21 mai....	8,00	1,036	7,21	1,035	28,93
Du 21 au 22 mai....	8,26	1,034	9,99	1,034	30,06
En trois jours.......	24,76	"	23,80	"	85,24
Moyenne pour 24 h..	8,25	"	7,931	"	28,413

Analyses des aliments.

Pommes de terre. — Par une dessiccation à 110 degrés dans le vide sec, 1 gramme de tubercule s'est réduit à 0^{gr},278.

1 gramme de tubercule sec a laissé 0^{gr},050 de cendres.

0^{gr},298 de matière sèche ont donné 0,471 d'acide carbonique et 0,162 d'eau. C = 43,72, H = 6,00.

0^{gr},342 ont donné 0,516 d'acide carbonique et 0,165 d'eau. C = 44,35, H = 5,65.

0^{gr},634 ont donné 6 cent. cubes d'azote; thermomètre, 8 degrés; baromètre, 0^{m},744 = 1,12 d'azote.

1^{gr},108 ont donné 12 cent. cubes d'azote; thermomètre, 7 degrés; baromètre, 0^{m},731 = 1,27 d'azote.

          Carbone.......... 44,1
          Hydrogène........ 5,8
          Oxygène.......... 43,9
          Azote............ 1,2
          Sels et terre.... 5,0
                          ______
                          100,0

Les 15 kilogrammes de pommes de terre reçus par la vache équivalent à 4170 grammes de tubercules secs, contenant :

          Carbone.......... 1839,0
          Hydrogène........ 241,9
          Oxygène.......... 1830,6
          Azote............ 50,0
          Sels et terre.... 208,5
                          ______
                          4170,0

Regain de foin. — Le regain a été analysé avant et après le dosage.

1 gramme de regain, desséché à 110 degrés dans le vide sec, a pesé $0^{gr},842$.

1 gramme de regain sec a laissé $0^{gr},100$ de cendres.

$0^{gr},299$ de matière sèche ont donné 0,508 d'acide carbonique et 0,151 d'eau. C = 46,92, H = 5,58.

$0^{gr},351$ ont donné 0,600 d'acide carbonique et 0,180 d'eau. C = 47,26, H = 5,68.

$0^{gr},530$ ont donné $11^{c.c.},3$ d'azote; thermomètre, 16 degrés; baromètre, $0^{m},740 = 2,42$ d'azote.

$0^{gr},502$ ont donné 11 cent. cubes d'azote; thermomètre, 19°,5; baromètre, $0^{m},745 = 2,46$ d'azote.

Carbone	47,1
Hydrogène	5,6
Oxygène	34,9
Azote	2,4
Sels et terre	10,0
	100,0

La ration de regain, pesant 7 500 grammes, se réduit à 6 315 grammes, en la supposant sèche, contenant :

Carbone	2974,4
Hydrogène	353,6
Oxygène	2204,0
Azote	151,5
Sels et terre	631,5
	6315,0

Analyses des produits.

Excréments. — Le produit moyen en vingt-quatre heures a été $28^{kil.},413$.

On a évalué l'humidité, en desséchant à l'étuve trois échantillons pris dans les excréments recueillis chaque jour.

		Après dessiccation à l'étuve.
	^{gr}	^{gr}
Excréments du 19 au 20 mai	18,15	2,662
Excréments du 20 au 21 mai	20,00	3,221
Excréments du 21 au 22 mai	20,78	2,980
Matière humide	58,93	Mat. sèche. 8,863

(9)

1 gramme de matière séchée à l'étuve est devenue, après une dessiccation à 110 degrés dans le vide sec, 0,936. Les 8^{gr},863 se seraient réduits à 8,296. On trouve ainsi que les 28.413 grammes d'excréments humides contenaient 4 000 grammes de substance sèche.

1 gramme de matière desséchée a laissé 0^{gr},120 de cendres.

0^{gr},374 ont donné 0,581 d'acide carbonique et 0,181 d'eau. C = 42,67, H = 5,35.

0^{gr},468 ont donné 0,722 d'acide carbonique et 0,219 d'eau. C = 42,67, H = 5,17.

0^{gr},562 ont donné 10$^{c.c.}$,3 d'azote ; thermomètre, 12°,8 ; baromètre, 0^{m},741 = 2,11 d'azote.

0^{gr},515 ont donné 10$^{c.c.}$,7 d'azote ; thermomètre, 13°,5 ; baromètre, 0^{m},740 = 2,39 d'azote.

Carbone.........	42,8
Hydrogène......	5,2
Oxygène........	37,7
Azote	2,3
Sels et terre.....	12,0
	100,0

Les 4 000 grammes d'excréments secs renfermaient :

Carbone.........	1712,0
Hydrogène......	208,0
Oxygène........	1508,0
Azote..........	92,0
Sels et terre....	480,0
	4000,0

Urine. — Le produit moyen en vingt-quatre heures a été de 7^{lit},93 ; la densité étant 1,034, ce volume devait peser 8 200 grammes.

595 centimètres cubes, pris proportionnellement aux diverses quantités recueillies chaque jour, ont laissé, après une évaporation au bain-marie, un résidu qui, desséché dans le vide, a pesé 72^{gr},090. Les 7^{lit},93 eussent donné, par conséquent, 960^{gr},8 d'extrait sec.

1 gramme d'extrait d'urine a laissé 0,40 de cendres.

0^{gr},540 d'extrait ont donné 0,532 d'acide carbonique et 0,122 d'eau. C = 27,26. H = 2,50.

0^{gr},490 ont donné 0,482 d'acide carbonique et 0,119 d'eau. C = 27,20, H = 2,67.

0^{gr},567 ont donné 18 cent. cub. d'azote ; thermomètre, 16 degrés ; baromètre, 0^{m},736 = 3,58 d'azote.

0^{gr},606 ont donné 21 cent. cub. d'azote ; thermomètre, 16 degrés ; baromètre, 0^{m},736 = 3,93 d'azote.

Carbone........	27,2
Hydrogène......	2,6
Oxygène........	26,4
Azote..........	3,8
Sels..........	40,0
	100,0

Les 960^{gr},8 d'extrait d'urine contenaient :

Carbone........	261,4
Hydrogène......	25,0
Oxygène........	253,7
Azote	36,5
Sels..........	384,2
	960,8

Lait. — La vache a donné 8^{lit},25 de lait en vingt-quatre heures ; la densité étant 1,035, ce lait devait peser 8538^{gr},8.

Dans trois expériences, 20 grammes de lait évaporé au bain-marie ont laissé un extrait qui, desséché à 110 degrés dans le vide sec, a pesé de 2^{gr},690 à 2,700 ; soit 2,695.

Le lait recueilli en vingt-quatre heures devait renfermer 1150^{gr},6 d'extrait sec.

1 gramme d'extrait a laissé 0,0495 de cendres.

0^{gr},304 ont donné 0,602 d'acide carbonique et 0,236 d'eau. C = 54,77, H = 8,58.

0^{gr},3115 ont donné 0,612 d'acide carbonique et 0,241 d'eau. C = 54,35, H = 8,57.

0^{gr},528 ont donné 18 cent. cub. d'azote ; thermomètre, 15 degrés ; baromètre, 0^{m},736 = 3,87 d'azote.

0^{gr},332 ont donné 11$^{c.c.}$,3 d'azote ; thermomètre, 15°,5 ; barom., 0^{m},738 = 3,99 d'azote

Carbone........	54,6
Hydrogène......	8,6
Oxygène........	27,9
Azote..........	4,0
Sels et terre.....	4,9
	100,0

L'extrait de lait contenait :

Carbone............	628,2
Hydrogène........	95,0
Oxygène..........	321,0
Azote	46,0
Sels et terre......	56,4
	1150,6

Je résume, dans le tableau placé à la fin de ce Mémoire, le résultat des analyses.

En consultant ce tableau, on reconnait que la quantité de matière organique contenue dans les produits est moindre que celle qui a été introduite par les aliments ; la différence est due à la portion de cette matière qui s'est échappée par la respiration et la transpiration.

L'azote des produits diffère de 27 grammes en moins de l'azote des aliments ; cette différence n'est peut-être pas assez considérable pour que, sur l'autorité d'une seule expérience, on puisse affirmer que la perte soit réellement due à la dissipation de ce principe. Mais le sens de cette différence rend au moins extrêmement probable que l'azote de l'air n'a pas été assimilé pendant l'acte de la respiration : résultat entièrement conforme à celui déjà obtenu par les plus habiles observateurs.

L'oxygène et l'hydrogène, qui manquent dans la somme des produits, n'ont pas disparu exactement dans les proportions voulues pour former de l'eau ; l'hydrogène en excès pèse $19^{gr},8$; il est vraisemblable que cet hydrogène s'est transformé en eau en se brûlant pendant la respiration, aux dépens de l'oxygène de l'air.

La perte en carbone s'élève à $2211^{gr},8$. En négligeant la quantité de ce principe qui a pu s'échapper par la transpiration cutanée, on trouve qu'il a dû se former 7 999 grammes d'acide carbonique, dont le volume à 0 degré, et sous la pression de $0^{m},76$, serait de 4 040 litres. Tel est le volume de gaz acide carbonique qui aurait été produit en vingt-quatre heures par la vache soumise à l'observation ; il résulterait de là qu'une vache peut vicier environ 19 mètres cubes d'air dans un jour.

Les expériences des physiologistes établissent qu'un homme produit, en respirant, 745 à 850 litres d'acide carbonique en vingt-quatre heures. À ce compte une vache laitière en produirait cinq fois autant.

Enfin, il paraît qu'en vingt-quatre heures la vache a perdu, par la transpiration pulmonaire et cutanée, près de 33 litres d'eau.

Eau reçue par la vache en 24 heures.		Eau rendue par la vache en 24 heures.	
	kil.		kil.
Avec pommes de terre.....	10,830	Avec excréments....	24,413
Avec le regain...........	1,185	Avec urine........	7,239
Directement...........	60,000	Avec lait..........	7,388
Eau entrée............	72,015	Eau sortie...... ...	39,040
		Eau entrée........	72,015
Eau sortie durant la transpiration pulmonaire et cutanée..			32,975

ALIMENTS CONSOMMÉS PAR LA VACHE EN VINGT-QUATRE HEURES.

Aliments.	Poids à l'état humid.	Poids à l'état sec.	Carbone	Hydrogène.	Oxygène	Azote.	Sels et terre.
Pommes de terre.	15000	4470	1839,0	241,9	1830,6	50,0	208,5
Regain.	7500	6315	2974,4	353,6	2204,0	151,5	631,5
Eau.	60000	"	"	"	"	"	50,0
Somme.	82500	10485	4813,4	595,5	4034,6	201,5	889,0

PRODUITS RENDUS PAR LA VACHE EN VINGT-QUATRE HEURES.

Produits.	Poids à l'état humid.	Poids à l'état sec.	Carbone	Hydrogène	Oxygène	Azote.	Sels et terre.
Excréments.	28413	4000,0	1712,0	208,0	1508,0	92,0	480,0
Urine.	8200	960,8	261,4	25,0	253,7	36,5	384,2
Lait.	8539	1150,6	628,2	99,0	321,0	46,0	56,4
Somme	45152	6111,4	2601,6	332,0	2082,7	174,5	920,6
Report des totaux de la première partie de ce tableau.	82500	10485,0	4813,4	595,5	4034,6	201,5	889,0
Différence.	37348	4374,6	2211,8	263,5	1951,9	27,0	31,6
Sens de la différence. . . .	—	—	—	—	—	—	+

ANALYSES COMPARÉES

DES

ALIMENTS CONSOMMÉS

ET DES

PRODUITS RENDUS PAR UN CHEVAL SOUMIS A LA RATION D'ENTRETIEN;

Suite des Recherches entreprises dans le but d'examiner si les herbivores
prélèvent de l'azote à l'atmosphère.

PAR M. BOUSSINGAULT.

L'expérience dont j'ai l'honneur de présenter les résultats à l'Académie fait partie de la suite de recherches que
j'ai entreprises, pour décider si les animaux herbivores
prélèvent directement de l'azote sur l'atmosphère.

Le cheval sur lequel les observations ont été faites, avait
été nourri depuis trois mois avec la ration alimentaire qui
a été donnée pendant la durée du dosage. Dans les trois
mois, le poids du cheval n'a pas augmenté d'une manière
appréciable.

Toutes les vingt-quatre heures le cheval recevait :

<pre>
                          kil.
  Foin........ 7,5 0
  Avoine...... 2,050
</pre>

Durant les trois jours que le dosage a duré, le cheval a bu 48 litres d'eau. 1 litre de cette eau a laissé 0^{gr},834 de résidu.

Les produits recueillis pendant le dosage ont été :

	Excréments. kil.	Urine. litr.	Densité.
Du 10 au 11 octobre...	14,13	1,50	1,061
Du 11 au 12 octobre...	14,82	0,85	1,067
Du 12 au 13 octobre...	13,80	1,40	1,066

Analyses des aliments.

Foin. — Par une dessiccation à 110 degrés dans le vide sec, 1 gramme de foin consommé a perdu, dans une première expérience, 0^{gr},136 d'eau, et dans une seconde 0^{gr},140.

1 gramme de foin sec a laissé 0^{gr},090 de cendres.

0^{gr},265 ont donné 0,436 d'acide carbonique et 0,118 d'eau. C = 45,5, H = 4,9.

0^{gr},300 ont donné 0,500 d'acide carbonique et 0,140 d'eau. C = 46,1, H = 5,1.

0^{gr},516 ont donné 7 cent. cub. d'azote ; thermomètre, 10 degrés ; baromètre, 0^{m},745 = 1,50 d'azote.

0^{gr},600 ont donné 8 cent. cub. d'azote ; thermomètre, 12 degrés ; baromètre, 0^{m},739 = 1,51 d'azote.

Composition du foin.

Carbone........	45,8
Hydrogène......	5,0
Oxygène........	38,7
Azote..........	1,5
Cendres	9,0
	100,0

En vingt-quatre heures le cheval recevait $7^{kil.}$,50 de foin, ou 6 465 grammes supposé sec, contenant :

Carbone........	2961,0
Hydrogène......	323,2
Oxygène........	2502,0
Azote	97,0
Sels et terre....	581,8
	6465,0

Avoine. — 1 gramme d'avoine a perdu 0^{gr},151 d'eau.

1 gramme d'avoine sèche a laissé 0^{gr},0398 de cendres.

0^{gr},345 ont donné 0,628 d'acide carbonique et 0,198 d'eau. C = 50,3 , H = 6,3.

0^{gr},366 ont donné 0,676 d'acide carbonique et 0,213 d'eau. C = 51,1 , H = 6,4.

0^{gr},569 ont donné $10^{c.c.}$,7 d'azote ; thermomètre, 7 degrés ; baromètre, 0^{m},743 = 2,24 d'azote.

En 1836 , j'ai trouvé pour l'azote de l'avoine, 2,22.

Composition de l'avoine.

Carbone...........	50,7
Hydrogène......	6,4
Oxygène.........	36,7
Azote..........	2,2
Cendres.........	4,0
	100,0

Le cheval consommait par jour 2 270 grammes d'avoine, qui, sèche, a pesé 1 927 grammes, contenant :

Carbone........	977,0
Hydrogène.....	123,3
Oxygène........	707,2
Azote..........	42,4
Sels et terres...	77,1
	1927,0

ANALYSES DES PRODUITS.

Urine.

	lit.	gr.	Pris pour l'analyse c.c.
Du 10 au 11 octobre....	1,50	1592	200
Du 11 au 12 octobre....	"	907	107
Du 12 au 13 octobre....	"	1492	187
En trois jours...		3991	494

Ces 494 centimètres cubes ont donné un extrait qui, desséché dans le vide sec, a pesé 65^{gr},10. Les 3^{lit},75 d'urine recueillis en trois jours eussent donné 835^{gr},30 d'extrait sec.

La stalle dans laquelle le cheval était placé pendant l'expérience a été lavée ; les eaux de lavages réunies avaient un volume de 3^{lit},75, et une densité de 1,012.

250 centimètres cubes de cette eau ont donné un extrait d'urine qui, séché dans le vide sec à 110 degrés, a pesé 4^{gr},626. Les 3^{lit},75 eussent donné 69^{gr},390 d'extrait sec. L'extrait sec obtenu en soixante-douze heures est donc, en totalité, de 70,4^{gr},7, ou 301,6 en vingt-quatre heures.

2^{gr},061 d'extrait sec d'urine ont laissé 1,011 de cendres.

Si l'on calculait les analyses qui vont suivre avec la cendre trouvée directement, on commettrait une erreur assez grave, qui porterait entièrement sur l'oxygène. En effet, les sels alcalins à acides organiques qui se trouvent dans l'urine du cheval, comme l'hippurate et le lactate de soude, fournissent par l'incinération des carbonates alcalins. Le poids de l'acide carbonique du carbonate de potasse est évidemment de trop dans le poids des cendres. Pour le retrancher, j'ai dosé l'acide carbonique des cendres.

0^{gr},990 de cendres ont donné 0,256 d'acide. Les 1^{gr},011 en contenaient par conséquent 0,261. D'après cela, le poids des cendres se réduit à 0,750, ou 36,4 pour 100.

Toutefois, il existe encore une erreur dans cette évaluation des cendres, parce que l'extrait d'urine contient une petite quantité de carbonate ; mais cette erreur, d'ailleurs fort peu importante, n'influe nullement sur le dosage de l'azote.

C'est pour ne pas avoir tenu compte de cette source d'erreurs que j'ai trouvé, dans mes expériences sur la vache, un excès considérable de matières salines et terreuses dans les produits. C'est vraisemblablement à la même négligence que Vauquelin doit d'avoir obtenu dans les excréments des poules une quantité de substances terreuses beaucoup plus considérable que celle qui avait été introduite avec les aliments.

Les excréments du cheval peuvent également contenir

des sels alcalins à acides organiques, et donner par l'incinération un *excès de cendres* ; mais je me suis assuré que
l'erreur que l'on peut commettre est de nature à être négligée.

0^{gr},343 d'extrait d'urine ont donné 0,445 d'acide carbonique (1) et 0,119
l'eau. C = 35,9, H = 3,8.

0^{gr},635 ont donné 0,895 d'acide carbonique et 0,238 d'eau. C = 36,2 ;
H = 3.9.

0^{gr},828 ont donné 84 cent. cubes d'azote ; thermomètre, 11°,8 ; baromètre, 0^m,766 = 12,2 d'azote.

0^{gr},390 ont donné 42 cent. cubes d'azote ; thermomètre, 13 degrés ; baromètre, 0^m,766 = 12,8 d'azote.

Composition de l'extrait d'urine.

Carbone........	36,0
Hydrogène......	3,8
Oxygène........	11,3
Azote..........	12,5
Cendres	36,4
	100,0

D'après cette analyse, les 302 grammes d'extrait sec d'uine, recueillis en vingt-quatre heures, renferment :

Carbone........	108,7
Hydrogène.....	11,5
Oxygène.......	34,1
Azote..........	37,8
Sels et terre....	109,9
	302,0

Excréments. — Chaque jour on a pris pour l'analyse
des échantillons proportionnels. 61 grammes d'excréments
frais, après une dessiccation complète terminée dans le
vide sec à 110 degrés, ont pesé 15^{gr},090.

Les 14$^{kil.}$,25 d'excréments, produit moyen rendu par
le cheval en vingt-quatre heures, eussent pesé secs 3 525
grammes.

1 gramme d'excréments secs a laissé 0,163 de cendres.

---

(1) L'oxyde de cuivre employé dans ces analyses renferme de l'oxyde antimonique.

0^{gr},397 ont donné 0,556 d'acide carbonique et 0,190 d'eau. C = 38,8, H = 5,0.

0^{gr},796 ont donné 1,115 d'acide carbonique et 0,379 d'eau. C = 36,8, H = 5,2.

0^{gr},565 ont donné 10$^{c.c.}$,3 d'azote ; thermomètre, 11°,5 ; baromètre, 0^{m},755 = 2,17 d'azote.

0^{gr},561 ont donné 10$^{c.c.}$,7 d'azote ; thermom., 12°,5 ; baromètre, 0^{m},755 = 2,25 d'azote.

Composition des excréments du cheval.

Carbone........	38,7
Hydrogène......	5,1
Oxygène........	37,7
Azote	2,2
Cendres........	16,3
	100,0

Les 3525 grammes contenaient :

Carbone.......	1364,2
Hydrogène.....	179,8
Oxygène.......	1328,9
Azote.........	77,6
Sels et terres...	574,5
	3525,0

Je résume dans le tableau joint à ce Mémoire les résultats précédents. On peut voir que le cheval n'a pas rendu dans les déjections la totalité de l'azote perçu avec les aliments ; le poids de l'azote en moins s'élève à 24 grammes en vingt-quatre heures. On se rappellera que j'ai observé un fait semblable dans mes expériences sur la vache.

L'oxygène et l'hydrogène qui ont disparu, ne sont pas exactement dans les proportions voulues pour faire de l'eau ; on remarque un excès d'hydrogène de 23 grammes ; dans les expériences sur la vache, on est encore arrivé à ce même résultat.

Le carbone perdu en vingt-quatre heures, et qui a dû s'échapper par la respiration et la transpiration, s'élève à 2465 grammes ; quantité qui équivaut à 8915 d'acide car-

bonique : soit, en volume, 4502 litres sous la pression de
0^m,76 et à o degré. Tel serait, d'après l'analyse élémentaire, le volume d'acide carbonique produit par un cheval
en vingt-quatre heures. Pour une vache laitière, l'analyse
a indiqué pour ce volume, sous les mêmes conditions et
dans le même temps, 4040 litres.

Les recherches que j'ai faites sur la vache et le cheval
semblent donc établir que l'azote de l'air n'est point assimilé pendant l'acte de la respiration des herbivores, résultats auxquels Dulong est arrivé également par des considérations d'un ordre différent.

Dans une nouvelle suite de recherches, j'examinerai,
toujours à l'aide de l'analyse, si les insectes, les mollus-
ques sont aptes à fixer l'azote de l'atmosphère.

Eau reçue par le cheval en 24 heures.		Eau rendue par le cheval en 24 heures.	
Avec le foin............	960^gr	Avec l'urine............	1028^gr
Avec l'avoine..........	418	Avec les excréments...	10725
Directement...........	16000		
Somme	17378	Somme	11753
Total de l'eau reçue par le cheval en vingt-quatre heures...			17378
Eau sortie par la transpiration pulmonaire et cutanée.....			5625

ALIMENTS CONSOMMÉS PAR LE CHEVAL EN VINGT-QUATRE HEURES.								PRODUITS RENDUS PAR LE CHEVAL EN VINGT-QUATRE HEURES.							
Aliments.	Poids à l'état humid.	Poids à l'état sec.	Carbone.	Hydro-gène.	Oxygène	Azote.	Sels et terre.	Produits.	Poids avec humi-dité.	Poids à l'état sec.	Carbone.	Hydro-gène.	Oxygène	Azote.	Sels et terre.
Foin........	7500	6465	2961,0	323,2	2502,0	97,0	581,8	Urine	1330	302	108,7	11,5	34,1	37,8	109,9
Avoine........	2270	1927	977,0	123,3	707,2	42,4	77,1	Excréments.	14250	3525	1364,2	179,8	1328,9	77,6	574,6
Eau	16000	"	"	"	"	"	13,3	"	"	"	"	"	"	"	"
Somme........	25770	8392	3938,0	446,5	3209,2	139,4	672,2	Somme	15580	3827	1472,9	191,3	1363,0	115,4	684,5
Report des totaux de la première partie de ce tableau.....									25770	8392	3938,0	446,5	3209,2	139,4	672,2
Différence									10190	4565	2465,1	255,2	1846,2	24,0	12,3
Sens de la différence.									—	—	—	—	—	—	+

ANALYSES COMPARÉES

DE

L'ALIMENT CONSOMMÉ

ET DES

EXCRÉMENTS RENDUS PAR UNE TOURTERELLE,

Entreprises pour rechercher s'il y a exhalation d'azote pendant la respiration des granivores

PAR M. BOUSSINGAULT.

§ I. — Les recherches que je vais exposer ont été faites dans le but de constater si les granivores émettent, pendant l'acte de la respiration, de l'azote provenant de leur organisme ; en d'autres termes, on s'est proposé d'examiner si un oiseau adulte, nourri d'une manière régulière et dont le poids n'augmente pas, rend dans ses déjections la totalité de l'azote qui faisait partie des aliments qu'il a consommés.

Cette émission d'azote est assez généralement admise aujourd'hui, par suite des expériences de Dulong et de M. Despretz. Il y a quelques années, j'ai été conduit à une semblable conclusion en déterminant, par l'analyse élémentaire, la composition de la nourriture prise et celle des produits rendus par le cheval et la vache; néanmoins, comme dans l'application des préceptes de la théorie à l'économie des engrais, il est d'une importance extrême de savoir s'il y a réellement une partie de l'azote des fourrages consommés qui est perdue pour la production animale et pour le fumier, j'ai cru devoir étudier de nouveau la question, en faisant porter mes recherches, non plus sur de grands herbivores, mais sur un oiseau qui, par son peu de volume et la nature de ses déjections, permettait d'espérer un plus grand degré de précision. La tourterelle que j'ai soumise à l'observation était, depuis longtemps, nourrie uniquement avec du millet; elle a été mise dans une cage dont le fond, recouvert par une plaque de verre, laissait recueillir sans aucune perte les excréments. Le millet donné comme nourriture était contenu dans un vase de porcelaine un peu profond, ayant une capacité sensiblement conique, la petite base du cône formant l'orifice de la mangeoire; à l'aide de cette disposition, la tourterelle n'a pas laissé tomber un seul grain de millet dans la cage.

Dès le commencement des expériences, le millet destiné à l'alimentation a été conservé dans un flacon bouché, afin que pendant toute leur durée, la proportion d'humidité qu'il contenait restât constamment la même. Chaque jour, à la même heure, on pesait une certaine quantité de graine que l'on mettait dans la mangeoire, après avoir enlevé et pesé celle qui restait de la ration donnée la veille. On connaissait ainsi, avec exactitude, le millet qui avait été consommé en vingt-quatre heures, et, bien que la nourriture ait été de la sorte donnée à discrétion, la tourterelle s'est rationnée elle-même avec assez de régularité.

Ses excréments étaient recueillis tous les jours, au moment où l'on donnait la ration de millet; ils ont constamment offert la même apparence, la même forme sphéroïdale, et leur consistance permettait de les enlever avec facilité;

à la fin d'une expérience on détachait de la plaque de verre
qui recouvrait le plancher de la cage, les quelques parcelles
de matières qui étaient restées adhérentes. Les excréments
rendus dans les vingt-quatre heures ont d'abord été pesés
humides; immédiatement après la pesée, on les desséchait
dans une étuve chauffée à 40 ou 50 degrés. On s'est astreint
à dessécher à cette basse température, dans la crainte, probablement exagérée, de dissiper quelques principes volatils
azotés. La température de la chambre dans laquelle séjour-
nait la tourterelle, ne dépassa jamais 10 à 11 degrés; de
sorte que les déjections, avant de passer à l'étuve, se trouvaient à l'abri de toute fermentation qui aurait pu donner
lieu à des vapeurs ammoniacales.

Les expériences ont été divisées en deux séries : la première série comprend cinq jours d'observations; la seconde,
sept jours.

§ II. — *Première série. Cinq jours d'observations.*

Époques.	EN VINGT-QUATRE HEURES.		Poids de la tourterelle.
	Millet consommé.	Excrém. humides recueillis.	
	gr	gr	gr
Premier jour..........	15,45	7,19	187,99
Deuxième jour........	15,53	7,11	"
Troisième jour........	16,94	8,04	"
Quatrième jour........	14,55	7,54	"
Cinquième jour.......	14,17	7,42	186,27
En cinq jours.........	76,64	37,30	

Analyse du millet consommé dans les deux expériences.

Dessiccation. — 1gr,871 ont perdu à la température de
130 à 135 degrés, après un séjour dans le vide sec, 0.263
d'eau. Eau pour 100 = 14.0.

Les 76gr.64 de millet mangé par la tourterelle dans

cette première série contenaient réellement 65,91 de millet sec.

Cendres. — 2ᵍʳ,880 de millet normal = 2,477 de millet sec ont laissé 0,064 de cendres très-blanches et fortement calcinées : on a ainsi, pour 100, dans le millet normal, 2,22 de cendres; dans le millet sec, 2,58.

Azote.

Millet normal.	Millet sec.	Azote.	Températ.	Barom. à 0°.	Azote en poids.	Azote dans 100 de millet sec.	
gr	gr	c.c.	0	m	gr		
I. 0,775	0,6665	17,8	11,0	0,7693	0,02134	3,20	} 3,30
II. 0,7795	0,6704	19,1	13,5	0,7642	0,02282	3,40	

Carbone et hydrogène.

Millet normal.	Millet sec.	Eau conten.	Ac. carbon.	Eau dosée (*)	Carbone.	Hydrogène.
					Dans 100 de millet sec.	
gr	gr	gr	gr	gr		
I. 0,567	0,4876	0,0794	0,822	0,357	45,97	6,29
II. 0,636	0,5470	0,0890	0,930	0,399	46,17	6,30
				Moyenne....	46,07	6,295

Composition du millet consommé à l'état sec.

Carbone........ 46,07
Hydrogène...... 6,29
Azote 3,30
Oxygène........ 41,76
Matières salines. 2,58
——————
100,00

Analyse des excréments.

Première dessiccation. — Les 37ᵍʳ,30 d'excréments humides pesaient à la sortie de l'étuve 16,220; la matière sèche a été broyée, introduite dans un flacon et mélangée intimement; c'est à cet état qu'elle a été analysée.

Deuxième dessiccation. — 2ᵍʳ,257 de la poudre précédente, après une dessiccation prolongée dans le vide sec et à la température de 130 à 135 degrés, se sont réduits à

(*) L'eau dosée renferme nécessairement l'eau contenue. Pour calculer l'hydrogène du millet *sec*, on a retranché la première de la seconde.

2,093 = eau 0,164 ; pour 100, eau 7,27. Les 37^{gr},30 d'excréments humides représentent par conséquent 15^{gr},04 d'excréments complétement desséchés.

Cendres. — 1^{gr},440 de matière desséchée à l'étuve, répondant à 1^{gr},3365 d'excréments entièrement secs, ont laissé 0^{gr},158 de cendres très-blanches fortement calcinées. Pour 100 d'excréments secs, cendres 11,80.

Azote. — 0^{gr},4775 de matière séchée à l'étuve = 0,4428 de matière sèche, ont donné :

Azote, 34$^{c.c.}$,1 ; température, 13 degrés ; baromètre à 0 degré, 0^{m},7692 = azote en poids, 0^{gr},04092.

Azote pour 100, dans les excréments séchés à l'étuve, 8,57 ; dans les excréments séchés à 135 degrés, 9,24.

Carbone et hydrogène.

I.	Matière séchée à l'étuve.	0,605	Ac. carbon.	0,812	Eau dosée.	0,292
II.	*Id.*	0,600	*Id.*	0,812	*Id.*	0,310
		1,205		1,624		0,602
	Humidité contenue.....	0,088				0,088
	Excréments secs........	1,117	Eau dosant l'hydrogène...			0,514

On a pour la composition des excréments secs :

Carbone.........	39,65
Hydrogène......	5,11
Azote..........	9,24
Oxygène........	34,20
Matières salines.	11,80
	100,00

§ III. — Deuxième série. *Sept jours d'observations.*

ÉPOQUES.	EN VINGT-QUATRE HEURES.		POIDS de la tourterelle.
	Millet consommé.	Excrém. hum^ides recueillis.	
Premier jour.........	17,74 gr	8,26 gr	186,97 gr
Deuxième jour......	15,31	9,05	186,17
Troisième jour......	17,02	10,37	"
Quatrième jour......	16,82	8,14	"
Cinquième jour.....	17,54	9,07	187,27
Sixième jour........	15,78	8,05	"
Septième jour.......	17,41	9,45	185,47
En sept jours.......	117,62	62,99	

Analyse des excréments.

Première dessiccation. — Les 62^{gr},99 d'excréments humides ont pesé, après la dessiccation à l'étuve, 26^{gr},176.

Deuxième dessiccation. — 2^{gr},738 de matière séchée à l'étuve, mis dans le vide sec, à la température de 130 à 135 degrés, se sont réduits à 2^{gr},517 = eau 0^{gr},221 ; pour 100, 8,10. Les 62^{gr},99 d'excréments humides contenaient alors 24^{gr},056 de matières sèches.

Cendres. — 2^{gr},883 d'excréments séchés à l'étuve = 2^{gr},6495 de matière sèche ont laissé 0^{gr},284 de cendres parfaitement blanches ; pour 100, cendres, 10,72 dans l'excrément sec.

Azote. — 0^{gr},4755 de matière séchée à l'étuve = 0,437 de fiente sèche, ont donné :

Azote, 33 centimètres cubes ; température, 13°,2 ; baromètre à 0 degré, 0^{m},7667 = azote en poids 0^{gr},03984 = azote dans 100 d'excréments secs, 9,12.

Carbone et hydrogène.

Matière séchée à l'étuve.	0,610	Acide carbon.	0,835	Eau..	0,302
Eau contenue............	0,0495				0,0495
Matière sèche..........	0,5605	Eau dosant l'hydrogène..	0,2525		

Composition des excréments secs de la deuxième série.

Carbone........	40,63
Hydrogène......	5,00
Azote..........	9,12
Oxygène........	34,53
Matières salines.	10,72
	100,00

Le résumé des deux expériences se trouve consigné dans le tableau suivant.

Aliments consommés et excréments rendus par une tourterelle, pendant cinq jours. — 1re expérience.

	POIDS à l'état normal.	POIDS à l'état sec.	EAU contenue.	PRINCIPES CONTENUS DANS L'ALIMENT ET DANS L'EXCRÉMENT.					POIDS de la tourterelle avant et après l'expérience.
				Carbone.	Hydrogène	Oxygène.	Azote.	Matières salines.	
Millet consommé......	gr 76,64	gr 65,91	gr 10,73	gr 30,37	gr 4,15	gr 27,52	gr 2,17	gr 1,70	Au commencem. gr 187,90
Excréments rendus....	37,30	15,04	22,26	5,96	0 77	5,15	1,39	1,77	A la fin........ 186,27
Principes éliminés en cinq jours..................				24,41	3,33	22,37	0,78	"	"

Aliments consommés et excréments rendus par une tourterelle, pendant sept jours. — 2e expérience.

	POIDS à l'état normal.	POIDS à l'état sec.	EAU contenue.	PRINCIPES CONTENUS DANS L'ALIMENT ET DANS L'EXCRÉMENT.					POIDS de la tourterelle avant et après l'expérience.
				Carbone.	Hydrogène	Oxygène.	Azote.	Matières salines.	
Millet consommé.....	gr 117,62	gr 101,15	gr 16,47	gr 46,60	gr 6,36	gr 42,24	gr 3,34	gr 2,61	Au commencem. gr 186,70
Excréments rendus....	62,99	24,036	38,934	9,77	1,20	8,31	2,20	2,58	A la fin........ 185,47
Principes éliminés en sept jours..................				36,83	5,16	33,93	1,14	"	"
Principes éliminés en douze jours..................				61,24	8,54	56,30	1,92	"	"
Principes éliminés en vingt-quatre heures.........				C 5,10	H 0,71	O 4,69	Az 0,16	"	"
Carbone brûlé dans une heure..................				0,212	"	"	"	"	"

En prenant la moyenne des résultats, on trouve qu'une tourterelle pesant environ 187 grammes brûle, en respirant pendant vingt-quatre heures, 5^{gr},10 de carbone ; elle émet, en conséquence, dans le même espace de temps, 18^{gr},70 d'acide carbonique et 0^{gr},16 d'azote : soit en volume : acide carbonique, 9^{lit},441 ; azote, 0^{lit},126. D'où il résulte que l'azote exhalé provenant de l'organisme est à peu près le centième en volume de l'acide carbonique produit, résultat conforme, quant au fait de l'exhalation de l'azote, à celui obtenu par Dulong et par M. Despretz, mais qui en diffère notablement sous le rapport quantitatif, en ce que l'azote exhalé, si on le compare au gaz acide carbonique, est en proportion beaucoup plus faible que dans les expériences de ces physiciens. Néanmoins, toute minime que soit cette quantité d'azote, elle constitue cependant le tiers de celle qui entre dans la ration alimentaire de la tourterelle : dans la condition de nourriture où se trouvait placé ce granivore, les déjections ne renfermaient plus que les deux tiers de l'azote qui préexistait dans le millet consommé.

Ainsi, indépendamment des modifications que les aliments, ou plutôt le sang qui en dérive, subissent pendant la combustion respiratoire, on peut concevoir qu'une partie des principes azotés de l'organisme éprouve une combustion complète, de manière à donner lieu à de l'acide carbonique, à de l'eau et à de l'azote : à moins de supposer que sous certaines influences, l'azote des composés quaternaires peut être éliminé en partie, en donnant naissance, par cette élimination, à des composés ternaires.

En consultant le tableau qui résume les deux expériences, on s'aperçoit que l'hydrogène et l'oxygène éliminés ne sont pas dans le rapport voulu pour constituer l'eau. En effet, l'oxygène dissipé dans un jour étant 4^{gr},69, exigerait 0^{gr},586 d'hydrogène ; par conséquent, l'hydrogène excédant, qui est brûlé comme l'est le carbone par le concours de l'oxygène de l'air, est alors 0^{gr},12.

En considérant la respiration comme un phénomène de combustion, les données précédentes indiqueraient qu'une tourterelle du poids de 187 grammes, respirant librement dans une atmosphère à 8 ou 10 degrés centigrades, où elle brûle en vingt-quatre heures, $5^{gr},1$ de carbone et 0,12 d'hydrogène, peut dégager assez de chaleur pour entretenir sa masse à une température à peu près constante de 41 à 42 degrés, tout en volatilisant l'eau qui sort par la transpiration pulmonaire et cutanée, eau dont la quantité, comme on va le voir, s'élève à plus de 3 grammes.

Dans une première expérience, la tourterelle soumise au régime du millet a bu, en deux jours,.. $12^{gr},80$ d'eau distillée.
Dans une autre expérience...................... $12^{gr},70$

En quatre jours........ $25^{gr},50$; par jour 6,378

Il est possible, maintenant, d'estimer approximativement la quantité d'eau que l'animal perdait par la transpiration :

	gr
En douze jours la tourterelle a pris, avec les $194^{gr},26$ de millet consommé, eau...	27,30
Eau bue directement...	76,50
Eau entrée...	103,80
Eau contenue dans les $100^{gr},29$ d'excréments humides...........	71,19
Différence ou eau sortie par la transpiration pulmonaire et cutanée.	32,71
Par jour,...	2,73
Eau formée dans un jour par les $0^{gr},12$ d'hydrogène excédant.....	1,08
Eau totale éliminée en vingt-quatre heures par la transpiration..	3,81

§ IV. — *Observations sur la quantité d'acide carbonique formée pendant la respiration de la tourterelle.*

Il m'a semblé d'autant plus nécessaire de contrôler, par des expériences directes, les résultats obtenus par la méthode indirecte qui vient d'être exposée, que ce contrôle peut, en quelque sorte, donner la mesure du degré de confiance que doit inspirer l'application de l'analyse organique à la physiologie.

Pour doser l'acide carbonique formé par la respiration j'ai placé une tourterelle sous une cloche tubulée qui communiquait avec un système de tubes absorbants, à l'aide d'un aspirateur. On comprend aisément une expérience de ce genre, et si j'entreprends néanmoins d'en donner une description, c'est que l'appareil qui a fonctionné dans mon laboratoire comportait une disposition qui a été jugée favorablement par divers physiciens de mes amis.

Cet appareil, *Pl. I, fig.* 1, se compose d'une cloche de verre d'une capacité de 11 litres et munie d'une tubulure placée à la partie supérieure. Les bords inférieurs de la cloche sont dressés à la meule, de manière à poser hermétiquement sur une tablette de marbre ou sur une plaque de verre *v*. La tubulure A est fermée par un bouchon de liége solidement établi, scellé avec du mastic résineux, et convenablement percé pour laisser pénétrer dans l'intérieur les tubes de plomb dont il va être question : 1° un tube *b* qui, en suivant le contour de la paroi, aboutit en *b'*; 2° un tube, d'un diamètre un peu plus fort que celui *b'*, et qui aboutit en *d* ; enfin, un troisième tube qui pénètre seulement jusqu'en *c*.

Le tube *b* est en relation, d'abord avec un flacon d'acide sulfurique qui retient la totalité de l'eau : puis à la suite de ce premier dessiccant suivi d'un tube à *ponce* sulfurique qui sert de *témoin* pour témoigner de la sécheresse de l'air, vient le système bien connu d'absorbants à potasse et à acide sulfurique, terminé également par des tubes *témoins* qui servent à constater l'absorption totale de l'acide carbonique : l'augmentation de poids de ce système absorbant donne la quantité d'acide carbonique.

L'air de la cloche appelé dans les tubes absorbants au moyen de l'écoulement régulier de l'eau d'un aspirateur est remplacé par de l'air pris à l'extérieur par le tube *cc'* : cet air arrive dans l'appareil avec l'humidité et l'acide carbonique qu'il peut contenir : l'eau n'est point un inconvénient; quant à l'acide, on le soustrait de celui qui est dosé. Cette correction, toujours assez faible, présente, sans aucun doute, moins d'inconvénients qu'une purification préalable de l'air extérieur.

Le tube d' est en communication directe avec un autre aspirateur muni d'un robinet qui permet un écoulement très-abondant, de manière à renouveler très-rapidement l'air de la cloche, et voici dans quel but. Lorsque l'animal est introduit dans l'appareil, on lute les bords de la cloche avec la plaque de marbre au moyen du mastic des vitriers; comme il importe que cette opération soit faite avec soin, elle exige un certain temps, durant lequel l'acide carbonique s'accumule dans la cloche dont la capacité est toujours très-limitée. C'est pour obvier à cet inconvénient que l'aspirateur qui aspire par le tube d' est établi; au moment même où l'animal est placé, on détermine une aspiration des plus vives qu'on entretient pendant tout le temps du lutage. Quand le mastic est appliqué, on ferme l'aspirateur lié à d', et l'on ouvre aussitôt l'autre aspirateur lié à b'; on note l'heure et la minute, afin de connaître exactement la durée de l'observation qui a commencé à un instant où, par l'effet du balayage rapide qu'on a exercé, il n'y avait pas sensiblement d'acide carbonique sous la cloche.

L'expérience terminée, l'acide carbonique dosé subit deux corrections; on en retranche l'acide carbonique provenant de l'atmosphère, et on y ajoute celui qui se trouvait dans la cloche à l'instant où l'appareil a cessé de fonctionner.

Ces corrections exigent que l'on connaisse le volume de l'air qui est entré dans l'aspirateur placé vers b, en passant par les tubes absorbants; c'est dans cette vue qu'on prend la température de l'air aspiré, et qu'on inscrit l'état du baromètre. Indépendamment de la tension de la vapeur aqueuse, il faut en outre, pour calculer la pression, tenir compte de la hauteur de la colonne d'acide sulfurique que l'air soulève en traversant le flacon dessiccant. Une fois que l'on connaît le volume réel de l'air contenu dans l'aspirateur, on a le poids de l'acide carbonique atmosphérique à déduire, en se rappelant que l'air introduit dans l'aspirateur a dû en laisser, dans les tubes absorbants, les $\frac{1}{10000}$ de son volume. Quant à la seconde correction, celle qui dépend de l'acide resté dans l'appareil, elle est d'autant moins considérable que la vitesse de l'air aspiré a été plus grande. On réduit à o degré et à la pression de $0^m,76$ l'air de la cloche dont on connaît la capacité, la pression, qui est celle de l'atmosphère, et la température qui est indiquée par un thermomètre t fixé dans l'intérieur: on ne s'éloigne pas beaucoup de la vérité, en supposant qu'au moment où l'aspiration a cessé, l'air confiné dans l'appareil renfermait une proportion d'acide carbonique semblable à celle qui entrait dans la composition de l'air qui a traversé les tubes absorbants.

Je rapporterai maintenant les résultats que j'ai obtenus sur la respiration de la tourterelle qui avait été l'objet des observations précédentes et qui recevait le même régime.

DURÉE de l'expér.	TEMPÉRATURE de la cloche		ACIDE carbonique dosé	ACIDE carbonique produit en 1 h.	CARBONE brûlé dans 1 heure	REMARQUES	PROGRÈS de la journée	
	au commenc.	à la fin						
h. m	°	°	gr	gr	gr		h. m	h. m.
5.13	"	15,5	4.579	0.854	0.223	Jour.	De 11.12 à	4.25
6.13	13,0	15,0	7.611	1.133	0.304	Jour.	De 7.48 à	2.31
6. 0	13,5	13,0	5.100	0.850	0.232	Jour.	De 10.51 à	4.55
5.26	13,0	11,0	1.811	0,537	0,147	Nuit.	De 6.13 à	9.39
5.14	14,0	12,2	3.197	0,651	0,177	Nuit.	De 5.39 à	10.53

*) Depuis la rédaction de ce Mémoire, on a fait sur deux autres tourterelles

Un fait que l'on remarque à la première inspection du tableau, c'est la différence considérable qui existe entre les quantités d'acide carbonique exhalé durant le jour et durant la nuit. On a déjà observé une différence dans le même sens, en étudiant la respiration de l'homme. Dans la seconde expérience, la tourterelle a produit dans le même temps beaucoup plus d'acide carbonique que dans les deux autres observations faites le jour. Les deux expériences exécutées dans la nuit ont donné d'ailleurs, pour le carbone brûlé dans une heure, des nombres qui sont assez discordants. Le phénomène de la respiration paraît donc assez irrégulier, et il est vraisemblable qu'en déduisant d'une expérience de courte durée l'acide carbonique qu'un individu exhale dans un jour, on est exposé à obtenir un résultat peu exact. La grande différence qui existe entre les produits de la respiration pendant l'état de veille, ou durant le sommeil d'un animal, explique en quelque sorte cette irrégularité; car, dans le jour, surtout chez les animaux confinés dans un appareil, il survient souvent un

quelques expériences dont voici les résultats :

SEXE ET POIDS de l'animal	DURÉE de l'expérience.	TEMPÉ-RATURE de la cloche.	ACIDE carbo-nique dosé.	ACIDE carb. pro-duit en 1 h.	CAR-BONE brûlé en 1 h.	REMAR-QUES.	ÉPOQUES de la journée.
Tourterelle mâle pesant 185 grammes.	h. m. s. 1.42.00	19,5	1,318	0,865	0,236	Jour.	De 4.30. 0 à 6.12. 0
	1.42.00	20,5	1,484	0,874	0,238	Jour.	De 2.31. 0 à 4.13. 0
Tourterelle femelle du poids de 133 grammes.	1.32.30	17,0	1,078	0,773	0,211	Jour.	De 11.44. 0 à 1.16.30
	1.24.00	18,5	1,041	0,728	0,198	Jour.	De 2. 5. 0 à 3.29. 0
	1.30.30	16,5	0,760	0,591	0,161	Nuit.	De 8.22. 0 à 9.52.30
	1.47.30	20,0	0,860	0,478	0,130	Nuit.	De 8. 1.30 à 9.49. 0

état voisin de l'assoupissement, auquel succède quelquefois une extrême agitation.

Les analyses de la nourriture et des déjections ont donné, pour le carbone brûlé dans une heure par la tourterelle :

La première expérience. 0,203
La seconde............ 0,219
Moyenne.. ... 0,211

En prenant le résultat moyen des observations directes consignées dans le tableau ci-dessus, et en supposant pour le jour entier douze heures de veille et douze heures de sommeil, ce qui était à peu près le cas à l'époque où les expériences ont été faites. on a :

Carbone brûlé dans le jour..... 0,258
Carbone brûlé dans la nuit........... 0,162
Carbone brûlé en une heure (moyenne). 0,198

§ V. — *Observation sur la respiration de la tourterelle mise à l'inanition.*

Un animal privé de nourriture éprouve chaque jour dans son poids une perte assez régulière, jusqu'à ce qu'il meure d'inanition. Les substances à composition ternaire, comme le sucre, la graisse, qui concourent évidemment à la nutrition quand elles sont associées à un principe azoté nourrissant. deviennent insuffisantes comme aliment unique; leur effet se réduit alors à prolonger un peu l'existence de l'individu qui les consomme. Sous ce rapport, le rôle de ces substances non azotées est analogue à celui des corps gras fixés dans les tissus. On sait, en effet, que les animaux chargés de graisse sont aussi ceux qui résistent le plus longtemps à une privation absolue de nourriture et après leur mort. on peut constater la disparition presque totale de la graisse. Un animal doué d'un certain embonpoint quand il a succombé d'inanition par suite d'un régime au sucre, peut présenter un cadavre notablement plus gras que si le même animal avait été soumis à une abstinence rigoureuse ; dans cette circonstance, le sucre ingéré ménage, en quelque sorte, la matière grasse tenue en réserve dans l'organisme, mais sans empêcher que la plus grande partie en soit détruite : et des expériences faites sur des tourterelles, par M. Letellier, montrent que le beurre, administré seul comme aliment, agit à peu près comme le sucre. La graisse ingérée ne s'assimile plus quand il n'entre pas dans le régime un principe azoté nutritif. Dans cette circonstance, le sang brûlé pendant la respiration n'est plus régénéré par l'alimentation, il y a destruction des tissus propres à loger les globules, et l'énergie vitale indispensable à l'assimilation décroît avec rapidité.

Les modifications des principes azotés du sang en urée, en acide urique, en bile, etc., sont, sans aucun doute, tout aussi nécessaires à la vie que la combustion du carbone et de l'hydrogène qui produit la chaleur animale ; ces modifications, qui sont peut-être la conséquence de cette combustion, ne cessent pas pendant l'inanition ; seulement elles sont moins intenses, comme le deviennent d'ailleurs les phénomènes de la respiration. J'ai donc cru qu'il pouvait être intéressant de déterminer la proportion d'acide carbonique exhalé et la composition des déjections fournies pendant l'inanition ; et, afin de pouvoir comparer les résultats avec ceux obtenus sur un animal suffisamment nourri, j'ai mis en expérience la tourterelle qui avait été le sujet des recherches précédentes. La température de la pièce dans laquelle la cage était placée a varié de 7 à 12 degrés. La tourterelle avait de l'eau distillée à discrétion, mais en sept jours elle n'en a bu qu'une quantité insignifiante. Voici le tableau des pertes de poids éprouvées pendant l'inanition

DATES DES PESÉES	POIDS de la tourterelle.	PERTE en 24 heures	REMARQUES
15 février à 4 h. du soir.	186,8 gr	8,78 gr	La tourterelle avait été nourrie au millet
17 février à midi.	179,7	7,30	A l'inanition depuis quarante-quatre heures
18 février à midi.	163,5	7,40	
19 février à midi.	156,1	7,50	
20 février à midi.	148,6	8,10	
21 février à midi.	140,5	6,70	
22 février à midi.	133,8	"	
22 février à 4 h. du soir.	132,9		
Perte en sept jours.	53,9		
Par jour.	7,7		

La tourterelle qui, au commencement de l'expérience, était grasse et vigoureuse, aurait très-probablement supporté encore plusieurs jours d'abstinence avant de mourir, quoique déjà, au bout des sept jours, elle eût maigri considérablement. Cependant elle se tenait toujours perchée, mais elle était dans un état de torpeur dont elle ne sortait qu'à de rares intervalles.

On trouvera dans le tableau suivant les quantités d'acide carbonique fournies par la tourterelle durant l'inanition :

DURÉE de l'expérience.	TEMPÉRATURE de la cloche		ACIDE carbonique dosé.	CARBONE brûlé dans 1 heure.	REMARQUES.	ÉPOQUES de la journée.
	avant.	après.				
h. m.	o	o	gr	gr		h. m. h. m.
3.11	15,4	16,2	3,172	0,213	Avait mangé.	De 11.58 à 3.42 Jour.
5. 0	14,0	14,0	2,095	0,114	Privée de nourrit. depuis 24 h.	De midi à 5. 0 Jour.
3. 1	14,0	13,8	1,368	0,124	5e jour d'inanition	De 12.57 à 3.58 Jour.
3.17	14,0	13,8	1,767	0,113	6e jour d'inanition	De 12.20 à 3.37 Jour.
3.28	14,0	13,0	0,910	0,072	5e jour d'inanition	De 6.03 à 9.31 Nuit(*)

La moyenne des trois premières observations faites pendant l'inanition indique $0^{gr},117$ pour le carbone brûlé dans une heure. Une circonstance assez remarquable, qu'on pouvait d'ailleurs prévoir par suite de la régularité des pertes diurnes, c'est que l'animal a exhalé, à toutes les

---

(*) Voici de nouvelles observations sur une autre tourterelle mise aussi à l'inanition :

SEXE et poids de l'animal.	DURÉE de l'expérience.	TEMPÉRATURE de la cloche.	ACIDE carbonique dosé.	ACIDE carbonique prod. en 1 h.	CARBONE brûlé en 1 h.	REMARQUES.	ÉPOQUES de la journée
	h. m. s.	o	gr	gr	gr		h. m. s. h. m. s
	1.42. 0	18,0	0,710	0,419	0,114	Après deux jours d'inanition.	De 12. 7. 0 à 1.49. 0 J.
	1.40. 0	17,5	0,706	0,445	0,121	Apr. quatre jours d'inanition.	De 12.58. 0 à 2.38. 0 J.
Tourterelle mâle du poids de 176 gr.	1.11. 0	17,0	0,606	0,349	0,095	Apr. onze heures seulem. d'inan.	De 8.58. 0 à 10.42. 0 N.
	1.43. 0	18,5	0,470	0,268	0,073	Après trente-six heur. d'inanit.	De 8. 5. 0 à 9.48. 0 N.
	2. 0. 0	18,0	0,451	0,237	0,065	Après deux jours et demi.	De 8.35. 0 à 10.35. 0 N.
	1.44.30	17,0	0,473	0,281	0,077	Après trois jours et demi.	De 8.28.30 à 10.13. 0 N.
	1.28.30	16,5	0,409	0,284	0,077	Apr. quatre jours et demi	De 8.29. 0 à 9.57.30 N.

époques de l'expérience, sensiblement la même quantité d'acide carbonique dans un temps déterminé. La tourterelle soumise à l'inanition a produit, durant le sommeil, moins d'acide que pendant l'état de veille, comme cela a eu lieu lorsqu'elle recevait une alimentation abondante. En admettant l'égalité dans la durée du jour et la durée de la nuit, le carbone brûlé en vingt-quatre heures s'élèverait à 2^{gr},280. La quantité de carbone brûlé par la tourterelle nourrie avec du millet a été, dans le même temps, de 5^{gr},1.

Il était assez curieux de déterminer la rapidité avec laquelle la tourterelle *inanitiée* tendrait à revenir à son poids initial; en conséquence, immédiatement après la dernière pesée exécutée pendant l'inanition, on a donné 20 grammes de millet qui ont été mangés en 13 minutes. La tourterelle a bu abondamment; le lendemain elle a mis une heure pour consommer la même dose de graines; les jours suivants, le repas a eu lieu comme dans les circonstances ordinaires. Voici, au reste, quel a été l'accroissement du poids de la tourterelle remise au régime du millet après sept jours d'inanition :

DATES DES PESÉES	Poids.	MILLET consommé entre les deux pesées	AUGMENTATION du poids		REMARQUES
			entre les pesées.	en 24 heures	
22 févr. 4 h. du soir.	132,9^{gr}	20,0^{gr}	16,8^{gr}	16,8^{gr}	Après sept jours d'inanition
23 févr. 4 h. du soir	149,7	20,0	19,8	19,8	
24 févr. 4 h. du soir	168,8	65,0	2,5 perte	- 0,83	
27 févr. 4 h. du soir.	166,3	60,0	2,0	1,0	
29 févr. 4 h. du soir.	168,3				
Gain en sept jours...	35,4				
Gain par jour......	5,06				

Ainsi, dans les deux premiers jours d'alimentation, l'augmentation de poids a été considérable, mais il y a eu subitement un temps d'arrêt. Après sept jours d'une nourriture abondante, la tourterelle avait retrouvé toute sa vivacité ; cependant elle était restée maigre, elle n'avait pas récupéré à beaucoup près le poids qu'elle avait perdu. Ces faits s'expliquent, je crois, tout naturellement, quand on adopte l'opinion que nous professons sur l'engraissement, MM. Dumas, Payen et moi. En effet, la perte éprouvée durant l'inanition a été la conséquence de la combustion du sang et de celle de la graisse accumulée dans l'organisme de la tourterelle ; nous avons vu que cette perte s'est élevée à 53^{gr},9. Dès la première période de l'alimentation, le gain en poids vivant a été de 35^{gr},4. L'animal n'a repris en sept jours qu'à peu près les deux tiers de ce qu'il avait perdu. L'augmentation de poids vivant, si rapide dans cette circonstance, est due vraisemblablement au sang régénéré par l'aliment et la boisson. Le millet consommé contenait, et au delà, tous les éléments de cette régénération ; mais ce qu'il ne contenait pas, ce qu'il n'a pu, par conséquent, restituer à l'organisme, c'est la totalité de la graisse qui avait été détruite par l'inanition. Aussi, la tourterelle n'a pas recouvré son embonpoint ; moins de sept jours d'un régime abondant ont suffi pour la remettre en chair, mais nullement pour l'engraisser, pour la ramener à la condition de gras où elle était au commencement de l'expérience. La raison en est facile à saisir. Le millet, d'après une analyse faite dans mon laboratoire, contient, dans l'état où il a été consommé, 3 pour 100 d'une matière grasse solide, très-fusible, d'un blanc légèrement jaunâtre. Les 165 grammes de millet ingérés en sept jours n'ont donc pu apporter que 4 grammes de graisse. Or, l'on sait, par les expériences de M. Letellier, qu'une tourterelle d'un embonpoint ordinaire perd en vingt-quatre heures d'inanition, environ 2^{gr},5 de graisse. En sept jours, l'individu qui a fait le sujet de l'observation actuelle a dû en perdre 17^{gr},5. et l'on voit maintenant que ce même individu devait consommer au moins 583 grammes de millet pour remplacer la graisse qu'il avait perdue (1).

(1) Une autre tourterelle, privée d'aliments et de boissons pendant neuf jours, s'est comportée d'une manière analogue.

Son poids initial était de......	175,6
Il est descendu après neuf jours d'inanition à.	112,5
Perte en neuf jours...	63,1
Perte par jour........	7,0

Trois jours après avoir été rendue à l'alimentation normale, son poids est devenu 143^{gr},7 ; il s'était même élevé la veille à 153 grammes ; mais on avait constaté que le jabot contenait, dans ce dernier cas, une certaine quantité d'aliments qu'on pouvait évaluer à 10 ou 12 grammes. Cette tourterelle avait donc, dans l'espace de deux ou trois jours, récupéré 30 grammes environ de son poids, et réparé ainsi la moitié de la perte qu'elle avait faite.

Dès lors elle est devenue presque stationnaire.

Elle a pesé le quatrième jour.	143,7
le cinquième.....	144,5
le sixième........	148,0
le septième.......	150,1
le huitième.......	150,3
le dixième....	153,0
le treizième ...	155,0
Enfin, le vingtième......	157,3

Cet oiseau a offert aussi quelques particularités dans la quantité d'acide carbonique qu'il a produite lorsqu'il a été remis à l'alimentation régulière.

Vingt-quatre heures après que les aliments lui eussent été rendus, il a brûlé seulement :

	0,168	de carbone par heure.
Au commencement du troisième jour.	0,206	pendant le jour,
Au milieu du quatrième	0,240	id.
Au milieu du sixième., ...	0,25;	id.
Le douzième , ...	0,250	id.

Il brûlait, avant d'avoir été soumis à l'inanition, dans son état normal, en moyenne 0^{gr},232 de carbone par heure, pendant le jour.

La faiblesse où tous les organes devaient se trouver après une aussi longue inanition explique pourquoi, les premiers jours, la production d'acide carbonique a été plus faible qu'on ne l'avait observée avant l'expérience. On voit cependant que l'assimilation a été bien plus active ces jours là que les suivants, où la quantité de carbone brûlé a surpassé celle de l'état normal.

§ VI. — *Examen des excréments de la tourterelle soumise à l'inanition.*

Pendant la durée de l'inanition, la tourterelle a rendu chaque jour des matières excrémentitielles demi-liquides, glaireuses, d'un vert d'herbe, et dans lesquelles on apercevait des parties blanches d'acide urique. Cette matière glaireuse a tous les caractères d'une sécrétion bilieuse, de sorte qu'il est, je crois, permis de conclure que les produits de la digestion du sang et de la graisse de la tourterelle sont de la bile et les principes azotés qui font partie de l'urine des oiseaux.

Les excréments ont été recueillis sur une plaque de verre et desséchés chaque jour à une douce chaleur, pour prévenir toute altération putride. A la fin de l'expérience, on les a broyés pour les mêler, puis on a achevé la dessiccation dans le vide sec, à la température de 130 à 135 degrés. La matière recueillie en sept jours, et amenée à cet état de siccité, a pesé 2^{gr},755. Sa couleur, par suite du mélange intime de l'acide urique avec la bile, était d'un vert pâle.

Analyse des excréments secs.

Carbone et hydrogène. — I. 0^{gr},421 ont donné : acide carb., 0^{gr},493 ; eau, 0^{gr},164 = C 31,93, H 4,30.

Carbone et hydrogène. — II. 0^{gr},377 ont donné : acide carb., 0^{gr},442 ; eau, 0^{gr},150 = C 31,97, H 4,40.

Azote. — 0^{gr},305 ont donné : azote, 64$^{c.c.}$; temp., 16° ; bar. à 0°, 0^{m},7618. Azote pour 100, 24,74.

Cendres. — 0^{gr},761 ont laissé 0^{gr},081 de cendres ; pour 100, 10,64.

	Composition des excréments secs	Abstraction de la cendre.
Carbone.........	31,95	35,7
Hydrogène......	4,35	4,9
Azote..........	24,74	27,7
Oxygène........	28,32	31,7
Matières salines.	16,40	"
	100,00	100,0

Dans un jour (vingt-quatre heures), la tourterelle privée
de toute nourriture a rendu 0gr,3935 de déjections suppo-
sées sèches, contenant, d'après l'analyse précédente :

C 0gr,1257, H 0gr,0171, O 0gr,1114, Az 0gr,0974.

Les excréments de la tourterelle, dérivant de la nourriture au millet et rendus dans un jour, contenaient :

C 1gr,341, H 0gr,164, O 1gr,122, Az 0gr,299.

Ainsi, le carbone, l'hydrogène et l'oxygène renfermés
dans les déjections recueillies dans un jour d'inanition ne
sont que le dixième des mêmes éléments compris dans les
excréments provenant d'une alimentation normale. Pour
l'azote on a le tiers.

Si, en partant de la composition du sang, nous cherchons
à déterminer la quantité de ce fluide qui est brûlée pendant la respiration de la tourterelle mise à l'inanition,
nous arrivons à une conclusion d'un certain intérêt physiologique; car nous avons ainsi une nouvelle preuve de
l'intervention de la graisse dans la respiration d'un animal
inanitié.

Soit, en effet, la composition du sang (privé de cendres) :

Carbone....	54,4
Hydrogène..	7,5
Azote......	15,9
Oxygène ...	22,2
	100,0

Si, en se fondant sur les résultats des recherches exposées dans la première partie de ce Mémoire, on admet que
l'azote exhalé par la respiration des granivores est la moitié
de l'azote qui se trouve dans les déjections, on a, pour la

---

* J'ai malheureusement négligé d'analyser le sang de la tourterelle ; je
prends ici l'analyse du sang dûe à M. Boeckmann.

totalité de ce principe rendu en vingt-quatre heures par la tourterelle à l'inanition :

$$
\begin{array}{lr}
& \text{gr} \\
\text{Dans les déjections...} & 0,097 \\
\text{Par la respiration.....} & 0,0485 \\
\hline
& 0,1455
\end{array}
$$

quantité d'azote qui représente $0^{gr},915$ de sang sec et renfermant : C 0,498, H 0,069, O 0,203, Az 0,145. La quantité de carbone indiquée ici est évidemment beaucoup trop faible, puisque nous avons reconnu, par une observation directe, que la tourterelle en brûle réellement $2^{gr},406$; à ce nombre on doit ajouter les $0^{gr},126$ de carbone de déjections. Il faut donc, comme le prouvent d'ailleurs les expériences de M. Letellier, que la graisse concoure avec le sang à entretenir la chaleur et à prolonger la vie des animaux qui sont privés de nourriture.

$$
\begin{array}{lr}
& \text{gr} \\
\text{La totalité du carbone emis par la tourterelle étant} & 2,532 \\
\text{Le carbone ayant le sang pour origine.............} & 0,498 \\
\hline
\text{La différence......} & 2,034
\end{array}
$$

doit provenir de la graisse dont on peut représenter la composition par :

$$
\begin{array}{lr}
\text{Carbone....} & 79,0 \\
\text{Hydrogène..} & 11,4 \\
\text{Oxygène....} & 9,6 \\
\hline
& 100,0
\end{array}
$$

Les $2^{gr},034$ de carbone représenteraient

alors 2,575 de matière grasse contenant :	C	2,034	H	0,291	O	0,247
Dans le sang digéré on doit supposer....	C	0,498	H	0,069	O	0,203
Somme....		2,532		0,363		0,450
Dans les déjections on a trouvé........	C	0,126	H	0,017	O	0,111
Différences.....	C	2,406	H	0,346	O	0,339

(*) Je n'ai pas analysé la graisse de tourterelle ; j'ai pris la moyenne des compositions suivantes données par M. Chevreul :

C	79,1	H	11,1	O	9,8 graisse de porc.
	79,0		11,7		9,3 suif.
	79,0		11,6		9,6 graisse humaine.

Les 0ᵍʳ.339 d'oxygène prendraient 0.042 d'hydrogène
pour former de l'eau ; par conséquent, en vingt-quatre
heures, la tourterelle à l'inanition brûle C 2.41, H 0.30
fixant 8,40 d'oxygène de l'air. La tourterelle alimentée
avec du millet brûle C 5.10, H 0.12, fixant 14,56 d'oxygène de l'air.

Dans ses belles recherches sur l'inanition, M. Chossat a
reconnu que les tourterelles privées de nourriture conser-
vent néanmoins, pendant leur existence, une température
peu différente, seulement un peu inférieure, à ce qu'elle
est pendant l'alimentation normale (1). On devait s'attendre, d'après cela, à trouver que, dans le cas de l'inanition,

---

(1) Il résulte, en effet, des observations nombreuses recueillies par M. Chossat sur des pigeons et des tourterelles, que pendant l'inanition et à l'heure
de midi, la chaleur animale ne s'abaisse que d'un demi-degré au-dessous
de celle observée à la même heure dans l'alimentation régulière ; et qu'elle
ne descend pas en moyenne, à minuit, de plus de 3 degrés au-dessous de
celle de l'état normal à la même heure

Les températures sont en moyenne :

	Midi	Minuit.
Dans l'état normal..	42°,20	41°,18
Pendant l'inanition...	41°,70	38°,12
Différence.....	0°,52	3°,06

Les expériences de M. Chossat établissent encore les faits suivants :

1°. La chaleur animale éprouve toutes les vingt-quatre heures une oscillation
régulière, au moyen de laquelle elle s'élève pendant le jour et s'abaisse
pendant la nuit, et cette oscillation, qui est = 0°.74 dans l'état normal,
devient dans l'inanition = 3°,28.

2°. L'oscillation diurne inanitiale est d'autant plus étendue, que l'inanition a déjà fait plus de progrès ; de telle façon que l'oscillation de la fin de
l'expérience est à peu près double de celle du début.

3°. Les heures de midi et de minuit sont bien les époques du maximum et
du minimum de la chaleur animale. Mais l'oscillation diurne n'attend pas
ces heures-là pour se développer. C'est ainsi que, pendant les différentes
parties du jour proprement dit, la chaleur se rapproche plus ou moins de
celle de midi ; tandis que, pendant la nuit, elle se rapproche de celle de
minuit.

4°. Enfin, dans le cours d'une même expérience, l'abaissement nocturne
se prolonge d'autant plus avant dans la matinée, et commence d'autant plus
tôt dans l'après-midi, que l'animal se trouve déjà plus affaibli par la durée
préalable de l'inanition

une tourterelle brûlerait à peu près la même somme d'éléments combustibles qu'elle en brûle dans les conditions ordinaires. Nous voyons cependant que, par le fait de la respiration, l'animal inanitié ne brûle qu'environ la moitié du carbone et de l'hydrogène qu'il consomme, sous l'influence du régime alimentaire : ce résultat peut paraitre assez surprenant. Il est vrai que, par suite de l'abstinence, la masse de la tourterelle diminue rapidement; il faut encore ajouter que, dans l'alimentation, il y a chaque jour près de $3^{gr}\frac{1}{2}$ d'eau vaporisée par la transpiration, et que la boisson et l'aliment, ingérés à la température de l'atmosphère, donnent lieu à $8^{gr}\frac{1}{2}$ d'excréments, qui sont expulsés à la température de 42 degrés. Dans le cas d'inanition, le poids des déjections humides ne dépasse certainement pas 2 grammes, et comme la tourterelle buvait à peine, on peut concevoir que la presque totalité de l'humidité éliminée provenait du sang digéré ou brûlé; et dans cette supposition très-vraisemblable, l'eau entrainée par la transpiration n'atteindrait pas 2 grammes. On entrevoit ainsi que, dans l'inanition, il doit y avoir beaucoup moins de chaleur animale dépensée pour échauffer ou pour volatiliser, que durant la nutrition.

J'ai admis, en partant de l'azote des déjections, qu'en vingt-quatre heures la tourterelle inanitiée a consommé 0^{gr},915 de sang sec. Cette supposition semble confirmée par la perte diurne éprouvée par l'animal. En effet, MM. Dumas et Prevost ont trouvé dans le sang de pigeon 0,80 d'humidité : adoptant ce nombre, on a pour le sang aqueux digéré ou brûlé en vingt-quatre heures, par la

tourterelle. . . . . 4^{gr},58
La graisse brûlée ou digérée a été . . . . 2^{gr},58

Principes éliminés par l'organisme en 24 heures 7^{gr},16
Or, la tourterelle a perdu par jour, pendant

l'inanition. . . . . 7^{gr},70

OBSERVATIONS

SUR

L'ACTION DU SUCRE

DANS L'ALIMENTATION DES GRANIVORES;

Par M. Félix LETELLIER,

Docteur-Médecin

Il y a quelque temps, M. Chossat, médecin et physiologiste distingué de Genève, a présenté à l'Académie un Mémoire qui donnerait, si les expériences qu'il contient se vérifiaient, la solution d'une des questions les plus controversées aujourd'hui : je veux parler de celle de l'engraissement.

L'auteur de ce travail conclut qu'il y a production de graisse par l'usage du sucre.

Les expériences qui avaient conduit à cette conclusion

importante, toutes consciencieuses et bien dirigées qu'elles sont, ne me paraissant pas cependant offrir assez de netteté dans leurs résultats, j'ai entrepris une série d'expériences analogues, et j'ai tâché de mettre dans ces recherches toute l'exactitude qu'elles comportaient.

M. Chossat a expérimenté sur treize pigeons et quatre tourterelles.

Ces oiseaux ont reçu par jour, pendant toute la durée de l'expérience qui se terminait par la mort, une quantité de sucre de canne équivalente à celle qu'il aurait fallu leur donner de blé pour les entretenir sans perte de leur poids.

Cette quantité est de 29^{gr},8 pour les pigeons, et de 14^{gr},2 pour les tourterelles.

Neuf de ces animaux ont été pendant l'expérience privés de boissons. Je note ici cette circonstance qui est importante.

La durée de la vie a été en moyenne, pour les pigeons, de quatre jours seulement, de huit jours pour les tourterelles.

Voici de quelle manière M. Chossat a déterminé la graisse trouvée à l'autopsie. Dans la moitié des cas il a pesé la peau avec la graisse qui la doublait et celle qu'il a pu recueillir par la dissection, et il a donné le poids obtenu; dans l'autre moitié, il s'est contenté de l'évaluer à la simple vue.

Sur sept pigeons du régime saccharin, la graisse a varié de 31 à 68 grammes. En moyenne, elle était de 48 grammes. M. Chossat l'a fixée à 58 grammes à l'état normal.

Il faut remarquer que tous ces pigeons avaient été privés d'eau, circonstance qui avait abrégé singulièrement la durée de leur vie.

Chez les pigeons qui ont eu de l'eau à volonté, celui qui a vécu le plus longtemps (douze jours) ne présente pas de graisse.

Chez un autre, elle n'est pas indiquée; chez un troisième, elle est notée une petite quantité : enfin pour les deux derniers qui ont vécu huit et neuf jours, on trouve les mentions suivantes : épiploon assez chargé de **graisse**, épiploon chargé de graisse.

Quant aux tourterelles, la vie a été longue dans deux expériences (onze jours et demi et seize jours). Elle a été de seize heures seulement chez une troisième tourterelle, qui est notée contenir une très-grande quantité de graisse. Il est évident ici que cette graisse était celle que l'animal possédait vingt-quatre heures auparavant. Chez les trois autres, la graisse a été déterminée une fois par la pesée qui a donné 32^{gr},3, et deux autres fois on s'est contenté de l'évaluer à la simple vue et d'exprimer sa proportion par les mots : quantité modérée, graisse conservée en totalité.

Il est facile de contester ces données. On peut objecter, sans parler de la méthode d'évaluation de la graisse, que les sept pigeons privés d'eau ont vécu trop peu de jours pour qu'on soit en droit d'attribuer au régime du sucre la graisse trouvée à l'autopsie.

Il me semble que la seule conclusion que l'on soit admis à prendre, d'après les faits ci-dessus, tels qu'ils sont présentés, est la présence, dans certains cas, d'une notable quantité de graisse à la mort. Plusieurs expérimentateurs avaient déjà fait remarquer cette présence de la graisse à l'autopsie chez les animaux nourris exclusivement avec une substance amylacée, saccharine ou gommeuse. MM. Tiedmann et Gmelin l'ont rencontrée en *quantité notable* sur trois oies nourries à ces trois divers régimes. M. Chossat cite lui-même dans son Mémoire l'expérience de MM. Macaire et Marcet qui avaient trouvé de la graisse chez un mouton après l'avoir nourri exclusivement au sucre.

Cette graisse, que l'on trouve ainsi à la mort, est le reste de celle qui préexistait à l'expérience. Sa proportion se montre plus forte que dans l'inanitiation où elle est à peu près nulle ; parce que, pour l'entretien de sa chaleur, l'animal est obligé, quand il est privé d'aliments, de brûler sa propre substance et sa graisse de préférence.

Je ne crois pas qu'une autre explication puisse être adoptée.

Je vais maintenant présenter mes expériences, et les résultats qu'elles m'ont donnés.

J'ai expérimenté exclusivement sur des tourterelles pour deux raisons. Les oiseaux qui avaient fourni les résultats les plus favorables à l'opinion de M. Chossat appartenaient à cette espèce. En outre, il devenait plus facile de déterminer la quantité de graisse par le procédé que j'ai employé, les tourterelles offrant un poids et un volume beaucoup moindres que les pigeons.

Je n'ai pas privé de boissons les oiseaux que j'ai nourris au sucre, puisque, dans les expériences de M. Chossat, il était arrivé que les animaux qui avaient été soumis à cette privation d'eau avaient vécu moins longtemps, et avaient fait des pertes journalières plus considérables que ceux qu'on avait laissé mourir d'inanition. De telle sorte que le sucre avait agi dans ces circonstances comme une substance délétère, au lieu d'offrir les qualités d'un aliment, qui, lors même qu'il est insuffisant, prolonge la durée de la vie en diminuant la perte diurne.

De plus, comme l'auteur du Mémoire cité, j'aurais pu me trouver embarrassé, par suite du peu de durée de la vie, pour décider si la graisse trouvée à la mort préexistait à l'expérience, ou avait été produite sous l'influence du régime saccharin.

Ainsi que M. Chossat l'avait fait, j'ai donné du sucre de canne en pain que j'ai pulvérisé et humecté avec une quantité d'eau convenable, qui permit de le réunir en masses faciles à ingérer.

La quantité qu'on a fait prendre par jour a été de 15 à 16 grammes : elle a été en général bien supportée. Il y a

eu quelques vomissements. Les selles, le plus souvent modé-
rées, ont été extrèmement abondantes chez un des oiseaux
en expérience.

La graisse a été séparée de la manière suivante :

La peau, avec la graisse qui la doublait, était détachée
par la dissection. On y réunissait la graisse trouvée dans
l'abdomen, etc. ; et, lorsque la quantité en paraissait assez
forte, on en retirait immédiatement une grande partie par
la fusion à la chaleur du bain-marie. Le résidu était ensuite
mis à plusieurs reprises en digestion dans l'éther jusqu'à
parfait épuisement.

On pesait enfin après l'évaporation complète de l'éther
et de l'eau, qui se faisait au bain-marie.

Le reste de l'animal était ensuite coupé par morceaux,
desséché à 100 degrés, et mis, comme ci-dessus, en digestion dans l'éther. On finissait, après dessiccation préalable,
par le pulvériser, et on le traitait de nouveau par le même
agent.

Pour obtenir des résultats qui présentassent quelque
certitude, il était nécessaire de déterminer à l'avance la
moyenne de la graisse que pouvaient contenir les tourterelles dans les conditions d'une alimentation normale, ainsi
que les variations de quantité.

Sept tourterelles ont été sacrifiées dans ce but. Toutes
avaient été gardées quelque temps nourries avec du millet,
à l'effet de s'assurer de leur bon état de santé.

On trouvera dans le tableau n° I les proportions de graisse
fournies par ces tourterelles, ainsi que plusieurs autres
données.

TABLEAU N° I. — *Tourterelles au régime normal.*

NUMÉROS des expériences.	POIDS DU CORPS.		GRAISSE EXISTANT NATURELLEMENT	
	Avec les plumes.	Sans les plumes.	en grammes.	proportionnelle.
	gr	gr	gr	gr
1.	139,2	127,9	13,0	0,102
2.	131,8	125,0	17,3	0,138
3.	154,2	143,8	17,7	0,123
4.	165,4	150,0	19,2	0,128
5.	142,7	135,1	21,5	0,159
6.	179,5	165,8	24,2	0,145
7.	168,4	154,6	33,3	0,215
Moyennes.	154,9	143,2	20,88	0,1585

On voit dans ce tableau combien la graisse a varié dans ses proportions. Ainsi le minimum, qui est de 10 p. 100, s'éloigne de plus de la moitié du maximum, qui s'élève à 21 p. 100. La moyenne est de 15,85 p. 100.

Occupons-nous actuellement des résultats offerts par les tourterelles soumises au régime exclusif du sucre. Ils sont inscrits dans le tableau n° II.

On voit figurer aussi dans ce tableau deux expériences sur la privation des aliments, et trois expériences relatives au régime d'un corps gras. Il en sera question plus tard.

Sur sept tourterelles nourries au sucre, deux ont vu modifier leur régime au commencement du sixième jour. On a réduit à 10 grammes leur ration quotidienne de sucre, et on a ajouté 12 grammes de blanc d'œuf coagulé. On espérait, par cette addition, placer ces oiseaux dans des conditions plus favorables pour mettre en évidence l'action *engraissante* du sucre, puisqu'au moyen d'une substance azotée leur régime s'écartait moins d'une alimentation régulière.

Le tableau montre qu'il n'en a rien été. La vie, il est

vrai, a été prolongée : les pertes journalières ont été moins fortes; mais, par contre, une faible proportion de graisse existait à la mort.

Sur les cinq autres tourterelles dont le régime n'a pas été modifié, deux ont offert des quantités fort minimes de graisse; une autre, une quantité de près des deux tiers inférieure à la moyenne; une quatrième se tient encore très notablement au-dessous; la cinquième enfin n'atteint pas cette moyenne.

Pour mieux faire ressortir les différences, je vais placer en regard les quantités de graisse offertes par les tourterelles du régime normal et du régime saccharin.

Régime normal, graisse pour 100 en nombres ronds	Régime du sucre, graisse pour 100 en nombres ronds	
10	3	Avec addit. d'albumine
12	4	
13	3	
14	3	
15	6	Sans addit. d'albumine
16	10	
21	15	
Moyenne.... 15,8	6,3	

Ces résultats parlent d'eux-mêmes.

Évidemment il n'y a pas eu production de graisse pendant le régime du sucre. Seulement par la combustion, dans l'acte respiratoire, le sucre a concouru à entretenir la chaleur animale, et a servi ainsi à ménager la graisse tenue en réserve.

Il est facile d'ailleurs de prouver directement ce que je viens d'avancer. Qu'on fasse respirer une tourterelle pendant plusieurs heures sous une cloche où l'air se renouvelle constamment et avec vitesse, au moyen d'un appareil aspirateur, et qu'on recueille l'acide carbonique produit, on trouvera une grande différence dans la quantité du carbone brûlé suivant que cette tourterelle sera privée d'aliments depuis quelques jours, ou nourrie pendant le même nombre de jours avec un aliment insuffisant, comme du sucre, du beurre, etc.

Les expériences que je vais citer ont été faites au moyen d'un appareil établi dans le laboratoire de M. Boussingault, pour déterminer la quantité de carbone brûlée par une tourterelle à l'état normal et dans l'inanitiation. Je me suis servi de cet appareil pour déterminer l'acide carbonique produit sous l'influence des régimes du sucre et du beurre.

Deux tourterelles de même poids (185^{gr},o), nourries avec du millet à volonté, ont produit pendant le jour, dans plusieurs expériences, une quantité d'acide carbonique à très-peu près semblable.

Cette quantité s'est élevée par heure, en moyenne, à o^{gr},852 contenant o^{gr},232 de carbone.

Une de ces tourterelles fut soumise à la privation des aliments pendant sept jours ; on la mit pendant le jour sous la cloche à plusieurs reprises. Elle a donné par heure, en moyenne, o^{gr},429 d'acide carbonique répondant à o^{gr},117 de carbone. Il s'est trouvé qu'elle avait brûlé ainsi à peu près la moitié moins de carbone que dans son état normal.

Une autre tourterelle, depuis trois jours au régime du sucre, a donné o^{gr},715 d'acide carbonique contenant o^{gr},195 de carbone.

Deux tourterelles, au régime du beurre depuis cinq et six jours, ont produit : la première, o^{gr},623 d'acide carbonique répondant à o^{gr},169 de carbone; la deuxième, o^{gr},548 d'acide carbonique contenant o^{gr},149 de carbone.

Ces résultats sont réunis dans le tableau suivant :

ANIMAUX en expérience	POIDS INITIAL	Acide carbonique produit par heure pendant le jour	CARBONE brûlé par heure
	g	gr	gr
A l'alimentation normale..	185,0	0,852	0,232
Privé d'aliments..........	185,0	0,429	0,117
Au régime du sucre........	152,0	0,715	0,195
Au régime du beurre nº 1.	185,2	0,623	0,169
Au régime du beurre nº 2.	157,2	0,548	0,149

Le raisonnement conduisait à prévoir que les oiseaux au régime des aliments respiratoires (sucre, beurre. etc.) se placeraient. pour la production de l'acide carbonique. entre les oiseaux au régime ordinaire et ceux à l'inanition. Les choses se sont à peu près passées ainsi. Cependant la tourterelle nourrie au sucre ne s'éloigne pas beaucoup par la quantité de carbone qu'elle a brûlée. des tourterelles dont l'alimentation a été régulière. Dans le régime du beurre, au contraire, notablement moins d'acide carbonique a été produit. Il est peut-être permis d'expliquer cette différence en faisant remarquer que. dans ce dernier cas, la combustion de l'hydrogène de l'aliment est intervenue, ce qui ne devait pas arriver dans le régime du sucre où le carbone seul peut brûler. La composition chimique de ces deux substances permet tout au moins cette explication.

Passons maintenant aux phénomènes qu'ont présentés les tourterelles au régime du beurre. Elles fournissent aussi un argument puissant contre la production de la graisse par le sucre. Ces expériences ont été tentées dans la pensée qu'on n'obtiendrait pas plus de graisse par ce régime que dans l'état normal. Je ne refusais à admettre qu'il fût possible à l'économie de modifier une substance grasse pour la mettre en réserve lorsque l'alimentation saillie sous le type port de l'azote, amenait une continuelle destruction du sang.

Les quantités de graisse trouvées à l'autopsie, et séparées par l'éther, comme il a été dit, se sont montrées bien inférieures à la moyenne normale, puisque, au lieu de 15,85 pour 100, on n'a obtenu, dans les trois expériences, que

$$
\begin{array}{r}
3,2 \\
7,3 \\
10,7 \\
\hline
\text{Moyenne}\ldots \quad 7,1
\end{array}
$$

Cette moyenne, chose singulière, se trouve être la même que celle du régime du sucre sans addition d'albumine.

On trouve, dans le tableau n° II, les détails des expériences.

Je ferai remarquer ici que les oiseaux soumis à ce dernier régime ont toujours été maintenus saturés de beurre. Une partie du dernier repas se trouvait toujours dans le jabot quand on ingérait une nouvelle quantité de cette substance. Il suffisait de presser légèrement cet organe pour voir à l'instant sortir du beurre liquide par le bec. Les fèces en contenaient constamment aussi en grande quantité, puisqu'en moyenne, sur 148 grammes de beurre ingéré dans toute la durée de l'expérience, chaque tourterelle en rendait par cette voie 41 grammes.

Comment admettre maintenant la production de la graisse par le sucre? N'est-on pas amené irrésistiblement, au contraire, à conclure que le sucre, dans les circonstances en question, ne peut se métamorphoser en graisse, et être en cet état mis en réserve par l'économie, puisque le beurre lui-même, matière grasse et alimentaire par excellence, ne peut seulement empêcher la destruction de la graisse qui existait naturellement dans l'organisme?

Je terminerai en citant quatre expériences, qui tendent

à prouver que le sucre de canne n'est une substance délétère, comme le pense M. Chossat, que par l'énorme quantité qu'on en donne. Elles montreront aussi que le sucre de lait à haute dose est d'un effet bien plus pernicieux encore.

On a donné à deux tourterelles, par jour, 18 grammes de sucre de lait. Elles ont eu presque immédiatement des selles excessives et une soif continuelle. Elles moururent avant la fin du troisième jour. La moyenne que j'ai donnée de la durée de la vie au sucre de canne est de onze jours environ. Elles avaient perdu : la première, 39 grammes ; la deuxième, 40 grammes dans ce court espace de temps, et étaient déjà fort amaigries. On s'est contenté de peser la peau et la graisse qu'on a pu recueillir. Leur poids a été de 6 grammes chez l'une, et de 13 grammes chez l'autre. Le procédé par l'éther aurait encore donné un résultat plus faible.

Une troisième tourterelle reçut alors 12 grammes de sucre de lait au lieu de 18. Les mêmes phénomènes se présentèrent, mais avec un peu moins d'intensité. La vie se prolongea jusqu'au commencement du cinquième jour, où je la trouvai chancelant sur ses pattes. Elle serait morte quelques heures après.

Je ne donnai plus que 6 grammes de sucre de lait à une quatrième tourterelle. Les selles, comme chez les précédentes, devinrent presque immédiatement liquides, quoique bien moins abondantes. A la fin du neuvième jour, elle était encore fort vive et volait facilement. Elle avait déjà dépassé la moyenne de la durée de la vie qui a lieu dans l'inanitiation, et son poids avait diminué chaque jour dans un rapport moins considérable. Je cessai l'expérience vers le milieu du dixième jour.

En résumé, dans les circonstances indiquées, je me crois fondé à conclure de ces expériences :

1°. Que le sucre de canne ne favorise pas la production

de la graisse (le sucre de lait paraît encore plus défavorable);

2°. Que le beurre et probablement aussi les autres matières grasses ne sont pas mises en réserve par l'économie quand ils sont donnés comme unique aliment;

3°. Qu'un aliment insuffisant prolonge la vie et diminue les pertes journalières, pourvu qu'il ne soit pas ingéré à des doses trop élevées.

Colonnes du tableau : Numéros des expériences — Poids du corps sans les plumes (initial, final) — Poids des plumes — Perte intégrale (en gram, proport.) — Perte journalière (en gram, proport.) — Graisse trouvée à la mort (en gram, proport.) — Durée de la vie — Aliments donnés par jour — Aliments consommés par jour — Fèces (observations).

Tourterelles au régime du sucre.

Nº	Poids corps initial (gr)	final (gr)	Poids plumes (gr)	Perte intégrale en gram	proport.	Perte journ. en gram	proport.	Graisse en gram	proport.	Durée de la vie (jours)	Aliments donnés/jour (gr)	Aliments consommés/jour — Déduct. faite du sucre revenu (gr)	Fèces. Toutes sont colorées en vert et glaireuses.
1.	122,2	80,0	12,0	42,2	0,516	6,8	0,055	3,9	0,032	6,17	13,0	12,0	Assez abondantes.
2.	149,2	84,6	11,0	64,6	0,433	4,1	0,027	4,6	0,031	15,92	13,0	12,0	Très-abondantes.
3.	155,6	108,5	11,5	47,1	0,302	3,8	0,024	23,0	0,148	12,50	16,0	14,0	Peu abondantes.
4.	169,8	105,0	14,0	61,8	0,364	5,1	0,033	10,6	0,062	12,00	16,0	14,0	Modérées.
5.	152,3	109,8	15,2	47,5	0,312	5,8	0,038	14,5	0,095	8,17	13,0	13,0	Modérées.
Moyennes.	149,0	98,2	12,7	52,6	0,351	5,1	0,0318	11,5	0,0736	10,91	14,2	13,0	

Tourterelles au régime du sucre et de l'albumine.

Nº	Poids corps initial (gr)	final (gr)	Poids plumes (gr)	Perte intégrale en gram	proport.	Perte journ. en gram	proport.	Graisse en gram	proport.	Durée de la vie (jours)	Aliments donnés/jour	Aliments consommés/jour	Fèces
1.	146,2	112,9	11,6	33,3	0,228	2,2	0,015	5,5	0,037	14,67	10 grammes de sucre (et 12 grammes d'albumine.)	10 grammes de sucre (et 12 grammes d'albumine.)	Fèces modérées contenant beaucoup de matière urinaire
2.	128,2	84,0	12,0	47,2	0,368	2,4	0,019	3,4	0,026	19,67			
Moyennes.	137,2	98,95	11,8	40,25	0,295	2,3	0,017	4,45	0,0315	17,17			

Tourterelles au régime du beurre.

Nº	Poids corps initial (gr)	final (gr)	Poids plumes (gr)	Perte intégrale en gram	proport.	Perte journ. en gram	proport.	Graisse en gram	proport.	Durée de la vie (jours)	Aliments donnés/jour (gr)	Pesé. faite du beurre contenu dans les fèces (gr)	Beurre extrait des fèces recueillies (gr)
1.	137,7	94,2	11,3	43,5	0,316	2,8	0,0207	14,7	0,107	15,25	9,5	6,1	17,9
2.	145,2	84,0	12,0	61,2	0,421	3,1	0,021	4,6	0,032	19,50	7,5	5,1	17,9
3.	179,0	92,8	15,2	77,2	0,431	3,8	0,0225	12,4	0,071	20,50	7,5	6,0	50,0
Moyennes.	150,9	90,3	12,8	60,6	0,397	3,25	0,0214	10,57	0,0707	18,42	8,17	5,8	41,3

Tourterelles privées d'aliments, ayant de l'eau à volonté.

Nº	Poids corps initial (gr)	final (gr)	Poids plumes (gr)	Perte intégrale en gram	proport.	Perte journ. en gram	proport.	Graisse en gram	proport.	Durée de la vie (jours)	Aliments donnés/jour	Aliments consommés/jour	Fèces
1.	127,4	68,2	11,0	59,2	0,465	8,31	0,0655	1,9	0,0149	7,12	"	"	La petite quantité. Composées principalement de matière urinaire. Ct. peu de bile.
2.	154,6	89,2	13,8	65,4	0,461	6,77	0,0437	1,8	0,0116	9,66	"	"	
Moyennes.	141,0	78,7	12,4	62,3	0,451	7,54	0,0546	1,85	0,0132	8,39	"	"	
Moy. génér.	144,7	"	12,4	"	"	"	"	"	"	"	"	"	

EXPÉRIENCES

SUR

L'ALIMENTATION DES VACHES

AVEC DES BETTERAVES ET DES POMMES DE TERRE;

PAR M. BOUSSINGAULT.

Dans ces derniers temps, M. Playfair a publié quelques observations qui sont de nature à faire supposer que la matière butyreuse du lait peut avoir pour origine tout aussi bien le sucre et l'amidon que les substances analogues aux corps gras qui font généralement partie des fourrages. Au premier aperçu, ces observations semblent concluantes. Malheureusement M. Playfair, pressé sans doute d'arriver à une conclusion, a exécuté ses recherches avec une telle activité, qu'en *quatre jours* il a essayé successivement l'influence de *quatre régimes distincts* sur la lactation; et, dans son empressement, l'auteur s'est contenté d'analyser le lait en négligeant la détermination des principes solubles dans l'éther qui existaient dans les aliments consommés. C'est ainsi que M. Playfair admet, dans le foin, 1,50 pour 100 de matières grasses, lorsqu'il est avéré aujourd'hui que ce fourrage en contient généralement plus de 3 pour 100. Aussi, en assignant aux aliments employés la proportion de substances grasses qui s'y rencontre le plus habituellement, on trouve que, sur les quatre expériences, il y en a deux qui justifient l'opinion qui attribue l'origine de la graisse des animaux aux corps de nature grasse qui préexistent dans les végétaux alimentaires; les deux autres expériences ont donné, tout au contraire, des résultats qui ne s'accordent plus avec cette manière de voir.

Dans ces deux expériences qui, ensemble, ont duré *quarante-huit heures,* et pendant lesquelles la vache a reçu pour nourriture, dans un cas, du foin, des pommes de terre et des fèves; et, dans l'autre, du foin et des pommes de terre seulement, le beurre contenu dans le lait recueilli en un jour excédait de près de 300 grammes la matière grasse que l'on pouvait supposer dans les fourrages. Si ces deux observations sont exactes, et je n'élève pas l'ombre d'un doute sur leur exactitude, il semble effectivement qu'on doive en conclure que la plus grande partie du beurre a été formée avec l'amidon des tubercules qui entraient pour plus de 12 kilogrammes dans la ration diurne.

Je ne crois pas cependant qu'une observation de quarante-huit heures soit suffisante pour tirer, je ne dis pas une semblable conclusion, mais une conclusion quelconque quand il s'agit d'une question d'alimentation. En restreignant dans des limites trop étroites la durée des observations, on peut arriver aux conséquences les plus fausses. Par exemple, M. Playfair a fait consommer à une vache 6^{kil},3 de foin et 13^{kil},6 de pommes de terre, ration dans laquelle il entrait au plus 250 grammes de matières grasses, et l'on a obtenu

11^{kil},5 de lait renfermant, d'après l'analyse, 540 grammes
de beurre; il y a eu par conséquent dans le lait 290 grammes de gras de plus qu'il ne s'en trouvait dans le fourrage.
Mais l'intervalle de vingt-quatre heures est tellement court,
que je suis persuadé que si l'on n'eût rien donné du tout à
manger à la vache, que je suppose grasse et bien en chair,
elle aurait encore rendu, malgré l'abstinence, 8 à 10 kilogrammes de lait contenant certainement 300 à 400 grammes
de beurre. En concluerait-on que le beurre dérive de rien?
Non, sans doute, et l'on admettrait, comme on l'admet dans
les expériences sur l'inanition, que, dans cette circonstance, un animal forme les produits qu'il rend par la respiration et par les sécrétions, aux dépens de sa propre substance, en perdant de son poids.

A une époque où je n'attachais pas une bien grande importance à la présence des principes gras dans les fourrages,
j'eus l'occasion de reconnaître l'effet défavorable que produit sur les vaches laitières une ration dans laquelle il entre
une trop forte proportion de pommes de terre. Une vache,
rationnée avec 38 kilogrammes de tubercules, et qui mangeait en outre de la paille hachée, continua à donner le lait
qu'elle rendait sous le régime du foin; le lait diminua graduellement, comme il arrive toujours à mesure que l'époque du part s'éloigne. Sous l'influence de cette nourriture,
qui ne comportait pas assez de matières grasses, la vache
souffrit notablement; mais il fallut qu'il s'écoulât un certain
temps pour s'apercevoir de l'amaigrissement qu'elle éprouvait. Si l'observation, qui s'est prolongée pendant onze
jours, n'eût duré que vingt-quatre heures, le résultat fâcheux qu'on a constaté aurait sans doute passé inaperçu.

S'il était démontré que, dans l'alimentation des vaches,
le sucre et l'amidon concourent directement à la production
du beurre, et que, par conséquent, les racines et les tubercules peuvent être substitués sans inconvénient au foin,
aux grains, aux tourteaux huileux, la pratique retirerait

tres-fréquemment, de cette substitution, des profits considérables. La question de l'influence d'un semblable régime sur la lactation ne saurait donc être trop examinée, et c'est en raison de son importance et en vue de son utilité que je me suis décidé à nourrir deux vaches uniquement avec des betteraves et des pommes de terre.

Les deux pièces mises en expérience se trouvaient dans des conditions assez semblables. Galatée, âgée de sept ans (n° 5 de l'étable), avait fait son veau quatre-vingt-seize jours avant le commencement des observations. Waldeburge (n° 8) avait vêlé depuis quarante jours : on venait de lui retirer son veau. Ces deux vaches étaient au régime de l'étable, qui se composait, par tête et par vingt-quatre heures, de

                Foin....................... 12 kilogrammes.
                Pommes de terre.......... 8.5
                Betteraves................ 12
                Tourteau de colza........ 1
                Paille hachée à discrétion.

Avec ce régime, la moyenne du lait rendu par chacune de ces vaches a été de 8 à 9 litres.

Comme il importait que les vaches ne prissent aucune autre nourriture que celle sur laquelle il s'agissait d'expérimenter, on les priva de litière, et afin qu'elles ne souffrissent point de cette privation, on établit dans leurs stalles une estrade en planches sur laquelle elles reposaient commodément.

Je donnerai maintenant le détail des observations.

Expérience 5. — Nourriture aux betteraves

VACHE N° 2

Jours d'observations	EN VINGT-QUATRE HEURES			COMPOSITION DU LAIT
	Betterave consommée	Lait rendu	Poids de la vache	
	kil	lit	kil	
1er jour.	70,0	7,0	"	Caséum..... 1,67
2e jour.	70,0	8,0	529	Sucre de lait. 3,39
3e jour.	70,0	6,0	"	Beurre....... 4,56
4e jour.	70,0	6,0	"	Chlorur. alcal. 0,[illegible]
5e jour.	47,5	6,0	"	Phosphate de
6e jour.	70,0	5,0	"	chaux et de
7e jour.	62,5	6,0	529	magnésie... 0,22
8e jour.	60,0	6,0	"	Eau......... 87,7[3]
9e jour.	70,0	6,5	"	
10e jour.	62,0	6,5	"	100,00
11e jour.	70,0	6,0	"	
12e jour.	50,0	6,0	"	
13e jour.	15,0	5,0	"	
14e jour.	55,0	4,5	"	
15e jour.	70,0	5,0	542	
16e jour.	70,0	4,5	536	
17e jour.	70,0	5,0	524	
Somme...	[illegible]5,0	99,0		

VACHE N° 3

Jours d'observations.	EN VINGT-QUATRE HEURES			COMPOSITION DU LAIT
	Betterave consommée	Lait rendu	Poids de la vache	
	kil	lit	kil	
1er jour.	70	6,5	"	Caséum..... 5,8[illegible]
2e jour.	70	5,0	58[illegible]	Sucre de lait. 3,5[illegible]
3e jour.	70	8,5	"	Beurre....... 3,4[illegible]
4e jour.	70	7,0	"	Chlor. alcal.. 0,5[illegible]
5e jour.	48	7,0	"	Phosphates.. 0,26
6e jour.	70	6,0	"	Eau......... 88,2[3]
7e jour.	63	7,0	55[9]	
8e jour.	60	7,0	"	100,00
9e jour.	55	6,0	"	
10e jour.	63	5,5	"	
11e jour.	63	6,5	"	
12e jour.	70	6,0	"	
13e jour.	70	5,0	"	
14e jour.	70	4,5	"	
15e jour.	70	5,5	5[illegible]5	
16e jour.	70	6,0	5[illegible]0	
17e jour.	70	5,0	535	
Somme...	1126	104,0		

Les excréments solides des deux vaches, recueillis dans les dix-sept jours, ont pesé 261 kilogrammes.

Trois dessiccations faites à l'étuve y ont indiqué 15,9 pour 100 de matière sèche = excréments secs, 41^{kil},5. Cette matière sèche a cédé à l'éther 3,5 pour 100 de principes gras d'un vert pâle, très-fusible. J'admets dans la betterave, d'après des analyses antérieures :

Matières grasses. 0,001   Azote. 0,0021   Acide phosphorique. 0,00046

Résumé de l'expérience faite avec la betterave.

		Matières grasses.	Caséum. Albumine.
	kil.	kil.	kil.
Les deux vaches ont donné : lait...	209,0	8,31	7,82
Excréments secs	41,5	1,45	Indéterminé.
Matières grasses dans les produits.	. . . . . .	9.76	
Betteraves consommées.	2,181	2,18	28,63
Mat. grasses en excès dans les prod.	. . . . . .	7.58	
	N° 3.	N° 8.	
Poids des vaches au commencement.	579	582	
Poids des vaches à la fin.	531	540	
Perte en dix-sept jours.	45	42	
Perte par jour.	2,64	2,47	

On voit qu'au bout des dix-sept jours d'observations, le poids vivant des deux vaches n'était plus que de 1 074 kilogrammes. Comme au commencement de l'expérience, ce poids était de 1 161 kilogrammes, les vaches ont perdu 7,50 pour 100 de leur poids initial.

Après cette observation, les deux vaches se trouvaient en si mauvaise condition, que l'on jugea prudent de les remettre au regain de foin de prairie. Après les avoir lestées avec ce fourrage pendant quatre jours, on les soumit à l'expérience suivante :

Expérience II. — *Nourriture au regain de foin.*

VACHE N° 3.

Jours d'observations.	En vingt-quatre heures.			Composition du lait.
	Regain consommé.	Lait rendu.	Poids de la vache.	
	kil.	lit.	kil.	
1er jour.	14,0	4,0	545	
2e jour.	18,0	4,0	554	
3e jour.	15,0	4,0	557	Caséum........ 3,65
4e jour.	14,0	4,5	"	Sucre de lait.. 3,46
5e jour.	15,0	4,0	"	Beurre........ 5,92 } 13,73
6e jour.	17,5	4,0	"	Chlorur. alcal. 0,45
7e jour.	14,5	4,5	"	Phosphates.... 0,25
8e jour.	15,0	5,0	"	Eau.......... 86,26
9e jour.	14,0	4,0	"	
10e jour.	15,0	5,0	"	100,00
11e jour.	16,0	5,0	"	
12e jour.	14,0	4,0	"	
13e jour.	18,5	4,0	"	
14e jour.	14,0	4,0	571	
15e jour.	16,0	4,5	569	
Somme..	232,5	65,5		

VACHE N° 4.

Jours d'observations.	En vingt-quatre heures.			Composition du lait.
	Regain consommé.	Lait rendu.	Poids de la vache.	
	kil.	lit.	kil.	
1er jour.	17,0	5,0	549	
2e jour.	14,0	6,0	567	
3e jour.	16,0	6,0	574	Caséum........ 3,55
4e jour.	15,5	6,5	"	Sucre de lait.. 3,94
5e jour.	17,5	6,0	"	Beurre........ 4,39 } 12,61
6e jour.	17,5	6,0	"	Chlorur. alcal. 0,52
7e jour.	15,0	5,5	"	Phosphates.... 0,30
8e jour.	15,0	6,0	"	Eau.......... 87,39
9e jour.	15,0	6,0	"	
10e jour.	16,0	6,0	"	100,00
11e jour.	17,0	6,0	"	
12e jour.	16,0	5,0	"	
13e jour.	17,0	6,0	"	
14e jour.	13,5	6,0	581	
15e jour.	17,5	7,0	587	
Somme..	239,5	89,0		

Les excréments humides des deux vaches ont pesé 720 kilogrammes.

Trois dessiccations faites à l'étuve ont indiqué 21,4 pour 100 de matière sèche = excréments secs, 154 kilogrammes. Cette matière sèche a cédé à l'éther 3,3 pour 100 de principes gras ayant l'aspect de la cire, et fortement colorés en vert.

Le regain a donné à l'éther 3,5 de matière grasse p. 100. il contenait :

Azote.............. 0,012
Acide phosphorique.. 0.0034

Résumé de l'expérience faite avec le regain de foin.

		Matières grasses.	Caséum Albumine.
		kil.	kil.	kil.
Les deux vaches ont donné : lait...	159,2	8,03	5,72
Excréments secs...............	154,0	5,08	Indéterminé.
Matières grasses dans les produits..	......	13,11	
Regain consommé...............	172,0	16,52	35,40
Mat. grasses en excès dans la nourrit.	......	3.41	
	N° 3.	N° 3.	
Poids des vaches au commencement.	552,0	562,0	
Poids des vaches à la fin.........	572,0	584,0	
Gain en quinze jours...........	20	22	
Gain par jour................	1,33	1,47	

Le poids des deux vaches, qui était de 1114 kilogrammes au commencement de l'expérience, est arrivé, par quinze jours de régime au regain, à 1156 kilogrammes ; les vaches ont augmenté, par conséquent, de près de 4 pour 100 de leur poids initial.

Les vaches étant revenues, à peu de chose près, au poids qu'elles avaient lors de la première observation, on les a mises au régime de la pomme de terre.

Expérience III. — *Nourriture aux pommes de terre.*

VACHE N° 5

Jours d'observations.	EN VINGT-QUATRE HEURES			COMPOSITION DU LAIT
	Pommes de terre consom.	Lait rendu.	Poids de la vache.	
	kil.	lit.	kil.	
1er jour.	40	4,0	545	
2e jour.	49	5,0	559	
3e jour.	49	4,5	536	
4e jour.	49	4,5	"	Caséum............ 1,37
5e jour.	49	4,5	"	Sucre de lait.. 3,09
6e jour.	49	4,0	"	Beurre........ 3,97 } 12,2
7e jour.	24	4,0	"	Chlorur. alcal. 0,55
8e jour.	10	4,0	"	Phosphates.... 0,27
9e jour.	40	2,0	"	Eau........... 87,75
10e jour.	54	3,0	"	
11e jour.	38	2,0	"	100,00
12e jour.	37	1,5	510	
13e jour.	49	2,0	523	
14e jour.	36	2,0	524	
Somme..	544	47,0		

VACHE N° 6

Jours d'observations.	EN VINGT-QUATRE HEURES			COMPOSITION DU LAIT
	Pommes de terre consom.	Lait rendu.	Poids de la vache.	
	kil.	lit.	kil.	
1er jour.	49	7,0	550	
2e jour.	49	7,0	542	
3e jour.	49	7,0	537	
4e jour.	49	6,5	"	Caséum............ 3,92
5e jour.	25	6,5	"	Sucre de lait.. 3,99
6e jour.	49	6,0	"	Beurre........ 4,63 } 13,43
7e jour.	24	6,0	"	Chlorur. alcal. 0,55
8e jour.	9	4,5	"	Phosphates.... 0,27
9e jour.	4	4,0	"	Eau........... 85,57
10e jour.	35	5,0	"	
11e jour.	32	4,5	"	100,00
12e jour.	35	4,5	510	
13e jour.	49	4,0	528	
14e jour.	38	4,0	525	
Somme..	533	75,6		

Les excréments humides des deux vaches ont pesé 362 kilogrammes.

Trois dessiccations faites à l'étuve ont indiqué 23,5 pour 100 de matière sèche = excréments secs, 85 kilogrammes. L'éther a enlevé à cette matière 0,006 d'un principe gras très-fusible.

Plusieurs analyses que j'ai faites sur la pomme de terre, à l'occasion d'un travail sur l'alimentation du porc, travail que je publierai très-prochainement, me portent à admettre, dans le tubercule, 0,002 de matière grasse.

La pomme de terre contient, en outre,

Azote.................... 0,0037
Acide phosphorique constituant des phosphates.   0,00109

Résumé de l'expérience faite avec les pommes de terre.

		Matières grasses.	Caséum. Albumine.
	kil.	kil.	kil.
Les deux vaches ont donné : lait...	128	5,61	5,30
Excréments secs.................	85	0,51	Indéterminé.
Matières grasses dans les produits.	......	6,16	
Pommes de terre consommées.....	1077	2,15	23,88
Mat. grasses en excès dans les prod.	......	4,01	
	N° 3.	N° 8.	
Poids des vaches au commencement.	537	536	
Poids des vaches à la fin..........	519	521	
Perte en quatorze jours...........	18	15	
Perte par jour....................	1,29	1,07	

Ainsi, en quatorze jours, le poids initial a diminué de 3 pour 100 ; c'est une diminution très-forte si l'on considère qu'elle a été supportée par des animaux dont le poids avait déjà considérablement baissé pendant les quelques jours qui ont précédé la première pesée. En effet, immédiatement après l'alimentation au regain, les vaches pesaient ensemble, 1156 kilogrammes; elles ne pesaient plus que 1073 kilogrammes après qu'elles eurent été *lestées* avec des pommes de terre. Les vaches avaient éprouvé une perte également forte lorsqu'elles passèrent du régime normal au régime exclusif de la betterave. On peut d'ailleurs juger, par l'ensemble des pesées exécutées dans ces recherches, de l'état d'amaigrissement auquel sont arrivées les deux vaches laitières, par suite de l'alimentation aux racines et aux tubercules, et malgré le régime réparateur du regain qu'elles ont reçu dans l'intervalle des deux expériences extrêmes.

	Poids des deux vaches.
Pendant l'alimentation normale, huit jours avant la 1re expér.	1 205 kil.
Après avoir été nourries pendant quelques jours (*lestées*) avec des betteraves....................................	1 161
Après dix-sept jours de régime aux betteraves.............	1 074
Après avoir été *lestées* avec du regain du foin..............	1 114
Après quinze jours de nourriture au regain de foin..........	1 156
Après avoir été *lestées* avec des pommes de terre...........	1 073
Après quatorze jours d'alimentation aux pommes de terre.....	1 040
Différence extrême...	165 kil.

On trouve, en définitive, que les deux vaches mises en expérience ont perdu, par tête, 82^{kil},5, par suite des régimes aux betteraves et aux pommes de terre. Cette énorme perte explique suffisamment l'état de maigreur dans lequel sont tombés ces animaux, auxquels il a fallu un temps assez long pour se rétablir : le n° 5 n'a plus voulu recevoir le taureau; cette vache a repris de l'embonpoint, mais son lait a diminué constamment jusqu'à disparaître entièrement. Waldeburge, le n° 8, a continué à donner du lait tout en prenant de la graisse; elle a été saillie et porte.

Ainsi, à compter de la fin de l'expérience faite avec les pommes de terre, les vaches, mises d'abord au foin pendant quinze jours, et au trèfle vert durant un mois, on pesé :

N° 5... 575 kilogr., ayant rendu 4 litres de lait par jour
N° 8... 578   5

Après deux mois de régime au trèfle :

N° 5... 610 kilogr., ayant rendu 2 litres de lait par jour.
N° 8... 590   6

Les deux vaches avaient repris leur poids initial.

Il résulte évidemment des faits qui viennent d'être exposés, que les betteraves, ou les pommes de terre données seules, sont insuffisantes pour nourrir convenablement les vaches laitières, alors même que ces fourrages sont administrés avec abondance, on peut même dire à discrétion, puisque, très-souvent, les vaches ont laissé une partie de la ration qui leur était offerte.

Une ration alimentaire peut être insuffisante par diverses causes : 1° Si la nourriture ne contient pas une quantité de principes azotés capable de réparer les pertes des principes également azotés qui sont éliminés de l'organisme ; 2° si les matières digestibles ne renferment pas le carbone nécessaire pour remplacer celui qui est brûlé dans la respiration ou rendu avec les sécrétions ; 3° si les aliments ne sont pas assez chargés de sels, particulièrement de phosphates, pour restituer à l'économie ceux de ces principes salins qui en sont continuellement expulsés : 4° enfin, et d'après des vues qui ont été émises dernièrement, la ration sera insuffisante, si elle n'est pas assez riche en matières grasses pour suppléer à celles qui sont entraînées par le lait ou par les autres sécrétions.

Ces principes admis, il convient d'examiner si les régimes alimentaires auxquels les vaches ont été soumises dans le cours de ces recherches, remplissaient les diverses conditions qui, par leur ensemble, constituent un aliment complet.

	Poids des aliments ou des produits pour vingt-quat. heures.	Prix des contenus			
		Carbone	Viande.	Acide phosphorique (*).	Matières grasses.
	kil.	gr	gr	gr	gr
Nourriture aux betteraves.					
Une vache a rendu : lait.....	6,15	419	230	7	246
Excréments secs (**)...........	1,22	488	"	"	43
		937	230	7	289
Betteraves consommées.......	64,00	3358	830	29	64
Différences.................	....	+2421	+600	+22	225
Nourriture aux pommes de terre.					
Une vache a rendu : lait......	4,55	355	192	6	197
Excréments secs.............	3,03	1215	"	"	18
		1567	192	6	215
Pommes de terre consommées.	38,16	4079	869	42	77
Différences.................	....	+2512	+677	+36	138
Nourriture au regain.					
Une vache a rendu : lait......	5,31	390	191	6	273
Excréments secs.............	5,13	2052	"	"	169
		2442	191	6	442
Regain consommé............	15,70	6122	1177	53	550
Différences.................	....	3680	986	47	108

(*) Acide phosphorique formant des phosphates de chaux, de magnésie, de fer et de potasse.

(**) D'après mes anciennes analyses : 40/100 de carbone.

On voit que les éléments que l'on considère généralement comme essentiels à la nutrition étaient abondamment représentés dans les régimes qui ont été étudiés. On sait qu'une vache brûle, en vingt-quatre heures, par la respiration, 2 à 3 kilogrammes de carbone, en même temps qu'elle en émet 300 à 400 grammes par les urines. L'excès de carbone qu'on remarque constamment dans les aliments suffit évidemment pour subvenir aux pertes qui ont lieu par les voies que je viens d'indiquer. On reconnaît également que, dans les trois régimes, les substances azotées, les phosphates ont toujours été en grand excès par rapport aux mêmes principes qui existaient dans le lait dosé. Cette quantité excédante a nécessairement passé dans les déjections. Ainsi, dans la nourriture reçue par les vaches, il y avait assez de sucre et d'amidon, assez de principes azotés, assez de substances salines pour suffire à la production de la chaleur animale, pour réparer toutes les pertes occasionnées par les sécrétions ; et cependant, sur les trois rations essayées, il en est deux, celle des racines et celle des tubercules, qui ont été réellement insuffisantes. Ce sont précisément les deux rations qui contenaient une quantité de principes gras de beaucoup inférieure à celle qui faisait partie du lait et des déjections.

Les faits qui sont rassemblés dans ce Mémoire recevront, sans doute, diverses explications. Cependant je crois que leur interprétation la plus naturelle, celle, du moins, qui s'accorde le mieux avec l'ensemble des résultats pratiques que j'ai eu l'occasion d'enregistrer, consiste à admettre que les aliments des herbivores doivent toujours renfermer une dose déterminée de substances analogues à la graisse, destinées à concourir à la production du gras des tissus, ou à la formation de plusieurs sécrétions qui, comme le lait et la bile, contiennent des matières grasses en proportion notable. Si, malgré une dose insuffisante de principes gras dans les fourrages qu'elles consomment, des vaches continuent à donner les produits qu'on en obtenait sous l'influence d'un régime alimentaire complet, c'est qu'elles contribuent à l'élaboration de ces sécrétions aux dépens de leur propre graisse. Chaque jour, peut-être, pendant un temps limité, une vache, placée dans ces circonstances, rendra le même nombre de litres de lait ; il n'y aura pas diminution subite ; mais chaque jour aussi, comme je l'ai constaté, la vache perdra 1 à 2 kilogrammes de son poids ; et, si l'on persiste à lui donner une nourriture incomplète, quelque abondante que soit d'ailleurs cette nourriture, l'amaigrissement qui en sera la conséquence pourra devenir tel, que l'existence de la vache en soit sérieusement compromise.

INFLUENCE

DES

TEMPÉRATURES EXTRÊMES DE L'ATMOSPHÈRE

SUR

LA PRODUCTION DE L'ACIDE CARBONIQUE

DANS LA RESPIRATION DES ANIMAUX A SANG CHAUD;

Par M. Félix LETELLIER

Docteur en médecine

Les phénomènes chimiques de la respiration ont été, depuis les beaux travaux de Lavoisier et de Séguin, l'objet des investigations d'un grand nombre de savants. Prout, il y a déjà quelques années, établissait que la production de l'acide carbonique dans l'espèce humaine varie notablement aux diverses époques de la journée, et fixait les limites de ces variations. Ces résultats ont été tout récemment encore confirmés par M. Scharling. Ce dernier observateur en Danemark, MM. Andral et Gavarret en France, ont signalé des faits d'un haut intérêt en étudiant chez l'homme les modifications que font éprouver dans la quantité du carbone brûlé, pendant l'acte respiratoire, les principales conditions physiologiques, telles que l'âge, le sexe, les constitutions, les diverses époques de la digestion, etc.

Dans un travail entrepris dans le but spécial de démontrer l'exhalation de l'azote et d'en déterminer la proportion, M. Boussingault, de son côté, a mis aussi en évidence l'influence du jour et de la nuit sur la production de l'acide carbonique chez les oiseaux granivores. Il a fait voir également à quelles faibles proportions l'état d'inanition réduisait l'émission de ce gaz chez ces animaux dans cette double circonstance. Il résulte de ces importants travaux que la fonction respiratoire présente des modifications nombreuses sous des influences très-différentes. On se trouvait donc naturellement conduit à penser, en réfléchissant à ces phénomènes, qu'en poursuivant leur étude dans des conditions nouvelles on pourrait rencontrer encore des faits de quelque intérêt. J'étais disposé surtout à admettre que cette conjecture se réaliserait si on modifiait dans son élément même cette fonction qui a pour résultat final une production considérable de chaleur. En effet, ne semble-t-il pas, au premier abord, dans la supposition que la génération de la chaleur est le but de la respiration, qu'en maintenant artificiellement un animal au degré de température qui lui est propre; on doive sinon arrêter complétement, tout au moins restreindre considérablement l'exhalation de l'acide carbonique. J'ai donc entrepris, en partant de ce point de vue, quelques expériences sur des oiseaux et sur des mammifères.

Dulong avait commencé des recherches analogues; on trouve à la fin de son beau Mémoire sur la chaleur ani-

male, cette phrase : «Je m'étais proposé de rechercher l'in-
» fluence des températures extrêmes de l'atmosphère et
» des diverses époques de la digestion. Plusieurs accidents
» indépendants des expériences m'ont empêché jusqu'à
» présent d'obtenir un assez grand nombre de résultats
» comparables. » Ces paroles montrent que Dulong avait
jugé le sujet digne de son attention, et tout doit faire
regretter qu'il n'ait pas donné suite à ce projet.

Voici les conditions dans lesquelles j'ai observé :

Les températures auxquelles les animaux furent soumis
ont, en général, varié dans les degrés inférieurs de — 5 à
+ 3 degrés, et dans les degrés supérieurs de + 28 à + 43
degrés. On n'a pas dépassé 43 degrés ; une mort rapide frap-
pait souvent à cette température, et quelquefois même au-
dessous à 40 degrés, les animaux en expérience. D'ailleurs,
l'état d'anxiété et d'agitation où ils tombaient, amenait
évidemment, dans le jeu de leurs fonctions, une altération
profonde. Il semble, au moins pour les animaux sur lesquels
j'ai expérimenté, que le point limite de la température élevée soit pour chacun d'eux le degré de chaleur qui lui est
propre dans les conditions normales. Si on l'atteint, le danger est extrême ; si on le dépasse, la mort est presque instan-
tanée. Ces résultats causent quelque surprise. Ils sont en
contradiction apparente avec les faits observés sur l'homme.
Mais si l'on considère, d'une part, la grande susceptibilité
de la fonction respiratoire chez les animaux qui ont succombé, et, de l'autre, leur masse très-peu considérable
qui a permis à la chaleur de pénétrer pour ainsi dire plus
rapidement jusqu'au centre de la vie, on se rendra peut-
être compte ainsi de la différence de réaction (1).

____

(1) Dans un Mémoire *sur les degrés de chaleur auxquels les hommes et les
animaux sont capables de résister*, inséré dans l'*Histoire de l'Académie royale
des Sciences*, année 1764, M. Tillet nous apprend que des filles attachées
au service d'un four banal de Larochefoucault supportaient, pendant
dix minutes, une température de 112 degrés au moins d'un thermomètre

A une température plus modérée au contraire, de 28 à 33 degrés par exemple, les animaux ont souvent offert, pendant tout le cours de l'expérience, une respiration parfaitement égale et douce. Les mouvements respiratoires devenaient même insaisissables à la vue ; aucun signe n'indiquait le moindre malaise. Ces cas ont été les plus favorables. Parmi ceux qui se sont le plus écartés du sens général des expériences, presque toujours une grande agitation et souvent la mort étaient intervenues.

L'appareil que j'ai employé consistait en un vase de verre assez grand pour que les animaux n'y éprouvassent point de gêne. Il avait la forme d'une cloche renversée, évasée par le bas, se rétrécissant ensuite graduellement, jusqu'à l'ouverture placée à la partie supérieure et qui était assez grande pour permettre l'introduction facile de l'animal.

Ce vase était fixé dans un seau de zinc que l'on emplissait d'eau à une température convenable pour expérimenter dans les degrés supérieurs, et de glace pilée pour les degrés inférieurs. Dans ce dernier cas, des ouvertures pratiquées

dont le 85⁰ degré marquait le point d'ébullition de l'eau ; elles eussent résisté une demi-heure à la température de l'eau bouillante. On trouve aussi dans les *Transactions philosophiques,* année 1775, un Mémoire de Charles Blagden sur le même sujet : Un des expérimentateurs séjourna sept minutes dans une chambre chauffée de 92 à 99 degrés centigrades. Si l'homme peut résister quelque temps à des températures si élevées, il n'en est plus de même pour des animaux offrant une masse peu considérable. Ainsi un bruan, exposé par M. Tillet à une température de 65 degrés de son thermomètre, mourut au bout de quatre minutes, après avoir offert tous les signes d'une respiration anxieuse. Un poulet eût succombé dans le même espace de temps si on ne l'eût soustrait précipitamment au danger. M. Tillet pensa que ces effets rapides et funestes, survenus à une chaleur assez modérée, devaient dépendre de la faible masse de ces animaux. Il eut alors l'idée de les envelopper de linge en forme de maillot, pour s'opposer autant que possible à ce que l'air chaud ne les pénétrât sans obstacle de toutes parts. Cette modification apportée dans l'expérience fit qu'un autre bruan et le même poulet supportèrent sans péril immédiat, pendant huit à dix minutes, une température de 67 degrés. Ces derniers résultats viennent en confirmation des faits qui se sont présentés à mon observation.

au fond du réservoir laissaient un libre écoulement à l'eau
provenant de la fusion de la glace. On ajoutait du sel marin quand on le jugeait nécessaire pour abaisser la température. Un long thermomètre passait à travers le bouchon.
Son réservoir occupait, autant que possible, le centre de
l'enceinte. Le degré se lisait à l'extérieur.

Après l'introduction de l'animal, le vase était fermé au
moyen d'un bouchon de liége façonné avec soin et disposé
de manière à pouvoir être luté avec promptitude et facilité.
Cet appareil communiquait, au moyen de tubes de plomb
passant par le bouchon, d'une part avec l'air extérieur, de
l'autre avec deux aspirateurs, dont l'un était uni à la série
des tubes usités en pareil cas. En un mot, c'était l'appareil
employé par M. Boussingault dans ses expériences sur la
tourterelle, modifié de manière à pouvoir porter à une
température voulue l'enceinte dans laquelle l'animal était
placé (1). L'air était renouvelé au moyen de l'aspirateur
avec une vitesse de 20 à 40 litres à l'heure suivant les cas.
La durée des expériences a varié aussi : elle a été quelquefois de trente minutes seulement, quand on portait la température au maximum et que l'on craignait la mort de l'animal. On l'a prolongée une ou plusieurs heures, quand la
chaleur était plus modérée, entre 28 et 35 degrés par
exemple. Il en a été de même à 0 degré et au-dessous.

Les animaux sur lesquels j'ai expérimenté étaient généralement en bon état de santé, adultes, et nourris souvent depuis longtemps au même régime. Les tourterelles
recevaient du millet, les verdiers du chenevis, la crécé-
relle du cœur de bœuf, les cochons d'Inde des carottes et
du pain, les souris du pain seulement.

La température propre et le poids des animaux étaient

----

(1) Voyez pour ces détails, le calcul et les corrections à faire sur l'acide
carbonique recueilli, le Mémoire de M. Boussingault (Annales de Chimie
et de Physique, 3ᵉ série, année 1844, tome XI, page 433. On a suivi de
tous points les procédés indiqués.

pris au commencement et à la fin de chaque expérience. Les excréments rendus dans cet intervalle étaient aussi pesés avec soin. Le gain des tubes, pendant l'expérience, donnait, après les corrections, la quantité d'acide carbonique exhalé, et, par suite, celle du carbone brûlé.

J'ai pu, avec ces éléments, dans un assez grand nombre de cas, calculer avec une approximation suffisante la transpiration pulmonaire et cutanée.

Pour ce calcul, on commençait par défalquer les déjections de l'animal de la perte qu'il avait éprouvée dans son poids. En retranchant ensuite le carbone brûlé pendant l'expérience, l'excès de perte donnait la quantité d'eau de transpiration exhalée par les poumons et par la peau.

Le poids du carbone me paraît représenter, avec une exactitude suffisante, la proportion qu'un animal détruit de sa propre substance par combustion dans l'acte respiratoire. Il résulte, en effet, de deux Mémoires de M. Boussingault (1), que la proportion d'hydrogène qui se trouve brûlée en même temps que le carbone par le concours de l'oxygène, chez une vache et chez un cheval, forme seulement avec l'azote exhalé la cinquantième partie environ du carbone consumé dans le même espace de temps. Ainsi, dans un jour, la vache brûlait 2211 grammes de carbone, 19^{gr},8 d'hydrogène, et exhalait 27 grammes d'azote; le cheval brûlait 2465 grammes de carbone, 23 grammes d'hydrogène, et exhalait 24 grammes d'azote. Une semblable recherche, entreprise sur une tourterelle, a offert des résultats analogues. (*Voyez* le Mémoire déjà cité.)

Toutefois, je préfère ne pas introduire dans le calcul de la transpiration cette correction insignifiante; il perdrait de sa simplicité sans avantage réel.

La température propre de l'animal se prenait dans le

____

(1) Voyez *Annales de Chimie et de Physique*, 2e série, année 1839, tome LXXI, pages 113 et 128.

(85)

cloaque, et quelquefois sous l'aile chez les oiseaux ; dans le
rectum, chez les cochons d'Inde. Le réservoir du thermomètre, qui a servi pour toutes ces observations, avait
14 millimètres de longueur sur 2^{mm},6 de diamètre ; chaque
degré offrait 3 millimètres de course.

Résultats généraux.

L'influence que les températures extrêmes de l'atmosphère exercent sur la production de l'acide carbonique
dans la respiration des animaux à sang chaud, se manifeste
avec une notable énergie dans les conditions que j'ai indiquées ; il n'est même pas nécessaire de reculer, autant
qu'on le pourrait, les limites de ces températures pour obtenir des résultats tranchés. Déjà, entre o et 3o degrés, les
variations ont une grande étendue, puisque le carbone
brûlé dans le premier cas est le double du carbone brûlé
dans le second. A la température ordinaire, le phénomène se montre intermédiaire, inclinant tantôt d'un côté,
tantôt de l'autre.

Un autre fait qui doit aussi attirer l'attention, c'est la
similitude de ces variations chez des animaux d'une organisation aussi différente que ceux sur lesquels on a expérimenté : les animaux de petite espèce ne réagissent pas autrement, quant au rapport mentionné entre les quantités
d'acide carbonique, que ceux d'un volume plus considérable, et les oiseaux se comportent comme les mammifères.

Ainsi, en prenant un animal dans chacune de ces caté-
gories, on voit que l'acide carbonique produit dans l'espace
d'une heure a été

	A la température ambiante. 15 à 20 degrés.	De 30 à 40 degrés	Vers 0 degré.
	gr	gr	gr
Pour un serin............	0,250	0,129	0,325
Pour une tourterelle......	0,684	0,366	0,974
Pour deux souris.........	0,498	0,268	0,531
Pour un cochon d'Inde....	2,080	1,453	3,006

C'est-à-dire que l'acide carbonique exhalé à 0 degré a été le double de celui produit à une température élevée pour les deux mammifères, et un peu plus pour les oiseaux.

On trouve aussi, par la comparaison de ces nombres entre eux, que les quantités d'acide carbonique émises par les divers animaux sont indépendantes du rapport indiqué. On sait depuis longtemps que les petits animaux sont des appareils de combustion bien plus actifs que les animaux plus volumineux. On peut remarquer même dans le tableau ci-dessus qu'à 0 degré un serin brûle presque autant de carbone qu'une tourterelle à 30 degrés.

Cette plus grande énergie de réaction chez les petits oiseaux se conserve pour la transpiration. Cette fonction a des liens étroits avec la respiration. Plus un animal à sang chaud, dans les conditions ordinaires, brûle de carbone et d'hydrogène, plus aussi est abondante la transpiration qui s'échappe par la peau et les poumons.

La perte occasionnée par la perspiration insensible est donc bien plus considérable pour un petit oiseau proportionnellement à son poids, que pour une tourterelle, par exemple. Ce phénomène se développe à ce point dans les températures élevées, qu'un verdier exhalera dans une heure, à 40 degrés, près de 1 gramme d'eau de transpiration. C'est à peine si, dans les mêmes circonstances, une tourterelle en émettrait davantage.

J'ai consigné tous les éléments des expériences dans sept

tableaux annexés à ce Mémoire. Je présente, toutefois, ici, un tableau général qui met en regard les moyennes des quantités d'acide carbonique exhalé par heure, aux températures extrêmes, par chacun des animaux en expérience, et le rapport simple qui existe entre ces deux quantités. On prendra ainsi, d'un coup d'œil, une idée générale des résultats.

DÉSIGNATION DE L'ANIMAL.	ACIDE carbonique produit à une température élevée.	ACIDE carbonique émis à une basse température.	RAPPORT entre ces deux quantités.	REMARQUES.
	gr	gr		
Serin femelle..........	0,129	0,325	1 : 2,5	
Verdier mâle n° 1..	0,212	0,436	1 : 2,0	
Verdier n° 4........	0,216	0,481	1 : 2,2	
Verdier n° 5........	0,212	0,416	1 : 1,94	
Tourterelle n° 1....	0,663	1,119	1 : 1,77	Morte à la suite de l'expérience
Tourterelle n° 2....	"	1,264	1 : 2 minimum	
Tourterelle n° 4....	0,378	"	1 : 2 minimum	
Tourterelle n° 5....	0,438	"	1 : 2 minimum	
Tourterelle n° 6....	0,336	0,974	1 : 2,9	
Une crécerelle.......	0,569	1,610	1 : 2,9	
Tourterelle de petite espèce...........	0,155	0,368	1 : 2,37	
Cochon d'Inde n° 1.	1,453	3,006	1 : 2	
Cochon d'Inde n° 2.	1,534	2,251	1 : 1,5	Il y a eu mort dans ces deux cas, ce qui altère constamment le rapport.
Cochon d'Inde n° 3	1,655	2,357	1 : 1,4	
Deux souris..........	0,268	0,531	1 : 2	

En consultant les quatre premiers tableaux relatifs aux oiseaux de petite espèce, on remarque que le verdier n° 3 a fait exception à la règle, en produisant plus d'acide carbonique à une température élevée qu'à la température ordinaire; mais il a succombé dans l'expérience. Ce résultat est constant.

La transpiration des verdiers à l'état naturel par heure se tient en général entre 0^{gr},150 et 0^{gr},300. Deux fois elle a atteint 0^{gr},400 et 0^{gr},500.

Dans les hautes températures, elle a été, par heure, de 0^{gr},500 entre 30 et 35 degrés, et s'est élevée au gramme à 40 degrés.

Je soumets les détails d'une observation de transpiration naturelle continuée pendant six heures sur le verdier n° 1. Elle donnera une idée du décroissement que la perspiration insensible subit d'heure en heure.

L'expérience a eu lieu le 6 septembre. Elle a commencé à 9^{h}30^m du matin. Le thermomètre a varié de 19 à 21 degrés.

	Eau perdue par les transpirations pulmonaire et cutanée. gr
Première heure......	0,315
Deuxième heure.....	0,218
Troisième heure....	0,179
Quatrième heure.....	0,115
Cinquième heure. ...	0,119
Sixième heure.......	0,108

Pendant les trois premières heures il y a eu diminution successive dans la vapeur d'eau exhalée; les trois heures suivantes, la transpiration est devenue à peu près stationnaire.

C'est ici le lieu de faire remarquer avec quelle facilité les oiseaux résistent au froid. Les petits oiseaux dont la faible masse doit permettre si promptement aux températures excessives de les pénétrer, ne paraissent cependant pas, alors même qu'ils sont privés d'aliments, éprouver un grand malaise sous l'influence du froid quand il n'est pas prolongé au delà de huit heures à neuf heures. Trois verdiers, les n°s 1, 2 et 5, ont été ainsi soumis à un froid de 0 degré pendant plusieurs heures (5 heures, 6^{h}41^m et 8^{h}27^m). Les tubes disposés pour recueillir l'acide carbonique étaient changés d'heure en heure et pesés. Les deux premiers oiseaux ont, pendant toute la durée de l'expérience, brûlé une égale quantité de carbone. Le verdier n° 5, pendant la première moitié de l'expérience ($4^h 15^m$), s'est comporté de la même manière ; mais pendant la seconde moitié ($4^h 12^m$), la quantité de carbone qu'il a consumée a baissé, elle est devenue celle de l'état normal. Cependant cet oiseau est sorti de l'appareil aussi vif qu'il y était entré. Son corps donnait bien à la main une sensation de froid ; mais, dans le cloaque, la température n'avait baissé que de 1 degré.

Les tourterelles (*voir* le tableau n° 5) se comportent à peu près comme les petits oiseaux, quant au rapport indiqué dans les quantités d'acide carbonique aux températures extrêmes. La crécerelle donne de plus fortes différences, et le rapport devient pour elle 1 : 3,4 et 1 : 2,4. Cet oiseau paraît très-sensible à l'action de la chaleur ; déjà à 28 degrés il manifeste des signes prononcés de souffrance.

Les deux tourterelles, n° 1 et 3, ont offert quelque divergence. Exposées à une température de 40 à 43 degrés, elles ont donné un chiffre élevé d'acide carbonique ; il est par heure de 0,663 pour le n° 1, et de 0,775 pour le n° 3. La mort est survenue dans ces deux cas. Les expériences elles-mêmes ont duré seulement vingt et vingt-cinq minutes. Les n° 4, 5 et 6, au contraire, ont émis à une température plus modérée, de 30 à 36 degrés, une proportion bien moins forte d'acide carbonique qui porterait le rapport à 1 : 2, 5 environ.

Voici deux observations de transpiration naturelle sur deux tourterelles continuées pendant six heures consécutives. Le décroissement paraît plus régulier et se maintient plus longtemps que chez le verdier n° 1.

La première expérience a eu lieu sur la tourterelle n° 2, le 5 septembre, à partir de $9^h 56^m$ du matin. La température extérieure a varié entre 20°.6 et 21°.4.

	Perte éprouvée par heure par la transpiration.
	gr
Première heure..	0,395
Deuxième heure.....	0,371
Troisième heure.....	0,348
Quatrième heure.. ...	0,266
Cinquième heure. ...	0,226
Sixième heure... ...	0,130

La deuxième expérience a été faite sur une tourterelle du poids de 160 grammes, le 6 septembre, à une température de 20 à 21°,5, à partir de 9ʰ23ᵐ du matin.

	Eau perdue par la transpiration par heure.
	gr
Première heure	0,682
Deuxième heure.....	0,384
Troisième heure. ...	0,342
Quatrième heure.....	0,288
Cinquième heure....	0,200
Sixième heure.......	0,170

La transpiration des tourterelles ne s'est pas beaucoup élevée quand la chaleur a été modérée. Ainsi à 30 degrés, chez le n° 4, elle a été seulement de 0,640 par heure.

De 33 à 36 degrés elle a atteint le gramme. Cette fonction a suivi les mêmes phases dans des proportions moindres chez la tourterelle de petite espèce. Sa perspiration insensible a été par heure 0ᵍʳ,189 à la température ordinaire, 0ᵍʳ,210 à 30 degrés et 0ᵍʳ,307 de 37 à 40 degrés.

La température propre de ces oiseaux s'est abaissée par le froid de 0°,2 et de 0,6 sous l'aile chez une tourterelle robuste ; de 2°,2 chez une autre tourterelle en voie de dépérissement. La chaleur n'a eu quelquefois que peu d'influence sur l'élévation de la température animale quand le thermomètre marquait 30 degrés seulement. Dans un cas même il y a eu abaissement de $\frac{1}{3}$ de degré. Cependant, en général, il y a eu augmentation dans la température propre de ces animaux. Dans trois expériences comprises entre

3o et 33 degrés, il y a eu accroissement de 0°,4 , 1°,5 et 1°,8 ; à 36 degrés, de 1°,4. Un des oiseaux qui ont péri vers 4o degrés avait même gagné 3°,2 sous l'aile.

Il est bon de donner ici les raisons qui m'ont déterminé à classer parmi les oiseaux volumineux la tourterelle de petite espèce, du poids de 66 grammes, et parmi les petits oiseaux, le moineau de montagne du poids de 52 grammes.

Cette tourterelle a constamment brûlé, relativement à son poids, une quantité minime de carbone, et sa transpiration s'est tenue dans les mêmes proportions. J'ai déjà appelé l'attention sur cette relation. Elle avait, d'ailleurs, toutes les allures des tourterelles ordinaires, plus lentes encore, quoiqu'en parfait état de santé. Le moineau, au contraire, qui consumait bien plus de carbone, avait toute la vivacité des petits oiseaux. L'un donnait cours à son activité naturelle par un mouvement continuel ; l'autre restait constamment immobile et perché.

Ces différences s'expliquent très-bien avec les nouvelles idées physiologiques sur la chaleur animale.

Les cochons d'Inde (*voir* le tableau n° VI) ont présenté les particularités suivantes :

Le n° 1 a produit par heure d'acide carbonique :

A la température ambiante.	A la température élevée.	A la température basse.
2gr,058	1gr,457	3gr,006

Ces résultats sont nets et réguliers.

Les n°s 2 et 3, au contraire, ont exhalé à une température élevée une proportion trop forte d'acide carbonique pour que le rapport se maintint de 1 à 2 : il n'est plus que de 1 à 1,5 à 1,4. Mais si l'on observe que tous les deux sont morts par excès de chaleur pendant l'expérience ou à sa suite ; que le malaise avait été considérable ; que les mouvements inspiratoires avaient été portés jusqu'au nombre de deux cents par minute, on ne sera plus étonné de ce résultat. D'ailleurs la proportion d'acide carbonique dans cette circonstance a dépassé celle qui se produit à la température ordinaire.

Ces deux animaux ont été retirés de l'appareil inondés de sueur ; l'un encore vivant et présentant une augmentation de 3 degrés dans sa température primitive ; l'autre mort, avec un accroissement de 5°,5.

Les mammifères paraissent résister avec moins de succès aux températures extrêmes que les oiseaux : ainsi, à o degré, le cochon d'Inde n° 1 a abaissé sa chaleur propre de 3°,7, et le n° 2, de 3°,2 ; à 30 degrés, le n° 1 l'a élevée de 1 degré , et à 32 degrés de 3 degrés.

Le dernier tableau a trait à l'étude des phénomènes mentionnés dans des conditions qui ont déjà pour effet d'influencer fortement la respiration en abaissant considérablement le chiffre du carbone brûlé. Je veux parler de l'état d'inanition.

On trouve, ce qui n'est peut-être pas sans intérêt, que le rapport dans la quantité d'acide carbonique produit aux diverses températures se conserve le même que dans les expériences précédentes ; c'est-à-dire que l'acide carbonique émis à o degré est le double de celui émis entre 30 et 40 degrés.

Ainsi, le jour à o degré, il est pour la tourterelle, par heure, de 0^{gr},652 ; et de 30 à 40 degrés, de 0^{gr},319 en moyenne.

Cependant les phénomènes de l'inanition sont changés ; car, à la température ordinaire, l'acide carbonique serait par heure, pendant le jour, de 0^{gr},440 seulement.

La nuit perd aussi son action. Sous son influence, on a recueilli la même dose d'acide carbonique que pendant le jour aux deux températures extrêmes.

Mais ce qui peut-être est le plus digne d'attention, c'est que la chaleur qui a constamment pour résultat, dans les circonstances ordinaires, de diminuer la proportion du carbone brûlé, n'a plus produit cet effet, même la nuit, sur la tourterelle en question.

Cet oiseau qui, à la température ordinaire la nuit eût donné 0ᵍʳ,264 d'acide carbonique, n'a pu être amené à exhaler moins de 0ᵍʳ,284 entre 30 et 40 degrés. Il paraît qu'arrivé à ce point, on touche à la limite minimum de la production d'acide carbonique avec laquelle la vie soit compatible chez les tourterelles.

On voit aussi, dans le tableau n° VII, que la crécerelle à l'état d'inanition n'a exhalé, par heure à 33 degrés, qu'une bien faible proportion d'acide carbonique, 0ᵍʳ,336 : si on compare cette quantité à celle que ce même oiseau a donnée à 3 degrés au-dessous de 0 degré, dans les conditions normales, quantité qui monte à 1ᵍʳ,861, on trouve le rapport de 1 à 5,5. Il est assez extraordinaire que l'on puisse modifier aussi profondément une fonction sans que la vie soit immédiatement menacée.

Cette crécerelle qui, nourrie régulièrement, avait montré, entre 28 et 29 degrés, tous les signes d'un grand malaise, puisque ses inspirations s'étaient élevées par minute à cent quatre-vingts et qu'elle avait constamment tenu son bec ouvert, a présenté au contraire, pendant l'inanition, à 33 degrés une respiration douce dont les mouvements étaient difficiles à compter ; le bec est resté fermé et l'animal tranquille. Cependant il y avait encore quatre-vingt-quatorze inspirations à la minute au lieu de cinquante à soixante, nombre ordinaire.

Sa température propre s'est accrue de 2°,2 dans ce dernier cas. et de 1°,4 dans le précédent. Quant à la tourterelle, elle n'a éprouvé dans sa température que des variations légères et dans des sens différents lorsque la chaleur a été maintenue aux environs seulement de 30 degrés. Quand elle est devenue excessive, elle a résisté, autant qu'elle a pu le faire, à son envahissement. Ainsi, dans l'expérience de nuit du 15 novembre (*voir* le tableau n° VII), elle a commencé par reprendre sa température intérieure primitive ; ce qui a produit 4°,3 d'augmentation dans le cloaque. En outre, la superficie de son corps et son plumage ont absorbé aussi une quantité considérable de chaleur, ce que la main apprécie très-bien. Elle ne ressent plus cette sensation de froid que lui communique toujours, surtout la nuit, un animal inanitié.

De plus, et bien que la tourterelle ne reçût pas de boisson, elle s'est débarrassée d'une partie de la chaleur en excès par une transpiration aussi abondante que celle exhalée par un oiseau nourri régulièrement.

Le froid a abaissé la température de cet oiseau de $1°,5$ dans le cloaque, et de $2°,5$ sous l'aile.

La transpiration s'est maintenue toujours assez abondante dans les hautes températures. On sait cependant qu'à l'état d'inanition, cette fonction a une grande tendance à s'annihiler (*voir* le Mémoire de M. Boussingault déjà cité).

Tableau N° 1. — *Acide carbonique exhalé dans la respiration des petits oiseaux à la température ambiante.*

DÉSIGNATION ET POIDS de l'oiseau.	ÉPOQUE de l'année.	ÉPOQUE DE LA JOURNÉE.	DURÉE de l'expérience.	TEMPÉRAT. de la cloche au milieu de l'expér.	ACIDE carbonique dosé.	ACIDE carbon. par heure.	CARBONE brûlé en l'heure.	REMARQUES.
					gr	gr	gr	
Serin femelle, 15gr,5....	5 août 1844	De 12h11m mat. à 1h11m s.	1h 0m	19°,5	0,264	0,264	0,072	
Id............	5 août.	De 2.21 soir à 3.21 s.	1. 0	20,5	0,253	0,253	0,069	
Id............	6 août.	De 11.50 mat. à 1 8 s.	1.18	19,0	0,281	0,216	0,059	
Id............	20 novemb.	De 11.40 mat. à 1.10 s.	1.30	16,0	0,413	0,270	0,074	
Serin mâle............	8 janv. 1845	De 9.26 mat. à 11 32 m	2. 6	15,0	0,504	0,240	0,065	
Pinçon mâle, 21gr,8....	10 mai 1844	De 12. 0 mat. à 2. 8 s.	2. 8	20,2	0,669	0,314	0,085	
Verdier mâle n° 1, 25gr,4.	17 août.	De 10.30 mat. à 3 5 s.	5. 0	20 à 22°	1,636	0,323	0,088	
Verdier mâle n° 2, 24 gr.	3 novemb	De 8.10 mat. à 9.10 m	1. 0	14,0	0,302	0,302	0,082	
Verdier mâle n° 3, 26 gr..	19 août.	De 10.20 mat. à 11.31 m.	1.11	19,0	0,347	0,293	0,079	
Id............	19 août.	De 12.37 mat. à 1.42 s.	1. 5	21,0	0,310	0,286	0,078	
Id............	21 août.	De 1. 4 soir à 2. 4 s.	1. 0	22,0	0,285	0,285	0,078	
Moineau de montagne, 52 grammes........	19 novemb.	De 2.50 soir à 3.50 s.	1. 0	15,0	0,486	0,486	0,132	
Id............	3 janv. 1845	De 3.20 soir à 4.55 s	1.35	14,0	0,777	0,490	0,133	

Tableau N° II. — *Acide carbonique produit pendant la respiration des petits oiseaux sous l'influence d'une température élevée.*

DÉSIGNATION DE L'ANIMAL.	ÉPOQUE de l'année.	ÉPOQUE DE LA JOURNÉE.	DURÉE de l'expé- rience.	TEMPÉRAT. de l'enceinte.	ACIDE carbo- nique dose.	ACIDE carb. prod. en 1 heur.	CAR- BONE brûlé dans 1 h.	PERTE occa- sionnée par la transpi- ration pendant l'expér.	MÊME perte dans l'espace de 1 heure.	REMARQUES.
					gr	gr	gr	gr	gr	
Le serin femelle.....	12 août 1844	De 10^{h}21^m m. à 11^{h}21^m m.	1^h 0^m	39 à 42°	0,129	0,129	0,035	"	"	
Le verdier mâle n° 1	23 août.	De 1.54 s. à 3. 5 s.	1.11	30 à 33	0,302	0,257	0,070	0,526	0,411	
Id.	24 août.	De 10.50 m. à 11.50 m.	1. 0	35	0,217	0,217	0,059	0,479	0,479	
id.	25 août.	De 11.34 m. à 12. 3 m.	0 29	40	0,094	0,195	0,053	0,475	1,017	
Id.	28 août.	De 10. 8 m. à 10.45 m.	0.37	40	0,109	0,179	0,049	0,493	0,799	
Le verdier mâle n° 2.	4 novemb.	De 11.15 m. à 11.58 m.	0.43	40	0,169	0,238	0,065	0,682	0,951	Mort pend. l'exper.
Le verdier mâle n° 3	22 août.	De 11.25 m. à 12. 2 m	0.37	37 à 40	0,187	0,303	0,082	0,700	1,135	Mort pend. l'expér.
Le verdier mâle n° 4.	27 août.	De 11.31 m. à 12. 1 m.	0.30	40	0,107	0,214	0,058	0,474	0,918	
Id.	28 août.	De 12. 3 m. à 12.32 m.	0.29	41	0,106	0,219	0,059	0,549	1,135	
Le verdier mâle n° 5.	12 novemb.	De 11.57 m. à 2.22 s.	2 25	30	0,514	0,212	0,058	0,823	0,340	
Le verdier femelle n° 7	12 août.	De 1 23 s. à 2. 5 s.	0.42	38 à 42	0,175	0,250	0,068	"	"	

Tableau N° III. — *Acide carbonique produit à o degré dans la respiration des petits oiseaux.*

(Le thermomètre a oscillé entre — 2 et + 2 degrés dans les expériences.)

DÉSIGNATION DE L'OISEAU	ÉPOQUE de l'année.	ÉPOQUE DE LA JOURNÉE.	DURÉE de l'expérience.	ACIDE carbonique dosé.	ACIDE carbonique par heure.	CARBONE brûlé en 1 heure.	REMARQUES
Le serin femelle..........	8 août 1844.	De 11^{h}31^m m. à 12^{h}31^m m.	1^h 0^m	gr 0,325	gr 0,325	gr 0,089	
Le verdier femelle n° 7......	8 août.	De 1.46 s. à 2.46 s.	1. 0	0,479	0,479	0,130	
Le verdier mâle n° 1........	13 août.	De 11 32 m. à 4.32 s.	5. 0	2,231	0,445	0,121	
id..............	30 août.	De 12.15 m. à 1.32 s.	1.17	0,548	0,427	0,116	
Le verdier mâle n° 4........	16 août.	De 10.34 m. à 5.15 s.	6.41	3,217	0,481	0,131	
Le verdier mâle n° 5........	4 novembre.	De 2 12 s. à 3.12 s.	1. 0	0,389	0,389	0,105	
	18 novembre.	De 11.15 m. à 3.30 s.	4.15	1,887	0,444	0,121	
	18 novembre.	De 3.30 s. à 7.42 s.	4.12	1,261	0,300	0,081	

Tableau N° IV. — *Transpiration des petits oiseaux dans les conditions ordinaires de température.*

DÉSIGNATION ET POIDS de l'oiseau.	ÉPOQUE de l'année.	ÉPOQUE DE LA JOURNÉE.	DURÉE de l'expérience.	TEMPÉRATURE de l'air ambiant.	PERTE éprouvée par les transpirat. pulmon. et cutanée pendant l'expér.	MÊME perte dans l'espace de 1 h.	REMARQUES
Le verdier n° 1.	23 août 1844.	De 10^h 3^m m. à 11^{h}13^m m.	1^h 9^m	17,6 à 18°,6	gr 0,176	gr 0,152	
Id.	26 août.	De 9.46 m. à 10.53 m.	1. 7	16,8 à 18	0,189	0,169	
Id	28 août.	De 8.53 m. à 10. 8 m.	1.15	16,7 à 18,5	0,254	0.203	
Id	30 août.	De 10.13 m. à 12.13 m.	2. 0	19 à 20,5	0,558	0,279	
Id	6 septembre.	De 9 30 m. à 3.45 s.	6.15	19 à 20,4	1,072	"	
Id	24 août.	De 9.28 m. à 10.49 m.	1.21	18,4 à 19	0,199	0,147	
Le verdier mâle n° 4, 24 gr.	24 août.	De 12.50 m. à 1.50 s.	1. 0	20,5	0,267	0,267	
Id	27 août.	De 10. 4 m. à 11.29 m.	1.25	17 à 18	0,224	0,158	
Id	28 août.	De 10.27 m. à 12. 2 m.	1.35	18	0,277	0,175	
Le verdier mâle n° 5, 25 gr.	20 novembre.	De 10. 0 m. à 11. 7 m.	1. 7	13	0,433	0,387	
Le verdier mâle n° 6.	22 août.	De 10. 0 m. à 10.57 m.	0.57	18	0,481	0,506	
Le moineau de montagne. . .	19 novembre.	De 2.50 s. à 3.50 s.	1. 0	15	0,338	0,338	

Tableau Nº V. — *Acide carbonique exhalé dans la respiration des oiseaux dont le poids s'élève de 130 grammes à 200 grammes, sous l'influence des diverses températures.*

Acide carbonique exhalé à la température ambiante.

DÉSIGNATION ET POIDS de l'oiseau.	ÉPOQUE de l'année.	ÉPOQUE DE LA JOURNÉE.	DURÉE de l'expér.	TEMP. de l'enceinte.	ACIDE carbonique dosé.	ACIDE CO² par heure.	CARBONE brûlé en 1 h.	PERTE éprouvée par les deux transpirations pend. l'expér.	PERTE éprouvée par les deux transp. dans l'espace de 1 h.	TEMPÉRATURE propre de l'animal, au commenc. de l'exp.	à la fin de l'expérience.	REMARQUES.
		h. m. s.	h. m. s.		gr	gr	gr	gr	gr			
Tourterelle mâle nº 1, 185 grammes.....	1844. 27 févr.					0,850	0,232	"	"	"	"	
Tourterelle mâle nº 2, 157 grammes....	27 juill.	De 11.30.0 m. à 12.50 m	1.20.0	20°	1,042	0,783	0,213	"	"	"	"	
Id............	2 août.	De 10.35.0 m. à 11.43 m	1.8.0	21	1,865	0,763	0,208	"	"	"	"	
Tourterelle nº 6, 125gr.3.........	31 juill.	De 11.0.0 m. à 12.10 m	1.10.0	19	0,700	0,600	0,167	"	"	"	"	
Id............	1 août.	De 10.47.30 m. à 11.54 m	1.6.30	20	0,556	0,501	0,136	"	"	"	"	
Id............	2 août.	De 1.40.0 s. à 2.45 s.	1.5.0	21	0,583	0,538	0,147	"	"	"	"	
Id............	1845. 21 févr.	De 1.57.0 s. à 3.51.30	1.54.30	15	1,306	0,684	0,186	0,600	0,348	"	"	
Une crécerelle, 191gr.	1844. 29 nov.	De 3.30.0 s. à 4.30 s.	1.0.0	12	0,946	0,946	0,258	"	"	"	"	Les trois prem. exper. ont été faites sur la crécerelle au sortir d'une abstinence complète qui avait duré trois jours. Dans cette circonstance, l'acide carbonique produit est un peu plus élevé qu'à l'état ordinaire. — L'expérience du 22 février est tout à fait régulière. L'animal était rendu depuis longtemps à son régime habituel.
Id............	6 déc.	De 3.51.0 m. à 4.36 s.	0.45.0	17	0,697	0,923	0,251	"	"	"	"	
Id............	7 déc.	De 1.16.0 s. à 3.00 s	1.44.0	17	1,641	0,917	0,258	"	"	"	"	
Id............	1845. 22 févr.	De 9.41.0 m. à 11.46 m	2.5.0	18	1,888	0,906	0,247	"	"	"	"	
Une tourterelle adulte, des pays chauds, de petite espèce, du poids de 66 gram..	1844. 1 nov.	De 8.52.0 m. à 9.57 m	1.5.0	15°,5	0,360	0,332	0,091	0,204	0,189	"	"	

Suite du tableau N° V. — *Acide carbonique exhalé dans la respiration des oiseaux dont le poids s'élève de 130 grammes à 200 grammes, sous l'influence des diverses températures.*

Acide carbonique exhalé à une température élevée.

DÉSIGNATION ET POIDS de l'oiseau.	ÉPOQUE de l'année.	ÉPOQUE DE LA JOURNÉE.	DURÉE de l'expér.	TEMPÉRATURE de l'enceinte.	ACIDE carbonique dosé.	ACIDE CO^2 par heure.	CARBONE brûlé en 1 h.	PERTE éprouvée par les deux transpirations pend. l'expér.	PERTE éprouvée par les deux transp. dans l'espace de 1 h.	TEMPÉRATURE propre de l'animal, au commenc. de l'exp.	TEMPÉRATURE propre de l'animal, à la fin de l'expérience.	REMARQUES.
	1844.		h. m.		gr	gr	gr	gr	gr			
Tourterelle nº 1.....	2 nov.	De 9.18 m. à 9.38 m.	0.20	40 à 43°	0,211	0,633	0,172	"	"	42°,3 sous l'aile.	45°,5 sous l'aile.	
Tourterelle mâle nº 3.	2 nov.	De 3.40 s. à 4. 5 s.	0.25	40 à 43	0,323	0,775	0,211	"	"	sous l'aile.	sous l'aile.	
Tourterelle femelle nº 4, 130 grammes	14 nov.	De 11. 3 m. à 12. 8 m.	1. 5	33 à 36	0,410	0,378	0,103	1,003	0,925	41 ,5 cloaq.	43 ,0 cloaq.	
Tourterelle mâle nº 5, 163 grammes.....	13 nov.	De 10.49 m. à 12.55 m.	2. 6	30	0,919	0,438	0,119	1,280	0,609	43 ,0 cloaq.	42 ,7 cloaq.	
	1845.											
Tourterelle nº 6.....	20 févr.	De 9.56 m. à 10.56 m.	1. 0	36	0,336	0,336	0,091	1,10	1,10		"	
La crécerelle........	22 févr.	De 3.14 s. à 4. 0 s.	0.46	28 à 29	0,436	0,569	0,146	1,00	1,30	40 ,3	41 ,7	Les inspirations se sont élevées à 170 et 180 degrés par minute.
Tourterelle de petite espèce, 66 grammes	**1844.** 1 nov.	De 2.47 s. à 3.45 s.	0.58	37 à 40	0,178	0,184	0,041	0,336	0,347	"	"	
Id..............	8 nov.	De 10.34 m. à 12.47 m.	2.13	30	0,312	0,141	0,039	0,440	0,200	"	"	
Id..............	11 nov.	De 11.10 m. à 2.43 s.	3.33	30 à 33	0,505	0,142	0,039	1,085	0,305	"	"	

Suite et fin du tableau N° V. — *Acide carbonique exhalé dans la respiration des oiseaux dont le poids s'élève de 130 grammes à 200 grammes, sous l'influence des diverses températures.*

DÉSIGNATION ET POIDS de l'oiseau.	ÉPOQUE de l'année.	ÉPOQUE DE LA JOURNÉE.	DURÉE de l'expér.	TEMPÉRATURE de l'enceinte.	ACIDE carbonique dosé.	ACIDE CO^2 par heure.	CARBONE brûlé en 1 h.	PERTE éprouvée par les deux transpirations pend. l'exper	PERTE éprouvée par les deux transp. dans l'espace de 1 h.	TEMPÉRATURE propre de l'animal, au commenc. de l'exp.	à la fin de l'expérience.	REMARQUES.
*Acide carbonique exhalé à une température basse.*												
1844.					gr	gr	gr					
Tourterelle n° 1	30 oct.	De 2.54 s. à 4.25 s.	1.31	— 2 à +2°	1,697	1,119	0,305	"	"	42°,5 sous l'aile.	42°,0 sous l'aile.	
Id..........	31 oct.	De 9.4 m. à 10.42 m.	1.38	—2 à +2	1,825	1,117	0,305	"	"	42,5 sous l'aile.	41,75 sous l'aile.	
Tourterelle n° 2	9 août.	De 12.11 m. à 1.11 s.	1.0	— 3 à 0	1,581	1,581	0,431	"	"	"	"	Bien portante.
Id..........	31 oct.	De 1.20 s. à 2.20 s.	1.0	— 3 à 0	0,948	0,948	0,258	"	"	"	"	En vole rapide de dépérissement.
1845.												
Tourterelle n° 6	20 févr.	De 12.30 m. à 2.1 s.	1.31	— 5	1,479	0,974	0,265	"	"	"	"	
La crécerelle......	21 févr.	De 10.20 m. à 12.1 m.	1.41	— 3	3,132	1,861	0,508	"	"	"	"	
Id	23 févr.	De 1.12 m. à 2.12 s.	1.0	0	1,360	1,360	0,370	"	"	41,1	40,9	
Tourterelle de petite espèce, 66 gr. **1844.**	1 nov.	De 11.12 m. à 1.12 s.	1.20	0	0,490	0,368	0,100	"	"	"	"	

Tableau Nº VI. — *Acide carbonique produit dans la respiration des mammifères aux diverses températures.*

DÉSIGNATION ET POIDS de l'animal.	ÉPOQUE de l'année.	ÉPOQUE DE LA JOURNÉE.	DURÉE de l'expér.	TEMPÉRATURE de l'enceinte.	ACIDE CO² dosé.	ACIDE CO² par heure.	CARBONE brûlé dans 1 h.	TEMPÉRATURE propre de l'anim. prise dans le rectum, au comm. de l'exp.	à la fin de l'exp.	REMARQUES.
			h. m. s.		gr	gr	gr	gr	gr	
Acide carbonique exhalé à la température ambiante.										
Cochon d'Inde mâle nº 1, adulte, 790 grammes..	1844. 6 nov.	De 4ʰ 0ᵐ s. à 5ʰ 0ᵐ 0ˢ s.	1. 0. 0	16°	2,058	2,058	0,561	"	"	
Cochon d'Inde femelle, nº 2, 613 grammes....	24 févr.	De 9.48 m. à 11.29.30 m.	1.41 30	19	2,537	1,500	0,409	"	"	
Deux souris adultes, pesant ensemble 29gr,8...	19 févr.	De 9.16 m. à 10.38. 0 m.	1.22. 0	16	0,681	0,498	0.135	"	"	
Acide carbonique exhalé à une température élevée.										
Cochon d'Inde nº 1......	6 nov.	De 1.46 m. à 2.31. 0 s.	0.45. 0	30	1,066	1,434	0,391	36°,5	37°,5	
Id............	10 nov.	De 9.40 m. à 11.40. 0 m.	2. 0. 0	30 à 32°	2,946	1,473	0,401	37 ,8	40 ,8	
Cochon d'Inde nº 2	1843. 24 févr.	De 2.48 s. à 3.48. 0 s.	1. 0. 0	37	1,534	1,534	0,418	37 ,6	43 ,1	Mort pendant l'expérience.
Cochon d'Inde mâle nº 3, pesant 750 grammes...	1844. 7 nov.	De 1.52 s à 2.24. 0 s.	0.32. 0	40	0,883	1,655	0,451	35 ,5	38 ,5	Mort à la suite de l'expérience.
Deux souris..........	1843. 18 févr.	De 9.27 m. à 10.47. 0 m.	1.20. 0	37	0,358	0,268	0,073	"	"	
Acide carbonique exhalé à une température basse.										
Cochon d'Inde nº 1.	1844. 7 nov.	De 9. 3 m. à 10. 3. 0 m.	1. 0. 0	0°	3,006	3,006	0,819	35°,7	32°,0	
Cochon d'Inde nº 2.....	1843. 23 févr.	De 10. 1 m. à 11 42.30 m.	1.41.30	0	3,809	2,251	0,614	37 ,5	34 ,0	
Cochon d'Inde nº 3.....	1844. 6 nov.	De 10. 7 m. à 11.28. 0 m.	1.21. 0	0	3,183	2,357	0,643	"	"	
Deux souris...........	17 févr.	De 10.55 m. à 1.11. 0 m.	2.16. 0	— 5	1,206	0,531	0,145	"	"	

Tableau N° VII. — *Acide carbonique produit a l'état d'inanition par une tourterelle et une crécerelle aux diverses températures.*

DÉSIGNATION de l'animal.	ÉPOQUE de l'année.	ÉPOQUE DE LA JOURNÉE.	DURÉE de l'exp.	TEMPÉRATURE de l'enceinte	ACIDE carbonique dosé	ACIDE carbonique par heure.	CARBONE brûlé en 1 heur.	EAU perdue par la transpiration pend. l'exp.	EAU perdue par la transpiration dans 1 heur.	TEMPÉRATURE propre de l'animal — au commenc. de l'exp.	TEMPÉRATURE propre de l'animal — à la fin de l'expér.	REMARQUES
Acide CO² exhalé à la température ambiante.												
La crécerelle	1844. 27 nov.	De 2.24 s. à 3.44 s.	1.20	13°	1,050	0,788	0,215	0,313	0,234	40°,6	41°,9	Après deux jours d'inanition pendant le jour
	27 nov.	De 7.42 s. à 9.17 s	1 35	11.5	0,829	0,524	0,143	0,590	0,370	39 ,7	39 ,5	Après deux jours et qq. heures d'inanit. La nuit
	28 nov.	De 8.30 m. à 10. 0 m.	1.30	10	0,985	1,657	0,179	0,231	0,150	40 ,5	41 ,7	Après trois jours d'inan. au commen. de la journée
Acide CO² exhalé à une température élevée.												
Même tourterelle que celle portant précédemment le n° 5	14 nov	De 2. 5 s. à 3.36 s.	1.30	30 à 33°	0,582	0,372	0,101	0,931	0,613	43°,3 cloaq	42°,7 cloaq.	De jour. Après vingt-quatre heures d'inanition.
	15 nov.	De 10.32 m. à 11.32 m.	1. 0	35	0,331	0,331	0,090	1,090	1,090	42 ,8 cloaq.	43 ,3 cloaq.	De jour. Après deux jours d'inanition.
	15 nov.	De 7.38 s. à 8.41 s.	1. 3	37	0,309	0,291	0,079	0,986	0,938	39 ,0 cloaq.	43 ,3 cloaq.	De nuit. Après deux jours et quelq. heures d'inanit
	17 nov.	De 10.33 m. à 11.38 m.	1. 5	33	0,305	0,281	0,077	0,872	0,865	42 ,4 cloaq.	41 ,4 cloaq.	De jour. Après quatre jours d'inanition
La crécerelle	1845. 25 févr.	De 9.51 m. à 12 10 m	2.19	33	0,779	0,336	0,091	1,520	0,660	39 ,7 cloaq.	41 ,9 cloaq.	De jour. Après quarante-quatre heures d'inanition
Acide carbonique exhalé à une température basse.												
La même tourterelle	1844. 16 nov.	De 11.25 m. à 1. 0 s.	1 35	—2 à —2°	1,032	0,652	0,178	"	"	42°,7 cloaq. 39 ,4 cloaq. 38 ,0 s. l'aile	41°,2 cloaq. 38 ,6 cloaq. 37 ,5 s. l'aile	De jour. Après trois jours d'inanition.
Id.	16 nov.	De 7.41 s. à 9. 1 s.	1.20	0°	0,880	0,660	0,180	"	"			De nuit. Après trois jours et quelq. heures d'inanit.

RECHERCHES EXPÉRIMENTALES

SUR

LE DÉVELOPPEMENT DE LA GRAISSE

PENDANT L'ALIMENTATION DES ANIMAUX;

PAR M. BOUSSINGAULT.

§ 1. — Ces recherches ont été entreprises dans l'espoir d'éclairer une des questions physiologiques les plus controversées, celle de l'origine de la graisse des animaux. En s'appuyant sur la pratique des nourrisseurs, on est assez naturellement conduit à penser que les matières sébacées qui entrent dans l'organisme dérivent uniquement de principes analogues aux corps gras qui préexistent dans les aliments végétaux ; et dans cette hypothèse, la quantité de graisse fixée ou sécrétée par un animal, dans un temps donné, serait à peu près représentée par les substances solubles dans l'éther et l'alcool, mais insolubles dans l'eau, qui font partie des fourrages consommés. D'un autre côté, on a expliqué la formation de la graisse par une simple modification des principes à composition ternaires qui entrent habituellement, pour une très-forte proportion, dans la nourriture des herbivores : ainsi, d'après cette manière de voir, l'amidon, le sucre, la gomme, le sucre de lait pour

raient se changer en corps gras en perdant, sous l'influence
vitale, une partie de leur oxygène (1).

Entre ces deux opinions extrèmes, dont l'une voit la
graisse toute formée dans les aliments, tandis que l'autre
admet qu'elle est élaborée dans le sang et même avec les
matériaux du sang, vient se placer une opinion plus modérée, et qui s'est fortifiée par la connaissance de certains
phénomènes de fermentation, observés dans ces derniers
temps, qui établissent que le sucre en contact avec certains
ferments azotés peut donner naissance à des acides gras, à
des huiles. C'est ainsi que le sucre produit de l'acide butyrique lorsqu'il est soumis à l'influence du caséum en pu-
tréfaction ; c'est également pendant la fermentation des
pommes de terre, des betteraves, des céréales, du marc de
raisin, qu'apparaît une huile que l'on considère aujour-
d'hui comme l'alcool de l'acide valérianique, acide primi-
tivement découvert par M. Chevreul dans la graisse du
dauphin et du marsouin. Il est donc possible que, dans
l'acte de la digestion, le sucre ou ses congénères subissent
une fermentation spéciale donnant des matières grasses,
qui, une fois formées, seraient absorbées par les chylifères.
On le voit, cette opinion mixte se confond, au point de vue
physiologique, avec celle qui soutient la préexistence des
matières grasses dans la nourriture ; car il importe peu,
physiologiment parlant, que la graisse assimilée soit ingérée directement, ou qu'elle prenne naissance dans l'estomac, cavité où les aliments sont encore en dehors de l'organisme animal (2). Si cette transformation s'effectue
réellement dans l'estomac, ce qui n'est point encore suffisamment démontré, les animaux partageraient avec les végétaux la faculté de créer des corps gras, et cela probablement par des moyens analogues. On voit, en effet, l'amidon

____

(1) Liebig, *Chimie organique appliquée à la physiol. et à la pathologie,* 1842.
(2) DUMAS, BOUSSINGAULT et PAYEN, Recherches sur l'engraissement
(*Annales de Chimie et de Physique,* 3e série. tome VIII, page 63).

et la matière sucrée disparaître graduellement dans les plantes, à mesure que la matière grasse s'accumule dans leurs graines. La sève des palmiers est une abondante source de sucre jusqu'au moment où le fruit devient une source d'huile non moins productive. Je mentionnerai enfin, pour compléter ce rapide exposé des idées émises sur la production de la graisse, l'opinion qui attribue aux principes azotés des aliments la propriété de concourir efficacement à la production du tissu adipeux; c'est cette opinion que j'avais adoptée tacitement à l'époque de mes premières recherches sur la valeur alimentaire des fourrages, alors que je considérai leur élément azoté comme le plus nutritif, le plus important, celui qui suffisait seul au développement de la chair des animaux en croissance, à la sécrétion du lait, à l'engraissement. Au reste, aucune des hypothèses que je viens de rappeler n'est en opposition formelle avec celle qui reconnait, dans les matières grasses bien caractérisées des plantes, l'origine la plus directe, la moins contestable de la graisse qui s'accumule dans les animaux soumis à un régime surabondant.

La question de la production de la graisse pendant l'alimentation a soulevé une controverse des plus vives : on a beaucoup discuté et très-peu expérimenté. J'ai donc cru faire une chose utile en entreprenant de nouvelles recherches. J'avais eu d'abord le projet de limiter mes observations à l'examen d'un seul point de la question, celui de savoir s'il est possible d'engraisser des porcs en les nourrissant uniquement avec des pommes de terre, qui, on le sait, ne contiennent qu'une proportion insignifiante de matières grasses. Il est de toute évidence que, si l'amidon se convertit en graisse pendant l'acte de la digestion, il y aurait, en général, un avantage décidé à opérer l'engraissement avec les tubercules, puisque la porcherie n'aurait plus à supporter la dépense assez élevée qu'occasionne l'introduction des pois, du seigle, du maïs dans la ration, mais il m'a paru

convenable de donner plus d'extension à mes expériences.
C'est ainsi que j'ai été conduit à suivre avec une minutieuse
attention le développement du porc, depuis sa naissance, en
tenant un compte exact des aliments consommés pendant
sa croissance et son engraissement. Enfin, j'ai suivi avec le
même soin l'engraissement de quelques oiseaux de la basse-
cour. Comme j'ai exécuté ces recherches en me dégageant
de toute idée préconçue, je me bornerai, dans ce qui va
suivre, à présenter les faits dans l'ordre où ils ont été observés, les livrant ainsi à l'appréciation de chacun.

§ II. — *Porcs mis au régime exclusif des pommes de
terre.*

Trois jeunes porcs, âgés de huit mois, issus de la même
mère, ont pesé :

$$
\begin{array}{ll}
\text{Le n}^\text{o}\ 1 \dots\dots\dots\dots & \text{60,55} \\
\text{Le n}^\text{o}\ 2 \dots\dots\dots\dots & \text{60,00} \\
\text{Le n}^\text{o}\ 3 \dots\dots\dots\dots & \text{59,50}
\end{array}
$$

Les n$^\text{os}$ 2 et 3 ont été mis au régime exclusif des pommes
de terre cuites, délayées dans l'eau, additionnée d'une
petite quantité de sel marin. Chaque porc a été logé dans
une cellule planchéiée, afin de ne pas être obligé de donner
de la litière. Cette précaution était indispensable, parce
que le porc est très-porté à manger la paille de son cou-
cher, lorsqu'il ne reçoit que des racines ou des tubercules
pour aliment. Les deux porcs séquestrés ne sortaient que
rarement, et uniquement pour aller se baigner. Les cel-
lules avaient une lucarne par laquelle les animaux pouvaient regarder au dehors ; on avait adopté cette disposition pour obvier aux inconvénients graves qu'un régime
cellulaire trop rigoureux n'eût pas manqué de présenter.

Les pommes de terre étaient cuites à la vapeur, écrasées
entre deux cylindres, et délayées dans de l'eau de fontaine.
Cette nourriture était donnée à discrétion et distribuée deux
fois par jour.

Au moment où les porcs n$^\text{os}$ 2 et 3 entrèrent en cellule,
le porc n$^\text{o}$ 1 fut tué.

Résultats de l'abattage du porc n° 1, pesant 60^k,55 :

```
                                                           k
Lard, sans la peau.................................  9,47  ⎫
Saindoux...........................................  2,30  ⎬ 15$^k$.48
Autre graisse adhérente à l'intérieur..............  2,84  ⎪
Graisse retirée des os par l'ébullition............  0,87  ⎭
Os dégraissés, bouillis et essuyés.................  3,87
Peau avec soies....................................  5,01
Sang recueilli.....................................  2,17
Viande débarrassée de graisse (viande rouge).......  24,03
Foie, langue, larynx, poumons, filet, bile, cœur...  2,83
Cervelle...........................................  0,12
Rognons............................................  0,12
Estomac et intestins, vidés et lavés...............  2,16
Rate...............................................  0,06
Vessie vide........................................  0,05
Aliments ingérés, excréments, urines, pertes.......  4.65
                                                     ─────
                                                     60,55
```

Détermination de la matière grasse contenue dans les pommes de terre qui ont été consommées par les porcs n°s 2 et 3.

(a) Une pomme de terre rouge pesant, au moment où elle venait de sortir du champ, 52^{gr},68, a été cuite au four, elle pesait alors 39^{gr},95. La dessiccation fut achevée à l'étuve, et la matière, réduite en poudre impalpable, a été traitée par l'éther ; on a obtenu 0^{gr},108 d'une huile épaisse incolore. Soit 0,0021 de matière grasse dans la pomme de terre crue.

(b) Une pomme de terre jaune ancienne, du poids de 75^{gr},28, a été coupée en tranches minces, on l'a fait bouillir pendant une heure et demie dans de l'acide chlorhydrique étendu d'eau. Les tranches ont conservé leur forme, elles avaient pris un aspect gélatineux, cependant l'amidon était éliminé ; car, jetées sur un filtre, lavées à grande eau et desséchées, les tranches n'ont plus pesé que 0^{gr}.98 ; ce résidu pulvérisé a été mis en digestion dans l'éther. On a retiré en totalité 0^{gr}.110 d'une substance grasse ayant la consistance du beurre, très-fusible, d'un jaune tirant au brun, sans saveur, et d'une odeur assez agréable. Soit 0,0015 de matière grasse dans la pomme de terre jaune.

(*c*) On pouvait présumer que la plus grande partie du principe huileux de la pomme de terre résidait dans la pelure du tubercule ; c'est ce qui a lieu en effet. 5 kilogrammes de pommes de terre pelées, comme on le pratique ordinairement, ont fourni 770 grammes d'épluchures, qui, séchées à l'air, se sont réduites à 232 grammes.

$2^{gr},59$ de ces pelures ont donné, par des traitements successifs, faits à l'aide de l'éther, une matière huileuse épaisse, incolore, d'une odeur nauséabonde et d'une saveur âcre ; par une exposition prolongée dans l'étuve, l'odeur et la saveur ont disparu. L'huile, à sa sortie de l'étuve, a pesé $0^{gr},090$. Des 232 grammes de pelures séchées à l'air, on eût retiré $8^{gr},062$ de graisse ; et comme ces pelures provenaient de 5 kilogrammes de tubercules, on peut admettre que la pomme de terre examinée renfermait au minimum 0,0016 de matière grasse, puisqu'on néglige la petite quantité d'huile qui devait nécessairement se trouver dans la substance amylacée.

(*d*) Une pomme de terre rouge du poids de $43^{gr},28$, traitée par l'acide et par l'éther, a donné $0^{gr},085$ d'une matière huileuse, légèrement colorée en rose. Soit 0,002 de matière grasse.

En résumé :

(*a*) a fourni................	0,0021 de principes gras.
(*b*) a fourni................	0,0015
(*c*) a fourni................	0,0016
(*d*) a fourni	0,0020
Moyenne....	0,0018

On peut donc, sans crainte d'erreur sensible, admettre que 1 000 kilogrammes de pommes de terre renferment 2 kilogrammes de matière grasse, et cela d'autant mieux, qu'il est vraisemblable que, pendant la dessiccation du résidu de l'évaporation de la dissolution éthérée, on perd une

certaine quantité d'une huile odorante. Je dois cependant
faire observer que je n'ai pas réussi à obtenir ce principe
volatil, en distillant avec de l'eau, non-seulement la pomme
de terre, mais même les pelures du tubercule. L'eau qui a
passé à la distillation avait l'odeur de l'eau-de-vie de
pommes de terre, une saveur très-perceptible; mais je n'ai
pas obtenu une seule goutte d'huile, bien que j'opérasse sur
d'assez fortes quantités de matières.

Résultats obtenus avec le porc n° 2.

Au commencement de l'expérience le porc n° 2 pesait....	60,00
Après quatre-vingt-treize jours de régime aux pommes de terre, il a pesé......	67,24
Augmentation de poids en quatre-vingt-treize jours	7,24
Par jour......	0,08

Il est à remarquer que l'accroissement de poids diurne,
constaté sur les jeunes porcs dans la quinzaine qui a précédé les observations, oscillait entre 0^k,20 et 0^k,30. Les
porcs recevaient alors par jour 3^k,6 à 3^k,9 de pommes de
terre, délayées dans une dizaine de litres de petit-lait mêlé
à des eaux grasses et à des résidus de cuisine. Le porc n° 2
était en bonne santé. Dans les quarante et un jours qui ont
suivi la mise en cellule, ce porc a mangé :

Par jour 6 kilogrammes de pommes de terre cuites, soit.....	246 kilogr.
Dans les cinquante-deux jours suivants, la ration n'a plus été que de 5 kilogrammes, soit......	260
Pommes de terre cuites consommées en quatre-vingt-treize jours......	506

J'ai trouvé, en faisant cuire à la vapeur de fortes quantités de tubercules, qu'en moyenne, 100 kilogrammes de
pommes de terre en perdent 7 par la cuisson; par conséquent, 506 kilogrammes de tubercules cuits représentent
544 kilogrammes de pommes de terre crues, renfermant,
d'après les essais précédents, 1^k,09 de matières grasses.
Durant les quatre-vingt-treize jours, le porc a rendu 104 kilogrammes d'excréments humides, qui, d'après plusieurs

dessiccations, devaient renfermer pour 100, 16 de substances sèches. L'excrément sec a abandonné à l'éther 2,2
pour 100 d'une matière grasse jaunâtre, très-fusible et
ayant la consistance du suif. Ainsi, en quatre-vingt-treize
jours, le porc n° 2 a rendu 16^k,6 de substance sèche,
dans laquelle il entrait 0^k.37 de graisse dont il faudra tenir
compte.

Résultats de l'abattage du porc n° 2, pesant 67^k.27.

	^{k}	
Lard sans la peau	11,32	
Saindoux	2,32	
Autre graisse adhérente à l'intérieur	1,53	16^k.27
Graisse retirée des os par l'ébullition	1,10	
Os dégraissés, bouillis et essuyés	4,32	
Peau avec soies	6,82	
Sang recueilli	3,24	
Viande débarrassée de graisse (viande rouge)	26,90	
Foie, langue, larynx, poumons, bile, cœur	2,93	
Cervelle	0,12	
Rognons	0,22	
Estomac et intestins, vidés et lavés	2,76	
Rate	0,17	
Vessie vide	0,05	
Aliments ingérés, excréments, urines, perte	3,47	
	67,37	

Ainsi, il y avait dans le porc n° 2 environ 1 kilogramme de graisse de plus qu'il n'en existait dans le porc
n° 1; à cette graisse, il faut encore ajouter celle qui a
été retrouvée dans les excréments rendus. Les pommes de
terre consommées par le porc n° 2 contenaient assez de
principes gras pour expliquer ce développement de graisse,
si l'on considère surtout que les matières grasses des tubercules ont été dosées après une fusion préalable, et
que, pour cette raison, elles ne renfermaient pas d'humidité.

La graisse de porc, tout au contraire, dans l'état où elle
a été pesée, n'était pas exempte d'eau ou de matières étrangères; il convenait donc, pour l'exactitude de la comparaison, de ramener cette graisse à la même condition de séche-

resse ou se trouvait celle qui dérivait des pommes de terre. J'ai, dans ce but, fait fondre 5 kilogrammes des diverses graisses du porc.

Pertes éprouvées par la graisse de porc pendant sa fusion.

	LARD sans la peau.	SAINDOUX.	GRAISSE adhérente à l'intérieur.	GRAISSE d'os figée à la surface de l'eau.
	k	k	k	k
Poids avant la fonte............	5,00	5,00	5,00	5,000
Poids après la fonte............	4,66	4,70	4,56	3,800
Perte due à l'eau vaporisée.....	0,34	0,30	0,44	1,200
Poids apr. l'enlèvem. des crotons.	4,20	4,30	4,12	"
Perte due aux crotons	0,46	0,40	0,44	"
Perte totale par la fonte.......	0,80	0,70	0,88	1,20
Perte pour 100.................	16	14	18	24

On peut donc, en prenant la moyenne de la perte éprouvée par les graisses qui sont les plus abondantes, porter à 0,16 le déchet occasionné par la fonte, et admettre que 100 grammes de graisse pesée après l'abattage répondent à 84 de graisse sèche et privée de crotons.

Résumé de l'expérience faite sur le porc n° 2 :

	k
Le porc n° 1 pesait 60^k,55, et contenait en graisse. ...	15,48
Le porc n° 2 a pesé 67^k,27, et a donné en graisse......	16,27
Gain probable en graisse.....................	0,79
Représentant en graisse fondue..................	0,167
Graisse rendue avec les excréments	0,37
Gain total en graisse fait par le n° 2...............	1,04
Dans les 544 kilogrammes de pommes de terre consommées, il entrait en graisse....	1,09
Excès de la matière grasse contenue dans la nourriture.	0,65

Résultats obtenus avec le porc n° 3.

Lors de l'abattage du porc n° 1, le porc n° 3 pesait.... . 59,50
Après avoir été nourri avec des pommes de terre cuites
   pendant deux cent cinq jours, il a pesé............. 84,00

Augmentation de poids en deux cent cinq jours. 24,50
Par jour.. 0,12

La pomme de terre cuite a été donnée par jour à discrétion ; voici quelles ont été les quantités consommées à diverses époques :

Durant les 10 premiers jours, ration 5	kilogrammes, somme		50 kilogr.
les 51 jours suivants, ration 6	"		306
les 31 jours suivants, ration 7	"		217
les 65 jours suivants, ration 8	"		520
les 32 jours suivants, ration 5	"		160
les 16 derniers jours, ration 5	"		80
205 jours			1333

Ces 1333 kilogrammes de tubercules cuits répondent à 1433 kilogrammes de pommes de terre crues contenant $2^k,87$ de matières analogues à la graisse. Pendant les cinq premiers mois, le porc a mangé sa ration avec avidité ; mais, dans les deux mois suivants, l'appétit a diminué et en même temps le poids de l'animal est resté à peu près stationnaire. Les pesées faites à différentes dates montrent comment s'est effectué l'accroissement du porc pendant ce régime.

	POIDS du porc.	AUGMENTATION pendant l'intervalle.	AUGMENTATION diurne.
	k	k	k
Poids initial	59,50	"	"
Le 11e jour de la mise en expér.	61,00	1,50	0,136
Le 22e jour...................	63,00	2,00	0,182
Le 59e jour...................	71,00	8,00	0,216
Le 115e jour..................	75,00	4,00	0,072
Le 130e jour..................	77,00	2,00	0,133
Le 149e jour..................	81,00	4,00	0,210
Le 168e jour..................	84,00	3,00	0,158
Le 190e jour..................	85,00	1,00	0,045
Le 205e jour..................	84,00	— 1,00	— 0,067

On voit qu'à partir du cent soixante-huitième jour, l'animal ne faisait plus aucun progrès en croissance; son poids commençait même à baisser, circonstance qui m'a déterminé à mettre fin à l'expérience, malgré tout le désir que j'avais de la prolonger.

Le porc n° 3, sous l'influence de cette nourriture, a émis par jour, en moyenne, 618 grammes d'excréments solides, humides, assez consistants; l'urine n'a pas été recueillie. Trois essais de dessiccation faits à diverses époques ont donné 28, 26, 27 pour 100 de matière sèche; soit en moyenne 27. Cette matière sèche a cédé à l'éther 3 pour 100 de substance grasse ayant la consistance et les propriétés du suif.

Dans les deux cent cinq jours d'observations, le porc a rendu 139 kilogrammes d'excréments solides, humides, devant renfermer, d'après les essais précédents, $37^k,53$ de matière sèche, dans laquelle il y avait $1^k.13$ de graisse.

Résultats de l'abattage du porc n° 3, pesant 84 kilogrammes:

	k	
Lard sans la peau	10,00	
Saindoux	3,50	
Autre graisse adhérente à l'intérieur	2,99	$\}\ 17^k,74$
Graisse retirée des os par l'ebullition	1,25	
Os dégraissés, bouillis et essuyés	5,50	
Peau avec soies	7,56	
Sang recueilli	2,60	
Viande debarrassée de graisse (viande rouge)	36.50	
Foie, langue, larynx, poumon, filet, bile, cœur		
Cervelle		
Rognons		
Estomac et intestins vidés		$\}\ 14.10$
Rate		
Vessie vidée		
Aliments ingérés, excréments, urines, perte		
	84.00	

Résumé de l'expérience faite sur le porc n° 3 :

Le porc n° 1 pesait 60^k,55, et contenait en graisse.. 15,48
Le porc n° 3 a pesé 84^k,00, et a donné en graisse.. 17,74

Gain probable en graisse........................... 2,26
Représentant en graisse fondue...................... 1,90
Graisse rendue avec les excréments................. 1,12

Gain total en graisse fait par le n° 3 3,02
Dans les 1433 kilogrammes de pommes de terre consommées, il entrait en graisse.................... 2,87

Différence............. 0,15

Ces deux observations tendent à établir que l'engraissement du porc ne saurait être réalisé par l'usage des pommes
de terre seulement, et il est assez curieux de voir que, dans
les deux cas, la graisse acquise par l'animal est presque
exactement représentée par la matière grasse qui faisait
partie de la nourriture. Au reste, le peu d'efficacité de la
pomme de terre dans l'engraissement du porc a déjà été
constaté par plusieurs observateurs, au nombre desquels se
place un des plus habiles agronomes de l'Allemagne. En
effet, M. Schwertz reconnait qu'avec des pommes de terre
seules on peut bien produire de la chair, c'est ce que j'ai
constaté dans l'alimentation du porc n° 3 où la chair
acquise s'est élevée à 12 $\frac{1}{2}$ kilogrammes ; mais il admet aussi
qu'avec un semblable régime on ne détermine pas l'engraissement. Voici, au reste, comment M. Schwertz a for-
mulé son opinion :

« Avec les pommes de terre seules on ne peut que mettre
» les porcs bien en chair, mais non en pleine graisse, ainsi
» que je m'en suis assuré par des expériences comparatives
» longtemps suivies. C'est aussi ce qu'a reconnu un obser-
» vateur anglais, M. Roberts. Dans l'engraissement des
» porcs, dit-il, je suis arrivé à des mécomptes dans l'em-
» ploi de la pomme de terre cuite ; dans le commencement,
» les porcs se chargent sensiblement de chair, mais leur
» développement s'arrête bientôt, quoiqu'ils continuent de
» manger avec le même appétit. »

Les observations pratiques, comme les deux observations que j'ai rapportées, semblent donc prouver que la pomme de terre ne développe pas sensiblement de graisse chez les porcs qui la consomment exclusivement. Cependant, comme il est constant que ce tubercule entre assez généralement pour une très-forte proportion dans le régime de la porcherie, et que, dans le cas particulier, les trois porcs qui sont l'objet de ces recherches avaient reçu depuis leur sevrage une nourriture mixte dont la base était réellement la pomme de terre, il convient d'examiner si l'alimentation à laquelle ils ont été soumis avant le commencement des expériences était de nature à porter dans leur organisme la graisse qui s'y trouvait accumulée ; car, par l'abattage du n° 1, nous avons reconnu que ces porcs âgés de huit mois contenaient déjà 15 à 16 kilogrammes de graisse dont l'hypothèse qui considère l'engraissement comme un simple fait d'assimilation aurait à justifier l'origine.

Les porcs mis en expérience avaient été élevés avec le régime ordinaire de la porcherie, et je suis en mesure de donner avec exactitude les quantités d'aliments consommés par chaque tête depuis le moment du sevrage jusqu'à l'accomplissement du huitième mois.

Jusqu'à l'âge de cinq à six semaines, époque du sevrage, un goret a bu, indépendamment du lait de la mère, environ 20 litres de lait de vache écrémé ne contenant plus, d'après l'analyse, que 0,015 de beurre. Dans les trois mois (quatre-vingt-onze jours) qui ont suivi le sevrage, chaque jeune porc a reçu :

		En moyenne par jour	Au commencement.	A la fin
	k	k	k	k
Pommes de terre cuites..	227,50	2,50	1,45	3,35
Farine de seigle.... ...	4,55	0,05	"	"
Lait écrémé (caillé)....	27,30	0,30	"	"
Eau grasse..	364,00	4,08	"	"

Durant les cent onze jours qui ont succédé à cette seconde période de l'alimentation et qui complètent les huit mois. le lait et la farine ont été supprimés, mais on a augmenté progressivement les pommes de terre et l'eau grasse, de tel mode que, dans le huitième mois, le porc recevait 4 kilogrammes de tubercules et 10 litres d'eau grasse. On peut considérer la ration moyenne de cette troisième période comme formée de

Pommes de terre	3,87;	pour 111 jours	420
Eau grasse	7,00;	"	777

Ainsi, dans les huit mois, chacun des porcs qui ont été l'objet des expériences a consommé les aliments qui viennent d'être mentionnés; savoir :

Lait écrémé contenant	0,015 de gras	47,30
Farine de seigle	0,035	4,55
Pommes de terre	0,002	647,25
Eau grasse (1)	"	1141,00

Si nous connaissions la proportion de graisse renfermée dans l'eau grasse, nous arriverions à évaluer la totalité de celle qui entrait dans les aliments consommés par le porc

---

(1) Cette quantité d'eau grasse pouvant paraître extraordinaire, il ne sera peut-être pas inutile de rapporter une observation que j'ai faite pour contrôler les chiffres précédents.

Quantités d'eau grasse bue en deux jours par des porcs au régime des pommes de terre.

PORCS	AGES.	POMMES de terre consommées.	EAU grasse bue.	POMMES de terre par tête et par jour.	EAU GRASSE par tête et par jour.	REMARQUES.
		kil.	lit.	kil.	lit.	
Deux truies.	11 mois.	17	60	4,23	15,00	Trois repas par jour en été.
Quatre porcs.	10 mois.	30	90	3,75	11,25	Idem.
Cinq porcs..	7 mois.	30	90	3,00	9,00	Idem.
Quatre porcs.	4 mois.	20	50	2,50	6,25	Idem.

On reconnaît que la forte quantité d'eau grasse donnée dans cette circonstance a diminué sensiblement la consommation des pommes de terre.

parvenu à l'âge de huit mois. Cette donnée étant indispen
sable, j'ai dû faire un examen de l'eau grasse.

Examen de l'eau grasse.

Je désigne sous le nom d'*eau grasse* les résidus de la cuisine et de la laiterie qui passent à la porcherie : ces résidu-
comprennent le petit-lait, le lait de beurre, les eaux de
vaisselle et les restes de table provenant d'un personnel
d'environ trente bouches qui sont nourries dans l'établissement. On ne fait pas entrer la totalité des eaux de vaisselle
dans la nourriture des porcs, mais seulement la partie supérieure et la partie inférieure où se rassemblent, par ordre
de densité, la graisse et les débris d'aliments.

Tous ces résidus sont réunis dans une cuve où le porcher
puise à mesure des besoins, en ayant soin d'agiter préalablement le liquide, afin d'avoir un peu de tout. C'est en
usant de la même précaution que j'ai pris, à des époques
assez éloignées l'une de l'autre, les échantillons qui ont
servi à mes essais.

(*a*) Un litre d'eau grasse évaporé a laissé un résidu brun
pesant $47^{gr},3$; ce résidu avait un aspect cristallin dû sans
aucun doute à la présence du sucre de lait. $3^{gr},88$ de cette
matière ont été épuisés par l'éther : on a obtenu ainsi $0^{gr},70$
d'une graisse légèrement colorée, ayant une très-forte
odeur de jus de viande et une saveur salée ; aussi cette substance attirait-elle l'humidité. On a traité par l'eau, et, en
définitive, le poids de la matière grasse s'est réduit à $0^{gr},362$.
Les $47^{gr},3$ de résidu, ou 1 kilogramme de l'eau grasse es-
sayée, renfermaient, par conséquent, $4^{gr},41$ de graisse.

(*b*) Un mois après cette première détermination, on en
a fait une autre qui a donné $3^{gr},60$ de graisse par litre d'eau
grasse.

(*c*) Une autre détermination, faite à une époque encore
plus éloignée, a indiqué dans un litre de cette eau 4 grammes
de graisse.

J'admettrai donc, comme moyenne, 0,004 de graisse dans l'eau grasse qui entre dans l'alimentation du porc.

Détermination du caséum et des sels dans l'eau grasse.

Le petit-lait et le lait de beurre formant la majeure partie de l'eau grasse, cette eau renferme par conséquent, avec le sucre de lait, une quantité très-notable de caséum. Pour en déterminer la proportion, j'ai dosé l'azote. Le résidu obtenu par l'évaporation de l'eau grasse a donné :

Dans une première expérience, azote.......................... 0,028 (*)
Dans une autre circonstance................................ 0,032 (**)

$$\text{Moyenne}.... \quad 0,030$$

$4^{gr},064$ de résidu ont laissé $0^{gr},489$ de cendres formées, en grande partie, de sel marin.

On a ainsi, dans 100 de résidu :

	gr
Caséum...........................	18,7
Beurre et graisse.................	8,5
Sels.............................	13,3
Sucre de lait, etc...............	59,5
	100,0

et dans 1 litre d'eau grasse contenant $47^{gr},3$ de résidu :

	gr
Caséum...........................	8,9
Beurre et graisse.................	4,0
Sels.............................	6,3
Sucre de lait, etc...............	28,1
	47,3

Je puis donc établir maintenant, avec un degré d'exactitude bien suffisant pour les recherches de cette nature, qu'un porc de huit mois a reçu depuis sa naissance les quantités de graisse que voici :

(*) $0^{gr},235$ de résidu ont donné $5^{cc},5$ d'azote; température, $7°,5$; baromètre, $741^{mm},06$.

(**) $0^{gr},530$ d'un autre résidu ont donné 14 centimètres cubes d'azote; température, 9 degrés; baromètre, $747^{mm},20$.

```
Avec les   17k,0 de lait écrémé......   0,71
Avec les    4 ,5 de farine de seigle..   0,16
Avec les 647 ,0 de pommes de terre.   1,29
Avec les 1141 ,0 d'eau grasse........   4,56
```

Graisse reçue en huit mois avec les aliments ...   6,72

On voit que cette quantité de graisse est bien loin de répondre à celle que nous avons trouvée dans les porcs âgés de huit mois, et qu'on ne pense pas que le goret amène en naissant une proportion de graisse assez forte pour combler ce déficit : d'abord, le poids moyen des gorets à leur naissance dépasse rarement 1 kilogramme; de plus, ils sont généralement d'une maigreur remarquable : ainsi j'ai trouvé dans un goret nouveau-né qui pesait 650 grammes :

```
                                          gr
Peau sans lard.....................   119,0
Os bouillis et essuyés (1)..........   110,2
Chair sans graisse apparente........   275,2
Graisse des os.. ..................     "
Sang...............................    15,0
Les deux reins.....................     5,5
Vésicule du fiel...................     0,2
Foie...............................    12,8
Langue et larynx...................    12,8
Cœur..............................     6,2
Poumons............................     9,5
Rate...............................     1,0
Estomac vide.......................     5,4
Intestins, vessie vide ............    36,5
Cervelle ..........................    29,0
Matière contenue dans les intestins, perte.   11,7
                                      ______
                                       650,0
```

La graisse contenue dans le goret au moment de la naissance étant tout à fait négligeable, on trouve, en résumé, que la graisse du porc de huit mois étant représentée par 15k,48, la graisse prise avec les aliments par 6k,72, il y a 8k,76 (2) de graisse qui ont évidemment une tout autre

____

(1) Ces os, desséchés dans une étuve chauffée à 40 degrés, ont pesé 485gr,25.
(2) A ce nombre il faudrait encore ajouter la graisse qui a été éliminée

origine que celle que l'on pourrait attribuer aux matières grasses comprises dans la nourriture ; mais il me paraît aussi de la dernière évidence, si l'on accorde quelque confiance aux deux expériences que j'ai rapportées, que la pomme de terre donnée seule, c'est-à-dire sans lait écrémé, sans eau grasse, n'a pas la propriété de développer de la graisse chez les porcs qui la consomment, et l'on serait ainsi conduit à refuser à l'amidon la faculté de se transformer en corps gras sous l'influence de l'action vitale.

Toutefois, avant d'adopter une semblable conclusion, il convient d'examiner en quoi la ration alimentaire, reçue dans les premiers huit mois, diffère du régime exclusif des pommes de terre auquel les porcs ont été soumis. Il faut particulièrement rechercher si les tubercules, donnés seuls, constituent bien réellement une nourriture convenable ; car il ne suffit pas toujours qu'un animal mange à discrétion une substance alimentaire, pour qu'il soit surabondamment nourri ; il faut encore que la quantité de nourriture ingérée dans un temps donné renferme la proportion convenable des principes nécessaires au développement de l'organisme, à l'engraissement ou à la lactation. C'est ainsi qu'un aliment qui, par sa composition, serait propre à satisfaire toutes les exigences de la nutrition, pourrait bien quelquefois, en raison du trop grand volume de son équivalent nutritif, ne pas produire, à beaucoup près, les effets qu'on était en droit d'en attendre, dans le cas, par exemple, où il serait pris par des animaux ayant un estomac d'une capacité très-limitée. Cet aliment volumineux, bien que donné à discrétion, se bornerait, malgré ses propriétés nourrissantes, à entretenir la vie, peut-être à produire de la chair, sans pouvoir concourir à l'engraissement qui exige toujours une alimentation surabondante. On sait, par les observa-

---

par les excréments ; mais, d'un autre côté, il faudrait, par des raisons que j'ai énoncées plus haut, réduire les 13^k,18 à 13 kilogrammes. Je néglige ici ces corrections qui ne sont d'aucune importance dans la discussion actuelle.

tions de M. Letellier, que la graisse elle-même ne concourt pas à l'augmentation du tissu adipeux quand on l'administre isolément, et qu'un corps gras ne devient réellement alimentaire qu'autant qu'il est associé à une certaine quantité de matière nutritive azotée.

Si l'amidon et le sucre se métamorphosent en graisse après leur ingestion, cette graisse, pour se fixer dans l'organisme, pour produire l'engraissement, exigera également la présence, j'ai presque dit le contact d'un corps à composition quaternaire, comme l'albumine, la caséine, la légumine. Si donc la proportion de principe azoté contenue dans la pomme de terre était insuffisante pour permettre la fixation de la matière grasse, l'engraissement ne se réaliserait pas, sans que pour cela on fût en droit de conclure que l'amidon est impropre à faire de la graisse. Enfin, ce n'est qu'après avoir scrupuleusement comparé le régime alimentaire, qui a fait naître de la graisse et de la chair chez le porc, au régime qui n'a produit que de la chair, qu'on pourra se former une opinion rationnelle sur l'intervention de la fécule amylacée dans les phénomènes de l'engraissement ou de la lactation.

Régime aux pommes de terre.

J'ai déterminé, à plusieurs reprises, le ligneux renfermé dans la pomme de terre, et toutes les recherches que j'ai faites à ce sujet m'ont prouvé que ce tubercule ne renferme pas tout à fait 0,005 de ligneux et de cellulose. Je me bornerai à rapporter une seule détermination. Une pomme de terre jaune, pesant 158^{gr},85 et coupée en tranches minces, a été mise à bouillir pendant trois heures dans de l'eau fortement acidulée par de l'acide chlorhydrique. Les tranches ne se sont pas désagrégées; la liqueur, qui a toujours conservé une grande fluidité, a pris une teinte brune assez foncée. La matière insoluble a été lavée de manière à enlever le plus grand excès d'acide, recueillie sur un filtre, puis mise en digestion dans de l'ammoniaque ; l'alcali a pris aussitôt une couleur brune presque noire, en se chargeant d'un principe analogue à l'acide ulmique, que M. Malaguti a vu se former en faisant réagir un acide minéral quelconque sur du sucre en dissolution (1). Le magma a été d'abord lavé par décantation jusqu'à ce que les eaux de lavage ne fussent plus colorées qu'en brun clair ; ensuite on l'a mis sur un filtre où le lavage a été achevé à l'eau bouillante. La matière lavée était à peu près incolore ; elle avait l'aspect d'une gelée dans laquelle on distinguait l'épiderme du tubercule. Desséchée à l'étuve, puis au bain d'huile, cette matière, que je considère en grande partie comme de la cellulose, a pesé $0^{gr},730$. Bien que l'ammoniaque ait dû enlever la majeure partie des substances grasses, l'éther a cependant encore dissous $0^{gr},035$ d'une graisse jaune. La matière incinérée a laissé $0^{gr},045$ de cendres blanches, formées très-probablement de silice et de phosphate de chaux. En définitive, le ligneux et la cellulose, en un mot, la matière qui échappe à la digestion, a pesé $0^{gr},650$; la pomme de terre en contenait par conséquent 0,41 pour 100.

Plusieurs analyses me font admettre dans
100 de ce tubercule . . . . 0,35 d'azote,
représentant. 2,30 d'albumine.
J'ai trouvé qu'ils renferment . . . . 24,10 de matières sèches.
Et par différence. . . . . 75,90 d'eau.
Nous avons dosé . . . . 0,20 de graisse.
Enfin, par l'incinération, on a retiré . . . 1,00 de substances salines.

On peut donc considérer la pomme de terre consommée par les porcs comme composée de :

---

(1) La liqueur ammoniacale laisse précipiter, par l'addition d'un acide, la matière en flocons bruns ; il est possible cependant que cette matière soit azotée.

	gr	Dans la matière sèche. gr
Eau...........................	75,9	"
Albumine......................	2,3	9,6
Matières grasses..............	0,2	0,8
Ligneux et cellulose..........	0,4	1,7
Substances salines............	1,0	1,4
Amidon et corps analogues..	20,2	83,8
	100,0	100,0

L'analyse a donné, pour la composition élémentaire :

	Desséché à 110 gr	À l'état normal gr
Carbone.................	44,0	10,60
Hydrogène...............	5,8	1,40
Oxygène.................	44,7	10,74
Azote...................	1,5	0,36
Matières salines........	4,0	1,00
Eau.....................	"	75,90
	100,0	100,00

La totalité des principes élémentaires mentionnés ci-dessus n'est pas destinée à concourir à la nutrition : ceux qui entrent dans la constitution du ligneux doivent être considérés comme inertes (1).

Le porc n° 3 a consommé, dans les deux cent cinq jours de régime, 1433 kilogrammes de pommes de terre ; la ration diurne a donc été de 7 kilogrammes, à très-peu près. chaque jour ; par conséquent, ce porc recevait dans sa nourriture :

Albumine..................	161 grammes.
Matières grasses............	14
Amidon et corps analogues...	1414
Matières salines............	70
	1659

ou, en ne considérant que la substance élémentaire des principes utiles à l'alimentation :

---

(1) Je m'occupe en ce moment à doser la proportion de matières no susceptibles d'être digérées qui entrent dans les principaux aliments. Je serai bientôt à même de publier les résultats de mes recherches.

Carbone......................	730,1
Hydrogène...................	96,1
Oxygène.....................	740,1
Azote	25,3
Sels........................	67,5
	1659,1

J'ai établi, dans une autre circonstance, que la ration alimentaire d'un animal adulte, pour être complète, doit apporter une quantité de principes azotés suffisante pour réparer les pertes des principes également azotés qui sont éliminés par l'organisme. Pour un animal jeune, il faut, en outre, que ces principes azotés soient assez abondants pour fournir à l'accroissement de poids; enfin, il est nécessaire que le carbone des matières digestives contenues dans la nourriture soit en telle proportion, qu'il puisse non-seulement concourir à la production des principes qui sont éliminés ou fixés, mais encore entretenir, conjointement avec l'hydrogène, la combustion respiratoire, source essentielle de la chaleur animale.

Il convient donc, pour apprécier avec justesse la valeur nutritive d'une ration diurne, de savoir d'abord quelle est la quantité de carbone que brûle en vingt-quatre heures l'animal qui la consomme. Cette donnée étant indispensable, je me suis décidé à rechercher, par expérience, ce qu'un porc âgé de huit à neuf mois, et nourri aux pommes de terre, produit d'acide carbonique en un jour, afin de comparer le carbone brûlé ou rendu dans les déjections au carbone ingéré avec l'aliment.

Examen comparatif des aliments consommés et des déjections rendues par un porc nourri avec des pommes de terre.

Le porc mis en observation était âgé de huit mois et demi, et pesait 60 kilogrammes. Depuis plusieurs jours on le nourrissait avec une ration exactement semblable à celle qu'il a reçue durant l'expérience, et qui consistait, pour chaque jour, en 6^k,50 de pommes de terre cuites, délayées dans de l'eau additionnée de 25 grammes de sel marin. Le dosage des aliments et des déjections a duré trois fois vingt-quatre heures.

	ALIMENTS.		DÉJECTIONS.	
	Pommes de terre.	Sel.	Excréments.	Urine.
	k	k	k	k
Premier jour..........	6,50	0,025	1,25	3,10
Deuxième jour........	6,50	0,025	1,09	2,41
Troisième jour	6,50	0,025	1,55	3,65
En trois jours........	19,50	0,075	3,89	9,16
Par jour	6,50	0,025	1,30	3,05

6^k,50 de pommes de terre cuites représentent 7 kilogrammes de pommes de terre crues.

Excréments. — Ces déjections, d'un vert foncé, étaient assez molles à cause de l'urine qui s'y trouvait mélangée. 250 grammes d'excréments humides se sont réduits, par une dessiccation prolongée au bain-marie, à 40 grammes. Soit 16 pour 100 de matière sèche ; c'est cette matière qui a été analysée, après avoir été réduite en poudre très-fine. On a trouvé, pour sa composition élémentaire :

Carbone......................	27,6 (*)
Hydrogène..................	4,5
Oxygène....................	22,9
Azote	4,4
Cendres...................	40,6
	100,0

(1) 0^{gr},964 de matière ont donné 0,975 d'acide carbonique et 0,390 d'eau. 2^{gr},010 de matière ont donné 0,815 de cendres.

0^{gr},780 de matière ont donné 29^{cc},2 d'azote ; température, 11°,5 ; baromètre, 0^m,7417.

Urine. — L'urine fraîche a été constamment alcaline : non-seulement cette urine ramène au bleu le papier de tournesol rougi, mais l'addition d'un acide y détermine aussitôt une effervescence qui dénote la présence de carbonates alcalins. Dans un travail spécial je me réserve de démontrer qu'elle renferme près de 1 centième de carbonate de potasse ; 100 parties d'urine évaporées au bain-marie ont laissé 2,12 d'un extrait bien homogène, d'un jaune pâle, ayant, après le refroidissement, la consistance de la cire. Cet extrait demande à être pesé avec précaution, parce qu'il attire fortement l'humidité de l'air. L'analyse y a indiqué 10,80 d'azote pour 100 (1), et, comme il m'a été impossible, malgré des essais multipliés, d'y découvrir la moindre quantité d'acide urique ou d'acide hippurique, j'admets que la totalité de l'azote dosé appartient à l'urée, dont il est d'ailleurs facile de constater la présence. Mon analyse établit ainsi que, dans 1000 parties de l'urine examinée, il y a 4,90 d'urée contenant 0,98 de carbone. Les autres principes organiques sont en proportion tellement minime, qu'on peut en négliger le carbone ; mais cette négligence n'est plus permise à l'égard de l'acide carbonique uni aux alcalis. L'acide carbonique des carbonates de l'urine dérive essentiellement des sels et acides organiques qui entrent dans la nourriture, comme le malate, le citrate de potasse ou de soude qui se rencontrent dans la pomme de terre, et dont les acides sont brûlés pendant la combustion respiratoire. Le carbone éliminé à l'état de carbonate, par les voies urinaires des herbivores, appartient bien certainement au carbone expulsé de l'organisme. Les substances de l'urine, qu'il faut prendre en considération dans la question que je discute en ce moment, sont, d'après mon analyse, pour 1 000 parties d'urine de porc :

---

(1) 0^{gr},250 de matière ont donné 23 centimètres cubes d'azote : température, 7°,7 ; baromètre, 0^{m},7378.

	Carbone.	Hydrogène.	Oxygène	Azote
Urée............ 4,90 contenant	0,98	0,32	1,31	2,29
Acide carbonique. 5,64	1,54	"	4,10	"
Alcalis et sels.... 10,31	"	"	"	"
Matière sèche.... 20,85	2,52	0,32	5,41	2,29

ou, pour 100 de la matière sèche de l'urine :

$$
\begin{aligned}
&\text{Carbone}\dots\dots\dots\dots\dots\dots \quad 42,1\\
&\text{Hydrogène}\dots\dots\dots\dots\dots \quad 1,5\\
&\text{Oxygène}\dots\dots\dots\dots\dots \quad 25,9\\
&\text{Azote}\dots\dots\dots\dots\dots \quad 11,0\\
&\text{Sels}\dots\dots\dots\dots\dots\dots \quad 49,5\\
&\hphantom{\text{Sels}\dots\dots\dots\dots\dots\dots \quad} \overline{100,0}
\end{aligned}
$$

Résumé de l'expérience.

En vingt-quatre heures le porc a consommé :	Matières sèches.	ÉLÉMENTS DE LA MATIÈRE SÈCHE.				
		Carbone	Hydrog.	Oxygène	Azote.	Sels et terres
Pommes de terre... 7,00	168gr	742,3	97,8	754,1	25,3	67,5
Sel marin........ "	25	"	"	"	"	25,0
		742,3	97,8	754,1	25,3	92,5
A rendu en 24 heures :						
Excréments........ 1,30	208	57,4	8,1	48,9	9,2	84,4
Urine............ 3,65	63	7,6	1,0	16,3	6,9	31,2
Principes rendus ... "	"	65,0	9,1	65,2	16,1	115,6
Principes reçus.... "	"	742,3	97,8	754,1	25,3	92,5
Différences........ "	"	677,3	88,7	688,9	9,2	23,1

L'accroissement diurne d'un porc âgé de huit mois est assez rapide pour qu'on ne puisse pas considérer les 677gr,3 de carbone qui ont disparu, comme brûlés pendant la respiration ; nul doute qu'une partie de la différence constatée entre les principes entrés et les principes sortis ne soit due à la matière assimilée par l'animal. La valeur de cette assimilation serait déjà appréciable en vingt-quatre heures ; mais, afin d'avoir un chiffre suffisamment exact, j'ai pesé le porc

après l'avoir laissé pendant quinze jours au régime qu'il recevait durant l'observation.

Au commencement de l'expérience, son poids était :

$$60,00^k$$

Quinze jours après..... 61,80

Gain en quinze jours... 1,80 ; par jour, 120 grammes.

J'ai admis dans mon *Économie rurale* (1) que 100 de porc
vivant contiennent environ 4 d'azote. Si cette évaluation ne
s'éloigne pas trop de la vérité, les 120 grammes acquis en
vingt-quatre heures renfermeraient 4^{gr},8 du même élément.
D'un autre côté, dans les matières animales, le rapport de
l'azote au carbone est assez généralement :: 10 : 34 ; par
conséquent, le carbone assimilé dans les 120 grammes de
poids vivant serait 16^{gr},3.

On a alors 661 grammes pour le carbone brûlé en un jour
par un porc de huit mois et demi pesant 60 kilogrammes,
et 4^{gr},4 pour l'azote exhalé (2). Indépendamment du car-

____

(1) Tome II, page 627.

(2) L'analyse organique ne s'applique plus aussi sûrement lorsqu'il s'agit
de déterminer l'azote exhalé chez un animal en croissance. Si l'on suppose
que tout l'azote a été fixé, les 10 grammes de ce principe qui manquent
dans les déjections représenteraient environ 340 grammes de poids vivant,
au lieu de 120 trouvés par les pesées. Le carbone brûlé par la respiration
du porc serait, pour vingt-quatre heures, 337 grammes, c'est-à-dire un peu
plus que ne brûle un homme de même poids (65 kilogrammes), d'après les
recherches si intéressantes de M. Scharling. Mais, à égalité de poids, un
porc fait plus d'acide carbonique que n'en produit un homme. La différence
dans le poids des aliments secs consommés l'indique évidemment. J'ai
d'ailleurs réuni sur la respiration des observations nombreuses qui me per-
mettront d'établir la relation curieuse qui existe entre la combustion respiratoire et la rapidité du développement des animaux. A l'époque où la
croissance est la plus active, pendant l'allaitement, l'homme dont le poids,
au moment de la naissance, est en moyenne de 3^k,05, augmente par jour de
25 grammes. Or, d'après mes observations, un goret qui pèse en naissant 1^k,25 gagne par jour 230 grammes, à peu près dix fois plus que n'acquiert l'homme dans les mêmes circonstances. Sans attacher une trop grande
confiance à l'opinion qui admet un certain rapport entre le volume de l'appareil respiratoire et la quantité d'acide carbonique qui s'en exhale, on

bone destiné à entretenir la respiration, la nourriture doit encore apporter une certaine quantité de carbone et d'azote qui entrent dans la composition de la bile et des autres sécrétions.

Les déjections ont renfermé : carbone, 65 grammes ; azote, 16^{gr},1 ; si l'on retranche de ces nombres 12^{gr},2 de carbone qui appartiennent aux 28 grammes de ligneux qui se trouvent dans 7 kilogrammes de pommes de terre (1), il reste pour les éléments des sécrétions bilieuses et urinaires, émises en un jour : carbone, 52^{gr},8 ; azote, 16^{gr},1, en supposant, toutefois, que les excréments solides ne renfermaient pas d'aliments non digérés. Je me suis assuré, au moyen de la dissolution aqueuse d'iode, de l'absence de l'amidon dans les déjections ; mais il se pourrait que de la fécule modifiée par le suc gastrique, de manière à ne plus bleuir par le contact de l'iode, existât néanmoins dans les excréments. Quant aux pellicules de la pomme de terre, on les retrouve sans altération dans les matières rendues, ayant exactement l'aspect qu'elles prennent dans le traitement du tubercule par l'acide chlorhydrique. De cette expérience je conclus qu'un porc de 60 kilogrammes, en pleine croissance, exige dans son régime alimentaire, toutes les vingt-quatre heures :

	Carbone.	Azote.
Pour la respiration.........................	661,0	4.4
Pour les sécrétions........................	52,8	16,1

Ce sont là les éléments, bases de la graisse et de la chair.

---

peut, je crois, l'adopter lorsqu'il est question d'animaux du même ordre, vivant des mêmes aliments. J'ai trouvé, par l'analyse, qu'une vache du poids de 650 kilogrammes brûle par jour environ 2200 grammes de carbone ; or, le cœur, le poumon et le foie d'une vache de ce poids ont pesé 8^k,6. Les mêmes organes, pris sur un porc de 110 kilogrammes, pesaient 2^k,76 ; proportionnellement, le porc de 110 kilogrammes aurait dû brûler 703 grammes de carbone en vingt-quatre heures ; l'analyse a indiqué, pour un porc de 60 kilogrammes, 661 grammes.

(1) Suivant M. Payen, la cellulose est formée : carb., 44 ; hydr., 6 ; oxyg., 50.

qui ne sauraient cependant s'assimiler, se fixer dans l'organisme, parce qu'étant nécessaires à l'exercice de certaines fonctions vitales, ces éléments sont brûlés ou expulsés (1). Ces données sont entièrement applicables à la discussion de l'alimentation du porc n° 3, qui, en consommant par jour 7 kilogrammes de pommes de terre, a éprouvé, à peu près le même accroissement; ainsi, au fait de la non-production de la graisse sous l'influence de ce régime, on

---

(1) Je terminerai la relation de cette expérience en appelant l'attention sur l'excès que les matières salines et terreuses des déjections présentent quand on les compare aux mêmes matières qui font partie des aliments. Dans le cas particulier, cet excès s'élève à 23^{gr},1.

On a vu que les excréments secs ont donné 40,6 pour 100 de cendres; or, je me suis assuré que ces excréments renferment des substances étrangères à la constitution des aliments dont ils proviennent; ainsi, en les délayant dans l'eau, on aperçoit des grains de sable, j'ai même pu recueillir des grains de *pyrite de fer*: ces corps étrangers sont évidemment ingérés avec les pommes de terre, et l'excès de cendres que laissent les excréments s'explique alors tout simplement. En effet, les cendres signalées dans l'analyse des fourrages ont été déterminées en brûlant des matières débarrassées, autant que possible, de la terre adhérente. Les aliments que l'on donne aux animaux sur lesquels on expérimente sont loin d'avoir ce degré de propreté; un ou deux centièmes de matière étrangère troublent déjà l'égalité qui doit exister, à très-peu de choses près, entre les substances salines ingérées et les substances salines expulsées. Quand l'aliment, bien nettoyé, ne contient qu'une proportion très-minime de substances salines, 0^{gr},01 par exemple, il suffit que cet aliment renferme un centième de son poids de matière minérale accidentelle pour que les cendres des excréments soient doubles de ce que l'analyse de l'aliment a indiqué. J'ai fait plusieurs analyses des cendres de la graine de trèfle, et je n'en ai publié aucune, parce que la silice que j'ai dosée, a varié de 1 à 45 pour 100. Ce n'est que trop tard que je me suis aperçu que cette silice n'était autre chose que du sable fin, dont on ne débarrasse la graine qu'en la triant pour ainsi dire grain à grain. Cette remarque permet de concevoir comment des analystes, d'ailleurs très-consciencieux, ont porté à 25 ou 30 pour 100 la silice de la cendre du froment, bien qu'en réalité la cendre du blé bien propre n'en ait guère plus que 0^{gr},1.

Cet excès de matières salines et terreuses qu'offrent ces déjections m'a beaucoup préoccupé lorsque je commençais à appliquer l'analyse organique aux questions physiologiques; ainsi, à l'époque où je faisais mes expériences sur le cheval et sur la vache, je ne connaissais pas la source de l'irrégularité que je signale, et je me bornai à la faire remarquer sans en donner une explication satisfaisante.

peut répondre que l'alimentation était réellement insuffisante, puisque, après avoir fait la part des éléments indispensables aux fonctions vitales les plus importantes, il ne restait
de disponible, pour former de la chair ou de la graisse, que
16 grammes de carbone, et qu'il n'est nullement surprenant
que, vu la période de croissance dans laquelle se trouvait
l'animal, ce carbone ait concouru à la formation de la chair,
cela d'autant mieux que l'augmentation diurne du poids vivant semble indiquer que l'assimilation s'est particulièrement exercée sur l'albumine de la nourriture, et que c'est
principalement le carbone de la fécule qui a été consommé
par la respiration. Un argument qui semble encore militer
en faveur de cette opinion, c'est celui que l'on tire du ralentissement de la croissance du porc à mesure qu'il avançait
en âge. Ainsi, vers la fin de l'observation, l'augmentation
était d'une grande lenteur. A partir de l'âge d'un an, le poids
est resté à peu près stationnaire : c'est qu'alors, dirait-on,
l'animal brûlait plus de carbone pour entretenir sa respiration, et que conséquemment l'insuffisance de la ration est
devenue plus prononcée. Tout en reconnaissant que le porc,
parvenu à l'âge de treize mois et au poids de 81 kilogrammes, doit, en respirant, émettre un peu plus d'acide carbonique qu'il n'en émet alors qu'il est âgé de huit mois et demi
et qu'il pèse 60 kilogrammes, il convient aussi de considérer
que le ralentissement observé dans la croissance peut, avec
plus de raison, être attribué à ce que l'animal approchait
du terme de son développement. On sait, effectivement,
qu'un porc qui a été bien nourri dans sa jeunesse arrive,
à l'âge d'un an, au terme que l'on pourrait appeler *son
complet développement;* sa croissance, bien qu'elle soit loin
d'être à sa dernière limite, ne s'effectue plus qu'avec lenteur, et pour l'accélérer, pour faire qu'en quelques mois
l'animal acquière le poids qu'il n'acquerrait que beaucoup
plus tard, en continuant à recevoir la ration ordinaire, il
lui faut une nourriture surabondante, substantielle, telle

que celle qu'on lui administre dans le régime de l'engraissement. On pourrait donc dire, en retournant l'argument que j'ai fait valoir, que le porc étant suffisamment bien en chair devrait alors assimiler à l'état de graisse les éléments de la fécule qui passaient à l'état de viande durant la période de son développement rapide; car il ne faut pas oublier que le porc est un animal qui possède, plus que tout autre, la faculté de s'engraisser à tout âge, lorsqu'il reçoit une alimentation convenable; et mieux que tout autre aussi, le porc transforme en tissu adipeux, lorsqu'il approche de son complet développement, la nourriture qui, jusque-là, avait été employée à former le système musculaire.

Régime mixte.

Sous l'influence de l'alimentation qui a précédé le régime exclusif aux pommes de terre, les trois porcs qui font le sujet de ces observations ont augmenté de poids ainsi qu'il suit :

ÉPOQUES DES PESÉES.	POIDS des porcs.	POIDS par tête.	GAIN pendant l'intervalle.	GAIN par jour.	AGE des porcs.	NATURE des aliments
Naissance........	3,70	1,.3			"	Allaitement, lait écrémé de vache.
			6,80	0,15		
45 jours après... .	24,10	8,03			Six semaines.	Pommes de terre, lait caillé, seigle, eau grasse.
			17,57	0,23		
77 jours après....	76,80	25,60			Quatre mois.	
			6,60	0,22		
90 jours après.....	96,60	32,20			Cinq mois.	Pommes de terre, eau grasse.
			27,82	0,28		
110 jours après....	180,06	60,02			Huit mois.	Pommes de terre, eau grasse.

J'ai démontré que, durant cette période de rapide croissance, la graisse fixée excéda de beaucoup celle qui faisait partie des aliments. Un porc, arrivé à l'âge de cinq mois, pesant 32^k,2, alors qu'il augmentait de 220 grammes toutes

les vingt-quatre heures, recevait $3^k,6$ de pommes de terre
cuites équivalentes à $3^k,9$ de pommes de terre crues, et de
plus $4^k,1$ d'eau grasse.

C'est ce régime qui a donné naissance à de la chair et à
de la graisse, que je dois comparer à la nourriture exclusive,
qui paraît n'avoir produit que de la chair.

En réduisant en principes élémentaires les substances
renfermées dans l'eau grasse, on a, pour la composition de
100 parties de résidu sec :

		Carbone.	Hydrogène	Oxygène.	Azote.	Sels.
Caséum......	18,7	10,0	1,3	4,4	3,0	
Graisse......	8,5	6,7	1,0	0,8	"	"
Sucre de lait..	59,3	23,8	4,0	31,7	"	"
Sels..........	13,3	"	"	"	"	13,3
	100,0	40,5	6,3	36,9	3,0	13,3
Ces $4^k,1$ d'eau grasse contenaient en résidu sec 194 grammes, dans lesquels on a...		78,6	12,2	71,6	5,8	25,8
Dans $3^k,9$ de pommes de terre, ligneux déduit 2.................................		406,5	53,5	413,0	14,0	37,0
Principes digestibles de la ration.........		485,1	65,7	484,6	19,8	62,8

(1) J'adopte pour la graisse : C.. 79, H.. 11.5. O.. 9.6.

(2) Ligneux contenu : 16 grammes. ou C.. 7.0 H., 1.0 O.. 8.0.

Pour être à même d'apprécier le carbone distrait par la
respiration, j'ai essayé de déterminer, toujours à l'aide de
l'analyse élémentaire, le carbone brûlé par un porc de cinq
mois, qui consommait des pommes de terre délayées dans
de l'eau grasse. Afin que l'animal pût consommer en totalité sa ration en deux repas, durant lesquels on était forcé
d'assister pour constater qu'il n'y avait pas déperdition
d'aliment, on fut obligé de réduire un peu, durant le dosage, le volume de la nourriture en ne donnant, pendant les

trois jours, que $2^k,5o$ d'eau grasse ; le porc mangeait ainsi avec empressement, sans trop faire attendre l'observateur.

Examen des aliments consommés et des déjections rendues par un porc âgé de cinq mois.

Ce porc pesait alors $32^k,2$. Voici le résultat du dosage :

	ALIMENTS CONSOMMÉS.		DÉJECTIONS.	
	Pommes de terre cuites	Eau grasse.	Excré-ments (*).	Urine.
	k	k	k	k
Premier jour........	3,13	2,5	0,72	2,48
Deuxième jour.......	4,00	2,5	0,54	0,76
Troisième jour	3,5o	2.5	0,65	1,70
En trois jours........	10,63	7,5	1,91	4,94
Par jour...	3,55	2,5	0,64	1,65

$3^k,55$ de pommes de terre cuites $= 3^k,82$ de tubercules crus.

(*) Excréments mêlés d'urine.

5oo grammes d'excréments se sont réduits, par la dessiccation, à 8o grammes ; soit 16 pour 100 de matière sèche. Comme l'urine avait la densité de l'urine recueillie dans l'expérience analogue, qu'elle a laissé par l'évaporation la même proportion d'extrait, je me suis dispensé d'en faire l'examen.

Les excréments secs ont donné à l'analyse (1) :

	gr
Carbone....................	27,0
Hydrogène..................	3,9
Oxygène....................	19,1
Azote.....................	3,7
Cendres...................	46,3
	100,0

(1) $o^{gr},913$ ont donné 0,903 d'acide carbonique et 0,320 d'eau.

$o^{gr},677$ ont donné 21 centimètres cubes d'azote ; température, $11°,1$; baromètre, $o^m,745$.

Résumé de l'expérience

En vingt-quatre heures le porc a consommé :	Matières sèches.	ÉLÉMENTS DE LA MATIÈRE SÈCHE.				
		Carbone	Hydro-gène.	Oxygène	Azote.	Sels et terre.
	k	gr	gr	gr	gr	gr	gr
Pommes de terre.....	3,82	911	400,9	52,8	407,2	13,7	36,4
Eau grasse...........	2,50	118	47,8	7.4	43,5	3,6	15,7
Sel...............	0,10	"	"	"	"	"	10.0
Total.........		"	448.7	60.2	450,7	17,3	62.1
Il a rendu en 24 heures :						
Excréments..........	0,64	102	27,5	4.0	19,5	3,8	47,2
Urine...............	1,65	35	4.2	0,5	9.1	3.9	17.3
Principes rendus.....	"	"	31,7	4.5	28.6	7,7	64,5
Principes reçus......	"	"	448,7	60,2	450,7	17,3	62,1
Différences.........	"	"	417,0	55,7	422,1	9,6	2.4

A l'âge de cinq mois. l'augmentation diurne du poids
vivant étant de 220 grammes, on trouve, en appliquant les
données dont nous avons déjà fait usage, que cet accroissement fait supposer qu'en vingt-quatre heures de croissance,
il doit y avoir environ 8 grammes d'azote et 27 grammes de
carbone, qui se fixent dans l'organisme. Il resterait donc
390 grammes pour le carbone brûlé en un jour par le porc
de cinq mois; il y aurait, en outre, $1^{gr},5$ d'azote exhalé.
Mais il est à remarquer qu'en raison de la graisse qui s'accumule journellement dans l'organisme d'un animal qui est
sous l'influence d'une nourriture engraissante, le chiffre du
carbone consommé dans la respiration doit être nécessairement un peu trop élevé. Dans les abattages. déjà assez nombreux que j'ai eu occasion de faire, j'ai presque constamment trouvé que les porcs nourris aux pommes de terre
délayées dans l'eau grasse, c'est-à-dire avec le régime auquel nous les mettons avant de procéder à leur engraisse-

ment, renferment le quart de leur poids en graisse. Ce rapport est d'ailleurs justifié par les résultats fournis par les porcs n°° 1, 2 et 3. Ainsi, dans les 220 grammes de poids vivant acquis dans un jour, il y aurait 55 grammes de graisse (1), ou 44 grammes de carbone qu'on ne devait plus retrouver dans les déjections. L'accroissement en chair se réduirait ainsi à 165 grammes, dans lesquels on peut admettre $6^{gr},6$ d'azote et 22 grammes de carbone. Le porc de cinq mois, pesant $32^k,2$, brûlerait donc, en respirant pendant vingt-quatre heures, 351 grammes de carbone, en exhalant 3 grammes d'azote, c'est-à-dire à très-peu près la moitié de ce que brûle un porc de huit à neuf mois, pesant 60 kilogrammes. Ces résultats semblent prouver que le carbone consumé par des porcs qui n'ont pas encore achevé leur croissance est proportionnel au poids. En effet, en rapportant le carbone brûlé à 100 kilogrammes de poids vivant, on a :

Pour le porc de $32^k,2$, carbone consommé............. 1090 grammes.
Pour le porc de 60 kilogrammes, carbone consommé.... 1102

Ceci admis, considérons la somme des principes élémentaires dans chacune des deux rations, débarrassées de la matière inerte qui échappe à la digestion, du ligneux, en prenant pour le n° 3 le poids moyen 72 kilogrammes, compris entre le poids initial $59^k,5$ et le poids final 84 kilogrammes.

------

(1) En négligeant la graisse que le goret apporte en naissant, et en se rappelant que le porc n° 1, âgé de huit mois, a donné $15^k,48$ de graisse, on trouve que chaque jour il y a eu 60 grammes de graisse de fixés ou de crées; le nombre 55 grammes est très-peu différent, et rien ne prouve d'ailleurs que l'accumulation du gras soit régulière

	Matières sèches.	Carbone	Hydro-gène.	Oxygène.	Azote.	Sels.
	gr	gr	gr	gr	gr	gr
Le porc de 72 kilogr. recevait dans 7 kilogr. de pommes de terre....	1659	730	96,0	740	25,0	68,0
Le porc de 32^k,2 recevait dans sa ration................	1118	485	65.0	484	20,0	64,0
En rapportant à 100 kilogr. de poids vivant, le porc qui n'a produit que de la chair recevait........	2304	1014	133,0	1028	35.0	94.0
Le porc qui a produit chair et graisse recevait.............	3472	1506	204.0	1505	62,0	195.0

Les deux rations, envisagées au point de vue de leurs principes immédiats, contenaient :

	Albumine caséum.	Amidon, sucre de lait.	Matières grasses.	Sels.	Sommes des principes digestibles.
	gr	gr	gr	gr	gr
La ration du porc de 32^k,2........ ..	127	903	24	64	1118
La ration du porc de 72 kilogrammes	162	1415	14	68	1659
Pour 100 kil. de poids vivant, la ration faisant chair et graisse devient..	394	2804	75	199	3472
La ration faisant de la chair sans graisse...	225	1966	19	94	2304
Différence en plus dans la ration engraissante........	169	838	56	105	1168

Dans la ration qui produit à la fois de la graisse et de la chair, il y a quatre fois plus de matières grasses qu'il ne s'en trouve dans la ration qui ne fait que de la chair; nul doute que cette graisse n'aide activement au développement du tissu adipeux. Toutes proportions gardées, un porc de 100 kilogrammes qui consommerait des pommes de terre délayées dans de l'eau grasse assimilerait, par jour   170

grammes de graisse. Or, on voit que, dans la ration, il en
existe déjà 75 grammes. Les 95 grammes de graisse excédante dériveraient évidemment du principe ternaire, amidon ou sucre de lait, ou bien des matières azotées. Les expériences que j'ai rapportées et la discussion dans laquelle je
suis entré, laissent sur ce point la question indécise ; mais je
ne puis m'empêcher de faire remarquer que la ration engraissante renferme la plus forte proportion de caséum ou
d'albumine.

§ III. — *Engraissement des porcs.*

En discutant, dans mon *Économie rurale*, deux engrais-
sements réalisés à Bechelbronn en 1841 et 1842, j'ai dit que
les résultats obtenus étaient en contradiction manifeste avec
l'hypothèse de l'assimilation directe de la graisse des aliments. Mais il y avait alors, dans la composition de la nourriture, une indéterminée qui ne permettait pas de tirer une
conclusion définitive. En effet, les eaux grasses, qui entrent
pour une si forte proportion dans l'alimentation, n'avaient
point encore été examinées.

Depuis l'examen attentif que j'ai fait de ces eaux, j'ai été
à même de comparer avec exactitude la graisse comprise
dans la ration, à la graisse produite durant un engraissement que j'ai exécuté en 1844.

Le lot sur lequel j'ai opéré se composait de neuf pièces
âgées de huit mois à un an, et dont le poids variait de 60 à
76 kilogrammes. Ces porcs avaient été mis en chair au
moyen de la pomme de terre délayée dans l'eau grasse.
L'engraissement a commencé à peu près à la même époque
où le n° 1 a été abattu. Ce porc, qui se trouvait dans
la condition voulue pour être engraissé, pesait, comme
nous l'avons vu, $60^k,55$; il a rendu $15^k,48$ *de gras* : soit
25,6 pour 100. Le porc n° 2 pesait, après la mise au régime des pommes de terre à discrétion, $67^k,27$; on en a
retiré $16^k,2$ de gras : soit 24,4 pour 100. Enfin, un autre
porc pesant 91 kilogrammes a donné 24,5 de gras : soit

20,9 pour 100. Il est question ici de porcs dont le lard net
avait été pesé après avoir été détaché de la peau. Ainsi, je
crois qu'on peut admettre que les porcs, toujours bien en
chair, que nous engraissons, contiennent de 25 à 26 pour
100 de gras. Voici le poids des porcs avant et après l'engraissement :

Numeros d'ordre	4.	5.	6.	7.	8.	9.	10.	11.	12.	Sommes
Poids avant l'engraissement.	76	75	60	63	65	64	57	62	65	587
Poids après l'engraissement.	115	119	112	120	104	105	120	94	111	1000
Gain pendant l'engraissem.	39	44	52	57	39	41	63	32	46	413

L'engraissement a duré quatre-vingt-dix-huit jours, pendant lesquels il a été
consommé :

		Matières grasses dans 1 gr. d'aliment.	Matières grasses dans les aliments.
1 Pommes de terre	4300	0,002	8,60
2 Seigle moulu	394	0,020	7,88
3 Farine de seigle blutée	284	0,035	9,94
4 Pois crus	296	0,020	5,92
5 Eau grasse	8820	0,004	35,28
Matières grasses dans les aliments			67,62

Pour juger de la graisse et de la chair contenues dans
les porcs engraissés, on a pesé les diverses parties du n° 12

Lard sans la peau......................... 20,50 ⎫
Saindoux................................ 4,63 ⎬ 30ᵏ,31
Graisse adhérente à l'intérieur.............. 3,61 ⎭
Graisse retirée des os après l'ébullition........ 1,57
Os dégraissés, bouillis et essuyés............. 6,91
Peau avec soies............................ 10,38
Sang recueilli............................. 3,24
Viande débarrassée de graisse (viande rouge).. 46,02
Larynx................................... 1,50
Cœur.................................... 0,50
Cervelle................................. 0,15
Poumons................................ 0,75
Foie..................................... 1,50
Rate..................................... 0,25
Estomac et intestins vides 4,68
Ris...................................... 0,19
Reins.................................... 0,38
Vésicule du fiel 0,03
Vessie vide 0,09
Urine et déjections 2,62
Perte.................................... 1,50
                                          ———
                                          111,00

Le gras des porcs engraissés s'élève, comme on le voit, à.. 27 ,3 pour 100.
Les 1,000 kilogr. de porcs engraissés contenaient en gras. 273ᵏ,0
Les 587 kilogr. de porcs avant l'engraissement renfer-
    maient en gras 1).. 150 ,1
                                                            ———
Graisse développée pendant l'engraissement............. 122 ,9
Ces 122ᵏ,9 se réduiraient par la fonte à............ .... 103 ,2
Les aliments contenaient en graisse .... 67 ,6
                                                            ———
Graisse excédant la graisse des aliments .... 35 ,6

A cette quantité il faut joindre la graisse qui faisait partie des déjections; je n'ai pu la doser avec précision, mais
j'ai reconnu qu'un porc à l'engrais rend, par jour, environ
306 grammes d'excréments solides secs qui cèdent à l'éther
0,032 de matières grasses; en quatre-vingt-dix-huit jours,
les neuf porcs ont dû en rendre 270 kilogrammes, dans lesquels il y avait 8 à 9 kilogrammes de ces matières, de sorte
que la graisse formée dans l'engraissement, c'est-à-dire la

____

(1) Prenant pour le porc avant l'engraissement la graisse égale à 25ᵏ,57
elle qu'elle a été donnée par le n° 1.

graisse qui excède celle des aliments consommés, peut être
portée à 44 kilogrammes. On voit, comme je l'ai dit dans
mon *Économie rurale*, que les résultats de l'engraissement
des porcs sont défavorables à l'opinion de l'assimilation directe de la graisse dans les animaux (1).

C'est une chose fort remarquable que le peu de différence
qui existe dans le gras proportionnel d'un porc encore jeune
avant et après l'engraissement. Généralement on est disposé à considérer l'augmentation de poids réalisé comme
uniquement due à de la graisse. Rien n'est moins vrai cependant; car, à ce compte, un jeune porc de 60 kilogrammes, qui double son poids, prendrait 60 kilogrammes
de graisse; et une fois engraissé, il contiendrait 50 pour 100
de *gras*, ce qui n'est certainement pas le cas; il est déjà
rare de pousser un porc jusqu'à lui donner 35 pour 100 de
graisse. Dans l'engraissement des porcs qui n'ont pas encore atteint leur développement, il se produit au moins autant de chair que de graisse. C'est une croissance extraordinaire qu'on imprime à un animal glouton au moyen d'une
alimentation abondante. Cette surabondance de nourriture
permet au porc de se développer dans un temps beaucoup
moindre que celui qui est nécessaire dans le cas où on lui
donne une nourriture moins succulente; quant à la production de la chair, elle n'est pas douteuse, il suffit, pour
s'en convaincre, de comparer la composition du porc avant
et après l'engraissement, en transformant en centièmes les
résultats obtenus avec les n° 1 et 12.

____

(1) *Économie rurale*, tome II, page 46.

	Avant l'engraissement.	Après l'engraissement
Peau avec soies.........................	8,27	9,35
Os dégraissés	6,91	6,23
Graisses diverses.......................	25,57	27,30
Viande rouge..........................	39,69	41,46
Sang recueilli.........................	3,58	3,82
Estomac et intestins vidés.............	3,57	4,22
Organes, etc..........................	12,41	7,62
	100,00	100,00

Si nous recherchons maintenant, à l'aide de ces nombres, la chair qui a été produite dans l'engraissement, nous trouvons :

	Peau.	Os.	Graisse.	Chair.	Sang.	Estomac et intestins.
	k	k	k	k	k	k
Dans 587 kilogr. de porcs à engraisser.	49	40	150	233	21	21
Dans 1 000 kilogr. de porcs engraissés.	94	62	273	415	38	42
Gains pendant l'engraisssement.....	45	22	123	182	17	21

Le poids moyen du porc étant avant l'engraissement.... $65^k,2$

Le poids moyen du porc étant après l'engraissement..... $111^k,1$

L'accroissement de poids en 98 jours a été............. $45^k,9$

Par jour........... $0^k,468$

c'est-à-dire plus du double de l'augmentation observée lors de la première croissance du porc soumis au régime normal. Ainsi, chaque jour, par l'effet du régime surabondant, le porc a fixé, dans son organisme, 139 grammes de graisse. Il devient dès lors très-intéressant de comparer la ration surabondante qui produit un développement aussi considérable de chair et de graisse à la ration normale.

La ration d'engraissement déduite de la totalité des ali-

ments consommés. et qui se rapporte, par conséquent, au
porc moyen du poids de 88 kilogrammes, a été par jour :

Pommes de terre........................ 4,87
Seigle moulu........................... 0,45
Farine de seigle....................... 0.32
Pois................................... 0,34
Eau grasse (résidu).................... 0,47

Pour déterminer, dans cette ration, la quantité des principes réellement nutritifs qu'elle renferme, il importait de
connaitre exactement la dose du ligneux contenu dans le
seigle et dans les pois. Or, je ne crains pas de le dire, ce
qu'on a appelé ligneux. fibre ligneuse. fibre végétale dans
les grains et les fruits, a été dosé de la manière la plus im-
parfaite, et il a fallu les travaux de M. Payen pour nous
fixer sur la véritable nature de ces matières, qui, le plus
souvent, ont été pesées, non-seulement impures, puisqu'elles renfermaient encore de la graisse ou des principes
albuminoïdes, mais encore à un état de dessiccation plus ou
moins avancé. J'ai suivi, pour l'analyse des échantillons
du seigle et des pois qui avaient été mangés par nos porcs,
la méthode que j'ai employée à l'égard de la pomme de
terre. Toutes les dessiccations ont eu lieu entre 110 et 120
degrés. La proportion des principes azotés a été fixée par
un dosage de l'azote; c'est après tout, je crois, le moyen le
plus sûr, en même temps qu'il est le moins embarrassant.
Le ligneux et la cellulose, les principes non sensiblement
digestibles, ont été dosés, comme je l'ai dit précédemment.
par des traitements successifs, à l'aide de l'eau acidulée,
l'éther et l'ammoniaque; le produit obtenu ne renferme
plus d'azote, il est généralement blanc ; on l'a pesé après
une longue dessiccation, puis on l'a incinéré, afin de pouvoir en retrancher le poids des matières terreuses qui s'y
rencontraient. Je n'ai pas besoin de signaler les inconvénients que peut présenter la méthode que j'ai suivie, les
chimistes versés dans l'analyse les apercevront facilement,
mais ils conviendront aussi que ce procédé était le plus

avantageux dans le but spécial que j'avais en vue, celui de fixer le plus exactement possible : 1° les principes azotés des aliments, comme l'albumine, la légumine ou la gladiadine; 2° les principes ternaires, comme l'amidon, le sucre, la gomme et les corps analogues; 3° les matières grasses; 4° les éléments qui restent passifs dans l'alimentation, comme le ligneux, l'eau; 5° les substances salines. Mes recherches donnent au seigle et aux pois les compositions suivantes :

	Seigle.	Pois.	Farine de seigle.
Albumine; gladiadine...	12,5	25,0 (légumine)	15,6
Amidon et analogues............	65,1	56,9	67,9
Matières grasses............	2,0	2,2	3,5
Ligneux....................	3,3	4,4	"
Substances minérales.........	2,4	3,1	2,0
Humidité..................	14,7	8,6	11,0
	100,0	100,0	100,0 (1)

On a ainsi, pour la constitution de la ration d'engraissement du porc de 88 kilogrammes :

Nature des aliments	Poids.	Albumine, légumine et caséum.	Amidon, sucre de lait.	Matières grasses.	Matières salines.	Sommes des principes digestibles.
	k	gr	gr	gr	gr	gr
Pommes de terre................	4,87	113	984	9	48	1154
Seigle moulu.....	0,45	56	293	9	11	369
Farine de seigle.	0,32	50	218	11	6	285
Pois................	0,34	85	193	7	11	296
Eau grasse (résidu)........	0,47	88	280	40	62	470
	"	392	1968	76	138	2574
Ramenant à 100 kil. de poids vivant.	"	446	2336	86	157	2925
La ration normale est........	.	394	2814	75	190	347[illegible]

(1) Le seigle contenait 0gr,020 d'azote.

[illegible] grammes de seigle ont donné 0gr,066 de ligneux ou cellulose.

[illegible] gramme de seigle a laissé 0gr,014 de cendres.

Le pois contenait 0,04[illegible] d'azote.

Un fait assez surprenant, c'est que la ration surabondante du régime de l'engraissement contient pondéralement moins d'éléments digestibles que n'en renferme la ration normale. Avec cette ration, 100 kilogrammes de poids vivant reçoivent, par jour, un demi-kilogramme d'amidon de moins, en même temps qu'ils ont en plus 52 grammes de principes albuminoïdes. Les principes azotés semblent être en proportion plus forte relativement à l'amidon, au sucre de lait dans les régimes qui développent le plus de graisse. Ainsi, dans 100 parties d'aliments digestibles, il y a

	Principes azotés	Graisse
Dans la ration qui ne produit que de la chair..	9,8	0,8
Dans la ration produisant chair et graisse	11,3	2,2
Dans la ration d'engraissement..	15,3	9,9

Ces nombres sont de nature à faire supposer que les principes azotés des aliments, tout en concourant à la formation du tissu musculaire, contribuent aussi au développement du tissu adipeux.

§ IV. — *Engraissement des oies.*

Pendant qu'on avançait des hypothèses plus ou moins ingénieuses sur l'origine de la graisse, un habile professeur de la Faculté des Sciences de Strasbourg, M. Persoz, constatait que, dans l'engraissement des oies, la graisse formée dépasse de plus du double celle qui est contenue dans le maïs consommé. M. Persoz est arrivé, en effet, à cette conclusion, que l'oie en s'engraissant ne s'assimile pas seulement l'huile renfermée dans le maïs, mais qu'elle produit réellement une certaine quantité de graisse à l'aide de l'amidon et du sucre qui se trouvent dans la graine, peut-

---

20 grammes de pois ont donné 0^{gr},875 de ligneux et cellulose.

La farine de seigle contient 0,025 d'azote, 0,11 d'humidité et 0,00 de cendres. Je l'ai supposée exempte de ligneux.

La matière grasse de la tache ne correspond pas à celle trouvée dans le seigle ou graine. Cette matière était probablement sur une autre origine. J'ai pris...

être aussi aux dépens de sa propre substance. Les observations dont je vais présenter les détails confirment pleinement le fait principal constaté par M. Persoz. Comme cet habile chimiste, j'ai trouvé que le poids de la graisse acquise par les oies soumises au régime surabondant du maïs excède considérablement le poids de l'huile contenue dans la graine.

Les onze oies sur lesquelles j'ai expérimenté étaient âgées d'environ un an et de même origine ; on les a pesées après les avoir privées de nourriture pendant douze heures.

Poids des oies au commencement de l'expérience.

NUMÉROS.	1.	2.	3.	4.	5.	6.	7.	8.	9.	10.	11.	Poids moyen.
Poids...	k 3,42	k 3,13	k 3,34	k 3,65	k 2,87	k 3,20	k 3,40	k 3,55	k 3,39	k 3,35	k 3,70	k 3,36

On a tué les nᵒˢ 2, 3, 9, 10 et 11, et, après avoir pris le poids des différentes parties, on a déterminé la quantité de graisse renfermée dans chaque pièce, de la manière suivante : on a d'abord pesé séparément la graisse qui enveloppe les intestins et la graisse épiploon. Pour obtenir la graisse sous-cutanée, celle qui est disséminée dans la chair, ou qui adhère au tissu osseux, on coupait l'oie en morceaux et on la faisait bouillir pendant quatre heures dans de l'eau contenue dans un vase étroit et profond. On enlevait la graisse figée après le refroidissement, et on la pesait. Les os qui se détachaient alors très-facilement de la viande cuite étaient essuyés avec un linge et pesés. Du poids des os et de celui de la graisse écumée on concluait, par différence, le poids de la chair. Les résultats obtenus sur les oies tuées avant l'engraissement sont consignés dans le tableau suivant :

Poids de la graisse, du sang et des divers organes des cinq oies tuées avant l'engraissement

N° d'ordre	Poids des oies	Graisse adhérente aux intestins.	Graisse épiploon	Graisse extraite par ébullition.	Total de la graisse.	Os dégraissés.	Chair et peau.	Sang recueilli.	Foie.	Cœur.	Cervelle.	Gésier vide.	Bile.	Rate.	Trachée.	Poumons.	Intestins vides et jabots	Plumes	Aliments, excréments, pertes
	k	gr	gr	gr	gr	gr	gr	gr	gr	gr	gr	gr	gr	gr	gr	gr	gr	gr	gr
2	3,13	21	33	201	255	321	1600	180	67	24	12	133	4	9	10	25	140	250	100
5	3,34	42	53	246	341	331	1525	230	69	25	11	140	4	8	8	32	162	250	204
9	3,39	14	21	178	213	300	1546	220	105	30	11	148	13	13	10	19	190	420	152
10.	3,35	30	40	214	284	326	1500	210	86	26	10	134	8	14	9	21	180	370	170
11.	3,70	30	40	296	366	310	1634	305	115	24	12	136	8	10	9	19	207	300	246
	16,91	137	187	1135	1459	1588	7805	1145	442	129	56	691	37	54	46	116	879	1590	872

Les six pièces à engraisser, pesant ensemble 20^k,09 (en moyenne, 3^{kil}.35), ont été mises dans une mue divisée en six compartiments, assez étroits pour empêcher les oies de se retourner. Le plancher de la mue n'occupait pas toute la section du fond, et sa disposition était telle, que l'on pouvait placer six vases pour recevoir la totalité des déjections. Les oies ont été gavées, matin et soir, avec du maïs qui avaient séjourné dans l'eau pendant quelques heures. Sur le devant de la cage se trouvait une auge commune, contenant de l'eau légèrement salée, dans laquelle on avait jeté quelques fragments de charbon. L'engraissement, conduit par une gaveuse de profession, a été terminé après trente et un jours d'un régime, durant lequel il a été consommé 71^k,89 de maïs; soit 11^k,98 par individu : à peu de chose près, 386 grammes par jour et par tête.

$$k$$

Les six oies dont le poids était, avant l'engraissement, de.... 20,09

ont pesé...................... 31,11

ayant gagné en poids 11,02

Poids de la graisse, du sang et des divers organes des six oies engraissées.

Numéros	Poids des oies avant l'engraissement	Poids des oies après l'engraissement	Gain pendant l'engraissement	Graisse adhérente aux intestins	Graisse épiploon	Graisse extraite par l'ébullition	Total de la graisse	Os dégraissés	Chair et peau	Sang recueilli	Foie	Cœur	Cervelle	Gésier vide	Bile	Rate	Trachée	Poumons	Intestins vides et jabots	Plumes	Aliments et excréments
	k	k	k	gr	gr	gr	gr	gr	gr	gr	gr	gr	gr	gr	gr	gr	gr	gr	gr	gr	gr
3	3,42	5,35	1,93	234	385	835	1454	313	2295	290	251	35	11	87	4	4	9	34	191	280	245
4	3,65	5,50	1,85	369	435	1147	1951	300	2289	190	214	32	12	81	3	10	10	27	162	270	75
5	2,87	4,58	1,71	294	322	943	1559	273	1847	140	271	29	10	76	4	8	8	34	160	280	64
6	3,20	4,67	1,47	271	331	861	1463	234	1980	170	143	31	11	120	3	10	8	26	153	290	103
7	3,40	5,53	2,13	221	415	1237	1873	299	2261	195	160	40	12	95	8	9	11	38	147	325	129
8	3,55	5,48	1,93	302	400	1014	1716	309	2220	320	301	32	11	114	12	13	10	27	157	340	101
	20,09	31,11	11,02	1691	2288	6037	10016	1728	12892	1305	1340	199	67	574	34	54	56	186	970	1785	717

La graisse du foie gras étant déjà comptée dans la graisse extraite par l'ébullition, en sommant les divers organes, on trouvera un excès sur le poids des oies engraissées de 31,11 kilogr.

	Graisse.	Chair et sang.
	k	k
En resume, les six oies engraissées contenaient...	10,016	14,197
D'après la composition des oies maigres, ces six oies devaient contenir, avant l'engraissement...	1,752	10,74
Gain pendant l'engraissement.....	8,264	3,457

La comparaison de l'oie, avant et après l'engraissement, est curieuse sous plusieurs rapports ; pour qu'on puisse juger facilement des différences, je rapprocherai les deux compositions.

	Oie maigre.	Oie grasse.
	gr	gr
Graisse adhérente aux intestins............	28	282
Graisse, épiploon....................	37	381
Graisse extraite par l'ébullition...........	227	1006
Os	318	288
Chair et peau dégraissées..............	1561	2149
Sang recueilli (*)................	229	218
Foie	88	223 (**)
Cœur....................	26	33
Cervelle.................	11	11
Gésier	138	96
Bile......	7	6
Rate..................	11	9
Trachée......	9	9
Poumons.................	23	31
Intestins, jabots...............	176	162
Plumes....	318	298
Excréments, pertes...........	174	120
	3381	5320

(*) C'est-à-dire le sang qui a coulé quand on a coupé la trachée.

(**) Foie gras dont la graisse figure déjà dans celle retirée par l'ébullition.

Comme dans l'engraissement des porcs, nous voyons la

chair se produire en même temps que la graisse. Un fait
singulier, et que l'on observe également sur les canards,
c'est la diminution du gésier chez les oiseaux qui ont été
gavés.

Pour estimer l'humidité que devait renfermer la graisse
pesée, particulièrement celle qui s'était rassemblée à la surface de l'eau après l'ébullition, je l'ai fondue à une chaleur
modérée, comme on le pratique quand il s'agit de la
mettre en pot.

3k,98 de graisse adhérente se sont réduits à 3,69 ; perte pour 100 = 7,3.
3k,01 de graisse écumée sont devenus.... 2,81 : perte pour 100 = 6,3.

Appliquant ces corrections aux graisses acquises durant
l'engraissement, on trouve :

Pour la graisse adhérente fondue......... 3,327
Pour la graisse retirée par l'ébullition..... 4,180
                                             ———
Graisse privée d'eau acquise par les six oies 7,507

A cette graisse il faut encore ajouter celle qui faisait
partie des déjections et qui certes n'est pas à négliger. La
totalité des excréments très-aqueux rendus par les six oies
a pesé 83k,23. Après avoir enlevé une partie de l'eau par
décantation, on a mis à égoutter sur une toile ; de cette manière on a obtenu 39k,19 d'une matière verte pulpeuse
qu'on a mêlée intimement pour en prendre un échantillon.
1 kilogramme de cette pulpe desséchée dans une bassine
chauffée à la vapeur s'est réduit à 190 grammes d'une substance sèche, ayant une couleur intermédiaire entre le vert
et le jaune.

Ainsi, les 39k,19 de déjections humides contenaient
7k,45 de substance sèche. 20 grammes de cette matière réduite en poudre fine traitée d'abord par l'eau, puis ensuite
par l'éther, ont donné 1gr,92 d'une graisse demi-liquide
dont l'odeur rappelait celle de l'huile du maïs. La graisse,
dans les déjections sèches, s'élevait, par conséquent, à 9,6
pour 100. Les 7k,45 devaient en contenir 715 grammes:

11

ce qui porte le total de la graisse acquise par les six œu-
à 8^{k},222.

Examen du maïs consommé.

Le maïs employé pesait 72^{k}.20 l'hectolitre; pour avoir
un échantillon bien homogène, j'en ai fait moudre 50 litres.
L'huile a été déterminée sur des quantités de farine qui ont
varié de 20 à 200 grammes. En traitant d'abord la farine de
maïs par l'eau acidulée, puis faisant ensuite agir l'éther sur le
résidu, j'ai obtenu, dans plusieurs analyses, des proportions
d'huile très-peu différentes et qui se sont accordées avec
celle donnée par l'éther appliqué au maïs réduit en poudre
extrèmement fine. J'ai extrait par l'un ou l'autre de ces
moyens 7 pour 100 d'huile jaune. Il est vrai qu'en faisant
succéder à l'action de l'éther appliqué à froid un mélange
bouillant d'alcool et d'éther, on obtient une proportion de
matière grasse bien plus forte, et qui, à la suite de traitements réitérés, s'élève de 10 à 12 pour 100. On parvient à
ce chiffre alors même qu'on agit sur du maïs préalablement
traité par l'eau, et dans lequel on ne peut plus supposer de
sucre. Il y a ceci de remarquable, qu'en agissant, non plus
sur de la farine lavée, mais sur le résidu ligneux qui provient
de l'action de l'acide étendu sur le maïs, on n'obtient jamais, quoi qu'on fasse, plus d'huile que n'en donne l'éther
employé seul. C'est que l'alcool extrait facilement du maïs
une substance azotée qui me paraît avoir le plus grand rapport avec la gladiadine, que M. Taddei a découverte dans les
céréales en leur faisant subir un traitement alcoolique. J'ai
pu enlever au maïs, après l'avoir épuisé par l'éther, jusqu'à 4,5 pour 100 de cette gladiadine pesée après avoir été
lavée à l'eau et à l'éther, et puis fortement desséchée à
130 degrés.

Cette matière est d'un jaune clair; son odeur, bien que
très-faible, rappelle celle de la cire d'abeilles, elle se dissout
facilement dans les alcalis et dans les acides; elle brûle en

ne laissant que 0.005 de cendres. J'ai trouvé pour sa composition :

Carbone................	54.3 (1)
Hydrogène.............	7,0
Azote.................	16,3 (2)
Oxygène (3)...........	22,4
	100.0

Je crois pouvoir établir la composition du maïs ainsi qu'il suit :

Albumine..............	8,3 }	12.8 (4)
Gladiadine............	4,5 }	
Huile.................	7,0	
Sucre, gomme.........	1,5 (5)	
Amidon...............	59,0	
Ligneux...............	1,5 (6)	
Sels.................	1,1	
Eau..................	17,1 (7)	
	100,0	

Par conséquent, les oies ayant mangé en trente et un jours 71^k,89 de maïs, dans lequel il y avait

	k
Huile..	5,032
La graisse totale acquise ayant été.............	8,222
La graisse formée durant l'engraissement s'élève à...	3,190

Il est assez curieux, et c'est une simple remarque, que si l'on considérait comme *engraissant* la totalité des principes du maïs qui sont solubles dans l'éther et dans l'alcool à 40 degrés, c'est-à-dire l'huile et la gladiadine, l'aliment

---

(1) 0^{gr}.7635 ont donné 1.513 d'acide carbonique et 481 d'eau.

(2) 0^{gr},314 ont donné 42 centimètres cubes d'azote ; température, 8 degrés ; baromètre, 0^m,7478. 0^{gr}.358 ont donné 48^{cc},5 d'azote ; température, 8°,5 ; baromètre, 0^m.7468.

(3) Je n'ai pas recherché le soufre.

(4) Le maïs contenait 0^{gr},02 d'azote.

(5) 200 grammes de maïs ont cédé à l'eau 3 grammes d'un extrait très-dur après dessiccation, brun, d'une saveur très-sensiblement sucrée.

(6) 20 grammes de maïs ont donné 0,300 de ligneux.

(7) 141,225 ont perdu à 15 degrés 0,210 d'humidité

consommé renfermerait les éléments du *gras* développé
En effet, les $71^k,89$ de maïs contiennent précisément
$8^k,267$ d'huile et de substances azotées solubles dans l'alcool.

J'ai trouvé dans le maïs donné aux oies :

$$
\begin{array}{ll}
\text{Carbone}\dots\dots\dots\dots & 39,5^{gr}\ (1) \\
\text{Hydrogène}\dots\dots\dots & 6,0 \\
\text{Azote}\dots\dots\dots\dots & 2,0 \\
\text{Cendres}\dots\dots\dots\dots & 1,1 \\
\text{Oxygène}\dots\dots\dots\dots & 51,4 \\
\hline
& 100,0
\end{array}
$$

En vingt-quatre heures une oie mangeait 386 grammes
de maïs ; elle rendait 40 grammes d'excréments desséchés.
La graisse fixée a été $44^{gr},4$; soit, fondue, $41^{gr},4$. L'accroissement total du poids vivant s'est élevé à $59^{gr},2$.

Celui du même poids, déduction faite de la graisse, devient $14^{gr},8$.

Dans les 386 grammes de maïs il y avait : carbone..... $152,5^{gr}$; azote, $7^{gr},7$
Dans les 40 gr. d'excréments secs il y avait : carbone... $17,1$ (2)

On a pour le carbone fixé ou exhalé en 24 heures.... $135,4$

$$
\left.
\begin{array}{l}
\text{Le carbone de la graisse fixée} = 32,7^{gr} \\
\text{Le carbone de poids vivant } 14,8 = 2,0
\end{array}
\right\} \ \dots\ 34,7^{gr}
$$

On aurait pour le carbone brûlé par la respiration. $100,7$

Mais le poids de ce carbone est évidemment trop élevé par
la raison que, n'ayant retenu et desséché que les parties solides des déjections, l'eau rejetée a dû enlever des matières
organiques solubles. Il est, je crois, possible d'arriver plus
exactement à la connaissance du carbone éliminé par les
voies respiratoires, en comparant, d'après le principe de
Vogelli, les poumons de l'oie aux poumons d'un oiseau dont
on connaît les produits de la respiration. J'ai constaté
qu'une tourterelle du poids de 190 grammes brûle en vingt-

---

(1) $0^{gr},519$ ont donné $0,751$ d'acide carbonique et $0,282$ d'eau.
(2) $1^{gr},0275$ d'excréments secs ont donné $1,613 = 42,82$ pour 100 d'acide
carbonique ; la combustion s'est effectuée dans un courant d'oxygène.

quatre heures environ 5 grammes de carbone; les poumons d'une semblable tourterelle pèsent généralement 1^{gr},25. Les poumons de l'oie pesant 23 grammes, on arrive à ce résultat, que l'oie doit brûler en vingt-quatre heures 92 grammes de carbone.

Les 386 grammes de maïs, déduction faite de 6 grammes de ligneux qui s'y rencontrent, renferment 150 grammes de carbone qui suffisent amplement aux exigences de l'engraissement.

D'après la constitution du maïs, la ration engraissante contient :

Albumine, gladiadine...	49 grammes.
Huile................	27
Amidon, sucre........	234
Sels.................	4
	314

Comme il y a eu, chaque jour, à peu près 3 grammes de matières grasses éliminées avec les déjections, il reste 24 grammes pour la graisse qui a pu être assimilée directement; et comme l'oie en a acquis journellement 41 grammes, on voit qu'elle a dû en former 17 grammes avec les autres éléments de sa nourriture. On remarquera que dans 100 parties des aliments digestibles qui entrent dans la ration engraissante des oies, il y a :

Principes azotés...............	15,6
Graisse......................	8,5

§ V. — *Expériences sur l'engraissement des canards.*

Un canard du poids de 1^k.35, qui est gavé chaque jour avec 140 grammes de maïs préalablement détrempé, gagne en quinze jours 180 à 200 grammes de graisse; c'est un fait qu'il est facile de vérifier, et comme, dans cet engraissement rapide, tout se passe exactement comme dans l'engraissement de l'oie, je me dispenserai d'entrer dans de plus amples détails à ce sujet.

Il m'a paru intéressant de substituer au maïs, si riche en huile, un aliment analogue, tout aussi dense, d'une digestion facile, mais qui ne contient que quelques millièmes de matières grasses. Tel est le riz, dont la composition est, pour ainsi dire, celle du maïs qu'on aurait privé d'huile par un procédé chimique, et mieux encore; car si l'éther enlève aisément une forte fraction de la matière grasse, il n'en est plus de même pour les dernières proportions. Aussi, en traitant 100 parties de farine de maïs par l'éther à l'aide d'un appareil à déplacement, on ne retire que 4 à 5 parties d'huile, et pour extraire les 2 ou 3 parties de la matière grasse restante, il faut réduire la farine en poudre impalpable, opération à peu près impraticable quand on agit sur des quantités un peu fortes. Comme le riz renferme d'ailleurs près de 83 pour 100 d'amidon, cet élément convient parfaitement pour apprécier le rôle que la fécule joue dans la production de la graisse. Ce sont ces considérations qui m'ont engagé à faire sur des canards les expériences que je vais exposer; et si les résultats que j'ai obtenus ne paraissent pas encore suffisants pour tirer une conclusion définitive, on conviendra peut-être que la méthode que j'ai suivie doit conduire à une solution, quand on l'appliquera convenablement. En effet, si l'on réussit à engraisser complétement des oies ou des canards en remplaçant poids pour poids le maïs par le riz, on aura acquis la preuve de la transformation de l'amidon en graisse pendant l'alimentation; car ce régime présente cette particularité, que la totalité de l'huile et la moitié de la substance azotée qui entrent dans la constitution du maïs s'y trouvent remplacées par de la fécule amylacée; on peut s'en assurer en comparant la composition respective de chacune de ces graines :

	riz	Maïs
	gr	gr
Albumine ou gladiadine; riz	7,5 (1)	12,8
Matières grasses	0,7	7,0
Amidon (sucre et gomme)	83,0	60,5
Ligneux	1,0	1,5
Sels	0,5	1,1
Eau	7,3	17,1
	100,0	100,0

(1) D'après mon analyse, le riz contenait 1,2 d'azote.

Les canards mis en expérience avaient une même origine.
Ils étaient âgés de huit mois environ.

Poids des canards au commencement de l'expérience.

NUMÉROS....	1.	2.	3.	4.	5.	6.	7.	8.	9.
Poids.....	k 1,33	k 1,315	k 1,33	k 1,32	k 1,17	k 1,47	k 1,36	k 1,32	k 1,30

Les n°s 1, 2, 3, 4 ont été tués. On en a retiré :

NUMÉROS................	1	2	3	4
	gr	gr	gr	gr
Graisse adhérente........	27	40	42	28
Graisse par ébullition..	175	195	168	156
Os dégraissés........... ..	99	92	94	102
Chair et peau...............	555	663	453	544
Sang recueilli...........	70	55	65	66
Foie.....	35	40	33	36
Cœur......	9 ½	8	9	12
Cervelle.........	5	5	4 ½	5
Gésier...................	34	33	23	24
Bile...................	2	1	0 ½	2
Rate...............	4	5	2	3
Trachée................	3	3	3	5
Poumons............	9	10	10	10
Intestins, jabots............	58	50	37	45
Plumes	90	110	120	70
Aliments, déjections..........	155 ½	5	266	212
	1530	1315	1330	1320

Comme le poids des plumes et la quantité de matières
contenues dans l'estomac et les intestins sont assez variables, il est bon de ramener chaque pièce à ce qu'elle a pesé
après avoir été plumée et vidée.

Numéros.	Canards plumés et vidés.	Graisse contenue.
	gr	gr
1.	1084	202
2.	1195	235
3	1064	210
4.	1038	258
Moyennes....	1095	226

Les n°s 5, 7, 8 ont été mis au régime du riz légèrement cuit; la quantité de riz, pesé cru, pris par chaque canard, a été de 125 grammes. On gavait matin et soir, une auge commune contenait de l'eau qui renfermait un peu de sel.

Numéros	Jours de régime.	Riz consommé.	Poids a la fin du régime.
		gr	gr
5.	12	1500	1480 (*)
7.	15	1875	1440
8.	19	2375	1400

(*) Les canards étaient ordinairement si mouillés au sortir de la mue, que ce poids n'a aucune valeur. Comme on le verra, le n° 5 contenait encore 168 grammes d'aliments ingérés.

Composition des canards nourris au riz.

NUMÉROS	5.	7.	8.
	gr	gr	gr
Graisse adhérente	40	50	75
Graisse par ébullition	198	205	286
Os dégraissés	82	114	82
Chair et peau	665	741	524
Sang recueilli	60	50	68
Foie	41	32	67
Cœur	12	8	9
Cervelle	5	4	4
Gésier	20	20	13
Bile	1	2	1
Rate	4	3	2
Trachée	5	5	3
Poumons	14	11	10
Intestins, jabots	45	47	34
Plumes	120	111	200
Aliments, déjections	168	37	22
	1480	1440	1400

On a pour le poids de ces canards plumés et vidés :

Numéros	Poids	Graisse contenue.
	gr	gr
5.	1194	238
7.	1293	255
8.	1178	361

Comparant maintenant le poids et la graisse au poids
moyen déduit des canards tués au commencement de l'expérience, et qui était

Pour le canard plumé et vidé........ 1093 grammes.
Pour la graisse contenue.......... 226

on trouve que

Le nº 5 a gagné en poids, 99 gr. ; en graisse, 12 gr. = graisse fondue, 11 gr. (1)
Le nº 7   "   198   "   29   "   27
Le nº 8   "   83   "   135   "   124

On doit ajouter à cette graisse celle qui est sortie avec les excréments. On a recueilli les déjections rendues par le nº 5, durant les douze jours de régime : elles ont pesé 2500 grammes ; elles formaient une émulsion très-liquide, blanche ; on n'apercevait aucune matière solide. Par la dessiccation, on a obtenu un extrait pesant 150 grammes ; un gramme de cet extrait pulvérisé a cédé à l'éther, après un traitement par l'eau, $0^{gr},050$ d'une graisse solide, très-fusible. Ainsi, chaque jour, en consommant 125 grammes de riz, un canard aurait rendu $12^{gr},5$ de cet extrait, contenant $0^{gr},62$ de graisse ; mais chaque jour aussi, dans les 125 grammes de riz, il recevait $0^{gr},88$ de matière grasse ; c'est donc, pour chaque jour, $0^{gr},26$ qu'il faut déduire de la graisse pesée.

En définitive, en tenant compte de la durée de chaque expérience, on voit que

Le nº 5 a fait   8 grammes de graisse sèche ; par jour... $0,67^{gr}$
Le nº 7   25   "   par jour... 1,67
Le nº 8   130   "   par jour... 6,84

Les résultats offerts par les nᵒˢ 5 et 7 n'établissent pas suffisamment qu'il y ait eu formation de matière grasse ; du moins cette formation ne paraît nullement en rapport avec la proportion d'amidon renfermée dans le riz. Quant au résultat fourni par le nº 8, il ne laisserait aucun doute sur l'intervention de la fécule dans la production du *gras*, s'il ne présentait une anomalie qui peut faire présumer que le canard porteur de ce numéro pouvait être initialement plus gras que je l'ai admis. Cette anomalie consiste

---

(1) Les graisses provenant de ces expériences, réunies et fondues, ont perdu 8 pour 100.

en ce que la graisse trouvée en excès (135 grammes) pèse plus que l'accroissement de poids de 83 grammes qui a eu lieu par suite du régime. Quoi qu'il en soit, et adoptant les trois résultats comme exacts, on est obligé de reconnaître que le *gras* formé sous l'influence du riz est inférieur en quantité à celui qui se produit dans le régime du maïs ; car, en recevant 140 grammes de maïs, un canard fait peut-être, indépendamment de l'huile qu'il assimile directement, 5 à 6 grammes de graisse. Cependant, relativement à l'amidon, les deux rations diffèrent peu l'une de l'autre ; il y en a même plus dans les 125 grammes de riz, ainsi que je vais le montrer.

	Dans 125 grammes de riz.	Dans 140 grammes de maïs.
Il y a albumine et gladiadine.....	9	18
Amidon, sucre, gomme.........	104	85
Matière grasse...............	1	10

Une question qui revient toutes les fois qu'on discute la valeur d'une ration alimentaire est celle de savoir si cette ration est suffisante pour satisfaire à la respiration ; en un mot, on a constamment besoin de connaître ce qu'un animal brûle de carbone pour avoir les éléments qui restent disponibles pour la nutrition ou l'engraissement. J'ai dit que le n° 5, qui recevait 125 grammes de riz, rendait 12^{gr},5 de déjections sèches.

Dans 125 grammes de riz, il y a carbone......................	48,3 (1)
Dans 12^{gr},5 de déjections, il y a carbone..................	4,3 (2)
Différence.........................	44,0
Dans 8^{gr},2 de poids vivant et graisse fixés par jour........	2,0
Carbone brûlé en vingt-quatre heures..	42,0

(1) 0^{gr},681 de riz ont donné 0^{gr},961 d'acide carbonique.

0,554 de riz ont donné 0,787 d'acide carbonique et 0,313 d'eau.

Composition du riz.

Carbone...............	38,6
Hydrogène............	6,3
Azote...............	1,3
Cendres...............	0,7
Oxygène...............	53,4

(2) 0,420 ont donné 0,536 d'acide carbonique.

0,950 ont donné 1,345 d'acide carbonique. On n'a pas dosé l'hydrogène.

D'après la composition élémentaire du maïs, il entre, dans la ration de 140 grammes, 55^{gr},3 de carbone.

On aperçoit, par la seule comparaison des deux chiffres, que, toutes choses égales d'ailleurs, la ration de maïs présente sur le régime du riz un avantage de 7 grammes de carbone. Ce carbone doit dès lors concourir particulièrement à l'engraissement, puisque les 48^{gr},3 du même principe qui se trouvent dans le riz sont un peu plus que suffisants pour subvenir à la dépense occasionnée par la respiration. Ces chiffres montrent aussi que 125 grammes de riz donnés à un canard qui brûle déjà, par les voies respiratoires, 42 grammes de carbone ne sauraient être considérés comme une ration engraissante, alors même que l'on concéderait, à l'amidon qui s'y trouve en abondance, la faculté de se transformer en graisse. Ainsi, en faisant intervenir des considérations relatives à la respiration, on trouve que les expériences que j'ai faites, en nourrissant des canards avec du riz, rentrent complétement dans celles que j'ai exécutées en alimentant des porcs avec des pommes de terre. Ces expériences constatent, de la manière la plus nette, qu'il n'y a pas eu développement de *gras* sous l'influence de l'un ou l'autre de ces deux régimes; mais elles ne prouvent nullement que la fécule ne se modifie pas en graisse; car, je le répète, on peut attribuer la non-production du *gras* à l'insuffisance des rations. Les mêmes considérations montrent aussi que, pour remplacer le régime engraissant de 140 grammes de maïs, il eût fallu donner 158 grammes de riz (1), parce qu'on aurait eu avec ces proportions 54^{gr},4 de carbone dans les principes digestibles de chacune des deux

____

(1) Pour ne pas trop compliquer ces considérations, je néglige l'hydrogène *libre* qui fait partie des aliments; mais cet hydrogène, sous le rapport de la combustion respiratoire, produit un effet utile incontestable. C'est ainsi qu'un corps gras introduit, dans une ration apportée indépendamment de son carbone, une certaine quantité d'hydrogène qui produira de la chaleur. Un corps comme l'amidon n'apporte, au contraire, que son carbone comme combustible, puisque l'hydrogène qu'il contient est à l'état d'eau.

rations dépouillées de ligneux. Mais, suivant mon habitude, ce n'est qu'après avoir terminé toutes mes expériences que je les ai discutées, et c'est alors seulement que j'ai reconnu l'insuffisance des 125 grammes de riz : je dois dire cependant que les canards ne pouvaient guère en prendre davantage, car le riz double presque de volume par la cuisson, et l'on avait gavé au maximum.

Les raisons théoriques que je viens d'exposer pour expliquer l'insuffisance probable des rations n'inspireront peut-être pas la même confiance que je leur ai accordée. On n'est pas encore généralement porté à envisager les animaux comme de simples appareils de combustion, dont l'éleveur, pour obtenir des résultats lucratifs, doit, à chaque instant, calculer avec précision la quantité de charbon et d'hydrogène qu'ils peuvent consommer. Il ne faut pas chercher à imposer ses convictions; mais plus je m'occupe d'alimentation, plus je trouve l'analogie fondée : j'aperçois cependant une distinction capitale à établir entre l'entretien d'un fourneau et la nutrition : c'est que, dans le premier cas, s'il suffit d'apporter du combustible pour obtenir de la chaleur, il faut, dans le second, introduire avec le combustible les matériaux indispensables à l'entretien et à la croissance de l'appareil. Un agronome intelligent fait deux parts dans les rations qu'il administre au bétail : l'une doit brûler, l'autre doit s'assimiler, et le jour n'est peut-être pas éloigné où la science indiquera avec exactitude le rapport qui existe entre l'aliment qui se consume et l'aliment qui devient de la chair ou de la graisse. Mais si, repoussant comme prématurées ces idées théoriques, et se bornant aux faits constatés, on voulait en conclure simplement qu'il est des aliments qui ne possèdent pas la propriété de favoriser l'engraissement, je répondrai par l'expérience qu'il ne manque à la ration de riz que nous avons discutée, que des principes élémentaires de plus, de la graisse par exemple, pour acquérir au plus haut degré la propriété engraissante. Peu

dant que les canards n⁰ˢ 5, 7 et 8 étaient alimentés avec
du riz, j'en nourrissais deux autres (n⁰ˢ 6 et 9) avec la
même ration à laquelle on ajoutait du beurre. Ces canards
au riz au gras sont arrivés promptement à un degré d'engraissement vraiment remarquable.

Chaque canard recevait, avec les 125 grammes de riz,
60 grammes de beurre.

Les deux canards sont restés à ce régime pendant onze
jours et on les a tués, parce que, depuis le septième jour,
leur poids n'augmentait plus sensiblement. Un autre canard (n⁰ 10) fut mis au régime unique du beurre, on lui
en donnait de 90 à 100 grammes par jour : il est mort
d'inanition au bout de trois semaines ; le beurre suintait de
toutes les parties de son corps ; on eût dit que ses plumes
avaient été trempées dans du beurre fondu, et il exhalait
une odeur infecte qui rappelait l'*acide butyrique;* les déjections étaient presque entièrement formées de beurre.
C'est, on le voit, la répétition des expériences intéressantes
que M. Letellier a faites sur les tourterelles.

Les canards nourris au riz au gras ont pesé, quand on
les a tués, le n⁰ 6, 1ᵏ,63 ; le n⁰ 9, 1ᵏ,58.

Composition des canards nourris au riz au gras.

NUMÉROS	9.	6.
Graisse adhérente	95^{gr} } 431	106^{gr} } 440
Graisse par ébullition	336 }	334 }
Os dégraissés	97	77
Chair et peau	631	694
Sang recueilli	60	70
Foie	48	33
Cœur	10	9
Cervelle	4	5
Gésier	13	18
Bile	5	1
Rate	2	2
Trachée	5	3
Poumons	10	7
Intestins, jabots	42	40
Plumes	170	151
Aliments, déjections	106	30
	1656	1580

Plumés et vidés, ces canards pesaient :

Le n° 9, 1354 grammes contenant en graisse............ 431 grammes
Le n° 6, 1400 grammes contenant en graisse............ 440

Le poids initial étant 1095 gr., la graisse initiale..... 226

Gain en poids vivant, n° 9 : 259 gr.; gain en graisse.. 205
n° 6 : 305 grammes.   214

Cette expérience montre avec quelle facilité est assimilée
la graisse qui fait partie d'une ration complète; et s'il est
incontestable qu'un régime suffisamment azoté, bien que
dépourvu de matières grasses, en développe néanmoins dans
les animaux qui le consomment, on doit aussi convenir que
la nourriture qui procure l'engraissement le plus rapide et
le plus prononcé est précisément celle qui joint à la dose

convenable de substances albumineuses la plus forte proportion de principes gras. Quant à la graisse en excès qui
apparaît dans les animaux nourris avec des aliments qui
n'en renferment qu'une quantité minime, il faut nécessairement l'attribuer soit aux matières protéiques, soit à l'amidon ou au sucre, soit enfin à la réunion de ces deux ordres
de substances. Cependant, quand on considère que ces aliments sont constamment riches en principes azotés, et que
le carbone de ces principes est toujours supérieur au carbone de la graisse développée, on est tenté de leur attribuer l'origine de cette graisse. Il me serait facile de signaler
plusieurs régimes engraissants dans lesquels l'albumine, le
caséum, la légumine, la gladiadine semblent jouer le rôle
de corps gras, et je ne connais pas une seule ration employée en pratique, dans laquelle l'amidon ou le sucre soient
unis à une faible proportion de ces mêmes substances.
Lorsque dans un régime d'engraissement, les matières
protéiques ne surabondent pas, on peut être certain d'y
rencontrer de la graisse toute formée. Ces observations,
que je ne présente d'ailleurs qu'avec réserve, paraissent
encore corroborées par la facilité avec laquelle les substances azotées des aliments se modifient en acide gras.
Ainsi, M. Vurtz a reconnu que, sous l'influence des alcalis
et de la chaleur, ou par suite d'une altération spontanée,
l'albumine donne naissance à de l'acide butyrique. En ré-
pétant sur la gladiadine extraite du maïs les expériences de
M. Vurtz, j'ai obtenu, en effet, un acide volatil qui a, par
son odeur et ses autres caractères, de l'analogie avec l'acide
butyrique. Toutefois ces considérations sont encore trop
insuffisantes pour permettre de se former une opinion définitive, et c'est à de nouvelles recherches à nous apprendre
la part que prennent, dans la production de la graisse, les
divers principes immédiats des aliments. Ces recherches
feront l'objet d'un autre Mémoire.

RECHERCHES

SUR LA

CONSTITUTION DE L'URINE

DES ANIMAUX HERBIVORES;

Par M. BOUSSINGAULT.

Les faits que j'ai observés en me livrant à ces recherches me semblent devoir intéresser les physiologistes et les chimistes; ils ajouteront d'ailleurs aux connaissances que nous possédons sur la constitution de l'urine des herbivores.

Mes observations portent sur des urines examinées immédiatement après leur émission.

§ I. — *Urine de porc.*

Ce sont les recherches que j'avais entreprises sur la respiration du porc, qui m'ont conduit à faire une analyse de cette urine. Celle que j'ai examinée provenait d'un individu qui ne mangeait rien autre chose que des pommes de terre cuites dans de l'eau légèrement salée : cette urine, d'une limpidité parfaite, d'un jaune très-pâle, d'une odeur peu intense, présentait une réaction alcaline très-prononcée, bien qu'elle fût presque sans saveur. L'addition d'un acide y déterminait une assez vive effervescence ; à la température de 12°,5, j'ai trouvé pour sa densité, 1,0136.

Quand on chauffe l'urine de porc, elle se trouble en laissant déposer quelques légers flocons de carbonate de magnésie et de carbonate de chaux. La chaux n'y entre certainement que pour une bien faible proportion, car l'oxalate d'ammoniaque ne trouble pas d'abord l'urine fraîche, la liqueur ne devient louche qu'après qu'il s'est écoulé un certain temps ; et quand l'urine a bouilli, quand le dépôt dont j'ai parlé est formé, elle ne contient plus une trace de chaux. En ajoutant de la potasse à de l'urine concentrée au bain-marie, on n'aperçoit aucun indice d'ammoniaque.

Carbonate de magnésie. — 100 grammes d'urine de porc ont déposé, par suite de l'ébullition, 0,042 de magnésie calcinée, renfermant une trace de carbonate de chaux. Cette magnésie représente 0,87 de carbonate pour 1000 parties d'urine.

Azote, urée. — 100 grammes d'urine, évaporés au bain-marie, ont fourni 2,12 d'un extrait assez tenace, d'un jaune-clair et acquérant par le refroidissement la consistance et l'aspect de la cire ; cette matière, fortement alcaline, attire puissamment l'humidité. Pour en doser l'azote, j'ai suivi la méthode que j'ai toujours employée quand j'ai eu à analyser des extraits de l'urine des herbivores. J'ai pris dans une capsule de platine 0^{gr},250 d'extrait sec, puis je l'ai laissé exposé à l'air jusqu'à ce qu'il fût tombé en déliquescence ; lorsque la matière fut devenue aussi fluide que l'eau, j'y ai ajouté de l'oxyde de cuivre froid, d'une grande ténuité, parce qu'il provenait de la calcination de l'azotate à une chaleur modérée. Le liquide a été alors complétement et rapidement absorbé par l'oxyde : en ajoutant encore de l'oxyde, on a eu une masse, sèche en apparence, que l'on a pu broyer intimement, avant de la mêler avec de l'oxyde de cuivre plus grossier. C'est exactement comme si l'on opérait sur une matière pulvérulente, et il est même douteux qu'on puisse, quoi qu'on fasse, mélanger à l'oxyde un corps pulvérulent aussi intimement qu'on y mélange un corps en dissolution. Pour parer à l'apparition du bioxyde d'azote, que l'on a toujours à redouter quand on brûle des matières qui contiennent de l'urée, j'ai placé dans le tube, d'après une indication que je dois à M. Regnault, non pas des planures de cuivre, mais du cuivre très-divisé provenant de la réduction de l'oxyde (1).

Les 0^{gr},250 ont produit 23 centimètres cubes d'azote; température, 7°,7; baromètre à o degré, 737^{mm},8; soit en poids : 0,027 d'azote, ou 2,29 pour 1000 parties d'urine.

200 grammes d'urine ont été évaporés au bain-marie; le résidu a été repris par un peu d'eau; l'addition de l'acide chlorhydrique a donné lieu à une effervescence des plus vives, mais il ne s'est pas déposé une trace d'acide hippurique. J'ajouterai que je n'ai pas réussi davantage à constater la

(1) J'ai eu si souvent l'occasion de déterminer l'azote de substances difficiles à pulvériser, que l'on comprendra que j'aie dû faire de nombreux essais pour surmonter les difficultés que je rencontrais à chaque instant. C'est ainsi qu'autant que possible, j'ai brûlé les liquides animaux en nature à la place de leurs extraits, qu'il est quelquefois impossible de mélanger avec l'oxyde de cuivre. On détermine bien plus rigoureusement l'azote dans le lait que dans la frangipane. Les matières ligneuses deviennent aussi-beaucoup plus faciles à brûler quand on les imprègne préalablement d'acétate basique de plomb. J'ai plusieurs fois et avec succès terminé des combustions à l'aide d'un courant de gaz oxygène, et quand la colonne de cuivre a une longueur suffisante, et que, comme le recommande M. Regnault, elle est formée avec du cuivre réduit de l'oxyde, l'azote recueilli ne renferme pas d'oxygène. C'est par ce procédé que j'ai dosé l'azote du charbon animal. Le temps, la durée de l'analyse est un élément dont il faut tenir compte quand on brûle des matières d'une difficile combustion. Telle analyse demande trois heures de feu, et encore n'est-on pas certain d'avoir la totalité de l'azote. On laisse généralement trop peu d'intervalle entre la colonne de bicarbonate de soude et celle du mélange : la colonne intermédiaire d'oxyde s'échauffe, et la chaleur, en se propageant, décide un dégagement d'acide carbonique émanant du bicarbonate; on ne sait plus alors si l'analyse est terminée; car le seul moyen de reconnaître si la combustion est achevée est de chauffer fortement la colonne du mélange pour s'assurer que, malgré l'élévation de température, le dégagement gazeux a complétement cessé.

présence de cet acide en employant à sa recherche les procédés délicats à l'aide desquels M. Liebig l'a découvert dans l'urine de l'homme. Dans l'urine de porc convenablement concentrée, l'acide azotique faible détermine un abondant précipité d'azotate d'urée ; comme cette urine ne contenait pas d'acide urique, ainsi que je m'en suis assuré, je supposerai que la totalité de l'azote dosé appartient à l'urée : 1000 parties d'urine renfermeraient alors 4,90 d'urée.

Sels alcalins, potasse, silice. — 50 grammes d'urine ont été évaporés dans un creuset de platine ; l'opération est longue, mais elle s'exécute sans projections, en ayant soin, après avoir incliné le creuset, d'appliquer la flamme de la lampe vers la partie supérieure de la paroi. En augmentant ensuite la chaleur, sans toutefois la rendre assez intense pour fondre la matière, on finit par opérer une combustion complète. Le résidu salin, après avoir été chauffé au rouge, a pesé $0^{gr},625$; les sels repris par l'eau ont laissé un peu de magnésie ; la dissolution alcaline, formée en grande partie de carbonate de potasse, a été transformée en dissolution de chlorhydrate : on a desséché, puis repris par l'eau, qui cette fois, a laissé 0,0035 de silice, ou 0,07 pour 1000 parties d'urine. Le chlorure de platine a formé dans la dissolution saline $1^{gr},851$ de chlorure double = 0,360 de potasse, ou 7,20 pour 1000 parties d'urine.

Acide phosphorique. — Des cendres de 50 grammes d'urine on a obtenu 0,035 de phosphate de magnésie provenant de la calcination du phosphate ammoniaco-magnésien ; soit pour 1000 parties d'urine, 0,44 d'acide phosphorique (1).

Acide sulfurique. — $60^{gr},45$ d'urine ont donné 0,180

---

(1) Il est vraisemblable que l'urine de porc contient une faible quantité de phosphate ammoniaco-magnésien. M. Pelouze m'a dit avoir analysé des calculs retirés de la vessie du porc, et qui étaient formés de phosphate ammoniaco-magnésien. Quelques-uns de ces calculs consistaient en oxalate de chaux.

de sulfate de baryte = 0,062 d'acide sulfurique ; pour 1 000 parties d'urine, 0,91.

Chlorure de sodium. — 144^{gr},08 d'urine ont produit 0,138 de chlorure d'argent fondu. Le chlore est uni au sodium, car l'on retire des cendres de l'urine des cristaux de sel marin : il y aurait alors dans 1 000 parties d'urine 1,28 de chlorure de sodium.

En combinant à la potasse les acides qui viennent d'être dosés, on trouve que :

L'acide phosphorique prend........	0,580 d'alcali.
L'acide sulfurique................	1,072
	1,652

Comme la potasse dosée s'élève à 7,200, il en reste 5,548 qui, pour la plus grande partie, doivent exister à l'état de carbonate ; c'est ce sel qui communique à l'extrait et aux cendres de l'urine leur propriété déliquescente et leur caractère alcalin. 5,548 de potasse demandent, pour former du sous-carbonate, 2,60 d'acide carbonique ; mais ce qu'il y a de très-remarquable, c'est qu'en dosant directement cet acide, on obtient, à peu de chose près, un nombre double de celui qui est donné par le calcul. En effet, 159,55 d'urine fraîche, traités par l'eau de chaux, à l'abri du contact de l'air, ont fourni 2,337 de carbonate de chaux qui n'a présenté aucun indice de matière organique. En retranchant de ce précipité 0,078 de magnésie et de silice qui s'y trouvent mêlés, il reste pour le carbonate de chaux, 2^{gr},259, représentant 0,987 d'acide carbonique : ou, pour 1 000 parties d'urine, 6,1, au lieu de 2,6 qui devrait s'y rencontrer, dans la supposition où l'alcali dosé formerait du sous-carbonate de potasse.

J'ai cherché en vain l'acide acétique dans l'urine de porc ; mais, en suivant la méthode indiquée par M. Berzelius pour déceler la présence de l'acide lactique dans l'urine humaine, j'ai obtenu de 150 grammes d'urine de porc, 0,100 d'un sel soluble de chaux qui avait les propriétés que l'on accorde aux lactates. Comme la petite quantité de cette matière ne me permettait pas de mettre en évidence l'acide lactique, j'ai eu recours au procédé recommandé par M. Pelouze pour découvrir les plus minimes doses de cet acide. Dans la dissolution du sel de chaux, j'ai versé de l'azotate de cuivre, puis j'ai ajouté un lait de chaux. Dans la liqueur filtrée, il restait une quantité très-appréciable d'oxyde de cuivre qui n'avait pas été précipité par la chaux, bien que cette dernière eût été ajoutée en très-grand excès. C'est, comme on sait, une des propriétés de l'acide lactique, que celle de s'opposer à l'entière précipitation de l'oxyde des sels de cuivre par un alcali. Il existe donc bien évidemment, dans l'urine de porc, un acide organique qui n'est pas de l'acide acétique; et, sous la responsabilité de M. Pelouze, j'admettrai que cet acide est de l'acide lactique. Je me suis assuré, par un essai comparatif, que la dissolution d'azotate de cuivre dont je me suis servi est totalement décomposée par la chaux (1).

La présence d'un bicarbonate alcalin dans l'urine de porc était rendue assez probable par le dosage de l'acide carbonique, pour qu'il devînt nécessaire de faire une recherche spéciale à cet égard. L'urine que j'ai examinée venait d'une truie nourrie avec des pommes de terre et des eaux grasses; elle était alcaline, faisait effervescence avec les acides, et laissait déposer du carbonate de magnésie par l'ébullition. Le sulfate de magnésie n'occasionnait pas de précipité dans l'urine fraîche; mais après qu'on l'eut fait bouillir et filtrer,

---

(1) La méthode de M. Pelouze sera employée très-fréquemment dans les recherches chimico-physiologiques, pour constater la présence ou l'absence de l'acide lactique; je dois faire observer, à cette occasion, que pour tirer une conclusion certaine, il faut, avant tout, s'assurer de l'absence de sels ammoniacaux dans la liqueur soumise à l'épreuve.

Après l'addition du lait de chaux, la liqueur filtrée peut quelquefois ne renfermer qu'une quantité d'oxyde cuivrique tellement minime qu'il devient difficile de le reconnaître par les réactifs. Le moyen le plus certain et le plus simple est de plonger une lame de fer dans la dissolution, après l'avoir rendue légèrement acide par l'acide sulfurique. Le sulfate de chaux qui se dépose dans cette circonstance n'est point un obstacle, et au bout de quelques heures, pour peu qu'il y ait du cuivre, ce métal se fixe sur la lame de fer.

le même sel y faisait naître un dépôt de carbonate de magnésie.

156^{gr},48 d'urine ont donné, par l'eau de chaux, 0,504
de carbonate.

De 156^{gr},48 d'urine on a obtenu, par le chlorure de calcium, 0,250 de carbonate de chaux, c'est-à-dire moitié
moins. On sait, en effet, qu'en versant dans la dissolution
d'un bicarbonate alcalin un sel neutre de chaux, il se forme
du sous-carbonate calcaire, en même temps qu'il se dégage
une quantité d'acide carbonique égale à celle qui est préci-
pitée avec la chaux. Négligeant les très-petites proportions
de matières étrangères qui se trouvaient dans les deux précipités, on a, dans 1000 parties d'urine :

> Par l'eau de chaux : acide carbonique...   1,41
> Par le chlorure de calcium...............   0,70

Les données que je viens de présenter indiquent que,
dans 1000 parties d'un porc nourri avec des pommes de
terre, il y a :

> Urée   1,99
> Bicarbonate de potasse..   10,74
> Carbonate de magnésie....................   0,87
> Carbonate de chaux.......................   traces.
> Sulfate de potasse.......................   1,98
> Phosphate de potasse.....................   1,02
> Chlorure de sodium.......................   1,28
> Lactate alcalin..........................   indéterminé
> Acide hippurique (1).....................   0,00
> Silice...................................   0,07
> Eau et matières organiques indéterminées....   979,14
>   1000,00

§ II. — *Urine de vache.*

La vache mangeait du regain et des pommes de terre. Son

---

(1) Attribuant l'absence de l'acide hippurique au régime exclusif des
pommes de terre, j'ai introduit dans la ration une forte proportion de trèfle
vert ; malgré ce changement dans la nourriture du porc, l'urine évaporée
au bain-marie, au vingtième de son volume primitif, n'a pas laissé déposer
d'acide hippurique par la sursaturation à l'aide de l'acide chlorhydrique.

urine, recueillie le matin, faisait une très-vive effervescence quand on y versait un acide, et aussitôt elle laissait déposer de nombreux cristaux d'acide hippurique. L'alcalinité de cette urine était des plus prononcées avec les réactifs, et cependant sa saveur était plutôt amère qu'alcaline. J'ai trouvé, pour sa densité prise à la température de 12°,2, 1,040.

L'urine de vache a offert plusieurs des propriétés qui ont été observées dans l'urine de porc, et qui tendent à y faire admettre la présence d'un bicarbonate alcalin ; la seule différence, c'est que ces propriétés sont bien plus tranchées dans l'urine de vache, à cause de la plus forte proportion de principes solubles qu'elle contient. Ainsi, l'oxalate d'ammoniaque trouble lentement cette urine : une fois qu'elle a bouilli, elle n'est plus troublée par ce réactif ; or, pendant l'ébullition, il se dépose du carbonate de magnésie mêlé d'un peu de carbonate de chaux, et en même temps il se dégage de l'acide carbonique.

Quand on verse dans de l'urine fraîchement rendue une solution de chlorure de calcium, on remarque une effervescence très-sensible due à un dégagement de gaz acide carbonique. C'est précisément ce qui se passe quand on mêle une dissolution d'un sel neutre de chaux à un bicarbonate alcalin. L'urine fraîche de vache traitée par la potasse n'a pas donné de vapeurs ammoniacales.

Carbonate de magnésie et carbonate de chaux. — 119^{gr},15 d'urine ont laissé déposer, par suite d'une ébullition prolongée, un précipité blanc qui, calciné au rouge naissant, a pesé 0,337 ; cette matière se composait de magnésie et de carbonate de chaux. De la chaux on a formé 0,064 de sulfate = 0,065 de carbonate ; la magnésie devient alors 0,273. 1000 parties d'urine contenaient, par conséquent, 4,74 de carbonate de magnésie, et 0,55 de carbonate de chaux.

Acide carbonique uni aux alcalis. — 197^{gr},30 d'urine, traités par l'eau de chaux, à l'abri de l'air, ont donné un

précipité qui, bien lavé, séché et chauffé à la lampe à l'alcool, a pesé............................... 4,081
Déduisant, pour le carbonate de chaux et la magnésie, des 197.3 d'urine................. 0,558
Il reste, pour le carbonate de chaux dosant l'acide
libre ou uni aux alcalis................... 3,523

Dans 197^{gr}.3 d'urine on a versé du chlorure de calcium
en excès, il y a eu dégagement d'acide carbonique; on a fait
bouillir, puis, après avoir étendu de beaucoup d'eau, on a
recueilli et lavé le précipité jusqu'à ce que l'eau de lavage
ne fût plus troublée par l'oxalate d'ammoniaque.

Le précipité chauffé à la lampe a pesé 2,170
Retranchant le carbonate et la magnésie accidentels. 0,558
Il reste pour le carbonate de chaux 1,607

Ainsi, par le dosage fait avec de l'eau de chaux, 1000
parties d'urine contiendraient 7,80 d'acide carbonique;
par le chlorure de calcium, 3,56.

Azote. — 3^{gr},105 d'urine absorbés par de l'oxyde de
cuivre ont produit 25^{cc},7 d'azote : température, 19°,2;
baromètre à 0 degré, 747^{mm},55.

Dans 1000 parties d'urine il y avait, d'après cette analyse, 9,65 d'azote.

Acide hippurique, urée. — 987 grammes d'urine, con-
centrés au bain-marie, ont fourni, par l'addition de l'acide
chlorhydrique, 11^{gr},67 d'acide hippurique très-peu coloré
et desséché à 110 degrés. Les eaux de lavage renfermaient
encore 1,25 de cet acide. Ainsi, 1000 parties d'urine ont
donné 13,1 d'acide hippurique, contenant 1,02 d'azote. En
attribuant à l'urée l'excès d'azote (8,63) indiqué par l'analyse, on aurait dans 1000 parties d'urine de vache 18,48
d'urée.

Sels alcalins, potasse. — 33^{gr},417 d'urine, évaporés et
incinérés dans un creuset de platine, ont laissé 1,190 de sels

alcalins parfaitement blancs. Ces sels, changés en chlorure
et calcinés de nouveau, ont abandonné, en se dissolvant,
0,05 de magnésie contenant une petite quantité de silice.
Par le chlorure de platine, on a eu 3,491 de chlorure double représentant 0,683 de potasse; 20,44 pour 1000 parties d'urine.

Acide phosphorique. — Le carbonate de chaux obtenu
en versant du chlorure de calcium dans l'urine ne renfermait pas de phosphate calcaire.

Acide sulfurique. — En dosant cet acide dans 119^{gr},15
d'urine, j'ai recueilli 0,573 de sulfate de baryte = 0,197
d'acide sulfurique; pour 1000 parties, 1,65.

Chlorure de sodium. — De 119^{gr},15 d'urine j'ai pu obtenir 0,443 de chlorure d'argent équivalant à 0,181 de sel
marin; pour 1000 parties, 1,52.

Acide lactique. — En appliquant à l'eau-mère, d'où l'on
avait retiré l'acide hippurique, le mode d'essai indiqué
par M. Pelouze, j'ai reconnu que l'urine de vache doit
contenir une notable quantité d'acide lactique; du moins la
liqueur retenait de l'oxyde de cuivre après l'addition du lait
de chaux.

En unissant à la potasse les acides dosés, on a, en rapportant toujours à 1000 parties d'urine :

1,65 d'acide sulfurique exige : potasse..............	1,95
13,10 d'acide hippurique........................	3,41
7,80 d'acide carbonique pour former un bicarbonate...	8,32
	13,68

Il reste, par conséquent, 6,76 de potasse, qui sont peut-
être combinés à l'acide lactique; il est possible cependant
qu'il y ait dans l'urine des principes organiques qui ont
échappé et qui sont susceptibles de s'unir à la potasse; il est
probable aussi que l'acide hippurique soit dosé trop bas.
Quoi qu'il en soit, si l'on admet que l'alcali en excès constitue un lactate, il y aurait dans 1000 parties d'urine
10^{gr},4 d'acide lactique ou 17,16 de lactate de potasse.

En résumé, on a dosé dans 1000 parties d'urine de vache :

Urée	18,48
Hippurate de potasse	16,51
Lactate de potasse	17,16
Bicarbonate de potasse	16,12
Carbonate de magnésie	4,74
Carbonate de chaux	0,55
Sulfate de potasse	3,60
Chlorure de sodium	1,52
Silice	traces.
Acide phosphorique	0,00
Eau et matières indéterminées	921,32
	1000,00

§ III. — *Urine d'un cheval nourri avec du trèfle vert et de l'avoine.*

Cette urine était très-alcaline. L'urine de cheval laisse déposer, au moment même où elle est rendue, un sédiment calcaire très-abondant, et comme les derniers jets sont troubles, il est à présumer qu'une partie de ce sédiment se forme déjà dans la vessie.

Le dépôt calcaire a été recueilli et analysé séparément ; l'urine qui le surnageait avait une couleur jaune extrêmement pâle ; mais, au contact de l'air, elle passait promptement au brun foncé. J'ai trouvé, pour sa densité déterminée à la température de 22 degrés, 1,0373.

Carbonate de chaux et carbonate de magnésie. — 100 grammes d'urine ont laissé, après l'ébullition, une matière blanche qui, chauffée à la lampe, a pesé 0^{gr},59.

Le dépôt qui s'était rassemblé au fond du vase dans lequel l'urine avait été reçue a été jeté sur un filtre et lavé à grande eau. Après avoir été chauffé à une chaleur qui n'atteignit pas le rouge, ce sédiment, qui provenait de 2600 grammes d'urine, a pesé 18^{gr},01. Cette matière avait l'aspect et la ténuité de la farine ; elle s'est dissoute avec effervescence dans l'acide chlorhydrique faible, sans laisser de résidu. De 1^{gr},87, on a obtenu, au moyen de l'acide sulfurique et de l'alcool,

2,14 de sulfate de chaux équivalant à 1,577 de carbonate; par différence on a, pour la magnésie renfermée dans 1,87 de matière, 0,293.

Dans 100 parties de sédiment calciné à une température suffisante pour chasser l'acide carbonique du carbonate de magnésie, il entre, d'après cette analyse :

$$
\begin{array}{lr}
\text{Carbonate de chaux} \dots\dots\dots\dots\dots\dots & 84,33 \\
\text{Magnésie} \dots\dots\dots\dots\dots\dots\dots\dots & 15,67 \\
\hline
& 100,00
\end{array}
$$

Le sédiment recueilli, et celui qu'on aurait obtenu si l'on eût fait bouillir les 2600 grammes d'urine, auraient pesé, après une calcination convenable, 33^{gr},35, dans lesquels il y aurait eu 5,226 de magnésie équivalant à 10,82 de carbonate, et 28,124 de carbonate de chaux. Ainsi, dans 1000 parties d'urine, il entrait 10,82 de carbonate de chaux et 4,16 de carbonate de magnésie.

Acide carbonique uni à l'alcali. — 200 grammes d'urine ont donné, par l'eau de chaux, un précipité qui, calciné à la lampe, a pesé 4^{gr},61.

200 grammes d'urine, traités par le chlorure de calcium avec les précautions déjà indiquées, ont donné un précipité du poids de 2^{gr},876.

Mais, comme 200 grammes d'urine laissent déposer, par l'ébullition, un précipité de carbonate de chaux et de magnésie, qui pèse 1,18, et que l'on doit retrancher des nombres obtenus ci-dessus, il reste alors, pour les précipités formés :

A. Par l'eau de chaux : carbonate de chaux. 3,43   Acide carboniq. 1,499
B. Par le chlorure : carbonate de chaux... 1,69   Acide carboniq. 0,739

Pour 1000 parties d'urine :

$$
\begin{array}{lr}
\text{D'après A : acide carbonique} \dots\dots\dots\dots & 7,50 \\
\text{D'après B : acide carbonique} \dots\dots\dots\dots & 3,70
\end{array}
$$

Azote. — 2^{gr},007 d'urine, imbibés dans de l'oxyde

de cuivre, ont produit 25^{cc},5 d'azote, à la température
de 14°,5 ; baromètre à o degré, 744^{mm},63.

1000 parties d'urine contiendraient, suivant cette détermination, 14,76 d'azote.

Acide hippurique, urée. — 1037 grammes d'urine, con-
centrés par l'évaporation, et traités par l'acide chlorhydrique, ont donné 3^{gr},4o d'acide hippurique ; dans les eaux
de lavage il pouvait y avoir encore $\frac{1}{2}$ gramme d'acide ; car
ces eaux, qui avaient séjourné sur l'acide pendant un jour,
pesaient 250 grammes. Ainsi, 1000 parties de l'urine
examinée contenaient 3,76 d'acide hippurique renfermant o,3o d'azote. Il resterait donc dans l'urine, en supposant qu'elle ne contînt pas d'autres principes azotés que
de l'acide hippurique et de l'urée, o,o1446 d'azote, qui
appartiendrait à cette dernière substance. Il y aurait eu
alors, dans 1000 parties d'urine de cheval, 31,o d'urée.

Sels alcalins, potasse. — 19^{gr},71 d'urine ont laissé o,524
de cendres alcalines, qu'on a transformées en chlorure.
Après la dissolution il est resté un léger résidu, dans lequel
on a trouvé o,o2 de silice. Les chlorures alcalins, avec
lesquels se trouvait une très-petite quantité de sulfate de
potasse, pesaient o,542 ; on a produit 1,38 de chlorure
double, répondant à o,428 de chlorure de potassium,
= o,271 de potasse ; pour 1000 parties d'urine, 13,75.

Acide phosphorique. — Le précipité, par le chlorure de
calcium, ne renfermait pas de phosphate.

Chlorure de sodium. — De 5o grammes d'urine j'ai
formé o,o37 de chlorure d'argent, équivalant à o,o15 de sel
marin ; pour 1000 parties, o,74.

Soude. — La faible proportion de chlorure de sodium
trouvée dans cette urine m'a fait rechercher la soude ;
recherche que j'ai négligée dans les analyses précédentes.
Les chlorures provenant de l'action de l'acide chlorhydrique sur la cendre alcaline pesaient o^{gr},542. Le chlorure
de potassium, le sulfate de potasse et le chlorure de sodium

déjà dosé qui s'y trouvaient mélangés, devaient peser 0,453.
Il reste, par conséquent, 0,089 pour le chlorure de sodium
dosant 0,047 de soude; pour 1000 parties d'urine, 2,44.

Acide lactique. — Le mode d'essai de M. Pelouze indi-
querait la présence de cet acide dans l'urine de cheval.

Les acides dosés demandent, pour constituer des sels de
potasse :

<pre>
0,54 d'acide sulfurique : potasse............ 0,64
3,76 d'acide hippurique : potasse.......... 0,98
7,50 d'acide carbonique, pour bicarbonate... 8,00
                                             ─────
                                              9,62
</pre>

Il resterait ainsi 4^{gr},13 de potasse et 2,44 de soude, qui
très-probablement sont unis à l'acide lactique; du moins,
comme je n'ai pas rencontré d'acide acétique dans l'urine
fraîche de cheval, et que la présence de l'acide lactique ne
saurait y être douteuse, si l'on accorde une entière confiance au procédé de M. Pelouze, je supposerai que les
alcalis excédants forment des lactates. On aurait alors, pour
1000 parties d'urine, 11,28 de lactate de potasse, et 8,81 de
lactate de soude.

Je trouve ainsi que, dans 1000 parties d'urine de cheval,
il y a :

<pre>
Urée   31,00
Hippurate de potasse................   4,74
Lactate de potasse..................   11,28
Lactate de soude....................   8,81
Bicarbonate de potasse..............   15,50
Carbonate de chaux..................   10,82
Carbonate de magnésie...............   4,16
Sulfate de potasse..................   1,18
Chlorure de sodium..................   0,74
Silice..............................   1,01
Phosphates   0,00
Eau et matières indéterminées.......   910,76
                                      ───────
                                      1000,00
</pre>

§ IV. — *Urine d'une vache nourrie avec du trèfle vert.*

Les détails dans lesquels je suis entré me paraissent prouver suffisamment que, dans l'urine des herbivores, l'acide carbonique constitue, avec l'alcali, un bicarbonate: j'ai désiré, néanmoins, apporter encore une nouvelle preuve.

L'urine que j'ai examinée venait d'être rendue par une vache qui consommait du trèfle en fleur ; cette urine était d'une limpidité parfaite, et à peine colorée en jaune à l'instant de l'émission. A la température de 16 degrés, elle a pesé, spécifiquement, 1,0268 ; ses propriétés alcalines étaient très-prononcées; l'acide chlorhydrique y produisait une forte effervescence, et après quelques instants, il apparaissait des cristaux d'acide hippurique, mais en bien moins grande quantité qu'il ne s'en était déposé dans l'urine de la vache nourrie avec du foin et des pommes de terre.

308 grammes de cette urine, traités par l'eau de chaux, ont formé un précipité qui, après calcination au-dessous du rouge, a pesé 2,60.

308 grammes de la même urine ont été introduits dans un ballon d'une capacité de 2 litres. Du col du ballon partait un tube qui se rendait dans un grand flacon à goulot étroit, rempli d'eau de chaux. On a chauffé le ballon ; à mesure que la température s'élevait, on voyait se former et s'étendre à la surface de l'urine une pellicule irisée de carbonate terreux ; il se dégageait quelques bulles de gaz, et c'est à partir de cette époque qu'on aperçut un trouble sensible dans l'eau du flacon. Ce trouble augmenta de plus en plus; mais c'est au moment qui précéda l'entrée en ébullition, qu'il y eut un dégagement tumultueux d'acide carbonique. Le gaz continua à passer encore pendant long-temps ; on ôta le feu quand on jugea qu'il ne passait plus que de la vapeur d'eau. L'urine, qui était limpide lorsqu'elle fut mise dans le ballon, est devenue laiteuse par suite de l'ébullition, à cause des carbonates terreux qu'elle tenait en suspension. Le carbonate formé par le courant de gaz acide carbonique qui se rendait dans l'eau de chaux, a pesé 1,29.

Cette expérience n'avait pas pour objet un dosage exact ; mais elle fait voir clairement que l'acide carbonique, dégagé de l'urine par l'ébullition, est à très-peu près la moitié de l'acide dosé directement et en totalité. L'urine de vache s'est donc comportée, dans cette circonstance, comme l'eût fait la dissolution d'un bicarbonate.

La propriété que possède l'urine de vache de perdre sa limpidité par l'ébullition ou par une exposition prolongée à l'air, en laissant déposer, dans les deux cas, des carbonates terreux, indique que cette urine doit contenir de l'acide carbonique libre. Je tenais à constater ce fait, et j'y suis parvenu de la manière suivante :

J'ai mis dans un flacon tubulé de l'urine de vache ; le tube du flacon plongeait dans un vase contenant de l'eau de baryte non saturée. L'urine était recouverte, dans une expérience, d'une couche d'huile de 2 centimètres d'épaisseur, pour s'opposer à la formation des écumes ; j'ai trouvé ensuite que cette précaution est inutile. L'appareil a été placé sous la cloche d'une machine pneumatique ; à mesure que la pression diminuait sous la cloche, on voyait des bulles de gaz sortir de l'urine ; il ne s'est pas élevé d'écume, et bientôt l'eau de baryte a été fortement troublée. Pendant longtemps, cependant, l'urine a conservé sa transparence, et ce n'a été qu'après avoir passé quelques heures dans le vide, qu'elle a commencé à se troubler.

La présence de l'acide carbonique libre dans l'urine des herbivores implique nécessairement celle des bicarbonates alcalins ; car il ne saurait exister à la fois, dans le même liquide, de l'acide carbonique en liberté et du sous-carbonate de potasse ou de soude.

Écume qui se forme pendant l'ébullition de l'urine des herbivores. — Je n'ai point rencontré, dans cette urine, la matière albumineuse, coagulable, qui a été signalée par divers chimistes. Il est vrai qu'en chauffant l'urine dans une bassine, on voit se former, un peu avant l'ébullition, une écume quelquefois abondante, et assez cohérente pour qu'on puisse l'enlever avec une écumoire; mais cette écume, lavée à l'eau froide, ne contient qu'une trace insignifiante de matière organique: elle m'a paru entièrement formée de carbonate de chaux et de carbonate de magnésie.

Matière colorante. — J'ai insisté, à plusieurs reprises, sur la faible coloration de l'urine fraîche. En effet, toutes ces urines, d'un jaune extrêmement pâle quand elles viennent d'être émises, se foncent en couleur par leur exposition à l'air. C'est là, à n'en pas douter, une véritable oxydation. Si l'on répand, par exemple, quelques gouttes d'urine fraîche de cheval sur une assiette de porcelaine, les gouttes semblent incolores: mais en peu de temps, il suffit d'une demi-heure, elles prennent une teinte lie de vin très-prononcée.

Quand on remplit avec de l'urine de vache, à peine colorée, un vase de verre étroit et profond, on voit, en quelques jours, la coloration se propager graduellement depuis la surface jusqu'au fond du liquide.

Dans un flacon hermétiquement fermé et plein d'urine, la coloration n'a plus lieu.

Huile rousse. — Plusieurs auteurs ont signalé, dans l'urine de la plupart des animaux herbivores, une huile rousse, à laquelle seraient dues la couleur et l'odeur de cette urine. Je viens de montrer que l'urine fraîche ne contient pas de matière colorante rouge, et que cette matière est un produit d'oxydation. Quant à l'huile elle-même, j'ai fait de vains efforts pour l'obtenir. On prétend que cette huile peut être obtenue par voie de distillation. J'ai distillé, dans une seule opération, 100 litres d'urine de cheval, et je n'ai pas vu passer une trace d'huile: l'eau condensée était incolore et limpide; elle avait l'odeur particulière à l'urine de cheval.

Dans une autre occasion, j'ai concentré 50 litres d'urine de vache, et, après en avoir séparé l'acide hippurique par l'addition d'un excès d'acide chlorhydrique, j'ai distillé, en me servant d'une grande cornue de verre ; la distillation a été poussée jusqu'à ce que les sels commençassent à se déposer. L'eau recueillie avait au plus haut degré l'odeur propre à l'urine des herbivores. La présence de l'acide chlorhydrique dans les produits de la distillation a fait naître quelques difficultés pour la purification du principe odorant ; mais, d'après quelques essais encore trop imparfaits, je soupçonne que la matière odorante est un acide volatil. Enfin, la substance colorante de l'extrait d'urine ne se dissout pas dans l'éther; ce qui arriverait probablement si l'huile rousse avait quelque connexion avec les huiles fixes ou les huiles volatiles. La seule manière d'obtenir quelque chose qui ressemble à l'huile rousse consiste à distiller l'extrait d'urine jusqu'à siccité; mais il est possible que, par ce moyen, il passe un produit pyrogéné analogue, sinon identique avec la matière huileuse qui se produit quand on décompose les hippurates alcalins par le feu.

RECHERCHES

SUR

LE DÉVELOPPEMENT DE LA SUBSTANCE MINÉRALE

DANS LE SYSTÈME OSSEUX DU PORC;

Par M. BOUSSINGAULT.

---

§ I. — Dans les recherches que j'ai entreprises sur la production de la graisse dans les animaux, j'ai eu l'occasion de recueillir des données assez précises sur le développement du système osseux; ce sont les observations que j'ai faites sur ce sujet que je me propose d'exposer dans ce Mémoire. J'examinerai d'abord quelle est la quantité et la nature des substances minérales contenues dans le squelette du porc de même origine, à différents âges, et ensuite si la nourriture exclusive aux pommes de terre suffit pour fournir les éléments indispensables à la formation des os.

§ II. — *Os d'un porc nouveau-né.*

Ce porc pesait immédiatement après sa naissance. 650,00^{gr}
Son squelette, desséché à l'air.................... 48,25
Les cendres du squelette....................... 20,73

Les cendres, bien calcinées et d'un blanc parfait, ont donné à l'analyse :

Chaux unie à de l'acide phosphorique.....	46,7	} 49,3
Chaux unie à l'acide carbonique..........	2,6	
Magnésie.......	5,2	
Sels alcalins........................	0,4	
Acide carbonique (1).................	0,1	
Acide phosphorique...................	45,0	
	100,0	

46^{gr},7 de chaux prendraient 39 grammes d'acide phosphorique pour constituer le phosphate $3\,CaO\,P^2O^5$. La magnésie, qui paraît être à l'état de phosphate dans la cendre d'os examinée, serait unie à 6 grammes d'acide phosphorique, formant ainsi $3\,Mg\,P^2O^5$. Restituant à la chaux, qui faisait évidemment partie d'un carbonate, l'acide carbonique expulsé pendant l'incinération, on aurait pour la composition de la matière terreuse du squelette du jeune porc :

Phosphate sesquicalcique........	84,1
Sous-phosphate de magnésie.....	11,0
Carbonate de chaux............	4,5
Sels alcalins.................	0,4
	100,0

§ III. — *Os d'un porc âgé de huit mois, pesant* 60^k,55.

Ce porc (n° 1) avait été élevé avec la nourriture normale. Les os, dégraissés par l'ébullition et essuyés, ont pesé 3^k,87. Par suite d'une dessiccation à l'air, ce poids s'est réduit à 2^k,901.

Pour arriver à la connaissance de la proportion de cendres, on a pesé séparément les principales parties du squelette, telles que les os de la tête, des pieds, de la colonne vertébrale, les côtes, etc. Ensuite on a incinéré des quantités proportionnelles de ces diverses parties qui ont produit :

---

(1) C'est l'acide carbonique dosé ; mais une partie de cet acide avait été chassée par la calcination.

Les os de la tête..... 47,4 pour 100 de cendres.
Les côtes............ 43,3
La colonne vertébrale. 36,6
Les tibias, etc....... 49,8

Les différentes parties du squelette séché à l'air ont pesé :

Os de la tête........ 653 grammes, contenant 310 grammes de cendres.
Côtes............... 276   1.
Vertèbres........... 455   167
Tibias, etc......... 1547   256
                     ————   ————
                     2901   [illegible]

Ces cendres, broyées intimement et chauffées de nouveau, ont fourni à l'analyse :

Chaux unie à de l'acide phosphorique	49,94
Chaux unie à l'acide carbonique......	2,00
Magnésie............................	1,70
Sels alcalins.......................	1,52
Acide carbonique....................	1,13
Acide phosphorique..................	42,66
	100,00

Cette cendre, traitée par l'acide acétique, ne perd pas de magnésie : l'acide dissout de la chaux et une trace de phosphate de chaux.

On peut en représenter la composition par

Phosphate sesquicalcique.....	91,3
Sous-phosphate de magnésie...	3,6
Carbonate de chaux...........	3,6
Sels alcalins.	1,5
	100,0

§ IV. — *Os d'un porc âgé de onze mois et demi (n° 2)*

Lors de l'abattage du n° 1, le porc n° 2 a pesé 60 kilogrammes. Après 93 jours d'un régime durant lequel il a été consommé 541 kilogrammes de pommes de terre, son poids s'est élevé à 67k,24. Le squelette dégraissé par l'ébullition.

et desséché à l'air, a pesé 3^k,407 ; il renfermait 1^k,586 de cendres, qui ont donné à l'analyse :

Chaux unie à de l'acide phosphorique...	51,1
Chaux unie à l'acide carbonique.........	1,9
Magnésie...........................	1,8
Sels alcalins.......................	0,4
Acide carbonique (1)................	"
Acide phosphorique.................	44,8
	100,0

composition qui peut s'exprimer par :

Phosphate sesquicalcique.......	92,4
Sous-phosphate de magnésie....	3,8
Carbonate de chaux...........	3,4
Sels alcalins................	0,4
	100,0

Les résultats bruts de ces analyses de cendres d'os sont :

Composition de la cendre d'os des porcs.

	Nouveau-né.	Agé de huit mois.	Agé de onze mois et demi.
Chaux..................	49,1	51,8	53,0
Magnésie..............	5,2	1,7	1,8
Acide phosphorique......	45,0	43,7	44,8
Acide carbonique........	"	1,2	"
Sels alcalins..........	0,4	1,6	0,4
	100,0	100,0	100,0

Si nous recherchons maintenant quel a été l'accroissement dans le poids du squelette, nous constatons les résultats suivants :

---

(1) La totalité de l'acide carbonique avait été expulsée par la calcination.

DÉSIGNATION DES PORCS.	POIDS des porcs.	SQUELETTE séché à l'air.	POIDS des cendres.	ACIDE phospho-rique.	CHAUX.
	k	gr	gr	gr	gr
Nouveau-né..........	0,65	48	21	9	10
Nº 1. Âgé de huit mois.	60,55	29"	1353	591	701
Assimilation en 8 mois	59,95	2853	1332	582	691
Assimilation par jour.	"	11,7	5,5	2,4	2,8
Nº 2. Âgé de onze mois et demi.......	67,24	3407	1586	711	841
Assimilat. en 93 jours.	6,69	554	254	129	150
Assimilation par jour.	"	6	2,6	1,4	1,6

On voit, comme on pouvait s'y attendre, que le développement du système osseux a surtout été très-rapide dans les huit mois qui ont suivi la naissance, et qu'ensuite l'assimilation des principes terreux des os s'est considérablement ralentie. Dans la première période, la nourriture variée et abondante renfermait bien au delà des quantités d'acide phosphorique et de chaux qui ont été fixées dans l'organisme; mais il n'en a plus été ainsi dans la période suivante, durant laquelle le porc a été soumis au régime des pommes de terre. En effet, ces tubercules contenaient 0,01 de cendres dans lesquelles, d'après l'analyse, il entrait pour 100 :

> Acide phosphorique.................... 11,3
> Chaux............................... 1,8
> Magnésie 5,4
> Acide sulfurique, potasse; soude, etc.... 81,5
>   100,0

Ainsi, dans les 544 kilogrammes de pommes de terre consommées en 93 jours, il y avait 5k,44 de substances minérales contenant :

	Acide phosphorique	Chaux
	gr	gr
	615,0	98,0
Or, il y a eu de fixe..............	129,0	150,0
Différences............... —	486,0	52 0

On rencontre donc, dans les os formés durant les 93 jours de régime exclusif, 52 grammes de chaux de plus qu'il n'en n'existait dans les pommes de terre consommées. Cette différence est plus considérable encore si, comme on doit le faire, on tient compte de la chaux qui se trouvait dans les déjections.

Les excréments rendus par le porc n° 2 pendant les 93 jours pesaient, après dessiccation, $16^k,6$. L'examen chimique qui en a été fait a montré qu'il y avait dans ces matières 0,013 de chaux, ce qui porte la totalité de cette terre dans les déjections à 216 grammes ; de sorte que la chaux, assimilée ou excrétée par le porc en 93 jours, s'est élevée à 268 grammes, quoique la nourriture consommée dans le même temps n'en renfermât que 98 grammes.

Ce résultat aurait lieu de surprendre, si l'on ne savait que l'eau dont on a fait usage pour délayer les pommes de terre n'est pas exempte de chaux. Cette eau, analysée, a donné pour 100 000 parties :

Carbonate de chaux................	35,3 = chaux...	19,9
Carbonate de magnésie............	3,7	
Sulfate de magnésie	11,8	
Sulfate de soude	20,2	
Sel marin.......................	6,9	
Silice.........	2,0	
Phosphates de chaux et de fer......	Traces.	
Matières organiques ; carbonate d'ammoniaq. ; acide carbonique libre...	Indéterminés.	
	78,9	

Dans les 93 jours, le porc n° 2 a pris 900 litres d'eau renfermant, d'après l'analyse précédente, 179 grammes de chaux, qui, ajoutés aux 98 grammes qui étaient dans la nourriture, forment 277 grammes pour la quantité de chaux ingérée pendant la durée du régime.

Chaux ingérée avec l'aliment.	277,0
Chaux fixée dans les os ou rendue avec les excrements.	268,0
Différence	9,0

Il y a presque égalité: la différence provient probablement des erreurs inévitables dans une expérience de cette nature. Cependant le sens de cette différence peut s'expliquer en partie, d'abord parce qu'il y a évidemment de la chaux fixée autre part que dans le système osseux, et ensuite parce que l'urine de porc qui n'a pas été dosée, n'en est pas absolument privée.

On voit, par ce qui précède, que les substances salines dissoutes dans l'eau sont intervenues dans l'alimentation qui, sans leur concours, aurait été insuffisante, puisque les pommes de terre ne contenaient pas, à beaucoup près, la dose de chaux nécessaire à la formation des os. On connaît d'ailleurs, par les intéressantes recherches de M. Chossat, les effets que produit un aliment qui ne renferme pas assez de matière calcaire, et il est très-vraisemblable que si le porc n° 2 eût été rationné avec des tubercules délayés dans de l'eau distillée, il eût éprouvé tous les inconvénients qui se manifestent dans cette circonstance: très-probablement aussi, qu'il n'aurait pas été possible de nourrir un porc, comme je l'ai fait, uniquement avec des pommes de terre, pendant 205 jours.

M. Dupasquier, qui a publié des travaux recommandables, reconnaît d'ailleurs l'utilité du bicarbonate de chaux dans les eaux potables.

Dans une autre occasion (1), j'ai cherché à fixer l'attention sur l'influence indirecte qu'ont nécessairement sur la

(1) *Économie rurale*, tome II, page [illegible].

culture les matières dissoutes dans les eaux dont s'abreuvent les animaux d'une ferme, en montrant que, par cette voie, il arrive aux fumiers une quantité assez considérable de substances salines. L'analyse de l'eau qui alimente les abreuvoirs de Béchelbronn me permet aujourd'hui de discuter cette question avec des données plus positives.

Les animaux élevés ou entretenus dans notre domaine peuvent représenter 100 têtes de bétail. En évaluant à 30 litres en moyenne l'eau bue par chaque tête, on reste, d'après quelques essais, au-dessous de la réalité. Néanmoins, à ce taux, l'eau bue dans une année s'élèverait à plus d'un million de kilogrammes (1 095 000) qui contiendraient :

Carbonate de chaux................	387 kilogr.
Carbonate de magnésie............	41
Sulfate de magnésie..............	129
Sulfate de soude.................	221
Sel marin.......................	76
Silice..........................	22
Phosphates de chaux et de fer......	Indéterminés.
	876 kilogr.

Ainsi, par l'eau qui abreuve le bétail, il arrive annuellement aux fumiers près de 900 kilogrammes de matières salines, qui comprennent la plupart des éléments minéraux nécessaires aux végétaux ; de la chaux, de la magnésie, de la soude, du soufre, du phosphore, du sel marin et de la silice. On comprend dès lors comment les plantes qui absorbent une masse d'eau considérable apportent, de la prairie irriguée, au domaine, de très-fortes quantités de sels alcalins et terreux qui, en dernier résultat, passent, en grande partie, aux engrais. Ce que certaines sources amènent continuellement de matières salines à la surface du sol est vraiment remarquable ; le puits artésien de Grenelle, dont l'eau est considérée comme d'une grande pureté, en entraîne annuellement avec elle environ 60 000 kilogrammes (1). La proportion et la nature des substances salines contenues dans les eaux potables sont d'ailleurs extrèmement variables; aussi a-t-on reconnu que les sources, les rivières, ne sont pas fertilisantes au même degré ; et à une époque où l'on se préoccupe sérieusement de l'irrigation, je crois devoir répéter ce que j'ai déjà dit ailleurs : c'est que, sous le rapport agricole, une étude approfondie des eaux considérées relativement aux sels qu'elles renferment serait de la plus grande utilité (2).

(1) D'après un renseignement que je dois à la complaisance de M. Mary, ingénieur en chef, chargé des eaux de Paris, le puits de Grenelle débite, en moyenne, chaque jour 1 100 mètres cubes d'eau. Suivant l'analyse de M. Payen, on trouve qu'annuellement cette masse d'eau amène à la surface du sol :

Carbonate de chaux.......	27 375 kilogr.
Carbonate de magnésie..	5 840
Carbonate de potasse.....	12 045
Sulfate de potasse.......	4 745
Chlorure de potassium...	4 380
Silice	2 190
Matières organiques	3 285
	59 860

(2) *Économie rurale,* tome II, page 252.

RECHERCHES

SUR LE

DÉVELOPPEMENT SUCCESSIF DE LA MATIÈRE VÉGÉTALE

DANS LA CULTURE DU FROMENT;

Par M. BOUSSINGAULT.

Dans un Mémoire sur la nutrition des végétaux, M. Mathieu de Dombasle a cherché à renverser une opinion assez accréditée chez les cultivateurs, et qui consiste à croire que les plantes n'épuisent le sol qu'à l'époque où elles forment leurs semences, c'est-à-dire depuis le moment de la fécondation jusqu'à celui de la maturité. Cette opinion s'appuie sur ce fait généralement admis, qu'une récolte fauchée lors de la floraison appauvrit beaucoup moins la terre que lorsqu'on la laisse mûrir. Ainsi les trèfles, les vesces sont considérés comme peu épuisants, quelquefois même comme décidément améliorants. On sait d'ailleurs que, de toutes les parties des végétaux, les graines sont celles qui, sous un même volume, renferment une plus grande quantité de substances nutritives, et, jusqu'à plus ample examen, il est assez naturel de conclure qu'elles exigent, pour se constituer, une forte dose de principes nourriciers.

A ces faits, Mathieu de Dombasle en a opposé d'autres tout aussi bien constatés, et qui tendent à prouver que les plantes tirent autant de nourriture du sol dans le commencement de leur développement, qu'à une époque plus avancée. C'est ainsi que, dans le nombre des végétaux regardés comme épuisants au plus haut degré, il en est qui, dans la culture ordinaire, ne donnent jamais de graines; tels sont les choux, le pastel, le tabac. Enfin, on a reconnu que, dans les pépinières où l'on élève, pour les repiquer ensuite, de jeunes plants de colza et de betteraves, le terrain perd rapidement sa fertilité.

Mathieu de Dombasle n'a pas hésité à attribuer le peu d'épuisement occasionné par certaines récoltes vertes à cette circonstance, qu'elles laissent dans la terre qui les porte des racines très-développées comparativement à leur masse totale. Pour compléter cette explication, il est peut-être utile de rappeler que ces récoltes vertes, qui épuisent peu ou qui améliorent, sont douées de la faculté de puiser dans l'atmosphère la plus forte proportion, si ce n'est la totalité, des éléments qui les constituent. Dans un travail que j'ai eu l'honneur de présenter à l'Académie, j'ai fait voir que la substance végétale produite dans le cours d'une culture ne se retrouve pas entière dans la récolte fauchée; pour le trèfle, la quantité de matière organique qui reste acquise au sol peut s'élever à plus des $\frac{8}{10}$ du poids du fourrage récolté (1). Ainsi on doit poser en principe que toute culture appauvrit le fond dans lequel elle croît, mais que l'épuisement, qui est toujours manifeste quand la plante est enlevée en totalité, devient d'autant moins sensible qu'il reste dans le sol une plus forte proportion de résidus.

La faible action épuisante que les végétaux exercent

____

(1) Mémoire sur les résidus des récoltes.

avant la floraison est donc loin d'établir que, durant leur jeunesse, ils prélèvent peu de chose sur le sol. Les faits qui ont été rapportés prouvent tout le contraire, en même temps qu'ils semblent indiquer qu'à cette époque la plante tient déjà en réserve, accumulée dans son organisme, une grande partie de la matière qui, plus tard, concourt à la formation de la semence. On sait, par exemple, que des végétaux arrachés après leur fécondation donnent des graines cependant lorsqu'on les entretient dans un état convenable d'humidité. J'ai vu de l'avoine en fleur dont l'extrémité des racines a été plongée dans de l'eau distillée produire, en petite quantité à la vérité, des semences bien constituées. Quand un végétal est fécondé, la reproduction de l'espèce est assurée; car, à la rigueur, elle parvient à s'accomplir sous les seules influences météorologiques. A partir de cette phase de la vie végétale, la matière accumulée se porte vers le point où le fruit doit se développer, on voit s'affaiblir graduellement la couleur verte des feuilles ; les principes sucrés et amylacés, les substances azotées, abandonnent peu à peu les tiges et les racines. Le trèfle, la betterave, après avoir porté des graines, ne peuvent plus être considérés comme fourrage ; ces plantes n'offrent plus alors qu'un tissu ligneux et insipide.

Par suite de cette élimination des principes succulents des racines, on comprend qu'une plante mûre ne laissera plus dans la terre qu'une faible partie des résidus utiles qu'elle y aurait laissés avant la maturité. C'est à cette diminution dans la matière organique des débris destinés à rester dans le sol que Mathieu de Dombasle a attribué l'épuisement occasionné par les récoltes; mais de cette concentration des sucs vers un seul organe, s'ensuit-il nécessairement que, du moment où elle commence à se réaliser, la terre et l'atmosphère n'interviennent plus dans les phénomènes de la végétation, et que tout le travail d'organisation qui s'accomplit depuis la floraison s'opère uniquement avec les matériaux amassés dans les tissus de la plante ? C'est là ce que croyait Mathieu de Dombasle. Cependant, après la floraison, les feuilles continuent longtemps encore leurs fonctions aériennes, et l'humidité qu'elles laissent exhaler par la transpiration prouvent que les racines n'ont pas cessé de fonctionner. On le voit, à une opinion peu fondée on avait substitué une opinion entièrement contraire, mais qui n'était pas suffisamment justifiée dans toutes ses parties : on prétendait que l'assimilation se réalise surtout pendant la fructification ; Mathieu de Dombasle soutint qu'une plante fécondée renferme déjà tous les éléments nécessaires à la maturation, et, comme l'habile agronome ne trouvait plus pour la défense des arguments aussi décisifs que l'étaient ceux qu'il avait employés pour l'attaque, il en appela à l'expérience.

Le 26 juin 1844, le blé étant en fleur, on en marqua quarante pieds bien égaux entre eux. On arracha vingt de ces pieds, laissant les autres en observation. Après avoir nettoyé et desséché les vingt premiers plants, on trouva qu'ils se composaient de :

$$
\begin{array}{lr}
\text{Racines} \dots\dots\dots\dots\dots\dots\dots & 42,6^{\text{gr}} \\
\text{Tiges, épis et feuilles} \dots\dots\dots & 126,2 \\
\hline
& 168,8
\end{array}
$$

Lors de la moisson, qui eut lieu le 28 août, on enleva du champ les vingt pieds restants ; ils donnèrent :

$$
\begin{array}{lr}
\text{Racines} \dots\dots\dots\dots\dots\dots\dots & 27,2^{\text{gr}} \\
\text{Paille, épis et balle, feuilles} \dots\dots & 85,7 \\
\text{Grain} \dots\dots\dots\dots\dots\dots\dots\dots & 66,5 \\
\hline
& 179,4
\end{array}
$$

En deux mois, les plants n'ont augmenté que de 11 grammes, c'est-à-dire à peu près de la seizième partie de leur poids. Le blé avait donc acquis, depuis la semaille jusqu'à la floraison, les quinze seizièmes de son poids total. On reconnaît aussi que si ce froment eût été fauché lors de la floraison, il aurait rendu à la terre, par ses racines, le quart du poids de la récolte, tandis qu'après la maturité il n'a laissé dans le sol que le septième du poids des gerbes.

Ces recherches, qui avaient été provoquées par un concours ouvert devant la Société d'Agriculture de Lyon, furent jugées dignes d'une récompense. Néanmoins, le travail de Mathieu de Dombasle fit peu de sensation dans le monde agricole; il arriva, ce qui n'est pas sans exemple dans les fastes académiques, que le Mémoire fut couronné et oublié.

Cependant les conséquences pratiques qui se déduisent de l'expérience que j'ai rapportée sont importantes; car, s'il est vrai qu'une plante coupée, lorsqu'elle est en fleur, contient déjà, à très-peu près, la totalité de la matière organique, c'est-à-dire autant de substance nutritive qu'elle en renfermera deux ou trois mois après, lors de la maturité, on conçoit que, sous le rapport de la production des fourrages, il deviendrait plus avantageux de faner certaines récoltes vertes que d'attendre le grain qu'elles pourraient donner plus tard. Ainsi se trouverait justifiée la méthode, recommandée par quelques cultivateurs, de multiplier les semis et les coupes fourragères sur la même sole annuelle, méthode dont le mérite est encore très-douteux aux yeux de bon nombre de praticiens, mais qui, si elle était fondée, aurait l'avantage, toujours si appréciable dans la culture, de produire le plus possible de fourrages dans un intervalle de temps donné. Aussi, laissant de côté la question de l'épuisement du sol qui devient tout à fait secondaire, je me suis particulièrement attaché à vérifier l'exactitude de l'expérience qui permettait de tirer les conséquences qui viennent d'être exposées.

J'ai procédé comme Mathieu de Dombasle; mais, pour mettre les résultats complétement à l'abri des erreurs très-graves qui peuvent naître de l'imperfection de la dessiccation, j'ai cru devoir analyser les matières enlevées au sol; en effet, l'analyse offre une grande sécurité, parce que, indiquant les quantités absolues de carbone et d'azote, il est indifférent que les substances qui contiennent ces deux éléments soient pesées à un état plus ou moins sec.

Le 19 mai 1844, j'ai choisi dans un champ de froment une place où la végétation me parût bien uniforme; là j'ai arraché 450 plants, lesquels, débarrassés de la terre adhérente par un lavage, et desséchés par une longue exposition à l'air, ont pesé :

$$
\begin{array}{lr}
 & \text{gr} \\
\text{Tiges et feuilles}\dots\dots\dots\dots & 277,4 \\
\text{Racines}\dots\dots\dots\dots\dots & 46,0 \\
\hline
 & 323,4
\end{array}
$$

Le 9 juin, époque à laquelle le froment entrait en fleur, j'ai pris à la même place 450 plants qui, desséchés, ont donné :

$$
\begin{array}{lr}
 & \text{gr} \\
\text{Épis en fleur}\dots\dots\dots\dots & 110,5 \\
\text{Tiges et feuilles}\dots\dots\dots\dots & 850,0 \\
\text{Racines}\dots\dots\dots\dots\dots & 99,5 \\
\hline
 & 1060,0
\end{array}
$$

Le 15 août, lors de la moisson, 450 plants ont fourni :

$$
\begin{array}{lr}
 & \text{gr} \\
\text{Grain}\dots\dots\dots\dots\dots & 677,1 \\
\text{Épis et balle}\dots\dots\dots\dots & 154,5 \\
\text{Paille}\dots\dots\dots\dots\dots & 927,5 \\
\text{Racines}\dots\dots\dots\dots\dots & 121,0 \\
\hline
 & 1880,1
\end{array}
$$

Rapportant, pour faciliter la comparaison, l'accroissement constaté au plant moyen, on a

$$
\begin{array}{lll}
 & \text{gr} & \\
\text{Le 19 mai, plant sans fleur}\dots\dots & 0,62 & \left.\right\} 1,74 \\
\text{Le 9 juin, plant en fleur}\dots\dots\dots & 2,36 & \left.\right\} 1,82 \\
\text{Le 15 août, plant chargé de grain}\dots & 4,18 &
\end{array}
$$

On voit que, depuis la floraison jusqu'à la moisson, l'accroissement de la matière sèche a eu lieu dans le rapport de 100 à 177, c'est-à-dire que, dans cet intervalle, le poids de la plante a presque doublé; résultat bien différent de celui auquel est arrivé Mathieu de Dombasle.

L'analyse de ces récoltes successives a été faite en prenant, pour représenter chacune d'elles, des quantités proportionnelles des divers organes.

Plants pris le 19 mai.

Tiges et feuilles........ 0,515
Racines .... 0,100 } 0,615

On a dosé :

Acide carbonique..... 0,841   Carbone 0,2295
Eau.................. 0,3..   Hydrogène..... 0,0395

Le même poids, contenant la même proportion des deux matières, a donné 0gr,0111 d'azote (1).

Par l'incinération, on a retiré 3,7 pour 100 de cendres.

On a, pour la composition des plants arrachés le 19 mai :

Carbone...................... 37,3
Hydrogène 5,8
Azote........................ 1,8
Oxygène 51,4
Matières minérales........... 3,7
                             ______
                             100,0

Plants pris le 9 juin.

Soumis à l'analyse :

Tiges et feuilles........ 0,460
Épis en fleur............ 0,060 } 0,572
Racines 0,052

On a dosé :

Acide carbonique..... 0,804   Carbone....... 0,2193
Eau 0,317   Hydrogène..... 0,0352

1gr,144 du même mélange ont donné 0gr,0102 d'azote (2).

Ces plants ont laissé 2,5 pour 100 de cendres.

---

(1) Azote, 9cc,2 ; température, 16°,2 ; baromètre à 0 degré, 0m,747.

(2) Azote, 9cc,5 ; température, 8 degrés ; baromètre à 0 degré, 0m,751.

Composition.

Carbone......................	38,3
Hydrogène...................	6,3
Azote........................	0,9
Oxygène	52,1
Matières minérales...........	2,5
	100,0

Plants récoltés le 15 août.

Soumis à l'analyse :

Froment	0,360	
Balles................	0,082	1,000
Paille	0,493	
Racines	0,065	

On a dosé :

Acide carbonique.....	1,364	Carbone........	0,372
Eau	0,612	Hydrogène......	0,068

1 gramme du mélange a donné 0^{gr},009 d'azote (1), et 0,040 de cendres.

Composition.

Carbone.....................	37,2
Hydrogène...................	6,8
Azote........................	0,9
Oxygène.....................	51,1
Matières minérales...........	4,0
	100,0

La récolte faite dans le champ où l'on avait prélevé les plants dont on vient de présenter les analyses, a été pesée avec le plus grand soin. On a d'abord pris le poids des gerbes ; on a fait passer à la machine à battre, puis, après avoir mesuré le grain, on a conclu, par différence, le poids de la paille et celui des balles. On a eu par hectare, en ne déduisant pas la semence :

Froment, 21^{hect},88 pesant	1685 kilogr.
Paille et balle.....................	2681
Racines (évaluées).................	300
Poids de la récolte sur 1 hectare.....	4666

---

(1) Azote, 7^{cc},5 ; température, 10 degrés ; baromètre à o degré, 0^m,7515.

(205)

Le rapport du grain à la paille et aux balles est sensiblement le même que celui qui s'est présenté dans les quatre
cent cinquante plants pris comme échantillons. Il y a donc
lieu de présumer que le poids des plants enlevés avant la
moisson, le 19 mai et le 9 juin, représentent, dans les mêmes
limites d'erreur, l'état de la culture du champ à ces deux
époques. On a ainsi, pour l'accroissement successif de la
matière organique sur la surface d'un hectare, les résultats
consignés dans le tableau suivant :

ÉPOQUES auxquelles les plants ont été enlevés.	POIDS de la plante desséchée par hectare.	CARBONE.	HYDROGÈNE.	OXYGÈNE.	AZOTE.	MATIÈRES minérales.
19 mai 1844..............	(*) 689^k	257,0^k	40,0^k	354,1^k	12,4^k	25,5^k
9 juin.................	2631	1007,7	163,1	1370,7	23,7	65,8
Accroissement du 19 mai au 9 juin............	1942	750,7	123,1	1016,6	11,3	40,3
15 août, moisson........	4666	1735,8	317,3	2324,3	42,0	186,6
Accroissement du 9 juin au 15 août............	2035	728,1	154,2	953,6	18,3	120,

(*) En déduisant pour la semence 150 kilogrammes contenant : carbone, 39^k,5 ;
azote, 3 kilogrammes ; cendres, 3 kilogrammes.

On reconnaît que si, avant la floraison, du 19 mai au
9 juin, il y a eu 751 kilogrammes de carbone et 11 ⅓ kilogrammes d'assimilés par hectare, les mêmes principes fixés
dans la plante, depuis l'apparition des fleurs jusqu'à la moisson, ont été 728 kilogrammes de carbone et 18 kilogrammes
d'azote. Sans doute, et comme on pouvait d'ailleurs le prévoir, le développement de la matière organisée, d'abord
très-rapide, s'est ralenti à mesure que le végétal approchait
de sa perfection, mais ce développement a encore continué

(206)

avec assez d'intensité pour que le poids de la récolte en fleur ait été presque doublé à l'époque de la maturité.

L'analyse montre, en outre, quelle a été la marche de l'assimilation des éléments constitutifs de la céréale pendant toute la durée de la culture. Ainsi, en supposant que la végétation ait continué sans interruption depuis le 1er mars jusqu'au 15 août, on trouve les nombres suivants :

ÉPOQUES DE LA VÉGÉTATION	NOMBRE de jours écoulés	EN UN JOUR ET SUR UN HECTARE.			
		Matière végétale sèche.	Carbone.	Azote.	Matières minérales
		k	k	k	k
Du 1 mars au 19 mai..	79	6,82	2,75	0,12	0,28
Du 19 mai au 9 juin...	21	92,95	35,75	0,54	1,92
Du 9 juin au 15 août....	56	36,34	13,00	0,33	2,16
Assimilation moy. par jour.	"	28,95	10,88	0,25	1,18

J'avais rassemblé les matériaux nécessaires pour exécuter un travail du même genre sur une légumineuse ; mais l'accroissement survenu dans le poids de la matière végétale sèche a été tellement considérable entre la floraison et la maturation des fèves, que j'ai pu me dispenser d'avoir recours à l'analyse pour arriver à la conséquence qui se déduit de l'expérience entreprise sur la culture du froment, et ces résultats, comme ceux que je viens de présenter, conduisent à une conclusion toute différente de celle à laquelle s'était arrêté Mathieu de Dombasle, car ils établissent que, après leur fécondation, les plantes continuent à fixer, dans leur organisme, les éléments du sol et de l'atmosphère.

RECHERCHES EXPÉRIMENTALES

SUR LA

FACULTÉ NUTRITIVE DES FOURRAGES

AVANT ET APRÈS LE FANAGE,

PAR M. BOUSSINGAULT

On est généralement porté à admettre que les fourrages consommés en *vert* sont beaucoup plus nourrissants qu'alors qu'ils ont été fanés; en d'autres termes, on croit que 100 kilogrammes de trèfle, de luzerne, d'herbe de prairie, ont une valeur nutritive bien plus élevée que le foin qui résulte de 100 kilogrammes de chacun de ces aliments. Cependant, en compulsant avec attention ce qui a été écrit sur cette intéressante question, je n'ai rien trouvé qui justifiât suffisamment cette opinion. Il est vrai que deux bons observateurs, MM. Perrault de Jotemps, ont reconnu qu'il faut 1^{kil}.50 de foin, de trèfle ou de luzerne, pour remplacer 4 kilogrammes des mêmes fourrages verts dans la nourriture des béliers; sous l'influence de l'une ou l'autre de ces rations, il y a un développement satisfaisant de chair et de laine. D'un autre côté, ces cultivateurs ont constaté par leur pratique que, dans le fanage, en y comprenant la fermentation dans le fénil et toutes les pertes accidentelles, 100 kilogrammes de trèfle ou de luzerne se réduisent, en moyenne, à 23 kilogrammes de foin. Avec ces données, on arrive, en effet, à cette conséquence, qu'en rationnant un bélier avec $1^{kil},5o$ de luzerne sèche, on administre précisément, sous le rapport de la valeur, l'équivalent de $6^{kil},52$ de luzerne verte, c'est-à-dire $2^{kil},5o$ de nourriture verte de plus que celle qui est nécessaire quand la ration se compose de la plante non fanée, et que s'il faut, comme aliment, 100 kilogrammes de trèfle ou de luzerne récemment fauchés, il faudra, pour nourrir au même degré, le foin provenant de 163 kilogrammes des mêmes fourrages.

On comprend aisément que ce mode de procéder est trop indirect pour résoudre convenablement la question que nous avons en vue. La discussion présentée par MM. Perrault de Jotemps se borne à prouver, ce que personne ne conteste, que la manière la plus avantageuse d'utiliser les produits de la prairie artificielle est de les faire consommer autant que possible en vert, afin d'échapper aux frais, aux pertes, en un mot, à toutes les éventualités qu'entraîne toujours le fanage. Mais cette discussion n'établit nullement que la faculté nutritive des fourrages verts soit amoindrie par le seul fait de leurs transformations en fourrages verts; elle laisse intacte la question physiologique. Depuis plusieurs années j'ai fait diverses tentatives pour la résoudre. Dans ce but, j'ai suivi avec le plus grand soin l'influence que des substitutions alternatives d'aliments verts et d'aliments secs pouvaient exercer sur le poids de trente-deux chevaux sur lesquels portaient mes recherches. Les résultats ont été tantôt à l'avantage, tantôt au désavantage du régime vert, et, après de très-nombreuses pesées, je me suis trouvé tout aussi peu avancé que je l'étais en commençant mes expériences.

Ces résultats contradictoires s'expliquent par l'imperfection de la méthode que j'avais adoptée. Il est évident que les foins avec lesquels on rationnait les chevaux, ayant été obtenus l'année antérieure, ne répondaient pas toujours, sous le rapport de la qualité, à celui qu'aurait fourni le trèfle vert auquel on les comparait: et pour ce dernier fourrage, il existait constamment une grande incertitude sur le poids réel de la ration employée, à cause de la plus ou moins forte proportion d'eau qui pouvait s'y rencontrer. Des essais que j'ai faits sur le fanage du trèfle montrent effectivement combien cette proportion varie suivant l'âge de la plante, la nature du terrain, et surtout selon les conditions météorologiques pendant lesquelles les coupes ont eu lieu. On en jugera par quelques exemples pris sur des soles de deuxième année.

17 mai. 1re coupe avant la floraison : 1 000 kil. de foin ont donné. 212^k

3 juin. 1re coupe, en fleur : *Idem*. 288

5 juin (autre localité). 1re coupe en fleur : *Idem*. 305

28 juillet. 2e coupe, en fleur : *Idem*. 290

Août. 2e coupe ; très-avancé en fleur, très-ligneux : *Idem*. . . . 360

Ajoutons encore que, pendant le fanage, le trèfle subit une perte assez considérable par suite des feuilles et des fleurs qui se détachent et qui ne sont pas recueillies lors du bottelage : cette perte porte précisément sur les parties les plus substantielles.

Pour parer aux causes d'erreur que je viens de signaler, et afin d'obtenir des résultats comparables, j'ai disposé l'expérience de tel mode que le fourrage sec consommé représente rigoureusement celui que donnerait le fourrage vert employé comparativement : mais, comme il est alors nécessaire de faner continuellement, opération qui devient embarrassante quand on agit sur une masse considérable de trèfle, je mis en observation un seul animal, une génisse âgée d'environ dix mois.

La génisse était pesée à jeun. On lui donnait une ration

de fourrage vert un peu moins forte que l'était celle qu'elle consommait habituellement, afin que la nourriture fût prise en totalité dans les vingt-quatre heures : puis, au moment où la ration verte était placée dans la crèche, on en prenait une autre exactement semblable en poids et en nature, que l'on fanait immédiatement en s'entourant de toutes les précautions convenables pour empêcher la déperdition des parties qui se détachaient de la plante pendant la dessiccation ; cette ration fanée était conservée dans un sac portant le n° 1. Le deuxième jour, on agissait de la même manière, réservant encore pour le fanage une quantité de fourrage exactement pareille à celle qui devait être mangée en vert, et cette ration sèche était resserrée sous le n° 2, et ainsi de suite.

La génisse restait au vert pendant dix jours. Le onzième jour au matin, on la pesait, et alors commençait l'alimentation au fourrage sec. On livrait successivement à la consommation les foins tenus en réserve dans les sacs n° 1, n° 2, n° 3, etc.; de sorte que, durant les dix autres jours, la génisse prenait précisément la même dose et la même qualité d'aliments qu'elle avait reçue dans les dix jours précédents; il n'y avait d'autre différence, dans les deux régimes, que celle qui provenait de la présence ou de l'absence de l'eau de végétation. A la fin de l'alimentation sèche, l'animal était pesé. On voit que l'expérience totale se prolongeait pendant vingt jours.

Première série.

JOURS d'observations.	TRÈFLE vert consommé.		JOURS d'observations.	NUMÉROS d'ordre du fourrage.	TRÈFLE fane consommé.
	k				k
1er jour...	32,5	La génisse pèse 270 kil.	11e jour ...	1	7,25
2e jour....	27,5		12e jour ...	2	6,82
3e jour....	20,0		13e jour ...	3	7,40
4e jour....	25,0		14e jour ...	4	9,83
5e jour....	24,0		15e jour ...	5	7,91
6e jour...	22,5		16e jour ...	6	7,46
7e jour....	20,0		17e jour ...	7	7,53
8e jour....	20,0		18e jour ...	8	5,52
9e jour....	22,5		19e jour ...	9	6,79
10e jour....	22,0		20e jour ...	10	6,31
En dix jours.	236,0		En dix jours		72,42

Le 11e jour, à jeun, la génisse a pesé 267 kilogrammes. Le 21e jour, à jeun, la génisse a pesé 272 kilogrammes.

Deuxième série. — Dans l'intervalle de la première à la deuxième série, la génisse a été nourrie à discrétion.

JOURS d'observations.	TRÈFLE vert consommé.		JOURS d'observations.	NUMÉROS d'ordre du fourrage.	TRÈFLE fane consommé.
	k				k
1er jour....	22,5	La génisse a pesé 306 k.	11e jour ...	1	5,98
2e jour....	25,0		12e jour ...	2	5,89
3e jour....	27,5		13e jour ...	3	6,73
4e jour....	26,0		14e jour ...	4	6,48
5e jour....	25,0		15e jour ...	5	8,79
6e jour....	25,0		16e jour ...	6	7,91
7e jour....	24,0		17e jour ...	7	7,12
8e jour....	30,0		18e jour ...	8	8,53
9e jour...	27,5		19e jour ...	9	8,69
10e jour...	25,0		20e jour ...	10	5,66
En dix jours	257,5		En dix jours........		74,63

Le 11e jour, la génisse a pesé 301 kilogrammes. Le 21e jour, à jeun, la génisse a pesé 308 kilogrammes.

Troisième série. — Regain de foin de prairie.

JOURS d'observations.	REGAIN consommé.		JOURS d'observations.	NUMÉROS d'ordre du fourrage.	REGAIN fané consommé.
	k				k
1er jour....	41,0	La génisse a pesé 329 k.	11e jour...	1	8,78
2e jour....	41,0		12e jour...	2	6,89
3e jour....	40,0		13e jour...	3	8,16
4e jour....	40,0		14e jour...	4	7,89
5e jour....	41,0		15e jour...	5	10,68
6e jour....	42,0		16e jour...	6	9,13
7e jour....	43,0		17e jour...	7	8,92
8e jour...	41,5		18e jour...	8	8,07
9e jour....	42,0		19e jour...	9	9,05
10e jour....	42,5		20e jour...	10	10,13
En dix jours.	414,0		En dix jours.......		87,70

Le 11e jour, la génisse a pesé 333 kilogrammes. Le 21e jour, à jeun, la génisse a pesé 343k,5.

Résumé des observations.

Première série.

Poids initial de la génisse..................... 270 kil.
Après le régime vert... 267
Perte occasionnée par le régime vert........... 3
Après le régime du même fourrage fané..... .. 272
Gain occasionné par le régime sec............. 5

Deuxième série.

Poids initial de la génisse..................... 306 kil.
Après le régime vert...................... 301
Perte occasionnée par le régime vert........... 5
Après le régime du même fourrage fané........ 308
Gain occasionné par le régime sec............. 7

Troisième série.

Poids initial de la génisse..................... 329 kil.
Après le régime vert..................... 333
Gain occasionné par le régime vert........... 4
Après le régime du même fourrage sec........ 343,5
Gain occasionné par le régime sec............. 10,5

Avant de tirer une conclusion, il importait de savoir quelle était l'étendue des variations accidentelles dans le poids de l'animal mis en observation. Plusieurs pesées consécutives, faites chaque jour et à la même heure, ont montré que la plus grande différence atteignait 6 kilogrammes. Ainsi, une différence de cet ordre ne saurait être sûrement attribuée à l'influence de l'alimentation, puisqu'elle est comprise dans la limite des variations de poids accidentelles.

On remarquera que les gains constatés à la suite de la substitution de la ration sèche à la ration verte ont été 5, 7 et $10^{kil},5$, résultats qui sont de nature à faire présumer qu'une même quantité de fourrage nourrit plus quand elle a été fanée ; mais, en présence d'expériences aussi peu nombreuses, il serait prématuré de tirer une semblable conclusion. Ce que ces expériences semblent établir avec quelque certitude, c'est qu'un poids donné de fourrage sec ne nourrit pas moins le bétail que la quantité de fourrage vert qui l'a fourni.

EXPÉRIENCES STATIQUES

SUR LA DIGESTION;

Par M. BOUSSINGAULT.

Dans le cours de mes recherches sur le développement de la graisse dans les animaux, j'eus occasion de constater que du riz retiré du gésier d'un canard cédait à l'éther notablement plus de matière grasse qu'il n'en renfermait avant d'avoir séjourné dans cet estomac. Cette observation était, au reste, assez peu importante, parce que cet accroissement dans la proportion des principes gras pouvait dépendre de ce que l'amidon avait été absorbé plus rapidement que l'huile, qui se serait en quelque sorte concentrée dans la partie de l'aliment qui, jusque-là, avait résisté à la digestion. Cependant, ayant reconnu, depuis, que le chyme sec de l'intestin grêle du même animal contenait près de 5 pour 100 de graisse, bien que le riz digéré n'en présentât que quelques millièmes, je crus devoir examiner ces faits avec attention; car non-seulement ils indiquaient que les divers principes immédiats sont absorbés par les organes digestifs avec des pouvoirs fort différents, mais, de plus, ils étaient de nature à faire supposer que, dans certaines circonstances, la graisse, répartie dans les produits de la digestion, pouvait bien excéder celle qui se trouvait dans la nourriture : et, dans ce cas, il y avait à rechercher si la matière grasse dérivait de la fécule ou de l'albumine qui entrent, l'une et l'autre, dans la composition du riz.

Tels sont les motifs qui m'ont fait entreprendre les expériences dont je vais présenter les résultats ; en les exécutant, j'ai eu particulièrement en vue de comparer le poids de la matière alimentaire ingérée, au poids de la matière digérée ou en voie de digestion, afin d'en conclure, par différence, celui de la matière assimilée dans l'organisme, ou éliminée par les voies respiratoires. Les conséquences auxquelles je suis arrivé me semblent devoir jeter quelque lumière sur plusieurs points, encore fort obscurs, de la nutrition.

Mes observations ont été faites sur des canards. Dans les recherches de ce genre, il y a beaucoup d'avantage à pouvoir ingérer les aliments, afin de ne rien laisser à la volonté de l'animal, chez lequel la répugnance à prendre telle ou telle nourriture n'est pas toujours surmontée par le sentiment de la faim.

La méthode que j'ai généralement suivie, consistait à priver les canards de nourriture pendant trente-six heures, en leur laissant de l'eau à discrétion ; alors on les gavait, puis on les plaçait dans une boîte disposée de telle sorte, qu'il devenait facile de recueillir les déjections. Après un certain nombre d'heures, indiqué dans la description de chaque expérience, on tuait l'animal, et l'on retirait des divers organes les matières qui s'y rencontraient. On pesait ces matières avant et après leur dessiccation, et elles étaient ensuite traitées par l'éther ; on reprenait par l'eau chaude le résidu laissé par la dissolution éthérée, afin d'enlever les substances solubles : c'est alors seulement qu'on pesait la matière grasse, après l'avoir parfaitement desséchée. Les déjections, toujours très-aqueuses, ont été dosées à l'état sec ; lavées et séchées de nouveau, on les traitait par l'éther ;

quelquefois on a extrait l'acide urique du résidu insoluble dans l'eau.

Pour atteindre le but que je m'étais proposé, il devenait indispensable de connaître, afin d'en tenir compte, la matière renfermée dans les intestins au commencement de chaque expérience, alors que l'animal avait passé un jour et demi sans manger. J'ai dû aussi déterminer le poids des déjections émises pendant l'inanition, et doser la graisse contenue dans ces matières. Ces recherches préliminaires ont permis de constater ce fait curieux, qu'un oiseau qui ne prend que de l'eau a néanmoins dans ses intestins une quantité de substance sèche qui ne diffère pas considérablement de celle qui s'y trouve lorsque l'animal est abondamment nourri.

PREMIÈRE EXPÉRIENCE.

Canard tué après trente-six heures d'inanition.

On a trouvé : dans le ventricule succenturié, une très-petite quantité d'une substance jaune, gluante, acide ; dans le gésier, quelques grains de sable. L'intestin grêle se trouvait rempli d'une matière tirant au brun, très-homogène, sensiblement acide et ayant la consistance du miel. Le gros intestin et le cloaque étaient vides à peu près. Les *cœcums* contenaient une matière peu fluide, d'un vert foncé et d'une odeur fétide. Les déjections rendues dans les dernières vingt-quatre heures ont pesé, sèches, 2^{gr},74. On a retiré :

	Humide.	Sec.	Graisse.
	^{gr}	^{gr}	^{gr}
Du ventricule, du gésier et des intestins.	10,82	2,29	0,105
Déjections en vingt-quatre heures. . . .		2,74	0,055
Graisse normale.			0,160

DEUXIÈME EXPÉRIENCE.

Canard tué après trente-six heures d'inanition.

On a retiré :

	Humide. gr	Sec. gr	Graisse. gr
Du ventricule et du gésier	1,40	0,30	} 0,145
Des intestins.	9,10	2,20	
Des cœcums (matière verte alcaline)..	1,29	0,21	traces.
Déjections en vingt quatre heures . .	»	2,71	
Partie insoluble des déjections 1gr,19 }	»	»	0,031
Partie soluble des déjections 1gr,52 }	»	»	»
Graisse normale			0,176

De la partie insoluble des déjections, on a extrait 0gr,27 d'acide urique.

TROISIÈME EXPÉRIENCE.

Canard tué après trente-six heures d'inanition.

On a retiré :

	Humide. gr	Sec. gr	Graisse. gr
Du ventricule, gésier, intestins.. . . .	10,00	2,10	0,12
Déjections en vingt-quatre heures. . .	»	2,80	0,05
Graisse normale.			0,17

QUATRIÈME EXPÉRIENCE.

Canard gavé avec de l'argile.

J'ai recherché, dans cette expérience, si l'ingestion d'une substance non digestive provoquerait une sécrétion intestinale plus chargée de graisse que l'a été celle obtenue précédemment.

Un canard, privé de nourriture depuis trente-six heures, a été gavé à deux reprises avec des boulettes d'argile humide. Cinq heures après la première ingestion, l'argile a commencé à être évacuée sous la forme de longs cylindres, accompagnés d'un liquide jaune, acide et très-abondant

On a tué le canard vingt-quatre heures après le commencement de l'expérience. On a retiré :

	Humide.	Sec.	Graisse.
Du ventricule et du gésier.	»	»	»
Matières des intestins et des cœcums. .	11,45	2,85	0,125
Déjections	»	18,40	0,055
Graisse normale.			0,180

La graisse obtenue dans cette circonstance ne diffère pas,
en quantité, de celle qui a été extraite dans les trois premières expériences.

En moyenne, la graisse retirée de l'appareil digestif d'un
canard, après trente-six heures d'inanition, est représentée
par. . . . . $0^{gr}.17$

La matière sèche intestinale, par. . . . . $2^{gr},36$

Les déjections desséchées, rendues en vingt-
quatre heures, par. . . . . , ... $2^{gr},75$

L'acide urique de ces déjections (une détermi-
nation) par. . . . . $0^{gr},27$

Dans ce qui va suivre, j'admettrai comme constants les
nombres qui expriment la quantité de graisse et celle de la
matière intestinale. Le poids des déjections normales sera
corrigé d'après la durée des expériences.

CINQUIÈME EXPÉRIENCE.

Canard gavé avec du riz.

À $7^h 30^m$ du matin, on a gavé un canard avec 71 grammes
de riz cru qu'on avait fait tremper pendant quelque temps.
Le soir, à la même heure, on a encore ingéré 80 grammes
de riz. Le lendemain, à $7^h 30^m$, on a tué l'animal. Dans
l'œsophage on a retrouvé du riz parfaitement intact, qui,
desséché, a pesé 21 grammes. Le riz, à l'état où il a été
ingéré, renfermait 0,864 de substances sèches et 0,004
de matière huileuse. La totalité du riz sec soumis à la digestion, déduction faite de celui retrouvé dans l'œsophage,

15.

a été, par conséquent, de 112ᵍʳ,32. Dans le ventricule succenturié, l'aliment était encore reconnaissable : chaque grain se trouvait enveloppé d'un liquide visqueux, jaune et à réaction acide; dans le gésier, il y avait une pâte de même couleur, homogène, un peu sèche et légèrement acide. L'intestin grêle était rempli d'une pulpe jaune assez fluide pour couler avec facilité; cette pulpe rougissait le papier de tournesol; elle devenait de moins en moins liquide à mesure qu'elle s'éloignait du point où l'intestin est uni au gésier; le gros intestin ne contenait qu'une petite quantité d'une matière épaisse d'un jaune foncé, presque brune; les cœcums étaient pleins d'une substance verte, épaisse et fétide. Les déjections, très-liquides, légèrement acides, tenaient en suspension de la matière verte des cœcums : c'est à peine si l'on y distinguait de l'acide urique. Des divers organes qui viennent d'être mentionnés, on a retiré :

	Humide.	Sec.	Graisse.
	gr	gr	gr
Du ventricule succenturié.	3,78	1,70	⎫
Du gésier.	8,00	4,42	⎬ 0,045
De l'intestin grêle.	14,25	3,35	⎫
Du gros intestin.	0,37	0,15	⎬ 0,155
Déjections.	»	4,94	0,140
		14,56	

Graisse totale, d'un jaune pâle, très-fusible	0,340
Graisse normale à déduire.	0,17
Différence. . . . . +	0,17
Le riz digéré renfermait : graisse	0,52
Différence. . . . . —	0,35

Ainsi, il y a eu 0ᵍʳ,35 de la graisse appartenant à l'aliment qui ont été appropriés par le canard en vingt-quatre heures : soit un peu plus de 1 centigramme par heure.

Assimilation ou combustion respiratoire de l'aliment.

Retiré ou sorti de l'appareil digestif.   14,56
Matières intestinales et déjections normales.   5,02

Matières retrouvées dans les intestins et les déjections. .   9,54
Riz sec digéré..   112,32

Assimilé ou brûlé en vingt-quatre heures..   102,78
　　　　　　　　　　　Par heure.   4,28

La composition du riz, privé d'humidité, peut se représenter par :

Amidon ou substances analogues.   59,20
Albumine.   8,68
Matière grasse..   0,46
Ligneux et cellulose.   1,10
Substances minérales.   0,56
　　　　　　　　　　　　　　　　　　　 100,00

Dans les 4^{gr},28 d'aliments assimilés par heure, il entre
3^{gr},82 d'amidon et 0^{gr},37 d'albumine, matières qui, réunies, renferment à très-peu près 2 grammes de carbone.
Examinons maintenant si ces 2 grammes de carbone suffisent pour satisfaire aux besoins de la respiration.

Dans un précédent travail, j'ai fait voir qu'un canard
pesant 1^{kil},33 brûle par jour, en respirant, 42 grammes
de carbone. Les canards qui ont été le sujet des expériences
actuelles pesaient, en moyenne, 1^{kil},09; on peut donc
supposer qu'ils brûlaient, par jour, 30 grammes de carbone; soit, par heure, 1^{gr},25. Or, comme dans l'aliment
assimilé dans le même espace de temps, il entrait 2 grammes
de ce combustible, on voit que la ration de riz ingérée satis-
faisait amplement aux exigences de la respiration, et qu'on
peut la considérer comme très-convenable. C'est, d'ailleurs,
ce que l'expérience confirme; car, dans une autre occasion,
j'ai nourri parfaitement des canards, qui pesaient 1^{kil},33,
avec une ration de riz moins forte. J'ai répété l'expérience

dont je viens de donner les résultats, en la faisant durer
moins de temps.

SIXIÈME EXPÉRIENCE.

Autre canard gavé avec du riz.

A $7^h 30^m$ du matin, on a commencé à gaver avec du riz
trempé; à 4 heures de l'après-midi, on a donné le reste de
l'aliment : le canard a été tué à 10 heures du soir. Il y avait
eu 100 grammes d'ingérés; mais, comme on en a retrouvé
$12^{gr},55$ dans l'œsophage, le riz digéré se réduit à $87^{gr},55$,
représentant $75^{gr},56$ de substance sèche.

On a retiré :

	Humide.	Sec.	Graisse.
	gr	gr	gr
Du ventricule et du gésier.	13,83	9,76	0,065
Des intestins.	23,63	5,41	} 0,280
Des cœcums (matière verte alcaline). .	»	0,27	
Déjections.	»	2,00	0,085
		17,44	

Graisse totale.	0,43
Graisse normale.	0,17
Différence. . . . +	0,26
Dans les $87^{gr},45$ de riz ingéré, graisse.	0,35
Différence. . . . —	0,09

Assimilation ou combustion de l'aliment.

	gr
Retiré ou sorti de l'appareil digestif	17,44
Matières intestinales et déjections normales.	4,08
Matières retrouvées dans les intestins et les déjections. .	13,36
Riz sec digéré.	75,56
Assimilé ou brûlé en quinze heures.	62,20
Par heure.	4,15

Ces deux résultats sont dans le même sens; il y a eu, à fort
peu de chose près, la même quantité de matières introduites
dans l'organisme; seulement la graisse qui manque, dans

la sixième expérience, pour compléter celle qui a été introduite avec l'aliment, est moins considérable. Il est cependant à présumer que l'absorption de la matière grasse
est plus prononcée que ne l'indique l'observation: il ne
suffit pas, en effet, de retrouver un peu moins de graisse
que n'en contenaient les aliments digérés pour conclure
contre sa formation pendant la digestion. Une égalité parfaite me semblerait même une présomption en faveur de la
production de la matière grasse, car il est peu naturel de
supposer qu'aucune partie de cette matière n'est absorbée,
durant le trajet, à travers le tube intestinal. Pour apprécier dans quelle proportion la graisse est enlevée à la nourriture pendant son passage dans l'appareil digestif, j'ai entrepris quelques expériences.

SEPTIÈME EXPÉRIENCE.

Canard gavé avec du fromage.

Le fromage avait été obtenu en faisant cailler du lait
écrémé; fortement exprimé, il contenait 0.358 de substances sèches et 0.074 de beurre. Au nombre des substances,
se trouvait nécessairement du sucre de lait, puisqu'on avait
mis à la presse sans lavage préalable.

Depuis $9^h 30^m$ du matin jusqu'à 4 heures de l'après-midi,
on a donné à un canard 120 grammes de fromage pressé,
équivalant à $42^{gr}.96$ de fromage sec. L'animal a été tué
à 9 heures du soir: on a retiré de son œsophage des morceaux de fromage qui, après une complète dessiccation, ont
pesé $4^{gr}.93$. Le ventricule renfermait une pulpe assez gros-
sière; le gésier une pâte liquide, acide. A l'origine de l'intestin grêle, la matière qui s'y trouvait avait la même
fluidité, la même acidité, le même aspect que celle qui occupait le gésier: plus avant, le chyme prenait une teinte
verte, tout en conservant sa liquidité et son acidité. Dans le
gros intestin, on rencontrait une pâte épaisse verte, à peine
acide, et fétide. Durant la dessiccation de la matière extraite

des intestins, surtout vers la fin, il s'est développé une odeur de viande rôtie extrêmement intense. J'ai toujours observé cette odeur, même en desséchant la matière provenant des intestins des canards inanitiés. Les déjections étaient très-liquides et chargées d'acide urique. On a retiré :

	Humide.	Sec.	Graisse.
Du ventricule et du gésier..............	10,73	4,68	0,58
Des intestins....................	15,25	3,25	0,82
Déjections........................	»	5,00	0,14
		12,93	

Graisse totale	1,54
Graisse normale...........	0,17
Différence... $+$	1,37

Dans les 38^{gr},03 de fromage sec ingéré : graisse........ 7,87

Graisse de l'aliment absorbée en onze heures et demie.. 6,50

Par heure............ 0,57

Assimilation ou combustion de l'aliment.

Retiré ou sorti de l'appareil digestif................	12,93
Matières intestinales et déjections normales...........	3,67
Matières retrouvées dans les intestins et les déjections...	9,26
Fromage sec digéré..................	38,03
Assimilé ou brûlé en onze heures et demie..........	28,77
Par heure..............	2,50

Les 2^{gr},50 de matière alimentaire assimilée peuvent se décomposer, d'après ce qui vient d'être constaté, en 0^{gr},57 de graisse contenant 0^{gr},46 de carbone, et en 1^{gr},93 de caséum qui en renferme 1^{gr},04. C'est donc, par heure, 1^{gr},5 de carbone qui intervient dans la nutrition. Ce nombre est même un minimum, car l'acide urique excrété contient, à poids égal, moins de carbone que n'en renferme le caséum qui a participé à sa production. Au reste, 1^{gr},5 de carbone est déjà plus que suffisant pour entretenir la combustion respiratoire. J'ajouterai encore que la graisse assimilée ne porte pas seulement du carbone dans l'organisme; elle y introduit, en outre, de l'hydrogène, qui participe à la production de la chaleur animale. Aussi le fromage est-il reconnu pour très-nutritif, et l'on sait tout le parti qu'on en tire dans la pratique pour provoquer chez les jeunes animaux un développement rapide de chair et de graisse.

Nous venons de reconnaître qu'il y a eu, par heure, absorption de $0^{gr},57$ de graisse, lorsque cette matière était unie, pour quelques centièmes, à un corps aussi azoté et aussi apte à la nutrition que l'est le caséum. Il devenait intéressant de rechercher la limite de cette absorption en donnant comme aliment une substance essentiellement formée de graisse.

HUITIÈME EXPÉRIENCE.

Canard gavé avec du lard.

Le lard fumé qui a servi dans cette expérience contenait, séparé de la couenne :

	gr
Graisse	96,3
Tissu cellulaire	1,0
Sel marin	1,0
Humidité	1,7
	100,0

A 8 heures du matin, on a commencé à gaver. Le canard a reçu 50 grammes de lard; on l'a tué à 8 heures du soir, quand on fut assuré que son jabot était vidé. Le gésier ne renfermait qu'une légère quantité d'une matière jaune et acide. Les deux intestins étaient remplis par un chyme assez liquide dans l'intestin grêle, beaucoup plus épais dans le gros intestin, d'un gris clair, opalin et faiblement acide. Les cœcums se trouvaient très-distendus par un liquide vert et très-fétide. Les déjections ont été extrêmement abondantes, parce que l'animal avait beaucoup bu : elles étaient acides et recouvertes d'une couche de graisse figée.

On a retiré :

	Humide. gr	Sec. gr	Graisse. gr
Du ventricule et du gésier.	0,40	0,10	} 0,67
Des intestins	16,89	3,09	
Des cœcums.	1,00	0,84	0,71
Déjections.	»	38,47	36,87
		42,50	

Graisse totale.	38,25
Graisse normale.	0,17
Différence.	+ 38,08
Dans le lard ingéré il y avait : graisse.	48,15
Graisse absorbée en douze heures.	10,07
Par heure.	0,84

Assimilation ou combustion de l'aliment.

Retiré ou sorti de l'appareil digestif.	42,50
Matières intestinales et déjections normales.	3,85
Matières retrouvées dans les intestins et les déjections..	38,65
Lard sec ingéré.	49,15
Assimilé ou brûlé en douze heures.	10,50
Par heure.	0,88

Il y a eu 0^{gr},84 de graisse d'absorbée dans une heure. C'est, à très-peu près, cette même quantité qui a été assimilée dans mes expériences antérieures, lorsque j'ajoutais aux 125 grammes de riz qui formaient la ration d'un canard, 60 grammes de beurre; la graisse fixée dans un jour s'est élevée à 19 ou 20 grammes; soit 0^{gr},81 par heure.

En comparant les matières sèches de l'aliment à celles retirées des intestins, ou qui sont sorties avec les déjections, on voit que de la graisse seule a été absorbée. Le lard privé de maigre est évidemment une nourriture insuffisante, non-seulement parce qu'il ne renferme pas assez de principes alimentaires azotés, mais aussi parce que la graisse qu'il fournit à l'organisme n'y porte même pas tout à fait la dose de combustible nécessaire à la respiration. Les 0^{gr},88 de lard assimilé par heure contiennent au plus $0^{gr},7$ de carbone, l'hydrogène qui s'y trouve équivaut à environ $0^{gr},3$ de ce combustible, en tout 1 gramme de carbone : lorsque, dans le même temps, l'animal en brûle $1^{gr},25$.

On trouve, en définitive, que la graisse, quand elle est donnée seule, n'est pas absorbée en proportion plus forte que lorsqu'elle est mêlée à un aliment très-riche en amidon. J'ai dû examiner s'il en serait encore ainsi dans le cas où la matière grasse se trouverait intimement unie à un principe azoté, comme cela a lieu pour la plupart des graines oléagineuses, qui possèdent, au plus haut degré, la faculté de nourrir et d'engraisser les animaux.

NEUVIÈME EXPÉRIENCE.

Canard gavé avec du cacao.

J'ai fait d'inutiles tentatives pour ingérer du lin ou du colza : ces graines pénétraient dans la trachée, et les canards mouraient par suffocation. C'est ce qui m'a décidé à employer des semences de cacao : celles dont je me suis servi renfermaient :

Beurre extrait par l'éther.	$48,4$
Légumine et albumine.	$20,6$
Matières solubles dans l'eau.	$13,4$
Ligneux et cellulose (coques	$9,6$
Eau	$8,0$
	$\overline{100,0}$

Je n'ai pas recherché la théobromine. Après avoir constaté la présence de la légumine et de l'albumine, j'ai dosé ces matières par une détermination d'azote (1).

A 10 heures du matin, on a commencé à gaver ; le canard a été tué à 10 heures du soir. Dans cet intervalle, on avait ingéré 50 grammes de semence : dans le jabot, on en a recueilli 4 grammes, pesés après avoir été séchés à l'étuve.

---

(1) $1^{gr},072$ de cacao ont donné : azote, 29 centimètres cubes ; température, $10°,3$; baromètre, 760 millimètres. $1^{gr},250$ de cacao ont cédé à l'éther $0^{gr},605$ de beurre.

Les déjections étaient couleur de chocolat, cylindriques; la partie liquide fort abondante, car l'animal a bu près de 1 litre d'eau distillée, avait une teinte jaune; ce liquide n'avait pas la réaction acide.

Le ventricule et le gésier renfermaient une pâte brune assez sèche et acide. Le chyme ne possédait pas une couleur uniforme : sur quelques points il était lactescent; sur d'autres, particulièrement dans le gros intestin, il ressemblait exactement à du chocolat épais; sur toute la longueur du tube intestinal, il y avait une très-faible réaction acide. On a retiré :

	Humide.	Sec.	Graisse.
	^{gr}	^{gr}	^{gr}
Du ventricule, gésier et intestins....	14,00	3,05	1,00
Déjections..	»	21,90	11,40
		24,95	
Graisse			12,40
Graisse normale.			0,17
Différence		+	12,23

46 grammes de cacao, matière sèche $42^{gr},32$, contenaient : graisse.. 22,27

Graisse absorbée en douze heures 10,04
Par heure............. 0,83

Assimilation ou combustion de l'aliment.

Retiré ou sorti de l'appareil digestif .... $24^{gr},95$
Matières intestinales et déjections normales............ 3,85

Matières retrouvées dans les intestins et les déjections. 21,10
Cacao sec ingéré 42,32

Assimilé ou brûlé en douze heures................. 21,22
Par heure............. 1,77

$0^{gr},83$ de beurre de cacao doivent contenir environ $0^{gr},66$ de carbone. 1 gramme de légumine, qui complète la quantité de matière alimentaire assimilée ou brûlée dans une heure, en renferme $0^{gr},51$; on a donc, pour le carbone introduit par heure dans l'organisme, $1^{gr},17$. Ce nombre approche de celui de $1^{gr},25$, qui représente le carbone consumé par la respiration de l'animal; mais on doit remarquer que, dans $0^{gr},83$ de beurre, il entre $0^{gr},083$ d'hydrogène susceptible de brûler, c'est-à-dire d'hydrogène qui, pour se transformer en eau, doit prendre de l'oxygène à l'air. Or, sous le rapport de la chaleur développée, $0^{gr},083$ d'hydrogène équivalent à $0^{gr},25$ de carbone. C'est donc comme si l'aliment absorbé en une heure renfermait dans la graisse et dans la légumine $1^{gr},42$ de carbone: quantité évidemment suffisante pour subvenir à la dépense de sa fonction respiratoire. Comme le cacao est considéré avec raison comme une substance alimentaire au plus haut degré, j'ai fait une seconde expérience pour constater de nouveau l'assimilation de cette matière.

DIXIÈME EXPÉRIENCE.

Autre canard gavé avec du cacao.

Depuis 7 heures du matin jusqu'à 1 heure de l'après-midi, un canard a reçu $31^{gr},7$ de cacao. Après la mort, on a extrait du jabot 8 grammes de semences; il reste alors $23^{gr},7$ pour le poids du cacao digéré, ou en voie de digestion. On a retiré:

	Humide.	Sec.
	gr	gr
Du ventricule et du gésier	6,09	2,89
Des intestins	28,20	4,60
Déjections		9,90
		17,39
Matières intestinales et déjections normales		3,05
Mat. retrouvées dans les intestins et les déjections.		14,34
Cacao ingéré sec		21,80
Assimilé ou brûlé en six heures		7,46
Par heure		1,24

Ces expériences montrent que la quantité de graisse absorbée dans un temps donné, par la paroi des organes digestifs, est sensiblement la même, quelle que soit la nature d'un aliment surabondamment chargé de principes gras. Ainsi le cacao, qui renferme la moitié de son poids de matière butyreuse, le lard, le beurre mêlé au riz, ont fourni, par heure, à très-peu près, 8 décigrammes de graisse. C'est à cette quantité que paraît se borner, pour l'animal qui a été le sujet de ces recherches, la faculté absorbante des organes. On voit par là qu'il ne faudrait pas dépasser une certaine limite dans la proportion des matières grasses à introduire pour améliorer une ration destinée à provoquer l'engraissement, puisque, au delà de cette limite, la graisse passerait en pure perte dans les excréments.

L'absorption d'une certaine quantité de substances grasses pendant la nutrition étant un phénomène constant, pour rechercher s'il y a production de graisse durant la digestion, il convient d'expérimenter avec des matières qui en soient totalement privées ; car, si après la digestion de semblables matières, la graisse fournie par le chyme ou par les déjections n'excède pas celle que nous savons exister dans les mêmes circonstances quand l'animal ne reçoit aucune nourriture, on aura, sinon une preuve, du moins de très-fortes raisons pour admettre qu'il n'y a pas eu développement de principes gras dans l'appareil digestif ; en effet, comme je l'ai déjà fait remarquer, il serait peu naturel de supposer que la graisse produite ait été absorbée en totalité. Pour conclure à la formation de la matière grasse, il faudra nécessairement que la graisse extraite après l'alimentation excède la graisse normale.

Comme les aliments, abstraction faite de la matière grasse, sont essentiellement composés de deux ordres de principes, les substances nutritives azotées et celles qui ne renferment pas d'azote, j'ai successivement expérimenté avec de l'amidon, du sucre, de la gomme, puis avec de l'albumine et du caséum.

ONZIÈME EXPÉRIENCE.

Canard gavé avec de l'amidon.

A 7 heures du matin, on a gavé un canard, à jeun depuis trente-six heures, avec des fragments d'amidon. A midi, on en avait ingéré 60 grammes, représentant 51ᵍʳ,78 d'amidon sec. On a tué le canard à 4 heures de l'après-midi : il ne restait rien dans le jabot. *Ventricule*, matière pultacée jaune et acide : *gésier*, vide : *intestins*, liquide homogène, jaune pâle, acide, qui devenait plus épais dans le gros intestin ; *déjections*, jaunes, très-liquides, acides, peu de matière urique : matière verte analogue à celle des cœcums : mucus assez abondant. On a retiré :

	Humide gr	Sec. gr	Graisse. gr
Du ventricule.	0,80	0,20	0,006
Des intestins.	20,22	3,62	0,138
Déjections..	»	4,02	0,035
		7,84	

Graisse.	0,179
Graisse normale	0,170
Différence.	+ 0,009

La graisse trouvée dans l'appareil digestif et dans les déjections n'excède pas la graisse normale ; du moins, la différence est de l'ordre des variations que présente la matière grasse observée dans les intestins et les déjections des canards privés de nourriture.

Assimilation ou combustion de l'aliment.

Retiré ou sorti de l'appareil digestif.	7,84
Matières intestinales et déjections normales.	3,89
Matières retrouvées dans les intestins et les déjections.	4,45
Amidon *sec* ingéré.	51,78
Assimilé ou brûlé en *neuf* heures.	47,33
Par heure.	5,26

Les 5ᵍʳ,26 d'amidon portent dans l'organisme 2ᵍʳ,37 de carbone, quantité bien supérieure à celle qui est nécessaire (1ᵍʳ,25) pour entretenir la respiration pendant une heure.

DOUZIÈME EXPÉRIENCE.

Canard gavé avec du sucre.

A 6 heures du matin, on a commencé à ingérer des morceaux de sucre bien sec. L'expérience a duré neuf heures. Une demi-heure après la première ingestion, le canard a eu une selle très-copieuse et très-liquide. On a donné 60 grammes de sucre.

Les déjections renfermaient du sucre. On a retiré :

	Humide.	Sec.	Graisse.
	^{gr}	^{gr}	^{gr}
Des intestins et du gésier.	11,50	2,80	0,110
Déjections.	»	10,00	0,055
		12,80	
Graisse.			0,165
Graisse normale			0,170
Différence.			— 0,005

Assimilation ou combustion de l'aliment.

	^{gr}
Retiré ou sorti de l'appareil digestif.	12,80
Matières intestinales et déjections normales. .	3,39
Retrouvé.	9,41
Sucre sec ingéré.	60,00
Assimilé ou brûlé en neuf heures	50,59
Par heure	5,62

$5^{gr},62$ de sucre renferment à très-peu près la quantité de carbone qui se trouve dans les $5^{gr},26$ d'amidon assimilés dans l'expérience précédente.

TREIZIÈME EXPÉRIENCE.

Canard gavé avec de la gomme arabique.

Les aliments contenant assez souvent des matières analogues à la gomme, je pensais que cette substance serait absorbée aussi rapidement que l'avaient été l'amidon et le sucre : l'expérience n'a pas confirmé cette prévision.

On a ingéré 50 grammes de gomme arabique. Les déjections rendues en neuf heures étaient mucilagineuses, légèrement acides ; évaporées, elles ont laissé un résidu qui possédait toutes les propriétés de la gomme, et qui, fortement desséché, a pesé 46 grammes. La presque totalité de la gomme avait donc échappé à la digestion. La matière sèche, traitée par l'eau, a donné un léger résidu duquel j'ai extrait $0^{gr},11$ d'acide urique. C'est cette quantité d'acide que rendrait, en neuf heures, un canard mis à l'inanition.

Ces expériences rendent donc extrêmement vraisemblable que le sucre, l'amidon, ne donnent pas lieu à une production de graisse pendant leur séjour dans l'appareil digestif, et, de plus, elles établissent que ces mêmes matières sont absorbées avec une rapidité telle, qu'elles apportent dans l'organisme plus d'éléments combustibles qu'il n'en faut pour entretenir la respiration. J'examinerai, maintenant, comment se comportent les principes azotés alimentaires quand ils sont placés dans les mêmes circonstances.

QUATORZIÈME EXPÉRIENCE.

Canard gavé avec de l'albumine.

A un canard qui n'avait reçu aucune nourriture depuis trente-six heures, on a donné du blanc d'œuf durci par la chaleur :

A 9 heures du matin, on en a ingéré. .	60 grammes.
A 11 heures du matin.	60
A 2 heures de l'après-midi.	50
A 4 heures et demie	50
A 7 heures et demie.	50
	270

Le canard a été tué à 9 heures du soir ; on a retiré, du jabot, $69^{gr}.35$ de blanc d'œuf : reste $200^{gr}.65$ pour celui qui a été soumis à la digestion. Par une longue dessiccation, on a trouvé que le blanc d'œuf renferme 0,138 de matière sèche : soit 27^{gr},69 pour 200^{gr},65.

Deux heures après la première ingestion, il y a eu une selle abondante chargée d'acide urique. Le canard n'a pas bu, ce qui s'explique par la forte proportion d'eau que retient l'albumine coagulée.

Dans le ventricule et le gésier, l'aliment se trouvait en morceaux enveloppés d'une pâte glaireuse, jaune et acide ; le chyme qui occupait l'intestin grêle était assez fluide, homogène et d'un vert foncé ; la fluidité diminuait en avançant vers le gros intestin. Avant le point de jonction des cœcums, le tube intestinal était fortement distendu, sur une longueur de 5 centimètres, par un gaz fétide. Au delà, dans la direction du cloaque, on retrouvait une matière verte, très-épaisse et d'une odeur désagréable ; elle ramenait au bleu le papier rougi de tournesol. On a retiré :

	Humide.	Sec.	Graisse.
	gr	gr	gr
Du ventricule et du gésier.........	13,23	5,03	0,03
Des intestins...................	23,73	4,28	0,27
Déjections....................	»	7,40	0,07
		16,71	
Graisse jaune, consistance du beurre.......			0,37
Graisse normale.......................			0,17
Différence........			+ 0,20

Ainsi, nous trouvons un excès de 2 décigrammes sur la graisse normale, et cet excès doit être un minimum, puisqu'il y a toujours de la graisse qui est absorbée pendant le passage du bol alimentaire dans le tube intestinal. Si cet excès avait pour origine la matière grasse qui pouvait se rencontrer en très-minime proportion dans le blanc d'œuf, il faudrait que celui-ci en contînt 0,006. Or une semblable proportion ne saurait passer inaperçue, puisqu'en traitant par l'éther, comme on l'a fait, 2 grammes de blanc d'œuf desséché, réduit en poudre impalpable, on en aurait extrait $0^{gr},012$ de matière grasse, tandis qu'en réalité cette matière n'a pas pesé tout à fait 1 milligramme.

Assimilation ou combustion de l'aliment.

Retiré ou sorti de l'appareil digestif..............	16,71
Matières intestinales et déjections normales........	3,73
Retrouvé.....................................	12,98
Albumine sèche ingérée.......................	27,69
Assimilé ou brûlé en douze heures.............	14,71
Par heure......................	1,23

$1^{gr},23$ d'albumine, fixée dans l'organisme, en une heure de temps, contiennent, au plus, $0^{gr},67$ de carbone, lorsque l'animal en consume $1^{gr},25$. L'albumine serait donc, au point de vue de la combustion respiratoire, un aliment insuffisant.

La difficulté qu'il y a à ingérer le blanc d'œuf coagulé, à cause de son volume, m'a engagé à répéter cette expérience, en employant du blanc d'œuf privé d'une partie de son humidité par une dessiccation préalable.

QUINZIÈME EXPÉRIENCE.

Autre canard gavé avec de l'albumine.

Le blanc d'œuf, coupé en morceaux, a été placé dans une étuve. En diminuant de volume, les morceaux sont devenus transparents sur les bords, tout en restant opaques au centre. On a fait prendre au canard 225 grammes de blanc d'œuf qui, après la dessiccation partielle, ne pesèrent plus que $42^{gr},50$. Mais, comme ce blanc d'œuf coagulé ne contient que $0,138$ de substance sèche, les $42^{gr},50$ ne renfermaient réellement que $31^{gr},05$ d'albumine entièrement privée d'eau.

On a commencé à gaver à 6 heures du matin. On a tué le canard à 9 heures du soir. On a ôté du jabot des morceaux qui, desséchés, ont pesé, en poudre, $5^{gr},88$, ce qui réduit à $25^{gr},17$ l'albumine sèche digérée.

Les matières contenues dans les intestins, les déjections se sont présentées avec les caractères qui ont été décrits dans la relation de l'expérience précédente ; la seule différence à signaler, c'est qu'il n'y avait pas de gaz accumulé dans le tube intestinal. On a retiré :

	Humide.	Sec.	Graisse.
Du ventricule et du gésier.........	$4^{gr},5o$		
Des intestins...................	$15,79$	$3^{gr},74$	$0^{gr},4o$
Déjections......................	»	$6,4o$	$0,13$
		$10,14$	
Graisse presque blanche, consistance du beurre...			$0,53$
Graisse normale..			$0,17$
Différence.........			$+ 0,36$

Assimilation ou combustion de l'aliment.

Retiré ou sorti de l'appareil digestif...........	$10,14$
Matières intestinales et déjections normales......	$4,07$
Retrouvé.....	$6,17$
Albumine sèche ingérée.................. ..	$25,17$
Assimilé ou brûlé en quinze heures...........	$19,00$
Par heure............	$1,27$

Ici encore, les éléments de l'albumine introduits dans l'organisme, et qui n'ont pas reparu dans les excréments, ne contiennent pas assez de carbone pour satisfaire à la respiration.

SEIZIÈME EXPÉRIENCE.

Canard gavé avec du caséum pur.

Le fromage qui renferme encore du beurre et qui n'est pas complétement privé de sucre de lait, est un aliment des plus substantiels. Nous avons reconnu, en effet, que ce fromage présente, pendant le temps de son séjour dans l'organisme, des éléments bien suffisants pour la nutrition. Il devenait intéressant d'étudier l'action du caséum séparé des deux matières qui l'accompagnent ordinairement.

J'ai lavé à grande eau du caillé de lait écrémé, afin d'enlever la lactine; je l'ai soumis à la presse, puis, pendant plusieurs jours, je l'ai traité par l'éther dans un appareil de déplacement, jusqu'à ce qu'il ne cédât plus de beurre au dissolvant. J'ai considéré la purification, qui dura près de quinze jours, comme terminée, quand la matière, séchée et réduite en poudre extrèmement fine, n'abandonna plus la moindre trace de graisse à l'éther. Le caséum, après avoir été exposé à l'étuve pour volatiliser l'éther adhérent, se présentait à l'état d'une poudre blanche, inodore, insipide, qui contenait 0^{gr},732 de substance sèche, la dessiccation étant opérée à 110 degrés. Sous cet état pulvérulent, il eût été impossible de l'ingérer: pour lui donner une consistance convenable, j'ai versé dessus de l'eau bouillante. Le caséum s'est pris alors en une masse élastique, qui n'était pas sans analogie avec le gluten. Cette masse, exprimée fortement dans un linge, a pu être moulée et coupée en morceaux.

A 6 heures du matin, j'ai commencé à gaver un canard qui avait passé trente-six heures sans manger: à 6^{h}30^m du soir, l'animal a été tué; il avait pris une quantité de caséum humide qui renfermait 57^{gr},06 de matière absolument sèche; mais, comme j'ai extrait du jabot 20^{gr},03 de caséum pesé après dessiccation, le caséum sec, soumis à la digestion, pesait 37^{gr},03.

A 8 heures du matin, le canard avait déjà rendu en abondance des déjections visqueuses, formées d'un liquide presque incolore, acide, dans lequel on voyait de la matière verte des cœcums et de l'acide urique; à 11 heures, les parties blanches d'acide urique étaient en très-grande quantité. Dans le ventricule, les morceaux de caséum se trouvaient comme usés à leur surface, qui était enveloppée d'un liquide jaune et très-acide. Cette pulpe acide se retrouvait dans le gésier, mêlée, comme cela arrive fréquemment, avec des grains de quartz et des fragments de verre. Dans l'intestin grêle, il y avait un chyme verdâtre assez fluide et acide ; ce chyme était plus épais, plus foncé en couleur, moins acide dans le gros intestin. Le tube intestinal était rempli sur toute sa longueur. On a retiré :

	Humide.	Sec.	Graisse.
	gr	gr	gr
Du ventricule et du gésier.	20,00	9,50	0,05
Des intestins.	11,23	2,22	0,31
Déjections.	»	6,05	0,06
		17,77	
Graisse d'un beau jaune, solide, cristalline. .			0,42
Graisse normale.			0,17
Différence.			+ 0,25

Cette graisse excédante est à peu près égale à celle qui a été obtenue par la digestion de l'albumine.

Assimilation ou combustion de l'aliment.

	gr
Retiré ou sorti de l'appareil digestif.	17,77
Matières intestinales et déjections normales. . .	4,23
Retrouvé	13,54
Caséum sec ingéré.	37,03
Assimilé ou brûlé en douze heures et demie.	23,49
Par heure.	1,87

Ce caséum contiendrait, s'il était parfaitement pur, 1 gramme de carbone, quantité qui serait insuffisante pour entretenir la respiration de l'animal pendant une heure.

DIX-SEPTIÈME EXPÉRIENCE.

Autre canard gavé avec du caséum.

Dans cette expérience, je me suis proposé de faire prendre une plus forte dose de caséum pur, et de constater si l'animal conserverait son poids sous l'influence de ce régime. Le caséum a été préparé par la méthode que j'ai décrite, avec cette différence, que le lavage à l'éther a été effectué sur la matière préalablement desséchée et réduite en poudre.

1^{gr},722 de ce caséum bien desséché, broyé et traité par l'éther, ont donné 0^{gr},0015 de graisse.

Le 17 juillet, à 11 heures du matin, un canard, à jeun depuis trente-six heures, a pesé 1105 grammes. On lui a ingéré, à plusieurs reprises, 103^{gr},20 de caséum pesé sec, mais préparé comme il a été dit précédemment. Le 19 juillet, à 11 heures du matin, quand on l'a tué, le canard pesait 1085 grammes, ayant ainsi perdu 20 grammes de son poids initial. Du jabot, on a ôté 7^{gr},05 de caséum sec. Le caséum sec digéré devient alors 96^{gr},15.

Le premier jour, l'animal a très-peu bu; aussi ses déjections étaient-elles assez consistantes, acides au moment de l'émission, et très-chargées d'acide urique. Durant la nuit du 17 au 18, il a rendu près d'un demi-litre d'excréments très-liquides, mais dans lesquels il y avait toujours beaucoup d'acide urique. On a retiré :

	Humide gr	Sec gr	Graisse
Du ventricule et du gesier........	0,50	0,10	} 0,23
Des intestins.................	8,25	2,20	
Déjections.................	690,00	38,50	0,27
		40,80	
Graisse jaune solide..................			0,50
Graisse normale..................		0,17	} 0,25
Graisse restée dans les 96^{gr},15 de caséum.		0,08	
Différence............			+ 0,25

Assimilation ou combustion de l'aliment.

	gr
Retiré ou sorti de l'appareil digestif.......	40,80
Matières intestinales et déjections normales.	7,86
Retrouvé	32,94
Caséum sec ingéré................	96,15
Assimilé ou brûlé en quarante-huit heures.	63,21
Par heure...........	1,36

Ces deux expériences s'accordent pour établir que le caséum *absorbé* est insuffisant pour la nutrition. Les pesées montrent aussi l'insuffisance de ce régime, puisque, en quarante-huit heures, après avoir digéré près de 100 grammes de caséum pur, le canard a perdu 20 grammes de son poids initial.

Je viens de dire que le caséum a été *absorbé*. En effet, on n'en retrouve que des traces douteuses dans les excréments. La partie insoluble des déjections est presque entièrement formée d'acide urique; j'en ai retiré $21^{gr},10$ d'acide pur et parfaitement sec. Au reste, ces déjections sèches renfermaient :

Graisse..	$0,27$
Acide urique	$21,10$
Matières solubles	$9,73$
Matières insolubles	$7,40$
	$38,50$

Dans les matières solubles, figure l'ammoniaque, qui existe en quantité notable dans les déjections fraîches, ainsi que je m'en suis convaincu. Je ne m'attendais pas à constater une production aussi considérable d'acide urique. $21^{gr},1$ de cet acide contiennent $7^{gr},60$ de carbone, et représentent, par conséquent, $14^{gr},2$ de caséum. Ainsi, près d'un septième du caséum digéré aurait été transformé et expulsé à l'état d'acide urique.

DIX-HUITIÈME EXPÉRIENCE.

Canard gavé avec de la gélatine.

Depuis un Rapport fait à l'Académie des Sciences, au nom d'une Commission et par l'organe de M. Magendie, on est généralement porté à croire que la gélatine ne doit plus être rangée parmi les substances alimentaires. Sous l'empire de cette disposition, j'étais persuadé qu'en nourrissant des canards avec de la colle forte, je retrouverais la totalité de cette matière dans les déjections. On verra, par les expériences suivantes, que cette prévision ne s'est point réalisée.

J'ai employé de la colle forte de Bouxwiller, où on la prépare avec les os des chevaux qui sont abattus dans l'établissement. Cette colle est transparente et presque incolore ; aussi est-elle recherchée par les restaurateurs pour la confection des gelées. Avant de l'ingérer, je l'ai fait gonfler dans l'eau. De 8 heures du matin à 1 heure de l'après-midi, un canard, à jeun depuis trente-six heures, a reçu 60 grammes de colle pesée sèche ; on l'a tué à 5 heures.

Les déjections formaient un liquide à réaction acide dans lequel on apercevait de la matière blanche insoluble mélangée à la substance verte des cœcums ; ce liquide précipitait par l'infusion de noix de galle, ce qui montre qu'il s'y trouvait de la gélatine. On a retiré :

	Humide.	Sec.
	gr	gr
Du ventricule et du gésier.	»	»
Des intestins.	11,00	3,01
Déjections	»	28,00
Retiré ou sorti de l'appareil digestif. . . .		31,01
Matières intestinales et déjections normales.		3,28
Retrouvé.		27,73
Gélatine sèche ingérée.		60,00
Assimilé ou brûlé en huit heures.		32,27
Par heure		4,02

$4^{gr},02$ de gélatine contiennent $2^{gr},04$ de carbone, tandis que le canard n'en brûle que $1^{gr},25$ par heure ; elle peut donc intervenir utilement pour la respiration : mais là ne se borne pas probablement le rôle de la gélatine. Des déjections, j'ai extrait $3^{gr},40$ d'acide urique ; or, en huit heures de temps, un canard qui ne prend aucune nourriture ou qui reçoit du sucre ou de la fécule, ne rend que

$0^{gr},09$ du même acide. On est donc forcé d'admettre qu'une fois introduite dans l'organisme, la gélatine concourt à la formation de l'acide urique, en y éprouvant une modification analogue à celle qu'y subissent l'albumine et le caséum.

DIX-NEUVIÈME EXPÉRIENCE.

Autre canard gavé avec de la gélatine.

Un canard, qui pesait à jeun 1129 grammes, a pris, en deux jours, 120 grammes de colle forte. Le second jour, à jeun, il a pesé 1140 grammes; son poids était donc resté à peu près stationnaire après l'usage de ce régime.

VINGTIÈME EXPÉRIENCE.

Autre canard gavé avec de la gélatine.

J'ai cru devoir répéter l'expérience dix-huitième. On a retiré :

	Humide. gr	Sec. gr
Du ventricule et du gésier	»	»
Des intestins.	18,00	3,50
Déjections..	»	21,50
Retiré ou sorti de l'appareil digestif. . . .		25,00
Matières intestinales et déjections normales.		3,28
Retrouvé.		21,72
Gélatine sèche ingérée.		60,00
Assimilé ou brûlé en huit heures.		38,28
Par heure.		4,78

J'ai extrait, des déjections, $4^{gr},40$ d'acide urique pur et sec : ainsi, par heure, sous l'influence de la colle comme nourriture, l'animal a rendu :

	gr
Acide urique (moyenne).	0,49
Sous l'influence du caséum (une expérience). .	0,44

Il me paraît évident, d'après les faits que je viens de rap-

porter, que la gélatine n'est pas absolument dénuée de toute
faculté nutritive. Sans doute on ne saurait la considérer
comme un aliment complet, puisqu'elle manque des matières salines et terreuses, des phosphates indispensables
dans la nutrition ; peut-être aussi, malgré sa constitution
azotée, et bien qu'elle donne naissance à de l'acide urique,
se borne-t-elle à remplir, dans l'alimentation, le rôle utile
du sucre et de l'amidon. Des recherches qui auraient pour
objet d'apprécier à ce point de vue la valeur alimentaire de
cette susbtance, seraient, à mes yeux, du plus haut intérêt.
Ce n'est donc pas sans raisons fondées que la Commission
de l'Académie n'a pas voulu se prononcer sur l'emploi de
la gélatine associée aux aliments qui servent à la nourriture de l'homme, avant d'avoir été éclairée par des observations directes.

VINGT ET UNIÈME EXPÉRIENCE.

Canard gavé avec de la fibrine.

Les expériences mentionnées dans le Rapport de la Commission de *la gélatine* ont établi que cette dernière sub-
tance n'est pas la seule qui soit incomplétement nutritive.
L'albumine, la fibrine sont tout aussi impropres que la gélatine à l'alimentation prolongée, quand elles sont données
à l'état de pureté. « Bien que des chiens, dit le Rapport,
» eussent mangé et digéré régulièrement, chaque jour,
» 500 à 1000 grammes de fibrine, ils n'en ont pas moins
» offert graduellement, par la diminution de leur poids,
» par leur maigreur croissante, les signes d'une alimen-
» tation insuffisante, et l'un d'eux est mort d'inanition,
» après avoir consommé tous les jours, pendant deux mois,
» un demi-kilogramme de fibrine ; le sang avait presque
» complétement disparu (1). »

---

(1) MAGENDIE, Rapport de la Commission dite *de la gélatine,* tome XIII
des *Comptes rendus,* pages 16, 198 et 237.

Je crois avoir reconnu, dans le cercle à la vérité très-restreint de mes observations. pourquoi l'albumine et le caséum nourrissent insuffisamment. L'expérience que j'ai faite avec la fibrine me semble apporter une nouvelle preuve en faveur de mon opinion.

Du bœuf bouilli, séparé de la graisse, a été divisé et malaxé dans un grand volume d'eau, où on l'a laissé séjourner vingt-quatre heures. L'eau a été renouvelée plusieurs fois. La fibrine a été fortement exprimée dans une toile ; malgré les lavages, elle a conservé l'odeur qui caractérise la viande de bœuf cuite. 9^{gr},13 de fibrine exprimée, à l'état où elle a été ingérée, ont laissé, par une dessiccation opérée à 130 degrés, 3^{gr},67 de matière sèche; elle en renfermait 0,042 : la fibrine sèche a donné 0,012 de cendres.

De neuf heures du matin à cinq heures du soir, on a fait prendre à un canard 98^{gr},70 de fibrine humide; soit, sèche, 39^{gr},68. L'animal a été tué à 10^{h}30^m, quand on eut reconnu que le jabot était à peu près vide; il ne contenait plus que 0^{gr},70 de matière, pesée après dessiccation. Les déjections ont été liquides, acides et abondantes en acide urique.

Le chyme ressemblait à celui qui provient de la digestion du caséum. On a retiré :

	Humide. gr	Sec. gr
Du ventricule et du gésier.	»	»
Des intestins.	14,50	3,30
Déjections..	»	15,20
Retiré ou sorti de l'appareil digestif. . . .		18,50
Matières intestinales et déjections normales.		3,91
Retrouvé.		14,59
Fibrine sèche ingérée.		38,68
Assimilé ou brûlé en treize heures et demie.		24,19
Par heure.		1,78

1^{gr},78 de fibrine ne renferment pas même 1 gramme de

carbone ; il en manquerait donc plus de $0^{gr},25$ pour compenser celui qui est éliminé en une heure par la respiration.

J'ai obtenu des déjections $5^{gr},09$ d'acide urique. Il s'y trouvait :

Acide urique.	$5^{gr},09$
Matières insolubles.	$4,21$
Matières solubles	$5,90$
	$15,20$

VINGT-DEUXIÈME EXPÉRIENCE.

Canard gavé avec un mélange d'albumine et de gélatine.

Il restait à examiner si un aliment azoté, insuffisant à porter dans l'organisme les éléments combustibles nécessaires à la respiration, serait assimilé ou brûlé en moindre quantité encore, lorsqu'il se trouverait associé à une substance alimentaire facilement absorbable. J'ai, en vue de cet examen, ingéré un mélange d'albumine et de gélatine. Le sujet de cette expérience était un canard âgé de trois mois, à jeun depuis trente-six heures, et qui pesait seulement 910 grammes. A 8 heures du matin, on lui a fait prendre 75 grammes de blanc d'œuf et 30 grammes de gélatine, puis on l'a tué à midi. On a retrouvé dans le jabot 28 grammes de blanc d'œuf, de sorte que la quantité digérée ou en voie de digestion se réduit à 47 grammes ; soit $6^{gr},49$ d'albumine sèche. On a retiré :

	Humide.	Sec.
Du gésier, intestins, etc.	$18,50$	$6,90$
Déjections sèches	"	$11,65$
		$18,55$

Assimilation ou combustion des aliments.

Retiré ou sorti de l'appareil digestif.......	18,55
Matières intestinales et déjections normales.	2,81
Retrouvé....................................	15,74
Ingéré : albumine........................... 6,49	36,49
Gélatine. 30,00	
Assimilé ou brûlé en quatre heures.......	20,75
Par heure.	5,19

D'après la composition de l'aliment mixte ingéré, ces 5^{gr},19 devaient renfermer :

Albumine..............................	0,92
Gélatine..............................	4,26

On voit, par ce résultat, que ces deux substances réunies sont assimilées ou brûlées dans une proportion qui diffère très-peu de ce qui a lieu quand chacune d'elles est ingérée isolément. Nous avons constaté, en effet, que, chez un canard du poids de 1300 grammes, l'assimilation ou la combustion a été, par heure :

Pour la gélatine..................	4,78
Pour l'albumine......................	1,23

VINGT-TROISIÈME EXPÉRIENCE.

Chair musculaire.

La chair musculaire dans laquelle la fibrine, la gélatine sont associées à des sels alcalins à acides organiques, à des phosphates, à de la graisse et à de la matière colorante du sang, est alimentaire au plus haut degré. J'ai été étonné de la rapidité avec laquelle elle a été digérée dans l'expérience dont je vais rapporter les détails; j'ajouterai que c'est de tous les aliments avec lesquels j'ai expérimenté, le seul qui ait été accepté par les canards; il n'a pas été nécessaire de les gaver. 201 grammes de viande crue de bœuf ont été pris par un canard, entre 9ʰ30ᵐ du matin et 1ʰ30ᵐ de l'après-midi. A 7ʰ30ᵐ du soir, il n'y avait plus rien dans le jabot; c'est alors qu'on a tué l'animal.

Les déjections ont été assez liquides; acides au moment de l'émission, très-chargées d'acide urique.

Par une dessiccation longtemps prolongée, la chair a fourni 0,238 de substance sèche; soit 47ᵍʳ,84 pour 201 grammes. On a retiré :

	Humide.	Sec.
Du gésier...........................	»	»
Des intestins.......................	15,10	2,90
Déjections	»	20,08
Retiré ou sorti de l'appareil digestif....		22,98
Matières intestinales et déjections normales.		3,62
Retrouvé...........................		19,36
Viande sèche ingérée.................		47,84
Assimilé ou brûlé en onze heures......		28,48
Par heure........		2,59

En évaluant à 0ᵍʳ,53 le carbone de la chair musculaire sèche, en raison de la graisse qui pouvait s'y rencontrer, on voit que, par heure, cet aliment a porté dans le système environ 1ᵍʳ,4 d'éléments combustibles, c'est-à-dire bien plus qu'il n'en fallait pour la respiration. J'ai retiré des déjections :

Acide urique sec....................	8,68
Matières insolubles.................	5,32
Matières solubles...................	6,80
	20,80

Je n'ai pas réussi à constater la présence de l'urée dans ces déjections; je me suis assuré aussi qu'elles ne contiennent pas d'acide hippurique, alors même que les animaux sont nourris avec des aliments végétaux.

D'après les vues si élevées de M. Dumas sur la digestion,

cette fonction se compose de deux ordres de phénomènes :
elle remplace les matériaux du sang incessamment détruits
par la respiration, en même temps qu'elle restitue ou qu'elle
ajoute de nouvelles parties à l'organisme. Les produits de la
digestion doivent donc suffire, d'une part, à la combustion
respiratoire, source de la chaleur animale, et, de l'autre,
à l'assimilation. J'observerai que, de ces deux phénomènes,
celui de la respiration semble être le plus indispensable : un
animal privé de nourriture respire et n'assimile pas. Tout
régime qui n'introduit pas dans le sang les éléments nécessaires à l'entretien de cette fonction conduira tôt ou tard à
l'inanition. En effet, chaque être vivant, pour assurer son
existence, doit, avant tout, développer, dans un temps
donné, une certaine quantité de chaleur; il doit donc aussi
recevoir, dans le même espace de temps, une certaine quantité d'éléments combustibles. Réduite à cette stricte dose,
la nourriture ne suffirait pas encore, parce qu'elle ne réparerait pas les pertes qui ont lieu par diverses sécrétions qui
ne cessent pas de se manifester, même durant la diète la
plus absolue; aussi, lorsqu'une ration ne fournit pas ce qui
est nécessaire pour subvenir aux dépenses des fonctions respiratoires, on peut conclure rigoureusement que cette ration est incapable d'entretenir la vie.

Les résultats exposés dans ce Mémoire, en montrant que
l'albumine, la fibrine, le caséum, bien qu'absorbés en proportion considérable par les voies digestives, ne fournissent
pas assez d'éléments combustibles à l'organisme, expliquent,
selon moi, pourquoi ces mêmes substances, si éminemment
propres à l'assimilation, deviennent cependant des aliments
insuffisants quand elles sont données seules. Pour qu'elles
nourrissent complétement, il faut qu'elles soient unies à des
matières qui, une fois parvenues dans le sang, y brûlent
en totalité, sans se transformer en corps qui sont aussitôt
expulsés, comme cela arrive à l'urée et à l'acide urique :
aussi ces substances alimentaires essentiellement combus-

tibles, comme l'amidon, le sucre, les acides organiques, et je me hasarde à y joindre la gélatine, entrent-elles toujours pour une proportion plus ou moins forte dans la constitution des aliments substantiels. Ce sont ces différentes matières qui se consument aussitôt qu'elles sont entrées dans le système circulatoire, que M. Dumas a désignées depuis long-temps sous le nom d'aliments respiratoires, indiquant ainsi que leur rôle principal est de contribuer à la production de la chaleur animale et d'économiser, en quelque sorte, les matériaux azotés, plus spécialement destinés à l'assimilation. Les recherches que je viens de présenter m'autorisent à ajouter à ces ingénieuses considérations, que si, comme chacun sait, les substances albuminoïdes ne peuvent pas être remplacées en totalité dans la nutrition par des matières non azotées, elles ne peuvent pas davantage être substituées totalement à ces dernières, et que, de toute nécessité, l'albumine, la fibrine, le caséum, pour devenir une nourriture substantielle, doivent être associés à un aliment respiratoire.

RELATION

D'une expérience entreprise pour déterminer l'influence que le sel, ajouté à la ration, exerce sur le développement du bétail;

Par M. BOUSSINGAULT.

On sait avec quelle avidité le sel est recherché par les herbivores; aussi, dans les grands pâturages de l'Europe et de l'Amérique méridionale, on le considère comme indispensable à l'élève du bétail. Cependant, si le plus grand nombre des éleveurs partagent cette opinion, il en est, et à leur tête il faut placer Mathieu de Dombasle, qui contestent l'absolue nécessité du sel pour l'entretien de la race bovine.

Le chlorure de sodium contient un élément, la soude, que l'on retrouve dans tous les fluides animaux. Aussi, au point de vue physiologique, on peut admettre qu'un sel de soude est nécessaire, indispensable même dans l'alimentation, et il devient tout naturel de voir, dans l'usage modéré de cette substance, un puissant moyen hygiénique. C'est dans ces limites que j'ai toujours compris l'utilité du sel marin, et, chaque année, nous en faisons consommer dans nos étables 300 à 400 kilogrammes. Mais ce que je ne comprends pas, ce sont ces opinions exagérées qui ont été émises sur les facultés alimentaires du sel. Je ne crois pas.

par exemple, que 3 kilogrammes de foin additionnés de sel
nourrissent autant que 4 kilogrammes du même fourrage
donnés sans assaisonnement; que, par son intervention dans
une ration, 1 kilogramme de sel développe 10 kilogrammes
de chair ou de graisse. Au reste, on ne trouve nulle part
la preuve de ces assertions, et j'entends par preuve, en
matières agricoles, un résultat précis obtenu à l'aide de la
balance; mais, comme on ne trouve pas davantage la
preuve de l'opinion contraire, j'ai cherché à déterminer,
par une expérience directe, quelle est l'influence du sel
dans la nutrition du bétail.

J'ai choisi dans nos étables six jeunes taureaux ayant à
peu près le même âge et le même poids. Je les ai répartis
en deux lots, ainsi qu'il suit :

Lot n° 1.

A , âgé de 8 mois, a pesé à jeun, le 1er octobre.   142 kilogr.
B , âgé de 8 mois........................   147
C , âgé de 7 mois.......................   145
Poids initial du lot n° 1....   434

Rationné à 3 pour 100 du poids vivant, ce lot a reçu
pour nourriture :

Du 1er au 25 oct. inclusiv., par jour.   13 kil. de foin et regain.
Du 26 octobre au 13 novembre.....   14

Dans les quarante-quatre jours d'expérience, il a été
consommé 591 kilogrammes de fourrage : chaque jour ce
lot a reçu 102 grammes de sel; par tête, 34 grammes.

Lot n° 2.

A', âgé de 10 mois, a pesé à jeun, le 1er octobre.   140 kilogr.
B', âgé de 8 ½ mois..............   135
C', âgé de 10 ½ mois   132
Poids initial du lot n° 2.....   407

Rationné à 3 pour 100 du poids vivant, ce lot a reçu :

Du 1er au 25 oct. inclusiv., par jour.   12^{kil},5 de foin et regain.
Du 26 octobre au 13 novembre.....   13^{kil},5

Dans les quarante-quatre jours, il a été consommé 569 kilogrammes de fourrage.

Le lot n° 2 n'a point reçu de sel.

Le 13 novembre, le lot n° 1, qui avait eu du sel, a pesé :

A, 165 kilogrammes. Gain en 44 jours...   23 kilogrammes.
B, 158 kilogrammes. Gain en 44 jours...   11
C, 157 kilogrammes. Gain en 44 jours...   12
____
480 kilogrammes. Gain total du lot n° 1.   46 kilogrammes.

Le 13 novembre, le lot n° 2, qui n'avait pas eu de sel. a pesé :

A', 146 kilogrammes. Gain en 44 jours...   6 kilogrammes.
B', 154 kilogrammes. Gain en 44 jours...   19
C', 152 kilogrammes. Gain en 44 jours...   20
____
452 kilogrammes. Gain total du lot n° 2.   45 kilogrammes.

On voit, par ces pesées, que le sel ajouté à la ration du lot n° 1 n'a produit aucun effet appréciable sur l'accroissement du poids vivant, puisque, sous l'influence d'un régime alimentaire exactement semblable.

100 kilogr. du lot qui a eu du sel sont devenus.   110^{kil},6
100 kilogr. du lot qui n'a pas eu de sel.......   111^{kil},0

En d'autres termes :

100 kilogr. de fourrage additionné de
  sel ont produit................   7^{kil},8 de poids vivant;
100 kilogr. de fourrage non salé ont
  produit.......................   7^{kil},9 de poids vivant.

Sans rien préjuger sur l'influence hygiénique que pourrait exercer un usage plus prolongé du sel, je puis affirmer que, pendant la durée de l'expérience dont j'ai l'honneur d'entretenir l'Académie, les deux lots se sont maintenus dans un excellent état de santé. Au reste, afin de pouvoir un jour prononcer avec certitude sur les effets qui résulteraient d'une privation de sel longtemps prolongée, j'ai pris des mesures pour que les taureaux du lot n° 2 ne participent pas aux distributions de sel qui ont lieu dans les étables : on surveillera attentivement l'état sanitaire de ces animaux, on appréciera leurs qualités comme reproducteurs; en un mot, ils resteront en observation jusqu'au moment où ils iront à la boucherie, c'est-à-dire jusqu'à ce qu'ils aient atteint l'âge de quatre à cinq ans.

Comme on pouvait le prévoir, les animaux qui ont consommé chaque jour 34 grammes de sel ont bu davantage que ceux qui n'en ont point reçu. Voici le résumé de quelques séries d'observations faites à ce sujet :

QUANTITÉ D'EAU BUE par le lot n° 1.		MOYENNE par 24 heures.	QUANTITÉ D'EAU BUE par le lot n° 2.		MOYENNE par 24 heures.
Le 20 oct. soir et 21 mat.	44		Le 20 oct. soir et 21 mat.	20	
Le 21 oct. soir et 22 mat.	43		Le 21 oct. soir et 22 mat.	45	
Le 22 oct. soir et 23 mat.	36	41	Le 22 oct. soir et 23 mat.	31	32
Le 2 nov. soir et 3 mat.	43		Le 2 nov. soir et 3 mat.		
Le 3 nov. soir et 4 mat.	32		Le 3 nov. soir et 4 mat.	26	
Le 4 nov. soir et 5 mat.	37		Le 4 nov. soir et 5 mat.	42	
Le 5 nov. soir et 6 mat.	50	40 ½	Le 5 nov. soir et 6 mat.	25	31 ½
Le 9 nov. soir et 10 mat.	54		Le 9 nov. soir et 10 mat.	37	
Le 10 nov. soir et 11 mat.	31		Le 10 nov. soir et 11 mat.	36	
Le 11 nov. soir et 12 mat.	41	42	Le 11 nov. soir et 12 mat.	33	35 ½

On voit que, en moyenne, le lot n° 1, qui a reçu du sel. a bu, en vingt-quatre heures, 41ˡⁱᵗ.16 d'eau, tandis que le lot n° 2, qui n'en n'a point reçu. n'a bu que 32ˡⁱᵗ.86 : la différence est. par conséquent, de 8ˡⁱᵗ.30.

Un point important dans certains cas d'alimentation, c'est de faire ingérer la nourriture dans le moins de temps possible. Il convenait donc de constater si le lot auquel on donnait du sel mangeait sa ration avec plus de rapidité que celui auquel on n'en donnait pas.

Temps employé par les deux lots à manger leurs rations (1).

Le lot n° 1, qui a reçu du sel, a consommé :

13 kilogrammes de foin et regain en.. $3^h 15^m$
13 kilogrammes de foin en.......... $4^h 40^m$
14 kilogrammes de regain en .... $2^h 40^m$
14 kilogrammes de foin en .... $3^h 50^m$
14 kilogrammes de regain en .... $2^h 45^m$
14 kilogrammes de foin et regain en... $3^h 20^m$
14 kilogrammes de foin en.......... $3^h 10^m$
14 kilogrammes de foin en.......... $3^h 15^m$

Le lot n° 2, qui n'a point reçu de sel, a consommé :

$12^{kil} 500^{gr}$ de foin et regain,   en supp. une quant. de fourr.
en.............. $3^h 5^m$;   égale à celle du n° 1. $3^h 13^m$
$12^{kil} 500^{gr}$ de foin en.... $4^h 20^m$,............ $4^h 30^m$
$13^{kil} 500^{gr}$ de regain en.. $2^h 55^m$,............ $3^h 1^m$
$13^{kil} 500^{gr}$ de foin en.. . $4^h 15^m$,............ $4^h 25^m$
$13^{kil} 500^{gr}$ de regain en.. $2^h 50^m$,............ $2^h 56^m$
$13^{kil} 500^{gr}$ de foin et regain $3^h 5^m$,............ $3^h 12^m$
$13^{kil} 500^{gr}$ de foin en.... $3^h 25^m$,............ $3^h 33^m$
$13^{kil} 500^{gr}$ de foin en.... $4^h 00^m$,............ $4^h 9^m$

Il ressort de ces données qu'une même ration, consommée en $3^h 37^m$ par le lot n° 2, était mangée en $3^h 22^m$ par le lot n° 1 ; ainsi, le sel aurait développé plus d'appétence, et l'on conçoit dès lors comment cette substance peut agir favorablement dans l'engraissement.

Dans le cours de ces recherches, il est arrivé qu'un jour le

____

(1) En y comprenant le temps employé à boire.

regain distribué s'est trouvé de très-mauvaise qualité ; aussi n'a-t-il été mangé qu'avec une extrême répugnance par les soixante têtes de bétail renfermées dans l'étable : toutes, à l'exception du lot n° 1, en ont laissé dans les crèches ; les animaux de ce lot, qui recevaient du sel en forte proportion, ont consommé leur ration en totalité. J'ai cru devoir rapporter ce fait, parce que c'est une nouvelle preuve à ajouter à celles que l'on possède déjà sur l'utile intervention du sel, lorsqu'il s'agit de faire consommer des fourrages avariés.

En présence des questions qui s'agitent en ce moment, je suis le premier à comprendre toute la gravité du résultat auquel j'ai été conduit par l'observation : aussi l'Académie peut être assurée que rien n'a été négligé pour donner à l'expérience qui fait l'objet de cette communication toutes les garanties désirables d'exactitude. Ces garanties, je les ai trouvées en grande partie dans le zèle et l'activité d'un jeune et habile agronome, M. Eugène Oppermann, qui a bien voulu me seconder dans ces recherches.

La nullité d'action du sel ajouté à la ration sur la production du poids vivant est un fait qui semble en opposition avec le principe physiologique que j'ai rappelé, et qui admet que la soude est essentielle à l'organisme, et par conséquent indispensable dans l'alimentation. Mais il faut remarquer que, si l'on est généralement d'accord sur la nécessité de la présence d'un sel de soude dans les aliments, on ignore encore la limite de la dose à laquelle ce sel deviendrait insuffisant. Or cette dose peut être telle, que la proportion de sel marin, qui fait partie, comme chacun sait, des substances minérales contenues dans les aliments, soit suffisante, et au delà, pour satisfaire aux exigences de la digestion, surtout quand on n'a pas, comme dans l'engraissement, à surexciter l'appétit. Ce sont ces considérations qui m'ont conduit à déterminer la quantité de sel marin qui préexistait dans le fourrage consommé chaque jour par les animaux qui ont été le sujet de mes observa-

tions. Le foin employé provenait des prairies de Durren-
bach, situées dans la vallée de la Sauer. Ce fourrage laisse
en moyenne 6 pour 100 de cendres, et, dans ces cendres,
l'analyse y a indiqué 4,3 pour 100 de chlorure de sodium.
Par conséquent, comme la ration moyenne donnée à chaque
tête du lot n° 2 était de $4^{kil}31^{gr}$, on trouve que, dans cette
ration, il entrait 259 grammes de substances minérales,
parmi lesquelles il y avait plus de 11 grammes de sel marin,
sans tenir compte d'à peu près 1 gramme du même sel qui
existe dans les 11 litres d'eau bus chaque jour par les taureaux.
Il paraîtrait que ces 12 grammes de chlorure de sodium sont
suffisants pour une pièce de bétail du poids de 150 kilogrammes, puisqu'on n'a pas obtenu un développement plus
rapide de poids vivant en ajoutant à la ration une dose de
sel beaucoup plus forte. On ne se fait pas, en général, une
idée exacte des principes salins qui entrent dans la constitution des aliments : ainsi une vache laitière, en consommant, par jour, 18 kilogrammes du foin dont il vient d'être
question, reçoit avec ce fourrage 46 grammes de sel marin.

On trouve toujours une certaine proportion de chlorure de sodium dans les cendres que laissent les plantes
fourragères ; mais cette proportion est sujette à de grandes
variations, qui dépendent probablement de la constitution
géologique du sol, de la nature des engrais et de la qualité
des eaux d'irrigation. Cette variation expliquerait, peut-être
mieux que toutes les raisons qui ont été données jusqu'à
présent, la divergence des opinions émises sur les avantages de l'emploi du sel dans les étables. On conçoit, par
exemple, que le sel produise un effet très-favorable dans
les localités où les fourrages n'en contiennent que peu ou
point ; et que cet effet soit bien moins prononcé là où les aliments végétaux sont plus abondamment pourvus de sel
marin. Il y aurait donc, au point de vue de l'alimentation,
de l'intérêt à doser le chlorure de sodium des graines et des
plantes fourragères de diverses provenances. Les analyses

des cendres que nous possédons aujourd'hui, montrent déjà que certaines rations pourraient être suffisamment riches en sel marin, tandis que d'autres n'en contiendraient qu'une fort minime quantité. C'est ce dont on peut se convaincre en examinant le tableau suivant, dans lequel est indiquée la proportion de chlorure de sodium renfermée dans 100 kilogrammes de substance alimentaire.

Sel marin contenu dans 100 kilogrammes de grains ou de fourrage.

ALIMENTS	LOCALITÉS		ALIMENTS	LOCALITÉS	
	Alsace.	Allemagn.		Alsace.	Allemagn.
	gr	gr			gr
Foin de prairie.....	255	402	Maïs	Traces	"
Trèfle fané.........	261	407	Fèves de marais.	35gr	75
Luzerne fanée... ..	"	169	Pois...........	5	14
Pois coupés en fleur..	"	280	Haricots.......	6	"
Paille de colza.....	"	700	Chènevis..	"	5
Paille de froment...	53	50	Graine de lin...	"	69
Paille d'orge.......	"	120	Glands	"	3
Paille d'avoine......	220	8	Pommes de terre.	43	"
Paille de seigle.....	"	30	Betteraves	66	"
Froment...........	0	0	Navets..........	28	"
Avoine	11	"	Topinambours ..	33	"
Seigle	"	0	Pissenlit, en vert.	"	170
Orge	"	0	Choux..........	40	35

On voit, en consultant ce tableau, qu'une tête de bétail consommant par jour 20 kilogrammes de foin prendrait avec cet aliment 51 grammes de sel marin, et qu'elle n'en recevrait plus que 21 grammes si cette ration était remplacée par 50 kilogrammes de pommes de terre. Dans 12 kilogrammes d'avoine, équivalent nutritif de 20 kilogrammes de foin, il n'y aurait plus que 1 gramme de chlorure de sodium ; et la proportion de ce sel deviendrait peut-être inappréciable, si la ration se composait uniquement de seigle ou de maïs.

Il resterait à examiner si le sel marin ne se borne pas à introduire de la soude dans l'organisme et s'il exerce une action spéciale sur le phénomène de la digestion. On sait, par exemple, qu'on peut nourrir pendant plusieurs années des granivores avec du chènevis et du maïs, graines dans les cendres desquelles on rencontre à peine des traces de chlorure de sodium ; mais on sait aussi qu'il est utile d'ajouter du sel marin à ces aliments, quand on les donne à très-fortes doses dans le but de provoquer un engraissement rapide.

Aliments donnés à discrétion.

L'expérience a été continuée sans rien changer aux dispositions qui avaient été adoptées, avec cette seule différence, que les deux lots de jeunes taureaux ont été nourris à discrétion, et qu'une partie de la ration a été donnée en betteraves. Chaque jour, on distribuait à chaque lot une quantité de nourriture supérieure à celle qui pouvait être consommée, et, le jour suivant, au moment de distribuer la nouvelle ration, on pesait ce qui était resté dans les crèches, afin de constater la consommation réelle.

Le lot formé des pièces A, B. C a continué à recevoir par jour 102 grammes de sel.

Le 13 novembre 1846, au matin, lors de la conclusion de la première observation, les pesées ont indiqué :

Pour le lot n° 1 qui avait reçu du sel :

    A. . . . .   165 kilogrammes.
    B. . . . .   158 kilogrammes
    C. . . . .   157 kilogrammes.
                                        ---
                                        480 kilogrammes.

Pour le lot n° 2 qui n'avait pas reçu de sel :

    A. . . . .   146 kilogrammes.
    B. . . . .   154 kilogrammes.
    C. . . . .   152 kilogrammes.
                                        ---
                                        452 kilogrammes.

Cette deuxième observation, commencée le 13 novembre 1846, a été terminée le 11 mars 1847, au matin.

Durant les cent dix-sept jours écoulés entre ces deux époques, les lots ont consommé les quantités suivantes de fourrage :

Par le lot n° 1 ayant du sel :

Foin. . . . . 792 kilogrammes.
Regain. . . . . 940 kilogrammes.
Betteraves, 1250 kil. = foin . . . . 312 kilogrammes.

Consommation exprimée en foin et regain. 2044 kilogrammes.
Sel consommé. . . . . 12 kilogrammes.

Par le lot n° 2 n'ayant pas de sel :

Foin. . . . . 753 kilogrammes.
Regain. . . . . 870 kilogrammes.
Betteraves, 1160 kil. = foin . . . . 290 kilogrammes.

Consommation exprimée en foin et regain. 1913 kilogrammes.

Comme il est arrivé dans la première observation, le lot qui recevait du sel a bu beaucoup plus que celui qui n'en recevait pas.

En moyenne :

Le lot n° 1 a bu par jour 54 litres d'eau ;
Le lot n° 2 a bu par jour 31 litres d'eau.

Cette détermination, comme toutes les autres pesées, ont été faites par M. Le Bel, qui, pendant mon absence de la ferme, a bien voulu diriger cette expérience. Les pesées exécutées le 11 mars 1847, au matin, ont donné :

Lot n° 1, ayant consommé 12 kilogrammes de sel :

Pesée du 13 novemb.	Pesée du 11 mars.		
A. . . 165 kil.	210 kil.	Gain en 117 jours.	45 kil.
B . . . 148 kil.	200 kil.	Gain en 117 jours.	42 kil.
C. . . . 157 kil.	208 kil.	Gain en 117 jours.	51 kil.
480 kil.	618 kil.		138 kil.

Lot n° 2, qui n'a pas eu de sel :

Pesée du 13 novemb.   Pesée du 11 mars.
A'.... 146 kil.   171 kil.   Gain en 117 jours.   25 kil.
B'.... 154 kil.   214 kil.   Gain en 117 jours.   60 kil.
C'.... 152 kil.   205 kil.   Gain en 117 jours.   53 kil.

$\overline{452}$ kil. $\overline{590}$ kil. $\overline{138}$ kil.

Les poids moyens des lots étant :

Pour le lot n° 1, 549 kil., et le foin consommé par jour, $17^k,47$,
Pour le lot n° 2, 521 kil., et le foin consommé par jour, $16^k,35$,
il s'ensuit que 100 kilogrammes de poids vivant ont pris,
pour se rationner :

  Dans le n° 1 ayant du sel. ...... $3^k,2$,
  Dans le n° 2 n'ayant pas de sel.... $3^k,1$.

On voit que cette consommation de fourrage donné à
discrétion ne diffère pas considérablement de la ration
normale distribuée à raison de 3 kilogrammes de foin
pour 100 kilogrammes de poids vivant. Ce résultat ne s'é-
loigne d'ailleurs que très-peu de celui que nous avons constaté il y a quelques années, dans une circonstance où des
veaux mangeaient à discrétion.

En résumé, dans cette deuxième observation, on trouve
que

Le lot n° 1 ayant du sel, en consommant 100 kilogr.
 de fourrage, a produit, de poids vivant...... $6^k,8$.

Le lot n° 2, sans recevoir de sel, en consommant
 100 kil. de fourrage, a produit, de poids vivant. $7^k,2$.

On peut donc en conclure que le sel ajouté à la ration administrée à discrétion n'a pas eu d'effet appréciable sur le développement des jeunes taureaux : résultat
qui, au reste, n'a rien qui doive surprendre, en admettant même l'efficacité du sel dans l'alimentation, puisqu'en
recherchant, d'après l'analyse des cendres, ce que la nourriture consommée dans un jour renfermait de sel, ou

trouve que la ration était formée en moyenne, pour chaque tête :

De foin et regain 4^k,78, contenant sel marin. .   12 grammes.
De betteraves 3^k,43, contenant sel marin.   3
Dans 10 litres d'eau, contenant sel marin.   1
                                                      ———
                                                      16 grammes.

Ainsi, chaque individu des lots prenait avec son fourrage 16 grammes de sel marin par jour.

Engraissement des moutons.

M. Dailly, membre de la Société royale d'Agriculture, a communiqué à l'Académie des Sciences le résultat d'une expérience qu'il a faite pour rechercher si le sel favoriserait l'engraissement des moutons.

Vingt moutons, destinés à être engraissés, ont été divisés en deux lots, qui ont eu, à discrétion, du regain de luzerne, du foin de basse qualité, de la balle de froment, et de la pulpe de pommes de terre, résidu de la fabrication de la fécule. De plus, on a fait consommer de petites quantités de son et de tourteaux de colza.

L'engraissement, commencé le 18 décembre 1846, a été continué pendant quatre-vingt-sept jours. Un des lots, le n° 1, recevait par jour 250 grammes de sel, soit 25 grammes pour chaque tête.

Les aliments consommés ont été :

	Par le lot n° 1, ayant du sel.	Par le lot n° 2, n'ayant pas de sel.
	^{k}	^{k}
Regain de luzerne.	500,25	496,25
Foin.	148,25	144,25
Balle.	260,50	256,85
Son.	11,00	11,00
Tourteau	8,00	8,00
Pulpe.	3724,00	3605,60
Sel marin	21,75	0,00
Eau buc.	533 litres.	256 litres.

Poids des lots.

Lot nº 1 (sel).........   Avant l'engraissement.   480,0
                     Après l'engraissement.   564,0

         Gain pendant l'engraissement.   84,0

Lot nº 2 (pas de sel)..   Avant l'engraissement.   505,0
                     Après l'engraissement.   581,5

         Gain pendant l'engraissement.   76,5

La différence $8^k,50$ en faveur du lot qui a reçu du sel est si faible, qu'elle peut dépendre uniquement des erreurs de pesées; dans tous les cas, elle est loin de compenser la valeur du sel consommé par le lot nº 1. Aussi, en traduisant les résultats en argent, M. Dailly trouva que le lot nº 1 a produit un bénéfice de $41^f 47^c$, et le lot nº 2 un bénéfice de $51^f 37^c$.

A la boucherie, il a été fourni pour 100 :

Par le lot nº 1, chair nette..   48,13   Suif...   5,10
Par le lot nº 2, chair nette..   47,54   Suif...   4,90

On n'a pas remarqué de différence dans la qualité de la viande.

J'ai recherché la quantité de sel qui existait naturellement dans les divers aliments consommés durant cette observation. Ces fourrages avaient été récoltés dans la ferme de Trappes, près Versailles.

ALIMENTS.	CENDRES dans 100 d'aliments.	CHLORURE de sodium dans 100 de cendres.	SEL MARIN dans 100 kilogr. d'aliments.
Regain de luzerne.......	6,7	2,30	154^{gr}
Foin.................	6,6	1,64	108
Balle.................	9,3	1,50	140
Son.................	6,4	0,00	"
Tourteau	7,1	0,00	"
Pulpe de pommes de terre.	0,9	1,50	14
Dans 100 litres d'eau.....	....	....	8

On a pour le sel contenu dans la ration du lot n° 2 :

	Ration par jour.	Sel marin.
Regain de luzerne.. ...	5,70^{k}	8,78^{gr}
Foin..............	1,66	1,79
Balle.............	2,95	4,13
Son..............	0,13	0,00
Tourteau..........	0,09	0,00
Pulpe	41,44	5,08
Eau..............	3 litres.	0,24
Total du sel dans la ration........		20,02

Chaque individu du lot, pesant en moyenne 54^k,35, trouvait donc dans sa ration environ 2 grammes de sel marin.

Expérience pour constater l'influence du sel sur la lactation.

M. Le Bel a recherché si le sel marin, ajouté à la ration d'une vache, augmenterait le rendement en lait. Une vache de Bechelbronn, *Juno*, a reçu du foin à discrétion. Pendant la première série de l'expérience, on n'a pas donné de sel. Dans la seconde série, la vache a reçu, par jour, 100 grammes de sel.

Le lait a été jaugé matin et soir. On a remarqué chez la

vache des signes de chaleur, les jours où elle ne consommait pas sa ration ordinaire, qui, d'après le poids vivant,
était d'à peu près 10 kilogrammes de foin.

		Foin consommé.	Lait rendu.		Total.
		k	lit	lit	lit
Février.	20	7,0	Matin. 3,3	Soir.. 2,9	6,2
	21	10,0	2,6	3,0	5,6
	22	10,6	3,4	2,8	6,2
	23	13,0	3,3	3,1	6,4
	24	10,0	3,6	2,8	6,4
	25	8,0	3,2	2,2	5,4
	26	10,0	3,1	2,7	5,8
	27	10,0	3,3	2,6	6,1
	28	12,0	3,2	2,5	5,7
Mars...	1	10,0	3,5	2,5	5,0
	2	9,0	3,2	2,9	6,1
	3	10,0	3,1	2,5	5,6
	4	14,0	3,3	2,7	6,0
	5	10,0	3,2	3,2	6,4

La vache recevant par jour 100 grammes de sel :

		k	lit	lit	lit
Mars...	6	12,5	2,7	2,9	5,6
	7	12,5	3,1	2,5	5,6
	8	12,5	3,2	3,1	6,3
	9	12,5	3,8	2,0	5,8
	10	12,5	2,9	2,4	5,3
	11	5,0	2,8	2,1	4,9
	12	8,0	0,5	3,8	4,3
	13	12,5	2,1	2,0	4,1
	14	12,5	2,5	2,3	4,8
	15	10,0	2,9	2,5	5,4
	16	12,5	2,6	2,4	5,0
	17	12,5	2,6	2,5	5,1
	18	12,5	2,9	2,7	5,6
	19	12,5	2,9	2,2	5,1
	20	12,5	2,5	2,5	5,0
	21	12,5	2,6	2,6	5,2

Ces résultats sont loin de prouver que l'usage du sel favorise la sécrétion du lait. Nous voyons, en effet, qu'avec la nourriture sans addition de sel, la vache a rendu par jour, en moyenne, 5^{lit},9 de lait, et que sous l'influence du sel, avec une consommation d'aliments sensiblement plus forte, le rendement n'a plus été que de 5^{lit},2. Dans le premier cas, 100 kilogrammes de foin ont produit 58 litres de lait ; dans le second cas, avec le sel, 100 kilogrammes de fourrage ont donné 45 litres de lait. Le sel parait avoir eu pour effet d'augmenter l'appétit de la vache. Ainsi, sans sel, l'animal nourri à discrétion a consommé, par vingt-quatre heures, 10^{k},2 de foin ; sous l'influence du sel, la ration a été de 11^{k},6.

Le poids de la vache est resté sensiblement le même pendant la durée de l'observation.

Elle a pesé, le 20 février. . . .   422 kilogr.

le 6 mars.   415

le 21 mars.   411

La légère perte accusée par ces pesées ne saurait être attribuée à l'usage du sel, puisqu'elle a commencé à se manifester après la nourriture donnée sans sel. La perte totale de 11 kilogrammes est d'ailleurs trop peu considérable, pour qu'on puisse affirmer qu'elle n'est pas due aux variations de poids accidentelles, qui laissent toujours, dans de certaines limites, de l'incertitude sur les pesées des animaux.

SUITE

Des recherches entreprises pour déterminer l'influence que le sel, ajouté à la ration, exerce sur le développement du bétail;

Par M. BOUSSINGAULT.

Les résultats dont je vais avoir l'honneur d'entretenir l'Académie complètent ceux qui ont été obtenus dans mes précédentes recherches. Les premières expériences comprenaient deux séries d'observations : dans l'une, les animaux, partagés en deux lots, étaient rationnés avec un poids déterminé d'aliments ; dans l'autre, ils recevaient le fourrage à discrétion. Dans les deux cas, l'influence du sel ajouté à la ration n'a pu être suffisamment appréciée dans ses effets sur la croissance du bétail.

L'Académie se rappellera que, lors de la communication de ces expériences, je pris l'engagement de les continuer, afin de soumettre à une longue privation de sel une partie des animaux qui en faisaient le sujet, moyen le plus propre à faire ressortir l'action hygiénique de cette substance. Les dernières observations ont été prolongées jusqu'au 31 octobre 1847, de sorte que leur ensemble embrasse un intervalle de treize mois, durant lequel les taureaux du lot n° 2 n'ont pas eu de sel.

A partir du 11 mars, les lots ont reçu la ration de l'étable, calculée à raison de $2^{kil}.5$ de foin pour 100 kilogrammes de poids vivant. On a pesé le 31 juillet : voici les résultats

Lot n° 1 (ayant du sel) :

	Pesée du 11 mars.	Pesée du 31 juillet.	Gain.
A	210 kilog.	280 kilog.	70 kilog.
B	200 kilog.	254 kilog.	54 kilog.
C	208 kilog.	279 kilog.	71 kilog.
	618 kilog.	813 kilog.	195 kilog.

En 142 jours, le lot n° 1 a consommé l'équivalent de 2294 kilogrammes de foin qui ont produit 195 kilogrammes de poids vif : soit $8^{kil}.50$ pour 100 kilogrammes de foin.

Lot n° 2 (sans sel) :

	Pesée du 11 mars.	Pesée du 31 juillet.	Gain.
A'	171 kilog.	220 kilog.	49 kilog.
B'	214 kilog.	267 kilog.	53 kilog.
C'	205 kilog.	237 kilog.	32 kilog.
	590 kilog.	724 kilog.	134 kilog.

Le foin consommé a été 2171 kilogrammes ; 100 kilogrammes de ce fourrage ont donné $6^{kil},17$ de poids vif.

D'après ces pesées, c'est le fourrage donné avec du sel qui a produit plus de poids vivant.

Après le 31 juillet, la ration de foin a été portée à 3 pour 100 du poids des animaux, et les lots pesés le 1er octobre :

Lot n° 1 (ayant du sel) :

	Pesée du 31 juillet.	Pesée du 1er octobre.	Gain.
A	280 kilog.	300 kilog.	20 kilog.
B	254 kilog.	278 kilog.	24 kilog.
C	279 kilog.	295 kilog.	16 kilog.
	813 kilog.	873 kilog.	60 kilog.

Pour augmenter de 60 kilogrammes, ce lot a consommé 1427 kilogrammes de foin, c'est-à-dire que 100 kilogrammes de fourrage ont donné seulement $4^{kil},20$ de poids vif.

Lot n° 2 (sans sel).

Pesée du 31 juillet.	Pesée du 1er octobre.	Gain
A'...... 220 kilog.	237 kilog.	17 kilog.
B'...... 267 kilog.	256 kilog. (perte)	11 kilog.
C'...... 237 kilog.	269 kilog.	32 kilog.
724 kilog.	762 kilog.	38 kilog.

Le foin consommé par le lot n° 2 étant 1075 kilo-grammes, il s'ensuit que le poids vif produit par 100 kilo-grammes de fourrage n'a pas dépassé 3^{kil},52. Mais ce nombre est évidemment trop faible, parce que pendant l'observation il est survenu un incident qui mérite d'être signalé. Le taureau B' (Alix), appartenant au lot n° 2, a été atteint d'une affection intestinale, qui, assez grave à son début, a cédé à des injections émollientes, à l'usage du gingembre et de boissons mucilagineuses ; mais ce traitement a exigé une diète, durant laquelle le poids du taureau a baissé rapi-dement de 40 kilogrammes. Lorsque cette maladie s'est déclarée, l'étable renfermait soixante têtes de bétail : depuis plus d'une année l'état sanitaire était excellent, et il est à remarquer que l'unique affection intestinale qui s'est ma-nifestée a précisément atteint l'un des trois animaux qui ne participaient pas à la distribution quotidienne de sel. En éliminant des pesées le poids du taureau B', on trouve que A' et C' ont gagné 49 kilogrammes en consommant 617 ki-logrammes de foin, ou 7^{kil},94 pour 100 de fourrage. Ainsi, d'après les pesées du 1er octobre, l'assimilation la plus forte aurait eu lieu dans le lot rationné sans sel.

À compter du 1er octobre, on profita des belles pousses de trèfle qui eurent lieu dans l'arrière-saison pour mettre graduellement la totalité de l'étable au régime du sel. Les dernières pesées furent faites le 31 octobre.

Lot n° 1 (avec sel) .

	Pesée du 1er octobre.	Pesée du 31 octobre.	Gain.
A.........	300 kilog.	330 kilog.	30 kilog.
B.........	278 kilog.	298 kilog.	20 kilog.
C.........	295 kilog.	322 kilog.	27 kilog.
	873 kilog.	950 kilog.	77 kilog.

Dans le mois d'octobre, le lot n° 1 a consommé :

Regain de foin.......................		150 kilog.
Trèfle vert... 2400 kilog. = Trèfle fané.		672 kilog.
Fourrage sec.........		822 kilog.

Cent kilogrammes de fourrage sec ont produit, par conséquent, $9^{kil},37$ de poids vif.

Lot n° 2 (sans sel) :

	Pesée du 1er octobre.	Pesée du 31 octobre.	Gain.
A'.........	237 kilog.	266 kilog.	29 kilog.
B'.........	256 kilog.	298 kilog.	42 kilog.
C'.........	269 kilog.	291 kilog.	22 kilog.
	762 kilog.	855 kilog.	93 kilog.

Consommé : Regain.......................		150 kilog.
Trèfle vert... 2160 kilog. = Trèfle sec..		605 kilog.
Fourrage sec..........		755 kilog.

On a, pour l'accroissement de poids correspondant à une consommation de 100 kilogrammes de trèfle sec, $15^{kil},45$. Cette assimilation extraordinaire vient de ce que le taureau C' a récupéré, et au delà, le poids qu'il avait perdu pendant sa maladie; en ne faisant pas intervenir C' dans la pesée, on a $10^{kil},14$ pour le poids vivant obtenu par la consommation de 100 kilogrammes de fourrage sec.

Ces recherches, comme celles qui les ont précédées, montrent que le sel est loin d'exercer sur le développement du bétail, sur la production de la chair, l'influence qu'on

est généralement porté à lui attribuer; et les variations
dans les résultats obtenus indiquent assez que cette influence
peut être assez faible pour qu'il devienne difficile de la constater par des expériences d'une courte durée. En effet,
c'est en confondant en une seule observation toutes les observations partielles qui ont fait le sujet de mes communi-
cations, que l'on voit se manifester la faible action que le
sel semble exercer dans l'alimentation du bétail en voie de
croissance. L'ensemble de ces recherches comprend alors
un intervalle de treize mois, et le résultat obtenu se résume
dans les nombres suivants :

Lot n° 1 ayant reçu du sel :

Poids initial.	Poids final.	Gain en 13 mois.	Foin consomme.	Poids vif produit par 100 k. de foin
434 kilog.	950 kilog.	516 kilog.	7178 kilog.	7^{kil},19

Lot n° 2 n'ayant pas eu de sel :

| 407 kilog. | 855 kilog. | 452 kilog. | 6615 kilog. | 6^{kil},83 |

Ainsi, suivant ces résultats, la ration diurne moyenne
du lot n° 1, 18^{kil},2 de foin, a produit par jour 1^{kil}.309 de
poids vif.

Sans l'addition des 102 grammes de sel, cette même
ration eût produit 1^{kil}.243. L'excès de viande sur pied,
attribuable à l'intervention de 102 grammes de chlorure
de sodium, est donc de 66 grammes, quantité bien minime,
et qui ne compense même pas la valeur du sel marin employé.

Si le sel ajouté à la ration a eu un effet peu prononcé
sur la croissance du bétail, il paraît avoir exercé une action
favorable sur l'aspect, sur les qualités des animaux. Jusqu'à
la fin de mars, les lots ne présentaient pas encore de différence bien marquée dans leur aspect; ce fut dans le courant
d'avril que cette différence commença à devenir manifeste,
même pour un œil peu exercé. Il y avait alors six mois que

le lot n° 2 ne recevait pas de sel. Chez les animaux des deux lots, le maniement indiquait bien une peau fine, moelleuse, s'étirant et se détachant des côtes ; mais le poil, terne et rebroussé sur les taureaux n° 2, était luisant et lisse sur les taureaux du n° 1. À mesure que l'expérience se prolongeait, ces caractères devenaient plus tranchés : ainsi, au commencement d'octobre, le lot n° 2, après avoir été privé de sel pendant une année, présentait un poil ébourriffé, laissant apercevoir çà et là des places où la peau se trouvait entièrement mise à nu. Les taureaux du lot n° 1 conservaient, au contraire, l'aspect des animaux de l'étable ; leur vivacité et les fréquents indices du besoin de saillir qu'ils manifestaient contrastaient avec l'allure lente et la froideur de tempérament qu'on remarquait chez le lot n° 2. Nul doute que, sur le marché, on eût obtenu un prix plus avantageux des taureaux élevés sous l'influence du sel.

On conçoit tout l'intérêt qu'il y aurait à prolonger encore les observations dont je viens de présenter les résultats, afin de constater jusque dans ses dernières conséquences les effets que peut occasionner la privation de sel. Malheureusement, par une circonstance particulière, il est à présumer que les observations subséquentes ne seront plus aussi comparables qu'elles l'ont été jusqu'à présent. Voici la raison : Sur les six taureaux soumis à l'expérience depuis un an, il y en a trois qui, n'offrant pas dans leurs formes les qualités recherchées dans un bon reproducteur, doivent subir la castration ; dès lors, les lots n'auront plus, dans leur composition, la même homogénéité, et il est à craindre que les résultats n'en soient affectés d'une manière fâcheuse.

DE L'EMPLOI DES FOURRAGES TREMPÉS,

DANS L'ALIMENTATION DU BÉTAIL;

PAR M. BOUSSINGAULT.

Certains éleveurs sont dans l'usage de faire tremper les fourrages secs destinés au bétail; dans l'opinion de ces praticiens, le foin, le trèfle, acquièrent par l'imbibition, des propriétés nutritives plus prononcées. 25 kilogrammes de trèfle fané absorbent assez d'eau pour peser 100 kilogrammes après une infusion de douze heures. On voit que, par l'humectation, ce fourrage sec se reconstitue en quelque sorte à l'état de fourrage vert.

On pouvait présumer, dans l'été chaud et sec que nous venons de traverser, qu'une nourriture humide serait plus profitable au bétail que le foin qu'il recevait par suite de la rareté des herbages, la seconde coupe de trèfle ayant manqué assez généralement.

C'est cette considération qui m'a déterminé à faire un essai comparatif, dans le but de constater l'effet du fourrage trempé. J'ai confié les détails de cette expérience à M. Eugène Oppermann, qui s'exerce, à Bechelbronn, à la pratique de l'agriculture.

Quatre génisses, âgées de dix-sept à dix-neuf mois, ont été réparties en deux lots. L'un de ces lots, le n° 1, a consommé du foin et du trèfle fané; le lot n° 2 a reçu le même fourrage préalablement trempé pendant douze heures. Chaque lot a d'ailleurs été exactement rationné à raison de 3 kilogrammes de foin pour 100 kilogrammes de poids vivant. Voici le résultat de la première expérience, qui a duré quatorze jours :

POIDS INITIAL	Poids après quatorze jours de ce régime.	GAIN TOTAL.	GAIN par jour.	FOURRAGE consommé.
Lot n° 1 : 722 kil. (au fourrage trempé)....	745^k	23^k	1.64^k	281^k
Lot n° 2 : 772 kil. (au fourrage sec)	792	20	1.43	312

Cette expérience a été répétée en intervertissant l'ordre des lots, de manière que le fourrage humide fût consommé par le bétail qui précédemment avait reçu du fourrage sec. Le résultat obtenu n'a pas différé sensiblement de celui qui vient d'être présenté. En effet :

Le lot n° 1, qui a eu l'aliment sec, a gagné en quatorze jours.. ... . 23 kilogrammes.
Le lot n° 2, en consommant du fourrage trempé, a gagné........ .... 22 kilogrammes.

La légère différence qui semble résulter à l'avantage du foin trempé est trop faible, pour qu'on puisse affirmer qu'elle ne dépend pas d'une erreur d'observation ; mais cette différence, fût-elle réelle, ne compenserait pas les frais de main-d'œuvre et les embarras qu'occasionnerait l'opération du trempage.

Dans le cours de ces recherches, M. Oppermann a constaté que le bétail mange plus rapidement le fourrage trempé. Il est arrivé qu'un lot consommait une ration humide en quarante-cinq minutes, tandis qu'un autre lot mettait une heure à faire disparaître la ration sèche.

Une plus grande rapidité dans la consommation peut présenter, dans certains cas, de l'avantage : par exemple, dans l'engraissement, où il y a intérêt à faire ingérer le plus tôt possible. Nul doute aussi que le fourrage trempé, d'une mastication plus facile, ne convienne au bétail très-jeune, lorsqu'il passe de l'allaitement à la nourriture végétale. En un mot, le foin sec, après qu'il a absorbé deux à trois fois son poids d'eau, doit offrir les avantages que l'on reconnaît aux fourrages verts, qui, s'ils ne sont pas plus nourrissants que les foins qui en proviennent, sont du moins consommés avec plus d'avidité.

Il en résulte qu'un animal qui est au vert à discrétion profite généralement plus. C'est probablement ce qui arriverait avec du fourrage trempé, donné dans les mêmes conditions d'abondance.

Curieux de connaître l'influence que pourrait exercer le foin trempé sur la lactation, j'ai engagé M. Oppermann à suivre le rendement de deux vaches bien comparables, rationnées avec 3 kilogrammes de fourrage sec pour 100 kilogrammes de poids vivant. A l'une on a donné du foin trempé, à l'autre, un foin normal : après quinze jours de ces deux régimes, on ne s'est aperçu d'aucune différence dans la production du lait.

OBSERVATIONS

SUR

L'INFLUENCE QUE LE SEL,

AJOUTÉ A LA RATION DES VACHES,

Peut exercer sur la production du lait;

PAR M. BOUSSINGAULT.

La vache sur laquelle ces observations ont été faites est le n° 18 de l'étable : on la considère comme bonne laitière. Le 1er mars 1847, elle a fait deux veaux, et a été saillie le 21 mai. A partir du 29 avril, on l'a rationnée avec du foin de bonne qualité donné à discrétion : les pesées de fourrages et le jaugeage du lait ont été exécutés sous la surveillance de M. Le Bel. Dans cette première série, la vache n'a pas reçu de sel.

	Dates.	Foin consommé.	Lait rendu.		Total.
		kil	Matin.	Soir.	
			lit	lit	lit
Avril.	29	10	4,0	4,2	8,2
	30	20	4,1	4,3	8,4
Mai ..	1	20	3,7	3,6	7,3
	2	20	3,8	3,8	7,6
	3	20	4,0	3,5	7,5
	4	20	4,0	4,0	8,0
	5	20	3,7	4,2	7,9
	6	20	3,8	3,6	7,4
	7	20	3,8	3,9	7,7
	8	20	4,3	3,8	8,1
	9	20	4,6	4,1	8,7
	10	20	4,0	4,3	8,3
	11	20	4,4	4,5	8,9
	12	20	4,4	4,4	8,8
	13	20	3,8	4,0	7,8
	14	20	3,5	4,5	8,0
	15	20	3,5	3,5	7,0
	16	20	4,0	3,5	7,5
	17	20	4,0	3,0	7,0
	18	21	4,0	3,5	7,5
	19	20	4,2	4,2	8,4
Jours.	21	411	83,6	82,4	166,0

Avec ce régime,

Le foin consommé par jour a été... 19,57 kil

Le lait obtenu par jour a été 7,90

Cent kilogrammes de foin ont produit 40lit,39 de lait. Le poids de la vache s'est maintenu à 493 kilogrammes.

A partir du 20 mai, à la ration de foin donnée à discrétion on a ajouté, par jour, 60 grammes de sel.

| Dates. | Foin consommé. | Lait rendu. | | Total. |
| | | Matin. | Soir. | |
	kil	lit	lit	lit
Mai .. 20	22	3,9	3,6	7,5
21	20	3,6	4,6	8,2
22	20	3,8	3,5	7,3
23	20	3,6	4,1	7,7
24	20	3,6	3,5	7,1
25	18	3,8	3,9	7,7
26	20	3,5	3,5	7,0
27	20	3,5	4,0	7,5
28	20	3,5	4,5	8,0
29	20	4,5	4,9	9,4
30	20	4,0	4,3	8,3
31	20	3,8	3,8	7,6
Juin .. 1	20	3,3	3,5	6,8
2	18	3,9	4,6	8,5
3	20	3,7	4,0	7,7
4	20	4,4	5,0	9,4
5	20	4,4	4,1	8,5
6	20	4,0	4,1	8,1
7	18	3,4	4,0	7,4
8	20	3,9	3,9	7,8
9	20	3,2	3,5	6,7
10	20	4,0	4,5	8,5
11	22	4,5	4,0	8,5
12	18	4,1	4,3	8,4
13	20	4,0	4,2	8,2
14	20	4,0	4,5	8,5
15	20	3,5	4,9	8,4
Jours . 27	536	103,4	111,2	214,6

Avec la ration additionnée de sel, les résultats ont été :

$$\text{Foin consommé par jour} \dots \quad 19,85 \text{ kil}$$
$$\text{Lait obtenu par jour} \dots \quad 7,93$$

Cent kilogrammes de foin ont produit 40^{lit},04 de lait. Le poids de la vache, à la fin de l'expérience, était de 498 kilogrammes.

Dans cette expérience, l'influence du sel a donc été nulle, tant sur la production du lait que sur la consommation du fourrage.

RECHERCHES

SUR

L'influence que certains principes alimentaires peuvent exercer sur la proportion de matières grasses contenue dans le sang;

PAR M. BOUSSINGAULT.

Divers observateurs ont constaté que, dans certaines circonstances, le sérum du sang prend un aspect lactescent occasionné par des globules de graisse qui s'y trouvent en suspension, et l'on a rencontré tel sérum laiteux qui renfermait jusqu'à 12 pour 100 de matière grasse; plusieurs physiologistes assurent même qu'on peut développer la lactescence du sang en nourrissant des animaux avec de la graisse. Enfin le même phénomène se manifesterait chez les individus soumis, pendant un temps suffisant, à un régime surabondant qui provoque l'engraissement.

Je suis loin de vouloir contester absolument ces assertions; mais comme, dans mes expériences sur la digestion, j'ai eu l'occasion de remarquer dans quelle faible proportion la graisse des aliments est absorbée par l'appareil intestinal, je ne puis m'empêcher d'émettre un doute qui, j'espère, sera prochainement levé par de nouvelles observations. Les recherches auxquelles je me suis livré ont eu simplement pour objet d'examiner si, pendant la digestion d'un aliment très-chargé de graisse, le sang est notablement plus gras qu'alors que l'animal digère un aliment qui ne renferme pas de matières grasses.

Déjà MM. Sandras et Bouchardat ont établi, dans leurs travaux sur la digestion, que la nature des aliments n'exerce pas une influence bien prononcée sur la quantité des principes gras du sang. Ainsi, que ces aliments soient de l'huile d'amande, du suif, de l'axonge, ou de la soupe faite avec du pain et du bouillon dégraissé, le sang des chiens soumis à ces différents régimes renfermera constamment deux ou trois millièmes de principes gras. La présence de cette faible proportion de graisse dans le sang de l'animal nourri avec de la soupe, MM. Sandras et Bouchardat l'expliquent en rappelant que le pain et le bouillon ne sont pas exempts d'une certaine quantité de substances grasses.

Ces résultats sont confirmés par mes recherches, en ce sens, que le sang des volatiles sur lesquels j'ai expérimenté ne renferme aussi qu'une quantité minime de principes gras, quatre à cinq millièmes environ. Comme les physiologistes que je viens de citer, j'ai constaté que le sang des animaux nourris avec des aliments non gras contient tout autant de matières grasses que le sang des animaux qui consomment une nourriture très-abondante en graisse ; mais je ne puis, avec eux, attribuer l'origine de cette graisse du sang à de faibles proportions de matières huileuses qui préexisteraient dans l'aliment, puisque j'ai fait consommer de l'amidon et du blanc d'œuf, substances à peu près exemptes de substances grasses. Il y a plus, et c'est là, je crois, une preuve évidente que la graisse du sang n'a pas toujours pour origine immédiate la graisse de l'aliment : c'est que dans le sang d'animaux privés de nourriture depuis plusieurs jours, on rencontre autant de principes gras que dans le sang d'un animal qui a mangé du lard ou des noix.

On a procédé à ces recherches de la manière suivante :

Les animaux mis en expérience n'avaient pas mangé depuis trente-six heures. Dans chacun des lots formés, on

tuait un individu à jeun; les autres étaient nourris avec
divers aliments, et pendant un certain temps.

Le sang recueilli dans une capsule était pesé, séché à l'é-
tuve, puis broyé pour être de nouveau soumis à une dessiccation prolongée à la température de 120 à 130 degrés; le
sang a été considéré comme sec lorsque la perte de poids
n'était plus que de quelques milligrammes après une heure
de dessiccation. J'indique cette circonstance, parce que je
ne suis pas parvenu à obtenir une matière sèche qui ne continue pas à éprouver une perte faible à la vérité, mais une
perte sensible, par un séjour prolongé dans l'étuve chauffée
à 130 degrés. J'ai, par curiosité, continué une dessiccation
de sang pendant plusieurs jours, et la matière a constamment
éprouvé une perte. Il n'est pas impossible qu'à cette
température les matières organiques éprouvent une sorte
de combustion très-lente.

Le sang desséché était traité, à plusieurs reprises, par
l'éther. La matière grasse abandonnée par l'éther a toujours été lavée à l'eau avant d'avoir été pesée; cette matière
s'est toujours offerte à l'état d'une graisse jaune, ayant la
consistance du miel et une odeur caractéristique et désagréable. La matière grasse du sang paraît être identique à
celle que l'on extrait du chyme. Je crois inutile d'entrer
dans le détail des expériences: il suffira d'en résumer les
résultats dans le tableau suivant :

	QUANTITÉ de sang sur laquelle on a opéré.	SANG SEC obtenu.	MATIÈRE sèche pour 1 de sang.	GRAISSE obtenue.	PROPORTION de graisse dans le sang normal.	NOURRITURE consommée.
Première série.						
Pigeons de 3 semaines.	17,30 gr	2,86 gr	0,1893	0,036 gr	0,0021	Amidon.
	17,34	3,27	0,1946	0,097	0,0056	Blanc d'œuf.
	14,95	2,86	0,1913	0,065	0,0043	Rien.
Deuxième série.						
Pigeons de 1 mois....	14,315	2,58	0,1800	0,071	0,0046	Amidon.
	15,40	2,99	0,1942	0,085	0,0055	Blanc d'œuf.
	14,435	2,83	0,1961	0,094	0,0065	Lard.
	13,94	3,03	0,2174	0,044	0,0036	Rien.
	13,325	2,52	0,1906	0,094	0,0070	Rien.
Troisième série						
Canards.......... ..	48,71	7,50	0,1540	0,204	0,0042	Amidon.
	34,26	6,27	0,1825	0,152	0,0044	Blanc d'œuf, gélatine.
	37,55	8,105	0,2158	0,277	0,0049	Noix.
	33,57	6,02	0,1793	0,114	0,0034	Rien.

IMPRIMERIE DE BACHELIER,
rue du Jardinet, 12

RECHERCHES

SUR LA

QUANTITÉ D'AMMONIAQUE CONTENUE DANS L'URINE;

Par M. BOUSSINGAULT.

Dans mes recherches sur la constitution de l'urine des herbivores, j'avais été frappé de ce fait, qu'en versant une dissolution de potasse dans de l'urine fraîche du porc, du cheval, de la vache, il n'y avait pas un dégagement perceptible d'ammoniaque (1). Au reste, comme ces urines sont alcalines, par la raison qu'elles renferment du bicarbonate de potasse, l'ammoniaque y trouverait nécessairement à l'état de carbonate. Or l'urine des herbivores récemment rendue, et alors même qu'elle est encore chaude, possède bien une odeur particulière, quelquefois aromatique, mais dans laquelle on ne perçoit rien qui décèle l'ammoniaque; et il est si vraisemblable qu'elle ne contient que très-peu ou point de cet alcali, qu'il suffit d'y ajouter quelques gouttes d'une solution d'un sel fixe de cette base, d'oxalate par exemple, pour qu'aussitôt il s'y manifeste l'odeur pénétrante et les réactions propres à l'alcali volatil.

Dans les circonstances normales, l'urine de l'homme est acide comme celle des carnivores: mais l'acidité n'est point un indice de l'absence des sels ammoniacaux. En effet, ces sels ont été reconnus dans la plupart des urines acides exa-

---

(1) *Annales de Chimie et de Physique*, 3e série, tome XV, page 97.

minées, sans que toutefois on les ait dosés avec quelque précision ; le plus souvent même les analystes se sont bornés à les indiquer.

La constatation de l'ammoniaque dans l'urine fraîche, avant qu'on puisse soupçonner la moindre altération, n'est pas dénuée d'intérêt ; car, en supposant la présence constante de cet alcali, on sera conduit à rechercher si elle est due à une sécrétion analogue à celle de l'urée, des acides urique ou hyppurique, ou bien si elle résulte simplement de ce que l'ammoniaque serait éliminée par les voies urinaires, après avoir été ingérée dans l'organisme avec les aliments qui ne sont peut-être jamais exempts de toute trace de sels ammoniacaux.

Dans le travail que j'ai rappelé, j'avais seulement acquis la certitude que le carbonate d'ammoniaque ne se rencontrait pas en quantité notable dans les urines soumises à mon examen ; mais de nouvelles recherches devenaient indispensables pour être à même de prononcer, soit sur son absence, soit sur sa proportion, pour quelque minime qu'elle fût. Ces recherches font le sujet de ce Mémoire.

Le dosage de l'ammoniaque appartenant aux sels de l'urine n'est pas sans difficultés. La raison en est que la décomposition de ces sels ne pouvant avoir lieu sans l'intervention d'un alcali énergique, on est exposé à réagir sur l'urée qui, par l'extrême mobilité de ses éléments, est transformée, avec une grande facilité, en ammoniaque ; de sorte qu'il pourrait arriver que l'ammoniaque mise en évidence ne fût, après tout, qu'un produit de la réaction, et nullement un des principes constituants de l'urine sur laquelle on aurait opéré.

La difficulté n'est pas aplanie alors même qu'il s'agit de l'urine des herbivores. Le bicarbonate de potasse qu'elle contient dispenserait, à la vérité, de faire intervenir un alcali ; et il est certain qu'à la température de 40 degrés, celle de son émission, ce bi-sel n'exerce aucune action sur l'urée, puisque, par le fait, elle ne renferme que des traces douteuses d'ammoniaque. Mais en faisant bouillir, pour expulser et doser ces traces de carbonate ammoniacal, le bicarbonate de potasse abandonnera une partie de son acide carbonique, et, en devenant carbonate, il pourra acquérir une alcalinité assez intense pour opérer, à l'aide de la chaleur, la décomposition, au moins partielle, de l'urée avec laquelle il sera en contact.

Cette crainte paraît d'autant mieux fondée, qu'on admet que l'urée se transforme très-promptement en carbonate d'ammoniaque, non-seulement sous l'influence des agents alcalins, mais encore par la seule action de l'eau bouillante. Ainsi, on assure que l'urée, dissoute dans beaucoup d'eau, est décomposée en partie pendant l'ébullition de la dissolution. Il est vrai que, d'un autre côté, et par une sorte de contradiction, on affirme que la décomposition n'a plus lieu, si c'est une dissolution concentrée que l'on fait bouillir. Enfin, on établit qu'à 120 degrés l'urée entre en fusion sans être décomposée (1).

Il est permis cependant de douter de l'exactitude de ces assertions quand on sait que, pour transformer complétement l'urée dissoute dans l'eau, il faut, après l'avoir enfermée dans un tube de verre scellé à la lampe, porter la dissolution à la température de 140 degrés: c'est même sur ce fait, bien constaté, que M. Bunsen a fondé la seule méthode satisfaisante que nous possédions aujourd'hui pour doser cette substance dans les urines.

Avant de procéder à la recherche spéciale que j'avais en vue, j'ai dû, naturellement, étudier avec soin l'action des alcalis sur l'urée: et j'ai commencé par vérifier si réellement cette substance, quand elle entre dans une dissolution étendue, est aussi facilement détruite que l'assurent certains auteurs.

----

(1) [illegible] VII page [illegible].

Dans un ballon A. *Pl. I, fig.* 1, communiquant avec une éprouvette B, plongée dans un vase faisant office de réfrigérant, on a introduit une dissolution formée de 1 gramme d'urée et de 100 grammes d'eau. L'éprouvette B contenait 10 centimètres cubes d'acide sulfurique à un titre tel, qu'ils saturaient 0^{gr},2125 d'ammoniaque, ou bien 34 centimètres cubes d'une dissolution de saccharate de chaux. Dans le tube de communication C, était engagé un papier de tournesol rougi, accusant les vapeurs ammoniacales avec une extrême sensibilité. Une lampe à l'alcool était placée sous le ballon, de façon à ne pas chauffer directement les parois qui n'auraient pas été mouillées par le liquide ; précaution nécessaire, parce que, autrement, l'urée déposée sur le verre par suite de l'évaporation eût été, en l'absence de l'eau, décomposée par l'action de la flamme. L'appareil ainsi disposé, on a fait bouillir fortement et sans interruption jusqu'à ce que le volume de dissolution fût réduit à moitié. L'acide mis en B n'avait pas changé de titre ; il fallut, après l'opération comme avant, 34 centimètres cubes de saccharate de chaux pour saturer les 10 centimètres cubes ; par conséquent, il n'avait pas fixé d'ammoniaque ; l'urée n'avait subi aucune modification appréciable pendant l'ébullition. Cependant il a dû apparaître une trace de vapeur ammoniacale, car, en examinant avec une grande attention le papier réactif logé dans le tube, on a pu reconnaître que les bords, mais les bords seulement, avaient pris une très-légère teinte bleue.

On continua l'ébullition, et lorsque la dissolution fut réduite au cinquième environ de son volume initial, le papier réactif indiqua la présence évidente de l'ammoniaque. C'est qu'à cette phase de l'expérience le liquide, devenu visqueux, ne bouillait plus avec régularité. Il se formait de grosses bulles de vapeur qui, en disparaissant, laissaient à sec pendant un temps très-court, mais appréciable, les parties du verre qu'elles avaient occupées ; il en résultait alors

que, sur ces parties, l'urée, se trouvant exposée à une température bien supérieure à celle du liquide, éprouvait un
commencement d'altération (1).

L'urée, dissoute dans une grande quantité d'eau, n'est
donc pas décomposée pendant une ébullition rapide et de
peu de durée. Ce fait acquis, il restait à savoir comment
cette substance, toujours en dissolution très-aqueuse, se
comporte en présence des alcalis qu'il faudrait introduire
dans l'urine pour en éliminer l'ammoniaque; j'ai essayé
d'abord l'action de la magnésie, comme le moins énergique
de tous.

0^{gr},1 d'urée, dissoute dans 20 grammes d'eau, a été mis
dans un ballon avec 2 grammes de magnésie qu'on avait
hydratée; on a fait bouillir le mélange pendant une heure.
Un tube, partant du ballon A, *fig.* 2, se rendait dans une
éprouvette B contenant 10 centimètres cubes de l'acide sulfurique titré mentionné précédemment. Pour favoriser le
dégagement de l'ammoniaque, pour agiter la matière, autant que pour prévenir l'absorption et les soubresauts, on
mit l'appareil en rapport avec un aspirateur. Au moyen du
tube D, établissant une communication entre l'intérieur du
ballon et l'atmosphère, on fit passer un courant d'air durant l'opération. Après une heure d'ébullition, on déter-
mina le titre de l'acide qui, avant d'être placé dans l'éprouvette B, aurait saturé 34^{gr},9 de saccharate de chaux; il
en a fallu 34,5 : différence 0,4.

On a ainsi, pour l'ammoniaque absorbée par l'acide,

$$\frac{0,4 \times 0,2125}{54,9} = 0^{gr},0024$$

Dans une seconde expérience, dans laquelle on agit sur
0^{gr},5 d'urée dissoute dans 30 grammes d'eau et 2 grammes

---

(1) Dans une autre expérience, la dissolution d'urée a été entretenue
bouillante pendant deux heures. L'ébullition était ménagée; on a
obtenu 0^{gr},006 d'ammoniaque.

de magnésie, on trouva, après trois quarts d'heure d'ébullition, que les 10 centimètres cubes d'acide ne saturèrent
plus que $32^{cc},6$ de saccharate de chaux. L'ammoniaque
formée dans cette circonstance est donc exprimée par

$$\frac{1,3 \times 0,2125}{34,9} = 0^{gr},008.$$

À cette température, l'urée, dissoute dans l'eau, éprouve
évidemment, de la part de la magnésie, une décomposition
assez lente, à la vérité, mais qui n'en est pas moins réelle.

En opérant exactement de la même manière, on a substitué la chaux à la magnésie.

$0^{gr},5$ d'urée, dissoute dans 50 grammes d'eau, ont été
traités par 2 grammes de chaux. On fit bouillir pendant une
heure et demie. Les 10 centimètres cubes d'acide auraient
saturé, avant l'expérience, $33^{cc},1$ de saccharate de chaux;
après, ils n'en saturèrent plus que $31,4$; différence $1,7$.
Par conséquent, il y avait eu $0^{gr},011$ d'ammoniaque produite.

Comme on devait le prévoir, la potasse, beaucoup plus
énergique dans ses propriétés alcalines que la magnésie et la
chaux, a, dans les mêmes circonstances, décomposé plus de
matière.

Après avoir traité $0^{gr},5$ d'urée, dissoute dans 100 parties
d'eau, par quelques grammes d'une solution concentrée de
potasse, l'acide titré, saturant $33^{cc},1$ de saccharate de chaux,
n'en a plus saturé que 30 grammes après une demi-heure
d'ébullition; différence $3,1$, équivalant à $0^{gr},020$ d'ammoniaque.

La lenteur avec laquelle la chaux avait agi sur l'urée dans
une dissolution bouillant à 100 degrés, devait faire espérer
qu'à une température moins élevée la décomposition ne se
réaliserait plus. C'est, effectivement, ce qui arrive :
20 grammes d'eau, tenant en dissolution $0^{gr},2$ d'urée, ont
été placés avec 5 grammes d'hydrate de chaux dans le même

ballon, plongé dans un bain-marie chauffé à 40 degrés, qu'on substitua au fourneau. Au moyen de l'aspirateur, le mélange a été traversé, pendant deux heures, par un courant d'air. Il n'y a pas eu émission appréciable d'ammoniaque.

Ce point établi, il restait à constater si, sous l'influence d'un rapide courant d'air déterminé par l'aspirateur, on pourrait faire passer dans l'acide titré de l'éprouvette B la totalité de l'ammoniaque d'un sel en dissolution qu'on décomposerait par la chaux hydratée, à une aussi basse température que celle de 35 à 40 degrés.

Après avoir dissous 0^{gr}.5 de chlorhydrate d'ammoniaque dans 50 grammes d'eau, on a versé la dissolution, par le tube D, sur 3 grammes d'hydrate de chaux qui occupaient le fond d'une éprouvette substituée au ballon A de la *fig.* 2 et plongeant dans un bain-marie dont la température a été maintenue entre 35 et 40 degrés. 10 centimètres cubes d'acide sulfurique titré (1), destinés à recevoir l'ammoniaque, ont été mis dans l'éprouvette B. L'appareil communiquait avec un aspirateur, qui commença à fonctionner au moment où l'on versait la dissolution, d'abord pour en faciliter l'introduction, et aussi afin de prévenir toute dispersion d'ammoniaque.

L'acide titré fut essayé après chaque heure d'aspiration ; c'est-à-dire, vu la capacité de l'aspirateur, après qu'il eut passé 57 litres d'air dans le mélange.

Voici quels ont été les résultats obtenus.

Les 10 centimètres cubes d'acide titré exigeaient, pour être neutralisés, 33^{cc}.1 de saccharate alcalin. L'acide était renouvelé après chaque opération.

---

(1) L'acide titré employé est toujours l'acide dont 10 centimètres cubes saturent 0^{gr}.2125 d'ammoniaque.

	SACCHARATE employé après l'opération.	DIFFÉRENCES.	AMMONIAQUE dosée.
	cc	cc	gr
Après la première heure	22,6	10,5	0,0071
la deuxième heure...... .	25,7	7,4	0,0473
la troisième heure...	29,9	3,2	0.0206
la quatrième heure........	31,9	1,2	0,0073
la cinquième heure........	32,1	1,0	0,0061
Ammoniaque dégagée en cinq heures............			0,1484
Ammoniaque contenue dans 0gr,5 de sel..........			0,1602
Ammoniaque non dégagée................			0,0118

Ainsi, en cinq heures, on n'a pu retirer la totalité de l'ammoniaque rendue libre par la chaux. Dans cette limite de temps, un courant d'air, bien qu'agitant fortement le mélange, n'a pas suffi pour vaincre l'affinité de cet alcali pour l'eau à la température de 35 à 40 degrés ; il eût fallu, ainsi que je m'en suis assuré, chauffer jusqu'à 90 ou 100 degrés pour opérer un dégagement rapide et complet : mais il a été reconnu qu'alors on aurait à redouter une action décomposante de la chaux sur l'urée, dans le cas où l'on agirait sur de l'urine.

L'ammoniaque, à l'état de liberté dans un liquide, n'étant entraînée qu'avec une extrême lenteur par un courant d'air, j'ai essayé, avec un plein succès, d'en opérer le déplacement par une ébullition dans le vide, qu'on détermine à une température aussi basse que possible.

L'appareil dont j'ai fait usage dans mes expériences subséquentes se compose d'un ballon A, de 1 litre de capacité, et maintenu par un support B dans l'eau d'une petite chaudière fixée sur un fourneau, *fig.* 3. Le ballon a le col traversé parallèlement par deux tubes. L'un droit, *d*, pénètre jusqu'à quelques millimètres du fond ; au bout de ce tube est ajusté un robinet R. L'autre tube, *d'*, est plié à angles

droits, afin d'aboutir à l'acide titré contenu dans l'éprouvette E, d'où part un tube muni d'un robinet R, qui, selon
qu'il est ouvert ou fermé, établit ou intercepte la communication de l'appareil avec une cloche H posée sur le plateau
d'une machine pneumatique, et servant de *réservoir de
vide*. Les orifices du ballon et de l'éprouvette sont liés aux
tubes qui les traversent par des manchons en caoutchouc,
renforcés soit par des liéges, soit par des lames de plomb,
pour empêcher les affaissements qu'occasionnerait la pression extérieure lorsque l'appareil serait vide d'air.

Voici comment on opère lorsqu'il s'agit, par exemple,
de retirer l'ammoniaque du chlorhydrate au moyen de la
chaux.

L'éprouvette E contient 10 centimètres cubes d'acide
titré ; elle plonge dans un vase de verre F, servant de réfrigérant, et dans lequel on a soin d'entretenir de l'eau à une
assez basse température (1). La chaux hydratée étant introduite dans le ballon, on monte l'appareil, on laisse ouvert le robinet R du tube droit *d*. Le robinet R' est fermé :
le vide est fait dans la cloche H. On place sur le robinet
ouvert R un petit tube G faisant office d'entonnoir, et
dont l'extrémité inférieure, effilée en pointe, traverse la
douille, afin de porter la dissolution de sel ammoniac dans
le tube de verre *d*. A l'instant où l'on verse cette dissolution dans l'entonnoir G, et, mieux encore, un peu avant
cet instant, on ouvre en partie le robinet R', en communication avec le vide H, de manière à déterminer une forte
aspiration dans le tube *d*. La dissolution pénètre dans le
ballon avec une grande vitesse ; quand elle est introduite,
on lave le vase qui la contenait, et l'on ajoute les eaux de
lavage. On retire l'entonnoir G pour fermer le robinet R.

____

(1) La basse température de l'eau du réfrigérant accélère l'opération ;
mais l'appareil fonctionne encore très-bien lorsque cette température es[t]
de 12 ou 15 degrés.

et l'on ouvre entièrement l'autre robinet R'; on fait le vide.
Si le bain-marie est à 35 ou 40 degrés, le liquide entre très-
promptement en ébullition; on ferme alors en R', et si l'é-
prouvette contenant l'acide est plongée dans de l'eau froide,
l'ébullition se soutient, et le liquide vient se condenser
en E. La distillation est rapide, et bientôt il ne reste plus
dans le ballon qu'un résidu sec. L'opération est terminée :
il n'y a plus qu'à faire passer dans l'acide jusqu'aux dernières traces des vapeurs ammoniacales répandues dans
l'appareil. On y parvient en faisant rentrer l'air très-lentement par le robinet R ; ensuite on établit graduellement la
communication avec la cloche vide H ; enfin, pour compléter le balayage, on donne quelques coups de piston avec
la machine pneumatique. Il ne s'agit plus alors que de procéder à la détermination du titre de l'acide E.

Je rapporterai maintenant les expériences faites avec
l'appareil que j'ai décrit.

Décomposition du chlorhydrate d'ammoniaque par la chaux.

0^{gr},5 de chlorhydrate d'ammoniaque, dissous dans
50 grammes d'eau, ont été traités par 5 grammes d'hydrate
de chaux. Le bain-marie était à 40 degrés : en une heure
il n'y avait plus de liquide dans le ballon.

L'acide titré saturait, avant   33,1^{cc} de saccharate de chaux.
Après.................   8,5
        Différence........   24,6 équivalant à 0^{gr},1597 d'amm.

Le sel ammoniac en contient 0^{gr},1601 ; sa décomposition
a donc été complète. Je crois, en effet, que l'appareil dans
lequel on a opéré convient parfaitement pour l'analyse des
sels ammoniacaux.

On fit une seconde expérience, sur les mêmes quantités
de matière, pour savoir s'il était nécessaire de pousser l'évaporation jusqu'à siccité.

On titra l'acide après que le mélange eut bouilli dans le vide pendant une demi-heure seulement : on obtint de 0gr.5 de sel, 0gr.152 d'ammoniaque. On voit qu'il convient de dessécher le mélange.

Décomposition du chlorhydrate d'ammoniaque par le bicarbonate de soude.

0gr,5 de chlorhydrate dissous dans 50 grammes d'eau, traités par 3 grammes de bicarbonate : ébullition, une heure : température du bain, 45 degrés.

L'acide saturait, avant 33,2^{cc} de saccharate de chaux.
Après............ 8,5
    Différence.... 24,7 équivalant à 0gr,1581 d'ammoniaq.

Après avoir mis d'autre acide en E. on continua l'opération jusqu'à ce que la matière du ballon fût devenue pâteuse.

L'acide saturait, avant 33,2^{cc} de saccharate de chaux.
Après............ 32,7
    Différence...... 0,5 équivalant à 0gr,0033 d'ammoniaq.
        En tout, ammoniaque..... 0gr,161

Décomposition du phosphate ammoniacomagnésien.

La décomposition de ce sel, qui fait partie de l'urine de l'homme, a offert certaines difficultés, en opérant cependant dans les conditions où l'on avait décomposé le chlorhydrate.

Le phosphate employé était en poudre cristalline : on l'avait desséché à l'étuve : mais, depuis, il était resté exposé à l'air. Dans cet état, 1 gramme a donné à l'analyse 0gr,0645 d'ammoniaque. En traitant 1 gramme du même phosphate dans le vide, après l'avoir délayé dans 50 grammes d'eau, le bain-marie maintenu entre 40 et 45 degrés, on a retiré :

Par l'hydrate de chaux........ 0,0388 d'ammoniaque.
Par le bicarbonate de soude.... 0,0412   »
Par le carbonate de soude..... 0,0551   »

Attribuant la résistance que présentait le phosphate ammoniacomagnésien à la cohésion de ses particules, on l'a dissous d'abord dans de l'eau acidulée; le dégagement de l'ammoniaque s'est dès lors effectué avec la plus grande facilité. On sait d'ailleurs que dans les urines ce sel y est en dissolution.

Une fois reconnu que les sels ammoniacaux habituels à l'urine sont décomposés par l'hydrate de chaux et par le carbonate de soude, lorsqu'on fait bouillir leurs dissolutions dans le vide, à une basse température, il ne restait plus qu'à examiner si, dans les mêmes conditions, l'urée résisterait aux deux agents alcalins qui viennent d'être nommés.

Un gramme d'urée, dissous dans 50 grammes d'eau, a été traité par l'hydrate de chaux, le bain-marie étant entre 45 et 50 degrés. On a évaporé dans le vide jusqu'à siccité. Le titre de l'acide n'a pas changé. Un papier de tournesol rougi, placé dans le tube d', a pris, à la vérité, une très-légère nuance bleue au commencement de l'expérience; mais cette nuance, à peine sensible. n'a pas augmenté d'intensité. On obtint le même résultat en remplaçant la chaux soit par le bicarbonate, soit par le carbonate de soude.

D'après l'ensemble de ces expériences, j'ai cru pouvoir, en toute sûreté. doser l'ammoniaque des urines par le procédé que j'ai exposé. Pour compléter ce travail, j'ai déterminé, en outre, la totalité de l'azote contenu dans ces mêmes urines. de sorte qu'en retranchant de ce dosage, quand il y a lieu, l'azote afférent à l'ammoniaque, ce qui reste de cette substance appartiendra à l'urée et aux acides urique et hippurique, en faisant abstraction de ce qui pourrait revenir aux quantités toujours extrêmement restreintes de mucus de la vessie. Il est à peine nécessaire d'ajouter.

après avoir énoncé l'objet de ces recherches, que les urines
ont toujours été examinées immédiatement après leur émission. On a exécuté le dosage de l'azote, tantôt sur de l'urine
en nature, liquide, telle qu'elle venait d'être rendue,
tantôt sur le résidu provenant d'une évaporation faite au
bain-marie.

URINE DE L'HOMME.

Dans les conditions ordinaires du régime, elle est acide.
La composition que Berzelius lui a assignée, il y a plus de
quarante ans, est encore celle qu'on lui reconnaît aujour-
d'hui. D'après l'analyse de l'illustre chimiste, l'urine contiendrait, entre autres sels, du lactate d'ammoniaque en
proportion qu'on n'a pas déterminée, 0.00165 de biphos-
phate et 0,0015 de chlorhydrate d'ammoniaque. En calculant l'alcali de ces deux sels, on trouve, en négligeant le
lactate, qu'il y avait dans l'urine analysée 0.0008 d'ammoniaque.

Urine d'un enfant à la mamelle âgé de huit mois. —
Urine du matin, presque incolore, très-peu acide, légèrement trouble.

Cinquante grammes traités dans l'appareil par l'hydrate
de chaux, ont changé le titre de l'acide normal ainsi qu'il
suit :

Avant, 5 cent. cubes d'acide saturaient $17,4$ de sacch. de chaux.
Après. . . . . $14,6$

Différence. . . . . $2,8$

Or, $17^{cc},4$ de ce saccharate équivalaient à $0^{gr},10625$ d'ammoniaque, on a, par conséquent, pour l'ammoniaque
correspondante à $2^{cc},8$ de saccharate.

$$\frac{2,8 \times 0.10625}{17.4} = 0^{gr},0171.$$

Pour 1000 parties d'urine, ammoniaque 0.34.

Dosage de l'azote.

H. 4 gr. d'urine ont donné, azote o^{gr},125. Pour 1 000. 3,20

S. 4 gr. d'urine ont donné, azote o^{gr},125. Pour 1 000. 3,20

Urine d'un enfant de huit ans. — Rendue le matin ; très-légèrement alcaline. Densité, 1,015.

Cinquante grammes de cette urine soumis à la distillation dans le vide, ont produit une quantité d'ammoniaque qui a modifié ainsi le titre de 5 centimètres cubes d'acide normal :

L'acide saturait, avant 16,9 de saccharate de chaux.

Après............ 14,7

     Différence...... 2,2 équivalant à o^{gr},0138 d'ammoniaq.

         Pour 1 000 0,28

Dosage de l'azote.

S. 4^{gr},037 d'urine ont donné, azote o^{gr},0278. Pour 1 000. 6,89

H. 4^{gr},497 d'urine ont donné, azote o^{gr},0314. Pour 1 000. 6,98

Urine d'un homme de vingt ans. — Rendue le matin : acide, jaune foncé. Densité, 1,028.

Cinquante grammes ont modifié ainsi le titre de l'acide normal :

5 cent. cubes d'ac. saturaient, avant 16,9 de saccharate.

Après......... 7,8

     Différence........... .. 9,1 équivalant à o^{gr},0573 d'ammoniaque.

       Ammoniaque pour 1 000........ 1,14

Dosage de l'azote.

S. 3 gr. d'urine ont donné, azote o^{gr},0304. Pour 1 000. 10,13

H. 3,100 d'urine ont donné, azote o^{gr},0322. Pour 1 000. 10,38

Urine d'un homme de quarante-six ans. — Rendue le matin (1) ; acide, jaune foncé.

____

(1) Les urines rendues le matin ont toujours été émises alors que l'individu était à jeun.

Cinquante grammes ont été traités :

L'acide saturait, avant 17,0 de saccharate de chaux.
Après. 5,9

    Différence. . . . . . 11,1 équivalant à 0^{gr},0699 d'ammoniaq.

        Ammoniaque pour 1000. 1,40

Dosage de l'azote.

II. 4 gr. ont donné, azote 0^{gr},0738. Pour 1000. 18,40

Urine du même sujet, après le déjeuner. — Recueillie
une heure après qu'on eut mangé du pain et 100 grammes
de fromage de Roquefort très-vieux : ayant une saveur
très-piquante et une odeur ammoniacale bien prononcée.
Les propriétés physiques de l'urine émise après ce repas
étaient restées ce qu'elles étaient. Ainsi, avant le déjeuner,
10 grammes d'urine avaient exigé, pour neutraliser leur
acide, 0^{gr},9 de saccharate de chaux. Après le repas, la
même quantité d'urine exigea encore 0^{gr},9 de saccharate.

Cinquante grammes ont présenté les résultats suivants :

L'acide normal saturait, avant le dosage 17,0 de saccharate.
Après. 6,9

    Différence. . . . . 10,1 équival. à 0^{gr},0630

      Ammoniaque pour 1000. 1,27

Dosage de l'azote.

II. 4 grammes ont donné, azote 0^{gr},0629. Pour 1000. 15,70

Urine du même sujet. — Rendue quelque temps après
qu'il eut déjeuné avec des asperges : limpide, acide : odeur
des plus fétides.

Cinquante grammes d'urine :

Acide normal saturait, avant 17,2 de saccharate.
Après. 11,2

    Différence. . . . . 6,0 équival. à 0^{gr},0372 d'amm.

      Ammoniaque pour 1000. 0,74

Dosage de l'azote.

H. 4 gr. d'urine ont donné, azote 0^{gr},0488. Pour 1000. 12,20
S. 4 gr. d'urine ont donné, azote 0^{gr},0488. Pour 1000. 12,20

J'ai recherché la proportion d'ammoniaque dans les urines pathologiques, provenant de malades traités à la Charité, dans le service de M. Rayer. On verra que, pour les trois cas examinés, la proportion d'ammoniaque n'a pas différé de celle trouvée dans l'urine des individus bien portants.

Urine d'une femme diabétique. — Rendue lorsque la malade était à jeun ; jaune-orangé, trouble, très-peu acide.

Cinquante grammes traités par l'hydrate de chaux :

L'acide normal saturait, avant 17,0 de saccharate.
Après. 6,3
 Différence. . . . . . . 10,7 équival. à 0^{gr}.0674 d'amm.

 Ammoniaque pour 1000 . . . 1,35

Dosage de l'azote.

H. 4 gr. d'urine ont donné, azote 0^{gr},0406. Pour 1000. 10,20

Urine d'un homme de vingt-cinq ans atteint de gravelle blanche. — M. Rayer a constaté plusieurs fois que, au moment de l'émission, l'urine du malade était alcaline. Ce caractère ne pouvait pas être attribué aux boissons; elle n'a jamais contenu de pus, de sang ou d'autres matières morbides pouvant donner lieu, par leur altération, à une production de carbonate d'ammoniaque. L'urine du matin examinée, une heure après son émission, était faiblement colorée, neutre et légèrement trouble.

Cinquante grammes traités par l'hydrate de chaux :

L'acide normal saturait, avant 17,0 de saccharate.
Après. 13,7
 Différence. . . . . 3,3 équival. à 0^{gr},0208 d'amm.

 Ammoniaque pour 1000 0,42

Dosage de l'azote.

H. 4 grammes ont donné, azote 0^{gr},0234. Pour 1 000 . . 5,85

Urine d'un jeune homme de dix-sept ans, malade de la fièvre scarlatine. — Rendue le matin : rouge ; épaisse : acide.

Cinquante grammes d'urine traités par le carbonate de soude :

L'acide normal saturait, avant 16,5 de saccharate.
Après. 3,5

     Différence. . . . . 13,0 équival. à 0^{gr},0832 d'amm.

        Ammoniaque pour 1 000. 1,66

Dosage de l'azote.

H. 4 grammes ont donné, azote 0^{gr},0774. Pour 1 000. 19,44

C'est cette urine qui a fourni le plus d'ammoniaque : mais, après tout, elle n'en contient qu'environ ½ en plus de celle que l'on a dosée dans l'urine d'un homme sain. On croit remarquer que l'ammoniaque est en plus forte proportion dans les urines dont on a retiré le plus d'azote par l'analyse, c'est-à-dire dans les plus chargées de substances solides. Dans tous les cas, on voit que cet alcali n'entre que pour une bien faible quantité dans l'urine de l'homme.

URINE DES HERBIVORES.

Urine d'une vache. — Alcaline ; faisant une vive effervescence avec les acides. La vache est nourrie avec du foin et des remoulages.

Cinquante grammes traités par le carbonate de soude :

L'acide normal saturait, avant 17,0 de saccharate.
Après. 16,5

     Différence . . . . 0,5 équival. à 0^{gr},0032 d'amm.

        Ammoniaque pour 1 000. 0,06

(502)

Dosage de l'azote.

H. 4 grammes ont donné, azote $0^{gr},0530$. Pour 1000. 13,30

Urine de vache. — Limpide; alcaline; très-peu effervescente par les acides; évaporée au bain-marie. dégage des vapeurs qui donnent une faible teinte bleue au papier rougi.

Cinquante grammes traités par le carbonate de soude.

L'acide normal saturait, avant 17,2 de saccharate.
Après.. 16,4
     Différence........ 0,8 equival. à $0^{gr},0050$ d'amm.

     Ammoniaque pour 1000.... 0,1

Dosage de l'azote.

H. 4 gr. d'urine ont donné, azote $0^{gr},0724$. Pour 1000. 18,10

Urine de vache (1) — Limpide; alcaline; faisant une légère effervescence avec les acides. Densité, 1.036.

Cinquante grammes traités par le carbonate de soude.

L'acide normal saturait, avant 17,2 de saccharate.
Après... 16,5
     Différence........ 0,7 equival. à $0^{gr},0043$ d'amm.

     Ammoniaque pour 1000.... . 0,09

Dosage de l'azote.

H. 4,14 ont donné, azote	$0,0627$	Pour 1000	15,15
S. 4,14	$0,0622$		15,03
H. 4,14	$0,0630$		15,21
S. 4,14	$0,0628$		15,17

Urine de cheval. — Alcaline; effervescente; trouble. On l'a filtrée pour la séparer du dépôt calcaire.

(1) Ces urines ne provenaient pas de la même vache.

Cinquante grammes traités par le carbonate de soude :

L'acide normal saturait, avant   17 grammes.
Après.   17

Il n'y avait pas eu d'ammoniaque condensée. Cependant, un papier réactif d'une grande sensibilité, placé dans le tube *c* de l'appareil, avait bleui. Il y avait donc l'indice d'une trace d'ammoniaque. Dans l'acide normal, ainsi qu'on s'en est assuré, il suffit de l'arrivée de 5 milligrammes d'ammoniaque pour en changer le titre; il n'y avait certainement pas $0^{gr},002$ d'alcali dans les 50 grammes d'urine sur lesquels on a agit.

Dosage de l'azote.

5 gr. d'urine ont donné, azote $0^{gr},0950$. Pour 1000.   16,23

Urine de cheval. — Trouble; on l'a filtrée; alcaline. Densité. 1,024.

Cinquante grammes traités par le carbonate de soude.

L'acide normal saturait, avant 17,9 de saccharate.
Après.   16,9

Différence. . . . .   1,3 équival. à $0^{gr},0019$ d'amm.

Ammoniaque pour 1000.   0,04

Dosage de l'azote.

1. $4^{gr},096$ ont donné, azote $0^{gr},0495$. Pour 1000 . . .   12,08
2. $4^{gr},096$ ont donné, azote $0^{gr},0495$. Pour 1000. . . .   12,07

Urine de cheval. — A peine alcaline; ne fait pas effervescence.

Cinquante grammes d'urine traités par le carbonate de soude.

L'acide titré n'a pas changé de titre.

Le papier rougi de tournesol a signalé une trace d'ammoniaque.

Dosage de l'azote.

H. 1ᵉʳ,880 ont donné, azote 0ᵍʳ,0325. Pour 1000... 17,28

S. 1ᵉʳ,615 ont donné, azote 0ᵍʳ,0280. Pour 1000... 17,34

Bouze de vache. — Très-faiblement alcaline; examinée immédiatement après avoir été rendue par une vache nourrie avec du remoulage et du foin de luzerne.

Cinquante grammes traités par 5 grammes de carbonate de soude dissous dans 50 grammes d'eau :

L'acide normal saturait, avant 17,2ᶜᶜ de saccharate.
Après..... 15,5

  Différence......... 1,7 équival. à 0ᵍʳ,0105 d'amm.

   Ammoniaque pour 1000............ 0,21

Crottin d'un cheval nourri avec du foin et de l'avoine. — Au moment de l'émission la matière était neutre; elle n'exerçait absolument aucune réaction sur les papiers de tournesol.

Cinquante grammes traités par 10 grammes de carbonate de soude dissous dans 50 grammes d'eau :

L'acide normal saturait, avant 17,4ᶜᶜ de saccharate.
Après................. 15,2

  Différence......... 2,2 équival. à 0ᵍʳ,0134 d'amm.

   Ammoniaque pour 1000...... 0,27

Dosage de l'azote.

S. 3ᵍʳ,545 de crottin ont donné, azote 0,0120. Pour 1000. 3,40

H. 3ᵍʳ,567 de crottin ont donné, azote 0,0112. Pour 1000. 3,10

Avant d'être soumise à l'analyse, la matière avait été hachée. 100 de crottin humide ont perdu par la dessiccation au bain-marie 76 d'humidité.

Urine du chameau. — Comme on avait signalé dans cette urine la présence du carbonate d'ammoniaque, j'ai cru devoir l'examiner. Celle que je me suis procurée avait été

rendue, le matin, par un chameau femelle de la ménagerie
du Jardin des Plantes; on l'avait reçue dans un vase.

Cette urine, d'un jaune très-foncé, d'une grande limpidité, ne s'est pas troublée en se refroidissant. Elle avait
une réaction fortement alcaline; aussi faisait-elle une effervescence des plus vives lorsqu'on y versait un acide. Son
odeur était aromatique. Pendant son évaporation au bain-
marie, les vapeurs émises n'ont pas sensiblement affecté un
papier de tournesol rougi; et la preuve qu'elle ne renfermait pas de sels ammoniacaux, du moins en quantité appréciable, c'est qu'il suffisait d'y introduire quelques gouttes
d'une dissolution d'un de ces sels pour développer à l'instant même de l'ammoniaque. On a trouvé pour la densité
1,057.

Le chameau est nourri avec du foin et du son.

Cinquante grammes d'urine de chameau, traités par
5 grammes de carbonate de soude :

L'acide normal saturait, avant $17^{cc},4$ de saccharate.

Après...................... $17,1$

    Différence......... $0,3$ équival. à $0^{gr},0018$ d'amm.

      Ammoniaque pour 1 000....... $0,04$

Dosage de l'azote.

H. $4^{gr},228$ d'urine ont donné, azote $0,1220$. Pour 1 000. $28,84$
S. $4^{gr},228$ d'urine ont donné, azote $0,1200$. Pour 1 000. $28,38$

Urine d'éléphant. — Trouble; odeur assez forte; alcaline; l'acide chlorhydrique en dégage peu d'acide carbonique. Densité, 1,028.

Cinquante grammes d'urine traités par 5 grammes de
carbonate de soude :

L'acide normal saturait, avant $17^{cc},4$ de saccharate.

Après.................... $8,2$

    Différence....... $9,2$ équival. à $0^{gr},056$ d'amm.

      Ammoniaque pour 1 000........ $1,?$

Dosage de l'azote.

H. 4 gr. d'urine ont donné, azote 0,0122. Pour 1000..   3,06

Cette urine contient beaucoup plus d'ammoniaque que celle du cheval, de la vache et du chameau. L'éléphant du Jardin des Plantes est nourri avec du foin et des carottes.

Il est possible que cette plus forte proportion d'ammoniaque soit due à cette circonstance, que l'éléphant n'ayant jamais consenti à uriner dans un vase disposé à cet effet, on fut obligé de boucher un caniveau d'écoulement afin de recueillir le matin, sur le sol, l'urine rendue pendant la nuit. C'était à la fin d'avril, et il a pu arriver que cette urine ait subi un commencement d'altération ; en tous cas, ayant été en contact avec les dalles de l'écurie, elle n'était probablement pas exempte de matières organiques altérées.

Urine du rhinocéros mâle. — Très-trouble au moment de l'émission. Séparée de la matière terreuse en suspension, elle était très-limpide, fortement colorée en jaune tirant au rouge ; très-peu odorante ; alcaline ; faisant effervescence avec les acides ; l'hydrate de chaux y développait de l'ammoniaque. On nourrit le rhinocéros avec du riz et des carottes.

Cinquante grammes d'urine traités par 5 grammes de carbonate de soude :

L'acide normal saturait, avant 17,4 de saccharate.
Après...................... 10,8

      Différence........... 6,6 équival. à 0⁸ʳ,040 d'amm.

      Ammoniaque pour 1000...... . 0,80

Dosage de l'azote.

B. 4 gr. d'urine ont donné, azote 0⁸ʳ,0204. Pour 1000. 5,11
S. 4 gr. d'urine ont donné, azote 0⁸ʳ,0185. Pour 1000. 4,62

Dans la seconde analyse, un accident survenu a probablement rendu le balayage incomplet.

Urine de lapin. — On l'a prise dans la vessie, immédia-

...ement après la mort de l'animal. Comme l'urine du cheval, elle tient en suspension une matière qui la rend quelquefois très-épaisse. On a toujours filtrée avant de la soumettre à l'analyse. Elle devient alors limpide, tout en restant plus ou moins colorée ; son odeur spéciale est assez intense ; elle est alcaline ; effervescente par l'action des acides. À la première impression de la chaleur, il se dégage de l'acide carbonique ; en même temps qu'il se dépose des carbonates terreux. La densité a varié de 1,015 à 1,020.

19ʳ.3 traités par le carbonate de soude :

L'acide normal saturait, avant 17,6 de saccharate.
Après. 17,4
       Différence. . . . . 0,2 équival. à 0ᵍ,0012 d'azote
         Ammoniaque pour 1000. 0,15

Dosage de l'azote.

B. 1ᵍ,096 ont donné, azote 0ᵍ,0290. Pour 1000 26,08
S. 1ᵍ,096 ont donné, azote 0ᵍ,0273. Pour 1000 6,50

Urine de lapin. — 8 grammes traités par le carbonate de soude :

L'acide normal saturait, avant 16,5 de saccharate.
Après. 16,5
       Différence. 0,0

Un papier de tournesol rougi, placé dans le tube de l'appareil, n'a pas bleui. L'urine ne contenait pas d'ammoniaque.

Dosage de l'azote.

B. 4 gr. d'urine ont donné, azote 0ᵍ,030. Pour 1000. . 7,50
S. 4 gr. d'urine ont donné, azote 0ᵍ,030. Pour 1000. . 5,60

Urine de lapin. — 4 grammes traités par le carbonate de soude :

L'acide normal saturait, avant 17,7 de saccharate.

Après 16,65

Différence . . . . 0,05 équiv. à 0^{gr},00031 d'amm.

Ammoniaque pour 1 000 0,03

Dosage de l'azote.

H. 4 gr. d'urine ont donné, azote 0^{gr},0316. Pour 1 000. 7,90
S. 4 gr. d'urine ont donné, azote 0^{gr},0319. Pour 1 000. 7,97

Urine de serpent. — L'urine examinée avait été rendue par un des grands serpents de la ménagerie du Jardin des Plantes. Comme il importait de chercher l'ammoniaque sur une matière fraîche, mon savant confrère, M. Duméril, professeur au Muséum d'Histoire naturelle, voulut bien prendre des mesures à cet égard. Une difficulté se présentait cependant, c'est que les serpents n'urinent pas fréquemment, mais à des intervalles souvent éloignés de plus d'un mois. Le hasard nous favorisa ; car, au moment où mon préparateur se présenta pour s'entendre avec le gardien des reptiles, le piton eut une évacuation qu'on s'empressa de mettre dans un flacon, et, une heure après, l'urine était dans mon appareil.

L'urine était homogène, d'un blanc jaunâtre, en pâte assez ferme pour être coupée en morceaux, qui offraient quelque résistance sous le pilon. Son odeur n'avait rien d'ammoniacal ni de fétide ; la potasse en dégageait de l'ammoniaque.

Au Muséum, les serpents sont alimentés avec de la chair de cheval, des lapins crevés. Un des plus grands pitons a consommé, dans une année, 22 kilogrammes de viande en soixante et un repas.

Sept grammes d'urine ont été traités par la potasse dans le vide, la température du bain-marie étant maintenue entre 45 et 50 degrés.

L'acide normal saturait, avant 17,6 de saccharate.

Après. 7,6

    Différence. . . . . 10,0 équiv. à 0^{gr},0604 d'ammon

        Ammoniaque pour 1000. 8,57

Après la dessiccation dans le ballon A, on a repris par l'eau ; toute la matière s'est dissoute, à l'exception d'une petite quantité de substance terreuse qu'on a séparée par le filtre. De la liqueur alcaline, on a retiré 3^{gr},02 d'acide urique sec, ne laissant aucun résidu par l'incinération. Dans les eaux de lavage il y avait 0^{gr},24 d'acide. L'acide urique dosé s'élève, par conséquent, à 3^{gr},26, ou 46,3 pour 100. Une détermination d'azote faite sur l'eau de lavage a fait présumer qu'elle renfermait 0^{gr},073 d'albumine ou 1,0 pour 100 d'urine.

L'urine du serpent a donné une cendre dans laquelle on a constaté la présence des phosphates de chaux et de magnésie, du carbonate de chaux, de la magnésie et de sels alcalins.

Sa composition serait pour 100 :

Acide urique.	46,3
Ammoniaque.	0,9
Phosphates, chaux, magnésie, potasse. . .	5,6
Graisse jaune.	0,2
Matières albumineuses.	1,0
Eau et perte.	46,0
	100,0

La matière grasse a été obtenue par l'éther. On n'a pas réussi à constater la présence de l'urée. Quant à la substance albumineuse, il est probable que l'urine lui doit sa teinte jaune, et la propriété de se putréfier en agissant comme ferment. L'urine de piton, placée humide dans un flacon fermé, contracte une odeur fortement ammoniacale ;

ce qui explique comment quelques observateurs ont considéré l'urine de serpent comme formée presque entièrement de sururate d'ammoniaque. Il est évident que si, au lieu d'examiner l'urine quand le piton venait de la rendre, j'eusse fait cet examen dans l'état où se trouve aujourd'hui celle qu'on a conservée, ce n'est pas 9 millièmes, mais certainement plusieurs centièmes d'ammoniaque que j'aurais dosés.

Il ressort de l'ensemble de ces expériences, que l'ammoniaque n'entre que pour une proportion extrèmement minime dans les urines au moment de leur émission. Dans l'urine alcaline des herbivores, dans laquelle l'ammoniaque est nécessairement à l'état de carbonate, sa proportion est, en général, encore plus faible que dans l'urine à réaction acide.

En résumant les résultats obtenus dans ce travail, j'ai cru devoir rechercher le rapport existant entre la totalité de l'azote de chaque urine et l'ammoniaque constatée par l'analyse. Cette comparaison est d'autant plus opportune, que la quantité de principes fixes étant fort variable dans les urines, il pourrait arriver, par exemple, que l'alcali ne semblât plus être en dose aussi faible, si, au lieu de le rapporter au liquide, on le rapportait aux substances azotées qui y sont dissoutes.

URINES.	DANS 1 000 PARTIES.		AMMONIAQ. rapportée à 100 d'azote de l'urine.	REMARQUES.
	Azote.	Ammo-niaque.		
D'un enfant de 8 mois	3,20	0,34	10,6	Urine rendue le matin à jeun.
Enfant de 8 ans.......... ...	6,64	0,28	4,0	Id.
Homme de 20 ans.....	16,04	1,14	7,1	Id.
Homme de 46 ans...	18,40	1,40	7,6	Id.
Même sujet.......... ...	15,70	1,27	8,1	Le même jour, 1 heure après le déjeuner.
Homme de 46 ans...	12,20	0,74	6,1	Après le déjeuner.
Femme diabétique....	10,20	1,35	13,2	Urine rendue le matin
Homme de 35 ans, graveleux. ...	5,85	0,42	7,2	Id
Jeune homme de 17 ans, fiévreux.	19,44	1,66	8,5	Id.
Urine d'une vache....	13,30	0,06	0,5	Urine rendue le matin.
D'une autre vache........	18,10	0,10	0,6	Id.
D'une autre vache........	15,14	0,09	0,6	Id
D'un cheval.....	16,25	0,00	0,0	
D'un autre cheval....	12,04	0,04	0,3	
D'un autre cheval........ ....'	17,31	traces.	0,0	
De chameau....	28,84	0,04	0,1	Urine du matin.
D'éléphant.	3,06	1,12?	36,6	Rendue pendant la nuit.
De rhinocéros.	5,11	0,80	15,7	Urine du matin.
D'un lapin......	6,89	0,15	2,2	
D'un autre lapin	5,00	0,00	0,0	
D'un autre lapin.....	7,94	0,03	0,4	
Urine de serpent..	162,44	8,57	5,3	

Là très-petite quantité de carbonate d'ammoniaque contenue dans l'urine récemment rendue par les herbivores,
explique comment on ne trouve pas de différence sensible
dans l'azote des déjections de ces animaux, soit qu'on les
analyse avant ou après une dessiccation faite au bain-marie.
Je n'ai pas recueilli la moindre trace d'ammoniaque en
desséchant les excréments de la tourterelle, et, dernièrement encore, ceux du serpent. Dans plusieurs circonstances
j'ai reconnu, en opérant sur des matières non altérées,
que, le plus souvent, la perte en ammoniaque est si
minime, quand elle a lieu, qu'on peut la négliger.

Si j'ai insisté sur ce point, c'est que M. Millon prétend avoir constaté que l'évaporation, alors même qu'elle est exécutée au bain-marie, et sur un très-petit volume de matière, influe d'une telle manière sur la constitution de l'urine, que ce liquide perd depuis 10 jusqu'à 50 pour 100 de l'azote qu'il renferme. La perte a été quelquefois de 17, de 29 pour 100 ; elle n'a jamais été au-dessous de 10. Voici, au reste, les résultats obtenus (1) :

	AZOTE dans 1 000 parties d'urine employées.		REMARQUES.
	A l'état normal.	Après évapora- tion.	
Urine d'homme, très-acide.	16,3	14,6	Évaporée en consistance de sirop.
Urine d'homme, acide.....	14,2	11,8	Évaporée au bain-marie.
Urine de lapin...........	6,0	4,8	Réduite à moitié de son volume.
Urine d'un autre lapin...	4,9	3,5	Réduite au tiers de son volume.
Urine d'un autre lapin...	1,7	0,85	Évaporée à siccité.

Dans le cours de mon travail j'ai, comme je l'ai dit, analysé les urines, soit en nature, soit après les avoir évaporées entièrement à siccité ; c'est-à-dire après les avoir amenées à cet état où, si les expériences de M. Millon étaient exactes, elles devaient perdre le plus d'azote. Les analyses faites sur l'urine normale sont, dans le texte, précédées de la lettre H ; celles qui ont été faites sur de l'urine préalablement desséchée sont indiquées par la lettre S.

J'obtiens le résidu sec en évaporant l'urine dans une nacelle très-évasée, formée d'une lame mince de métal, et soumise à la vapeur de l'eau en ébullition. La dessiccation

---

(1) *Études de Chimie organique faites en vue des applications physiologiques et médicales.* Lille, 1849.

a lieu en très-peu de temps. La lame de métal est déployée et roulée de manière à pouvoir être glissée dans le tube à combustion avec la matière adhérente.

Mes analyses conduisent à des résultats entièrement différents de ceux énoncés, avec la plus parfaite assurance, par M. Millon, en ce sens, qu'ils montrent que l'évaporation exécutée au bain-marie, et sur un petit volume de matière, n'influe aucunement sur la constitution de l'urine.

La seule perte en azote, en effet, que doit éprouver l'urine alcaline des herbivores dans cette circonstance, est celle occasionnée par le dégagement du carbonate d'ammoniaque; or, dans la généralité des cas, cette perte est assez minime pour échapper au contrôle de l'analyse.

Pour faciliter la comparaison, j'ai mis, en regard des proportions d'azote trouvées en opérant sur l'urine normale, celles obtenues avec la même urine préalablement desséchée.

	AZOTE	
	dans 1 000 parties d'urine analysée.	
	À l'état normal.	Après dessiccation.
Urine d'un enfant de huit mois....	3,20	3,20
D'un enfant de huit ans..........	6,98	6,89
D'un homme de vingt ans	10,38	10,13
D'un homme de quarante-six ans....	12,20	12,20
Urine de vache..................	15,15	15,03
La même urine..................	15,21	15,17
Urine de cheval.................	12,08	12,01
Urine d'un autre cheval	17,28	17,34
Crottin de cheval	3,10	3,40
Urine de chameau...............	28,81	28,38
Urine de rhinocéros.............	5,11	4,62
Urine de lapin.................	7,08	6,70
Urine de lapin.................	5,00	5,00
Urine de lapin.................	7,90	7,97

NOTE

SUR

LA QUANTITÉ DE POTASSE ENLEVÉE AU SOL

PAR LA CULTURE DE LA VIGNE;

Par M. BOUSSINGAULT.

La présence constante de la crème de tartre dans le vin, les quantités considérables de cette substance produites dans les pays vignobles, ont fait penser que la vigne enlève au sol une très-forte proportion de potasse. C'est là, au reste, une simple présomption; et quand on considère qu'on ne donne pas à la vigne plus de fumier que n'en reçoivent les cultures de racines ou de céréales, il est permis de douter qu'une récolte de vin, si abondante qu'on la suppose, exige plus d'alcali que telle ou telle sole de nos rotations.

Pour me former une opinion sur cette question trop abandonnée jusqu'ici aux spéculations théoriques, j'ai déterminé la quantité et la nature des substances minérales enlevées en 1848 dans notre vigne du Smalzberg, près Lampertsloch, en dosant et en soumettant à l'analyse les cendres des matières exportées, à savoir : 1° des sarments; 2° du marc de raisin; 3° du vin. Les feuilles restant sur le terrain, il n'a pas été nécessaire de tenir compte des matières minérales qu'elles renferment.

La surface de vigne à laquelle se rapportent les données numériques que je vais présenter est de 170 ares. Le terrain est rempli de petits fragments de pierres calcaires.

En 1848, on a obtenu de cette surface 55^{hectol},05 de vin.

Le marc de raisin, desséché à l'air, a pesé 492 kilogrammes ; 100 de marc, ainsi desséché, ont laissé 6,65 de cendres, soit 32^k,72 pour 492 kilogrammes.

La taille de la vigne, exécutée au printemps de 1849, a fourni 2624 kilogrammes de sarments. J'ajouterai qu'en 1850 la vigne en a donné, à 100 kilogrammes près, la même quantité.

De 100 de sarments, brûlés dans l'état où ils avaient été pesés, on a retiré 2,44 de cendres ; soit 64^k,03 pour la totalité du bois. On avait incinéré assez de sarments pour obtenir plusieurs kilogrammes de cendres.

Un litre de vin a laissé 1^{gr},870 d'une cendre très-blanche.

Les analyses de ces cendres ont été faites dans mon laboratoire par M. Houzeau ; en voici les résultats :

	CENDRES de marc.	CENDRES de sarments.	CENDRES de sarments, sable déduit.	CENDRES de 1 litre de vin.
Potasse	36,9	18,0	20,1	^{gr} 0,842
Soude	0,1	0,2	0,2	0,000
Chaux	10,7	27,3	30,5	0,092
Magnésie	2,2	6,1	6,8	0,172
Oxyde de fer, alumine	3,4	3,8	4,2	"
Acide phosphorique	10,7	10,4	11,6	0,412
Acide sulfurique	5,4	1,6	1,7	0,096
Chlore	0,1	0,1	0,1	Traces.
Acide carbonique	12,4	20,3	22,9	0,250
Sable et silice (1)	15,3	10,9	0,5	0,006
Perte	2,2	1,3	1,4	"
	100,0	100,0	100,0	1,870

(1) La silice en très-faible proportion.

Avec les données précédentes, on trouve pour les quantités de substances minérales enlevées en une année dans la vigne de 170 ares :

	POTASSE.	SOUDE.	CHAUX.	MAGNÉSIE.	ACIDE phosphorique.	ACIDE sulfurique.
	k	k	k	k	k	k
Dans les sarments	11,53	0,13	17,48	3,91	6,66	1,02
Dans le marc...	12,07	0,13	3,50	0,72	3,50	1,77
Dans le vin......	4,64	0,00	0,51	0,95	2,27	0,53
Total......	28,24	0,25	21,49	5,58	12,43	3,32

· Ramenant à la surface d'un hectare, on a :

$$
\begin{aligned}
&\text{Potasse.............} && \overset{k}{16,42} \\
&\text{Soude.............} && 0,15 \\
&\text{Chaux.............} && 12,49 \\
&\text{Magnésie...........} && 3.24 \\
&\text{Acide phosphorique...} && 7,23 \\
&\text{Acide sulfurique.....} && 1,93
\end{aligned}
$$

Contrairement à l'opinion admise, ces recherches établissent que la culture de la vigne n'exige pas plus de potasse que les autres cultures ; ainsi, dans le voisinage du clos du Smalzberg, à 1 hectare de terre :

	Alcali.	Ac. phosphorique.
La pomme de terre enlève....	63^{k}	14
La racine de la betterave......	90	12
Le froment, avec la paille......	27	10

EXPÉRIENCES

AYANT POUR BUT

DE DÉTERMINER LA CAUSE DE LA TRANSFORMATION DU PAIN TENDRE EN PAIN RASSIS;

Par M. BOUSSINGAULT.

Assez généralement on croit que le pain tendre diffère du pain rassis par une plus forte proportion d'eau, attribuant par là, à une dessiccation progressive, la consistance qu'il acquiert après qu'on l'a retiré du four. Comme conséquence, on admet que le pain est plus nutritif quand il est rassis, par la raison, qu'à poids égal, il renferme plus de matières sèches.

Cependant, lorsqu'on connaît les précautions prises pour prévenir la dessiccation du pain frais dans les ménages où l'on ne cuit qu'à des intervalles assez éloignés, on est peu disposé à accepter cette opinion.

Ainsi, dès qu'une fournée est cuite et refroidie, on l'enferme dans la huche, on la porte au cellier ou on la descend à la cave; toujours elle est placée dans les conditions les moins favorables à la déperdition de l'humidité. Néanmoins, il ne se passe pas vingt-quatre heures sans que la mie ait perdu une partie de sa flexibilité, sans qu'on puisse l'émietter facilement; la croûte, au contraire, de croquante, de cassante qu'elle est, devient tenace en prenant une certaine souplesse. Ce changement d'état suit l'abaissement de la température, et il ne m'a jamais paru qu'il fût raisonnable de l'attribuer à un effet de dessiccation. Qui ne sait, par exemple, qu'un pain froid et rassis recouvre, dans le four toutes les propriétés du pain tendre, ou bien, encore, lorsqu'on en grille une tranche sur un feu vif? A la vérité, les surfaces d'un morceau de pain rôti sont torréfiées, carbonisées, fortement desséchées par l'action trop directe de la chaleur; mais à l'intérieur, la mie est flexible, élastique, *tendre*. On ne saurait nier, cependant, que le pain en séjournant dans le four, que la tranche grillée n'aient perdu l'un et l'autre une quantité notable d'eau.

Ces faits suffiraient, ce me semble, pour établir, contre l'opinion accréditée, que le pain tendre ne devient pas rassis par cela seul qu'il se dessèche. Mais j'ai cru qu'il ne serait pas inutile de faire quelques expériences, ne fût-ce que pour montrer avec quelle lenteur un pain de quelques kilogrammes se refroidit, et combien est minime la quantité d'eau évaporée pendant le changement d'état qui accompagne et suit ce refroidissement.

Dans un pain rond ayant 33 centimètres de diamètre, 14 centimètres d'épaisseur, et pris lorsqu'on défournait, j'ai introduit au centre, à 7 centimètres de la surface, le réservoir d'un thermomètre; quelques instants après son introduction, l'instrument marquait 97 degrés. Cette température paraîtra bien faible si on la compare à celle du four; mais si la partie extérieure d'un pain que l'on fait cuire est exposée au rayonnement de parois échauffées à 250 ou 300 degrés, il ne faut pas perdre de vue que les parties situées au-dessous de la croûte n'atteignent jamais plus de 100 degrés de chaleur, à cause de l'eau contenue dans la pâte, et en proportion telle, qu'après la cuite, la mie en retient encore 35 à 45 pour 100.

Le pain chaud pesait $3^{kil},760$; on l'a placé dans une chambre où un thermomètre suspendu dans l'air indiquait 19 degrés. Voici, maintenant, les observations faites pendant le refroidissement.

DATES.	HEURES.	TEMPÉRATURES		POIDS DU PAIN.
		du pain.	de la chambre.	
	h	o	o	k
Juin..... 12	9 matin	97,0	19,0	3,760
	10 matin	81,0	19,1	
	11 matin	68,0	19,0	
	Midi.	58,1	19,1	
	1 soir.	50,2	19,0	3,735
	2 soir.	44,0	19,0	
	3 soir.	38,6	18,9	
	4 soir	34,7	19,0	
	5 soir.	31,6	18,7	
	6 soir	28,9	18,6	
	8 soir.	25,0	18,4	
	10 soir.	23,0	18,3	
13	7 matin	18,8	18,1	
	9 matin	18,3	18,1	3,730
	10 matin	18,1	18,1	
	11 matin	18,0	18,0	
	Midi.	18,0	17,9	
	2 soir	18,0	18,0	
	7 soir.	17,8	17,7	
14	9 matin.	17,0	17,4	3,725
15	9 matin	16,1	16,5	3,712
16	9 matin	15,8	16,3	3,700
17	9 matin	"	"	3,696
18	9 matin.	"	"	3,690

A côté du pain portant un thermomètre, on en avait placé un autre pour juger du changement d'état. Vingt-quatre heures après qu'on eut défourné, la température étant sensiblement la même que celle de la chambre, et, dès lors, le refroidissement pouvant être considéré comme accompli, le pain était demi-rassis comme l'est ordinairement celui qui est cuit depuis un jour; la croûte ne se brisait plus sous la pression ; il y avait eu 30 grammes d'eau de dissipés, soit les 0,008 du poids initial. Le sixième jour, lorsque le pain était extrêmement rassis, la perte ne s'est pas élevée au-dessus de 0,01 ; dans les cinq derniers jours, c'est-à-dire pendant la période où la modification a été la plus prononcée, bien qu'elle ait eu lieu après le complet refroidissement, la perte en eau n'a été que de 40 grammes sur 3730, ou à très-peu près de 0,01. L'expérience suivante prouvera d'ailleurs que l'élimination de l'eau, dans des limites aussi restreintes, ne contribue en rien à la transformation du pain tendre en pain rassis.

Le pain cuit depuis six jours, et dont le poids était $3^{kil},690$, a été remis au four; une heure après, le thermomètre placé au milieu de la mie indiqua seulement 70 degrés. Ce pain ayant été coupé, on le trouva tout aussi frais que ceux que l'on venait de cuire. Il ne pesait plus que $3^{kil},570$, ayant perdu 120 grammes d'eau, ou $3\frac{1}{4}$ pour 100.

Cette expérience a été répétée sous une autre forme ; on a mis une tranche de pain chaud dans une capsule placée sous une cloche dont l'ouverture reposait sur de l'eau, de manière à ce que l'air confiné dans la cloche fût saturé d'humidité. Chaque jour, à la même heure, la tranche a été examinée et pesée.

Poids de la tranche. . . . . $32^{gr},05$ pain tendre.
           Perte. . . $0^{gr},23$

Après être restée 24 h. sous la cloche. $31,82$ pain demi-rassis.
           Perte. . . $0^{gr},07$

Après être restée 48 h. sous la cloche. $31,75$ pain rassis.
           Perte. . . $0^{gr},05$

Après être restée 72 h. sous la cloche. $31,70$ pain rassis.
           Perte. . $0^{gr},01$

Après être restée 96 h. sous la cloche. $31,69$ pain très-rassis.

On voit, par les pesées, que le pain chaud est devenu demi-rassis en perdant les 0,007 de son poids. Une fois à cet état, la consistance a été en augmentant, bien que les pertes successives n'aient plus été que de 0,002, 0,0016, 0,0003 du poids initial.

La tranche de pain rassis a été grillée, elle a pesé $28^{gr},65$;

plus des $\frac{7}{8}$ étaient régénérés à l'état de pain tendre, quoique, par l'action de la chaleur, la perte, due en grande partie à de l'eau volatilisée, se soit élevée à près de $\frac{1}{10}$ du poids primitif.

En remettant au four un pain très-rassis, on a vu qu'il était devenu tendre lorsque le thermomètre placé dans son intérieur se tenait à 70 degrés. Afin de constater si le changement d'état aurait lieu à une température moins élevée, j'ai introduit, dans un étui en fer-blanc, un cylindre de mie taillé dans du pain cuit depuis plusieurs jours. Pour prévenir toute dissipation d'humidité, l'étui a été fermé avec un bouchon, puis on l'a maintenu pendant une heure au bain-marie chauffé entre 50 et 60 degrés. La mie est devenue souple, élastique comme si on l'eût retirée du four. On l'a laissé refroidir. Vingt-quatre heures après, sa consistance était celle du pain demi-rassis, et, au bout de quarante-huit heures, celle du pain rassis. La disposition prise pour élever la température sans qu'il y eût perte d'eau, a permis de modifier nombre de fois le pain enfermé dans l'étui, en le chauffant et le laissant refroidir alternativement.

Des faits exposés précédemment, il est, je crois, permis de conclure que ce n'est pas par une moindre proportion d'eau que le pain rassis diffère du pain tendre, mais par un état moléculaire particulier qui se manifeste pendant le refroidissement, se développe ensuite, et persiste aussi longtemps que la température ne dépasse pas une certaine limite.

MÉMOIRE

SUR LA

COMPOSITION DE L'AIR CONFINÉ DANS LA TERRE VÉGÉTALE ;

Par MM. BOUSSINGAULT et LÉWY.

§ 1. — Les matières organiques, quand elles sont soumises aux influences réunies de l'air, de l'humidité et d'une température convenable, donnent naissance à de l'acide carbonique, à de l'eau, et, si elles sont azotées, à de l'ammoniaque. Lorsqu'elles sont enfouies dans un sol suffisamment meuble, leur combustion est si manifeste, que, dans les pays chauds, il peut arriver, au bout de quelques années, qu'une terre défrichée riche en humus se trouve appauvrie au point de ne pouvoir donner des récoltes sans l'intervention des engrais. C'est que s'il est vrai que le terreau humide se conserve, en l'absence de l'air, sans subir d'altération, sans qu'il y ait la plus légère émission de gaz, il ne l'est pas moins que sa destruction s'opère rapidement lorsque l'oxygène intervient. Cette destruction, on la constate dans les terrains chargés d'humus, toutes les fois qu'on essaye de suppléer aux engrais par des labours profonds et répétés. La terre s'appauvrit graduellement jusqu'à devenir stérile.

Ainsi le terreau et l'humus, derniers termes de la putré-
faction des substances végétales, le fumier, sont autant de
sources qui émettent de l'acide carbonique, et il est hors
de doute qu'une part importante de l'efficacité des engrais
d'origine organique doit être attribuée à cette émission, soit
que le gaz acide, absorbé par les racines, parcoure l'organisme de la plante, soit que, versé dans l'atmosphère envi-
ronnante, la lumière le décompose sous l'influence des
feuilles qui en assimilent le carbone. Il en résulte que l'air
fixé dans la terre est d'autant plus profondément modifié
dans sa constitution, que c'est en grande partie aux dépens
de son oxygène qu'est formé le gaz acide carbonique.

Que l'air confiné dans les interstices laissés par les particules du sol n'ait plus exactement la composition de l'air
normal, c'est ce qu'on admettra sans la moindre difficulté;
on prévoit aussi dans quel sens l'altération doit avoir lieu;
mais, à notre connaissance, on ne possède pas encore une
notion tant soit peu précise sur ce qu'on pourrait appeler
l'*intensité* de l'altération : à en juger d'après la facilité avec
laquelle on suppose que s'exerce la diffusion des gaz dans
une terre ameublie, on serait disposé à croire qu'elle est
peu considérable. Aussi, toutes les fois qu'on a essayé d'é-
valuer la quantité de carbone qu'une surface de culture
prélève sur un volume donné de l'atmosphère, on a négligé de tenir compte de l'acide carbonique émanant du
sol, et l'on a pris pour base unique de ces évaluations, toujours hasardées, la très-minime proportion de ce gaz contenue dans l'air.

L'utilité, dans le fumier, des principes carburés propres
à être modifiés en humus, en acides bruns, qu'une combustion lente détruit ensuite, est si évidente, qu'aujourd'hui, un
cultivateur exercé regarderait comme incomplet l'engrais
qui en serait dépourvu. On peut donc concevoir chaque par-
ticule de fumier, d'humus, de terreau, comme un foyer d'où
émane constamment du gaz acide carbonique, émanation

bien faible, mais assez continue pour modifier la composition de l'air atmosphérique dont le sol est imprégné. C'est dans cette atmosphère souterraine que se développent et vivent les racines, et ces recherches établiront qu'elles y trouvent, en proportion notable, des principes assimilables qu'on ne rencontre qu'en infiniment petites quantités dans les deux véhicules les plus essentiels à la végétation : l'eau et l'air.

Il nous a semblé que, dans l'état actuel de la science agricole, l'examen attentif de l'air confiné dans la terre végétale ne pouvait manquer d'offrir un certain degré d'intérêt ; c'est avec cet espoir qu'a été entrepris le travail que nous avons l'honneur de communiquer à l'Académie.

§ II. — Les procédés très-simples à l'aide desquels on se procure l'air confiné des lieux habités, des mines, des fosses, etc., n'étaient pas applicables dans la circonstance actuelle. On ne pouvait pas davantage déplacer l'air en faisant passer de la terre sous une cloche renversée et remplie d'eau. D'abord, le gaz que nous tenions surtout à doser avec une grande exactitude est soluble ; ensuite, il devenait évident qu'en remuant la terre sans aucun ménagement, on substituerait de l'air extérieur à l'air stagnant dont l'examen était précisément le but de nos recherches.

La condition à laquelle il fallait satisfaire autant que possible, s'il n'était pas donné de la remplir entièrement, c'était d'aspirer l'air confiné avec une extrême lenteur, afin qu'il n'y ait, pour ainsi dire, pas d'appel de l'air extérieur. Nous décrirons maintenant l'appareil que nous avons employé *fig.* 1, pour doser directement l'acide carbonique, en même temps que l'on recueillait l'air confiné par une aspiration tellement modérée, que l'air du dehors, si tant il est qu'il soit intervenu, n'en a probablement pas plus affecté la composition que l'effet produit par la diffusion des gaz ; car on est bien obligé de reconnaître qu'à la surface d'un champ labouré, il s'opère un échange conti-

nuel entre l'atmosphère souterraine et l'atmosphère extérieure.

On prend l'air à 3o ou 4o centimètres de profondeur, suivant l'épaisseur de la terre végétale, au moyen d'un tube b à
l'extrémité duquel s'adapte une pomme d'arrosoir c, remplie
de petits cailloux roulés de quartz pour en diminuer la capacité. Ce tube, ayant son robinet R fermé, est enterré vingt-
quatre heures au moins avant de commencer une expérience, afin de laisser à l'air extérieur introduit en creusant
l'emplacement occupé par le tube, le temps de se mêler à
l'air confiné. La terre est fortement tassée et accumulée en
forme de butte autour de l'axe du tube. A la suite du robinet R, on ajuste le petit ballon à robinet d dans lequel on a
fait le vide. Viennent ensuite les éprouvettes E, E', contenant de l'eau de baryte. F est un tube à ponce alcaline destiné à arrêter l'acide carbonique que laisserait échapper
l'eau de l'aspirateur A. Comme aspirateur, nous avons fait
usage de flacons et de ballons en verre d'une capacité qui a
varié de 1o à 6o litres. Au robinet R''' par où s'écoule l'eau
dont la sortie détermine l'aspiration, est lié un tube g effilé
de manière à obtenir un écoulement très-lent. Cet écoulement ou, si l'on veut, la vitesse avec laquelle l'air puisé
dans le sol arrive dans l'appareil, n'a presque jamais atteint
1 litre par heure.

L'appareil étant monté, on ouvre successivement les ro-
binets R, R', R'', puis l'on règle l'écoulement par le tube g
au moyen du robinet R'''. L'air parvenu dans l'aspirateur
laisse ordinairement la totalité de son acide carbonique
combiné à la baryte dans l'éprouvette E; il est très-rare que
la dissolution E' soit troublée. Un fait qui nous a singulièrement surpris, c'est l'extrême facilité avec laquelle une
mince pellicule de carbonate formée à la surface de l'eau de
baryte, dans le tube conducteur i, arrête l'écoulement de
l'aspirateur; cet obstacle, si fragile en apparence, est tel
qu'on ne parvient pas toujours à le détruire en exerçant une

forte succion en g; mais il suffit d'imprimer une légère secousse à l'éprouvette pour dégager le tube conducteur.

Pour terminer une expérience, on ferme le ballon d qui renferme alors de l'air provenant de la terre végétale. Quant à l'air parvenu dans l'aspirateur et dont l'acide carbonique a été retenu dans la baryte, il y a, pour connaître la pression sous laquelle il se trouve, deux cas à considérer. Si l'aspirateur ne contient plus d'eau, il est clair que la pression de l'air qu'il renferme est égale à celle de l'atmosphère diminuée de la pression exercée par les colonnes de liquide i, i', i'', i''', et de la colonne de mercure qui exprime la tension de la vapeur aqueuse, l'air du flacon A étant saturé d'humidité. Si, au contraire, l'écoulement n'a été que partiel, si, par exemple, l'air privé d'acide carbonique n'occupe dans l'aspirateur que la zone a, a', il est évident qu'il faut alors, pour avoir la pression, non-seulement retrancher de la hauteur barométrique les pressions que nous venons d'indiquer, mais encore celle que représente la colonne d'eau comprise entre a' et a''. Un thermomètre t suspendu dans l'intérieur de l'aspirateur donne la température; mais il est bon d'en avoir un autre au dehors, parce qu'il arrive quelquefois qu'il est impossible de lire les degrés du thermomètre placé à l'intérieur par suite d'une rosée qui se dépose sur les parois internes du flacon A.

Le carbonate de baryte dosant l'acide carbonique de l'air confiné passé dans l'aspirateur est reçu sur un filtre où on le lave avec de l'eau saturée du même carbonate jusqu'à ce que cette eau ne fasse plus virer au bleu le papier de tournesol rougi. Le carbonate de baryte détaché du filtre, après dessiccation, est calciné au rouge avant d'être pesé. Le filtre, dont on connaît le poids des cendres, est brûlé.

§ III. — L'air confiné recueilli dans le petit ballon d est analysé en faisant réagir d'abord une dissolution de potasse pour fixer l'acide carbonique, puis en faisant intervenir ensuite l'acide pyrogallique, afin d'absorber l'oxygène. Pour faire passer l'air du ballon dans le tube gradué où doivent s'effectuer les réactions, on adapte au robinet R″ un petit tube courbe dont une extrémité s'engage sous le tube plein de mercure, *fig.* 2. En chauffant le ballon, une partie de l'air qu'il contient se rend dans le tube par un effet de dilatation ; il est presque inutile d'ajouter qu'il faut commencer par laisser perdre un peu de gaz, afin d'expulser l'air du tube conducteur.

§ IV. — La nature de notre travail nous obligeait, naturellement, à rechercher l'ammoniaque dans l'air confiné de la terre végétale. Afin de fixer cet alcali, on substitue au système établi entre le tube *b* qui va chercher l'air dans le sol, et le tube *h* uni à l'aspirateur, une éprouvette en tout semblable à celle représentée en E′, dans laquelle se trouve une dissolution d'acide chlorhydrique dans de l'eau exempte d'ammoniaque, préparée au moment même de commencer une expérience. Après avoir fait traverser, très-lentement, au moins 60 litres d'air confiné dans la liqueur acide, on l'évaporait à l'étuve. Dans deux circonstances mentionnées dans ce Mémoire, le sel ammoniac obtenu a pu être pesé ; mais dans la plupart des cas, nous n'avons eu que des traces de ce sel, traces suffisantes cependant pour établir la présence constante de vapeurs ammoniacales dans l'air extrait du sol.

§ V. — Dans le calcul des résultats fournis par nos expériences, nous avons fait usage des données suivantes :

Coefficient de dilatation des gaz	0,00366
Densité du mercure	13,6
Acide carbonique dans le carbonate de baryte	0,2241
Poids du litre d'air à 0 degré et pression 0ᵐ,76	1ᵍʳ,299
Poids du litre d'ac. carbon. à 0° et press. 0ᵐ,76	1ᵍʳ,980

§ VI. — *Expérience n° 1 : Air confiné dans un sol récemment fumé.*

Un sol léger sablonneux provenant de la désagrégation du grès bigarré (*bunder sandstein*), dans lequel on avait récolté des pommes de terre, a été amendé, le 2 septembre, avec du fumier à demi consommé, à raison de 600 quintaux par hectare. Six jours après, le 7 septembre, on a monté l'appareil au milieu du champ. Le tube pour puiser l'air était posé à 35 centimètres de profondeur, dans un endroit où l'épaisseur de la couche arable a 40 centimètres. La terre se trouvait dans de bonnes conditions d'humidité ; cependant il n'avait pas plu depuis environ trois semaines. L'expérience a été mise en train à midi ; l'eau de baryte de l'éprouvette s'est bientôt troublée. A cinq heures, le précipité était assez abondant pour qu'on arrêtât l'aspiration.

	En volume.	En poids.
Air : à o degré, pression $0^m,76$ (1).......	$5,232$ lit	$6,7964$ gr
Carbonate de baryte obtenu, $1^{gr},024 = CO_2$.	$0,116$	$0,2295$
	$5,348$	$7,0259$
Dans 100 parties d'air confiné CO_2.......	$2,17$	$3,27$

Expérience n° 2. — A 6 heures du soir, comme il commençait à pleuvoir, on entreprit, à la même place, un nouveau dosage d'acide carbonique. L'aspirateur a coulé goutte à goutte pendant toute la nuit. La pluie avait cessé à 10 heures du soir. Le 8 septembre, à 6 heures du matin, il y a eu pour résultats :

---

(1) *Expér.* n° 1.— Air mesuré, $6^l,040$. Temp. 15 degrés. Barom. $743^{mm},0$.

	mm	
Colonne de liquides soulevée dans les éprouvettes $i\,i'$, $i''\,i'''$, en mercure..	11,8	
Colonne d'eau $a'\,a''$....	23,9	
Tension de la vapeur t....	12,8	48,5
Pression..		694,5

	En volume.	En poids.
	lit	gr
Air : à o degré, pression o^m,76 (1).....	10,042	13,0446
Carbonate de baryte 2^{gr},043 = CO^2...	0,231	0,4578
	10,273	13,5024
Dans 100 parties d'air................	2,25	3,39

Expérience n° 8 (2). — Elle a été faite à la même place, le 11 septembre. Dans les trois derniers jours, les pluies avaient été très-fréquentes. La terre se trouvait fortement mouillée, mais sa nature sablonneuse ne permettait pas à l'eau de former des flaques. Dès le passage des premières bulles d'air dans l'éprouvette E, on fut frappé de l'abondance du précipité, et bientôt cette abondance fut telle, qu'il devint nécessaire de terminer l'expérience. L'aspiration, commencée à midi, a cessé à 3 heures et demie :

	En volume.	En poids.
	lit	gr
Air : à o degré, et pression o^m,76 (3).....	2,613	3,3940
Carbonate de baryte, 2^{gr},493 = ac. carbon.	0,282	0,5587
	2,895	3,9529
Dans 100 parties d'air, acide carbonique..	9,74	14,13

On voit que, depuis la dernière observation, la proportion de l'acide carbonique a beaucoup augmenté sans qu'il

---

(1) *Expér.* n° 2. — Air mesuré, 11^l,529. Temp. 15 degrés. Barom. 743^{mm},0.

	mm	
Colonne I......................	12,5	
Colonne a' a"...................	20,0	
Tension de la vapeur t............	12,8	45,3
Pression..........		697,7

(2) Les numéros d'ordre des expériences répondent à leur inscription sur le registre du laboratoire.

(3) *Expér.* n° 8. — Air mesuré, 3^l,089. Temp. 18 degrés. Barom. 738^{mm},0.

	mm	
Colonne I......................	11,0	
Colonne a' a"...................	26,5	
Tension de la vapeur t............	15,3	52,8
Pression......		685,2

soit possible de décider si cette augmentation est due à l'abondance de la pluie ou au plus long séjour du fumier dans le sol. C'est cette forte quantité d'acide carbonique que nous venions de constater dans l'air confiné de la terre végétale, qui nous a portés à doser l'oxygène afin de rechercher s'il n'existerait pas une certaine relation dans les proportions de ces deux gaz.

Nous avons trouvé, dans 100 volumes d'air confiné :

$$
\begin{aligned}
&\text{Oxygène} \ldots \ldots \ldots \quad 11,47 \ (1) \\
&\text{Azote} \ldots \ldots \ldots \quad 88,53
\end{aligned}
$$

Or, puisqu'il contenait, sur 100 volumes, 9,74 d'acide carbonique, on a pour sa composition :

$$
\begin{aligned}
&\text{Acide carbonique} \ldots \quad 9,74 \\
&\text{Oxygène} \ldots \ldots \ldots \quad 10,35 \Big\} \ 20,09 \\
&\text{Azote} \ldots \ldots \ldots \quad \underline{79,91} \\
&\hspace{4.5cm} 100,00
\end{aligned}
$$

Rappelons ici que dans l'air atmosphérique, dont l'action sur le sol est incontestable, il entre 20,9 pour 100 d'oxygène. Maintenant la somme de l'oxygène et de l'acide carbonique contenus dans 100 parties d'air confiné de la terre végétale, sera nécessairement ou égale, ou supérieure, ou inférieure à 20,9. Si cette somme est égale, il y aura d'assez fortes raisons pour croire que l'oxygène de l'atmosphère a brûlé seulement le carbone de l'humus, de la matière organique disséminée dans le terrain ; si elle est supérieure, on pourra soutenir que la matière organique a émis, par le fait de la fermentation putride, assez d'acide carbonique pour compenser et même pour dissimuler les effets dus à une combustion lente ; enfin, si la somme de l'oxygène et de carbone ne représente pas 20,9, on sera

---

(1)

Air privé d'acide carbonique 61
Après absorption d'oxygène........ 5¼

Oxygène....

autorisé à penser que de l'hydrogène de la matière organique
a brûlé en même temps que le carbone. Ce dernier cas, que
nous a révélé le dosage de l'oxygène dans l'expérience n° 8,
est celui qui se présente le plus ordinairement.

Expérience n° 14. — Commencée le 18 septembre, à
6 heures du soir, dans le même champ, mais 2 mètres
plus loin que dans les expériences précédentes, le tube *bc*
étant toujours enfoncé à 35 centimètres de profondeur. Il
y avait alors plus de deux semaines que le fumier était
enfoui. Il pleuvait fréquemment depuis plusieurs jours.
L'appareil a fonctionné jusqu'à 7 heures du matin; il y a
eu quelques interruptions dans l'écoulement de l'aspirateur.

	En volume.	En poids.
	lit	gr
Air : à 0 degré, pression 0^m,76 (1)......	2,601	3,3787
Carbonate de baryte, 1^{gr},939 = ac. carbon.	0,219	0,4345
	2,820	3,8132
Dans 100 parties d'air, acide carbonique...	7,77	11,39

L'air du ballon *d* a donné :

Acide carbonique........	8,03 (2)
Oxygène..............	12,33
Azote................	79,64
	100,00

Soit 13,41 d'oxygène pour 100 d'air confiné privé d'acide

---

(1) *Expér.* n° 14. — Air mesuré, 3^l,05. Tempér. 15°,5. Barom. 733^{mm},2.

		mm	
Colonne 1........................		10,7	
Colonne *a' a"*....................		24,2	
Tension de la vapeur *t*.............		13,2	48,2
Pression.............			685,0

(2)			
	Air............	72,5	89,8
	CO^2 absorbé....	66,75	82,5
	CO^2.............	5,75	7,3
	Oxygène absorbé.	57,75	71,5
	Oxygène........	9,0	11,0

carbonique. Établissant la composition en prenant l'acide
dosé par la baryte, on a :

$$
\begin{array}{lr}
\text{Acide carbonique......} & 7{,}77 \\
\text{Oxygène...........} & 12{,}37
\end{array} \Big\} 20{,}14
$$

$$
\begin{array}{lr}
\text{Azote. ....} & \underline{79{,}86} \\
& 100{,}86
\end{array}
$$

Résultat, en ce qui concerne la somme de l'oxygène et de
l'acide carbonique, entièrement conforme à celui obtenu
dans l'expérience n° 8.

Expérience n° 4. — Recherche de l'ammoniaque.

Le 4 septembre, dans le champ récemment fumé,
l'appareil avait été disposé pour doser l'ammoniaque que
l'air confiné de la terre végétale contient certainement à
l'état de carbonate. L'aspirateur a été vidé le 6, à
4 heures du soir. Le sol se trouvait suffisamment humide,
les labours s'exécutaient bien et sans grands efforts de la
part des attelages. La liqueur acide évaporée au bain-marie,
dans une capsule de platine, a laissé $0^{gr}{,}007$ d'un résidu
cristallin ayant toutes les propriétés du sel ammoniac, et
dans lequel devait se trouver $0^{gr}{,}00224$ d'ammoniaque.

Voici le résultat de l'expérience :

	En volume.	En poids.
Air : à 0°, press. $0^{m}{,}76(1)$....	$54{,}600^{lit}$	$70{,}92540^{gr}$
Ammoniaque		$0{,}00224 = 0{,}000032$
		$\underline{70{,}92764}$

Expérience n° 4 bis. — On a essayé de doser de nouveau
l'ammoniaque dans le même champ et à la même place, le
9 septembre. L'appareil a fonctionné jusqu'au 11. La pluie
avait fortement imbibé la terre.

---

(1) *Expér.* n° 4. — Air mesuré, $59^{l}{,}70$. Temp. $13°{,}5$. Barom. $744^{mm}{,}0$.

$$
\begin{array}{lr}
& \text{mm} \\
\text{Colonne I.............} & 2{,}9 \\
\text{Tension de la vapeur } t. \quad 11{,}7 & \underline{14{,}6} \\
\text{Pression ....} & 729{,}4
\end{array}
$$

La liqueur acide a laissé $0^{gr},003$ de sel ammoniac renfermant $0^{gr},00096$1 d'alcali :

	En volume.	En poids.
	lit	gr
Air jaugé à 0°, press. $0^{m},76$ (1)..	56,059	72,82064
Ammoniaque....................		0,00096 = 0,0000132
		72,82160

Il paraîtrait qu'une plus forte humectation du sol, ce qui serait, au reste, fort naturel, a fait baisser la proportion de carbonate d'ammoniaque. Bien que les aspirations de l'air confiné aient eu lieu avec une grande lenteur, nous sommes loin de considérer, dans son ensemble, la méthode que nous avons suivie, comme donnant des résultats satisfaisants ; mais notre but était plutôt de prouver la présence des vapeurs ammoniacales que de les doser rigoureusement L'air confiné dans la terre récemment fumée ne contenait pas d'acide sulfhydrique (hydrogène sulfuré) ; nous l'avons constaté, voici à quelle occasion. Lorsque nous commençâmes les recherches, objet de ce Mémoire, nous fîmes usage du sous-acétate de plomb pour doser l'acide carbonique ; l'extrème sensibilité de ce réactif justifiait ce choix, mais nous apprîmes bientôt, à notre grande surprise, nous pourrions même dire à nos dépens, car il y eut bien du temps perdu, que la dissolution de sous-acétate, excellente pour découvrir des traces d'acide carbonique, ne convenait aucunement pour doser cet acide. En effet, à peine un léger précipité était-il apparu dans l'éprouvette E, que la dissolution commençait à se troubler, non‑seulement dans l'éprouvette E', mais bientôt aussi dans une troisième éprouvette placée à sa suite, et il arrivait que, malgré la

---

(1) *Expér.* n° 4 *bis.* — Air mesuré, $61^{l},50$. Temp. 13°. Barom. $740^{mm},0$.

	mm	
Colonne I.............	2,9	
Tension de la vapeur t .	11,4	14,3
Pression........	725,7	

lenteur du passage de l'air à travers le sous-acétate dissous, on perdait plus des deux tiers de l'acide carbonique qu'on aurait dû retenir, et qu'on a retenu en substituant l'eau de baryte au sel de plomb. Toutefois, comme le carbonate de plomb, formé par l'acide carbonique provenant du sol fumé, était d'un blanc parfait; que les dissolutions n'ont pas pris cette teinte sale que leur eût communiquée la plus petite quantité de sulfure métallique, nous en avons conclu qu'il n'y avait pas trace d'acide sulfhydrique dans l'air confiné que nous avons examiné.

§ VII. — *Expérience* n° 3 : *Air confiné dans un champ de carottes.*

Le champ, de même nature que celui dans lequel ont été faites les expériences précédentes, avait été fumé en octobre 1851 ; on l'a ensemencé au printemps de 1852. L'appareil, monté le 9 septembre, après une forte pluie, a fonctionné depuis midi jusqu'au lendemain à 6 heures du matin. Dans la nuit du 9 au 10, il a plu beaucoup ; le tube *bc* prenait l'air à 35 centimètres de profondeur :

	En volume.	En poids.
	lit	gr
Air : à 0 degré, pression $0^m,76$ (1).....	15,521	20,1614
Carbonate de baryte, $1^{gr},419 =$ ac. carb.	0,161	0,3180
	15,682	20,4794
Dans 100 parties d'air, acide carbonique.	1,03	1,55

Expérience n° 15. — Le 19 septembre, dans la même sole de carottes, on a posé le tube *bc* à quelque distance du point qu'il occupait dans l'expérience n° 3, mais toujours à 35 centimètres de profondeur. La terre était très-

---

(1) *Expér.* n° 3.— Air mesuré, $17^l,790$. Tempér. $15°,1$. Barom. $740^{mm},0$

		mm	
Colonne I.	....	11,0	
Colonne a' a''	....	16,5	
Tension de la vapeur t,	12.8		40,5

Pression.....			699.7

humide :

	En volume.	En poids.
	lit	gr
Air : à o degré, pression o^m,76 (1).	9,018	11,7150
Carbonate de baryte, o^{gr},754 = ac. carb.	o,085	o,1690
	9,103	11,8840
Dans 100 parties d'air, acide carbonique..	o,93	1,42

L'analyse de l'air recueilli dans le ballon d a donné (2) :

	I.	II.	Moy.	Sans ac. carbon.
Acide carbonique......	o,89	1,27	1,08	»
Oxygène.............	19,56	19,37	19,46	19,68
Azote	»	»	79,46	80,32
			100,00	100,00

Calculant la composition de l'air confiné en prenant l'acide carbonique dosé par la baryte, on a :

$$\left.\begin{array}{l} \text{Acide carbonique}..... \quad o,93 \\ \text{Oxygène}........... \quad 19,50 \end{array}\right\} 20,43$$

$$\begin{array}{l} \text{Azote}............. \quad 79,57 \\ \hline \quad\quad\quad\quad\quad 100,00 \end{array}$$

On voit encore ici que la somme de l'acide carbonique et de l'oxygène ne représente pas 20,9.

Recherche de l'ammoniaque. — La liqueur acide dans laquelle 59^{lit},70 d'air confiné avaient passé en 65 heures, n'a laissé qu'une trace de sel ammoniac.

---

(1) *Expér*. n° 15. — Air mesuré, 10^l,45. Tempér. 16°,5. Barom. 740^{mm},0.

		mm	
Colonne I............		10,7	
Colonne a' a''.........		19,8	
Tension de la vapeur t..		14,0	44,5
Pression.........			695,5

		I.	II.
(2)	Air...............	78,2	79,0
		77,5	78,0
	CO²	o,7	1,0
		62,2	62,7
	Oxygène	15,3	15,3

§ VIII. — *Expérience n° 5 : Air confiné dans la terre végétale d'une vigne.*

Le 9 septembre, un appareil a été installé dans la vigne du Liebfrauenberg, dont le sol extrèmement sablonneux provient de la désagrégation du grès bigarré et du grès des Vosges. La pièce où le tube bc a été mis, à 33 centimètres de profondeur, n'a pas reçu de fumier depuis trois ans, cependant les ceps portaient une récolte moyenne. La terre était très-humide. L'aspirateur a coulé depuis 6 heures du soir jusqu'au lendemain 7 heures du matin :

	En volume.	En poids.
	lit	gr
Air : à o degré, pression $0^m,76$ (1)......	7,837	10,1803
Carbonate de baryte, $0^{gr},597 =$ acide carb.	0,068	0,1338
	7,905	10,3141
Dans 100 parties d'air, acide carbonique...	0,86	1,22

Expérience n° 6. — Le 10 septembre, on a fait une seconde observation dans la vigne. L'aspiration a duré depuis 10 heures du matin jusqu'à 8 heures du soir :

	En volume.	En poids.
	lit	gr
Air : à o degré, pression $0^m,76$ (2)......	6,843	8,8891
Carbonate de baryte, $0^{gr},647 =$ acide carb.	0,073	0,1450
	6,916	9,0341
Dans 100 parties d'air, acide carbonique...	1,06	1,61

---

(1) *Expér.* n° 5.— Air mesuré, $9^l,075$. Tempér. $15°,2$ Barom. $740^{mm},0$.

	mm	
Colonne I..............	11,0	
Colonne $a'\,a''$.........	23,2	
Tension de la vapeur t.	13,0	47,2
Pression..........		692,8

(2) *Expér.* n° 6.— Air mesuré, $7^l,825$. Temp. 13 degrés. Barom. $740^{mm},0$.

	mm	
Colonne I..............	9,2	
Colonne $a'\,a''$.........	23,2	
Tension de la vapeur t..	11,4	43,8
Pression		696,2

L'air qui remplissait le ballon *d* a donné à l'analyse (1), après qu'on lui eut enlevé l'acide carbonique :

$$\text{Oxygène.......... } 19,93$$
$$\text{Azote............ } 80,07$$

Calculant la composition de l'air confiné en faisant intervenir l'acide carbonique dosé par la baryte, on a en volume :

$$
\begin{array}{lr}
\text{Acide carbonique.....} & 1,06 \\
\text{Oxygène..........} & 19,72 \\
\text{Azote.............} & \underline{79,22} \\
& 100,00
\end{array}
\quad \left.\begin{array}{}\\ \\\end{array}\right\} 20,78
$$

Le volume de l'acide et de l'oxygène réunis ne diffère que très-peu du volume de l'oxygène contenu dans l'air normal ; toutefois on remarquera qu'il est moindre.

Expérience n° 9. — Recherche de l'ammoniaque.

Du 12 au 15 septembre, on a fait passer, dans un appareil disposé à cet effet, en 69 heures, 56^{lit},10 d'air pris dans la terre végétale de la vigne ; la température était de 16 degrés, le baromètre indiquait 738^{mm},0. La liqueur acide n'a laissé qu'une trace de sel. C'est la dernière fois que nous mentionnerons la recherche de l'ammoniaque. En agissant sur 60 et même sur 120 litres d'air pris dans le sol, on constate bien la présence de cet alcali, mais la quantité de sel obtenu ne permet pas de la doser.

§ IX. — *Expérience n° 7 : Dosage de l'acide carbonique contenu dans l'air atmosphérique.*

La quantité moyenne d'acide carbonique que renferme l'atmosphère est fixée, par de nombreuses observations faites dans diverses régions du globe, à 4 parties pour 10 000 parties d'air, en volume. Nous avons cru devoir doser l'acide carbonique de l'atmosphère, non pas pour

---

(1) Air privé d'acide carbonique.. 219,8

$$CO_2 \ldots\ldots\ldots\ldots\ldots\ldots \frac{176,0}{43,8}$$

apporter de nouvelles données à celles que l'on possède déjà, mais simplement pour contrôler les résultats que nous obtenions avec nos appareils.

Le 10 septembre, à 10 heures du matin, l'appareil étant établi dans le champ de carottes où avaient été faites les expériences n° 3 et n° 15, on a ouvert l'aspirateur. L'air était pris par un tube effilé, à 2 mètres au-dessus du sol. L'écoulement a duré jusqu'au 12 septembre, à 8 heures du soir. Dans ces 58 heures on a :

	En volume.	En poids.
	lit	gr
Air : à 0 degré, pression 0^m,76 (1).....	55,469	72,0542
Carbonate de baryte, 0^{gr},121 = acide carb.	0,014	0,0271
	55,483	72,0813
Dans 10 000 parties d'air...............	2,5	3,7

En septembre et octobre de l'année 1843, par un temps pluvieux, nous avons trouvé dans l'air de Paris et d'Andilly, près Montmorency, en volume, de 2,9 à 4 d'acide dans 10 000 parties d'air (2).

Expérience n° 19. — Il était curieux d'examiner si l'air pris, non plus à 2 mètres de hauteur au-dessus du champ, mais à la surface même du sol, contiendrait plus d'acide carbonique, l'analyse ayant constaté 1 pour 100 de cet acide dans l'air confiné dans la terre de la sole de carottes.

Du 22 au 26 septembre, on a fait passer dans l'eau de baryte :

	En volume.	En poids.
	lit	gr
Air : à 0 degré, pression 0^m,76 (3)....	111,619	144,9931
Carbonate de baryte, 0^{gr},236 = ac. carb.	0,027	0,0529
	111,646	145,0460
Dans 10 000 parties d'air, acide carbon..	2,4	3,6

L'air pris à la surface ne renfermait donc pas plus d'acide

(1) Air mesuré, 59^{lit},70. Temper. 13°,1. Barom. 740^{mm},0.
(2) *Annales de Chimie et de Physique*, 3e série, tome X, page 450.
(3) Air mesuré, 110^{lit},40. Temper. 13°,2. Barom. 741^{mm},8.

carbonique que celui puisé à 2 mètres au-dessus du sol. Nous devons cependant consigner ici cette circonstance, que pendant toute la durée de l'aspiration, le vent a été très-fort.

§ X. — *Expérience* n° 11 : *Air confiné dans la terre végétale d'une forêt.*

La forêt de Gœrsdorff, où nous avons placé un appareil, est sur le grès des Vosges ; le sol est sablonneux et très-abondant en blocs de grès de toute dimension. Nous avons observé, à quelque distance de l'ancien monastère du Liebfrauenberg ; en ce point le sous-sol consiste en un loam de plusieurs mètres de puissance. L'expérience a été commencée le 14 septembre, par un temps pluvieux, on l'a continuée jusqu'au 15, à 10 heures du matin. L'air était puisé à 35 centimètres de profondeur :

	En volume.	En poids.
	lit	gr
Air : à o degré, pression o^m,76 (1).	7,733	10,0452
Carbonate de baryte, o^{gr},577 = acide carb.	0,065	0,1293
	7,798	10,1745
Dans 100 parties d'air, acide carbonique. .	0,83	1,27

Expérience n° 12. — Le 16 septembre, à 3 heures de l'après-midi, on a commencé un second dosage ; le 17, à 7 heures du matin, on a eu :

	En volume.	En poids.
	lit	gr
Air : à o degré, pression o^m,76 (2).	7,877	10,2322
Carbonate de baryte, o^{gr},613 = acide carb.	0,069	0,1374
	7,946	10,3696
Dans 100 parties d'air, acide carbonique. . .	0,87	1,32

---

(1) *Expér.* n° 11. — Air mesuré, 8^{lit},70. Temp. 16 degrés. Bar. 739^{mm},7.

		mm	
Colonne I.		11,0	
Colonne a' a''.		0,0	
Tension de la vapeur t. . .	13,6		24,6
Pression.			715,1

(2) *Expér.* n° 12. — Air mesuré, 8^{lit},70. Temp. 12 degrés. Bar. 740^{mm},0.

		mm	
Colonne I.		11,0	
Colonne a' a''.		0	
Tension de la vapeur t. .	10,7		21,7
Pression.			718,3

L'air du ballon *d* a fourni à l'analyse (1) :

Air privé d'ac. carbon.

Acide carbonique.......	0,92	»
Oxygène..............	19,59	19,77
Azote	79,49	80,23
	100,00	100,00

Introduisant l'acide carbonique dosé par la baryte (*expérience n° 12*), on a pour la composition, en volume, de l'air confiné dans la terre végétale de la vigne :

Acide carbonique......	0,87	} 20,48
Oxygène...........	19,61	
Azote	79,52	
	100,00	

Expérience n° 16. — Le loam, sous-sol de la forêt, est un mélange de sable et d'argile ; aussi l'utilise-t-on dans les constructions, suivant la nature de l'élément qui y domine. Le 21 septembre, nous avons établi un de nos appareils sur un talus formé au pied d'un escarpement de loam délité qu'on exploite comme terre à four. Le tube *bc* prenait l'air à 35 centimètres ; comme toujours, on l'avait enfoui la veille.

De 8 heures du matin à 6 heures du soir, par un assez beau temps, le vent soufflant avec force, on a jaugé :

	En volume.	En poids.
	lit	gr
Air ramené à 0 degré, pression 0^m,76 (2).	7,169	9,3125
Carbonate de baryte, 0^{gr},504...........	0,057	0,1129
	7,226	9,4254
Dans 100 parties d'air, acide carbonique ...	0,79	1,20

---

(1)

Air...........	86,8	
	86,0	
CO_2...........	0,8	
	69,0	
	17,8	
Oxygène........	17,0	

(2) *Expér.* n° 16.—Air mesuré, 7^l,900. Tempér. 12°,2. Barom. 742^{mm}.

	mm	
Colonne l..............	9,9	
Colonne *a′ a″*..........	0,8	
Tension de la vapeur *t*..	10,8	21,5
Pression	20,5	

c'est-à-dire, à très-peu près, autant que dans l'air de la
terre végétale supportée par le loam. Dans l'air du ballon
d, l'analyse eudiométrique a indiqué (1) :

		Air privé d'ac. carbon.
Acide carbonique.......	1,00	»
Oxygène	19,63	19,82
Azote	79,37	80,18
	100,00	100,00

En prenant l'acide carbonique dosé par la baryte :

Acide carbonique......	0,79 } 20,45
Oxygène.............	19,66 }
Azote	79,55
	100,00

Expérience n° 29. — Le loam sur lequel l'expérience
n° 16 avait été faite se présentait en talus disposé au bas
d'un escarpement, et formait ainsi un sol meuble où se
trouvaient mêlés du sable amené par les pluies et de la
terre végétale de la forêt provenant d'éboulements. Il convenait de faire une nouvelle observation en puisant l'air
dans le loam en place. A cet effet, on a pratiqué une
excavation à l'aide d'une pioche, car le dépôt est assez fortement comprimé pour résister à l'action de la pelle. Le
tube bc a été fixé dans l'excavation qu'on a remplie avec
les déblais. La pomme d'arrosoir se trouvait enfouie à
40 centimètres. Le 4 octobre, le temps étant très-beau,
l'appareil a commencé à fonctionner à 7 heures du matin.
A 3 heures et demie de l'après-midi, on avait fait passer

____

(1)

Air.............	80,0
	79,2
CO².	0,8
	63,5
	16,5
Oxygène........	15,7

dans l'eau de baryte :

	En volume.	En poids.
	lit	gr
Air : à o degré, pression o^{m},76 (1)........	3,986	5,1778
Carbonate de baryte, o^{gr},427 = acide carb.	o,048	o,0957
	4,034	5,2735
Dans 100 parties d'air, acide carbonique....	1,19	1,81

Expérience n° 31. — Cependant il restait un scrupule sur le résultat de l'expérience précédente, par la raison que l'excavation où se trouvait la prise d'air avait été comblée avec des déblais qui étaient restés en contact avec la terre végétale.

Afin d'éviter l'influence que pouvait avoir la terre de la forêt, on creusa, à l'aide d'un fleuret de mineur, un trou de 45 centimètres de profondeur, à 1^{m},4 au-dessous du sol végétal. Puis, après avoir introduit un tube de plomb ayant un diamètre intérieur d'un millimètre, on bourra le trou avec des débris de loam. L'appareil fut adapté au tube de plomb.

Le 24 octobre, à midi, le tube étant placé dans le loam depuis 18 heures, on aspira avec une extrême lenteur. Le lendemain 25, on avait mesuré :

	En volume.	En poids
	lit	gr
Air : à o degré, pression o^{m},76 (2).......	7,795	10,1257
Carbonate de baryte, o^{gr},322 = acide. carb	o,036	o,0722
	7,831	10,1979
Dans 100 parties d'air, acide carbonique...	o,46	o,71

---

(1) *Expér.* n° 29. — Air mesuré, 4^{l},450. Tempér. 13 degrés. Barom. 742^{mm},2.

	mm	
Colonne I...............	9,6	
Colonne a' a''..........	8,1	
Tension de la vapeur t..	11,4	29,1
Pression..........		713,1

(2) *Expér.* n° 31. — Air mesuré, 8^{l},60. Tempér. 11°,8. Barom. 735^{mm},8.

	mm	
Colonne I.................	6,6	
Colonne a' a''............	o,o	
Tension de la vapeur t.....	10,6	17,2
Pression.........		718,6

Ces deux derniers résultats, conformes à celui fourni par l'expérience n° 16, montrent dans l'air enfermé dans les pores du loam argileux, une proportion d'acide carbonique incomparablement plus forte que dans l'atmosphère. Dans l'état de compression où il se trouve sous le sol de la forêt, le loam est à peine accessible à l'action de l'air extérieur, les racines des arbres ne le pénètrent même que difficilement. Aussi, peut-on se demander quelle serait la constitution de l'air confiné du loam, si ce dépôt était ameubli au même degré que la terre végétale. C'est pour répondre à cette question qu'on a disposé l'expérience suivante.

Expérience n° 27. — On a rempli une caisse d'une capacité approchant de 2 mètres cubes, avec du loam ; l'extrémité du tube *bc* occupait le centre de la masse qui se trouvait moins tassée que l'est ordinairement le sol forestier. Le 3 octobre, pendant la pluie, on a aspiré depuis 6 heures du matin jusqu'à midi ; il a été mesuré :

	En volume.	En poids.
	lit	gr
Air ramené à 0 degré, pression 0^m,76 (1).	4,1391	5,3768
Carbonate de baryte, 0^{gr},033 = acide carb.	0,0037	0,0074
	4,1428	5,3842
Dans 100 parties d'air, acide carbonique...	0,089	0,14

Encore deux ou trois fois autant qu'il s'en trouve dans l'air atmosphérique, et il fallait que cela arrivât, puisque l'air compris dans les pores du loam, en se mêlant à l'air normal logé entre les fragments, apportait une bien plus forte proportion d'acide carbonique.

§ XI. — *Air confiné dans le sable.* — L'acide carbo-

---

(1) *Expér.* n° 27. — Air mesuré, 4^l,95. Temp. 13°,5. Barom. 737^{mm},6.

	mm	
Colonne I...............	8,4	
Colonne *a' a''*...........	20,6	
Tension de la vapeur *t*..	11,8	40,8
Pression............		696,8

nique est au nombre des gaz que les eaux courantes comme les eaux de sources tiennent en dissolution ; l'eau de pluie n'en est pas exempte ; il est facile de s'en assurer en y versant quelques gouttes d'une solution de sous-acétate de plomb ; au bout d'un instant, on voit apparaître un léger précipité de carbonate. Ce fait bien établi, il était permis de voir dans l'eau dont le sol est toujours plus ou moins imbibé, l'origine de l'acide carbonique ; il y a même des raisons pour croire que l'eau, quand elle est absorbée par un corps poreux, laisse échapper des gaz pour lesquels elle n'a d'ailleurs qu'une assez faible affinité. Ces réflexions étaient surtout suggérées par cette circonstance, que le loam, extrêmement pauvre en détritus de matières organiques, avait néanmoins fourni un air confiné aussi riche en acide carbonique que le terrain de la forêt. Il est vrai que les eaux du sol forestier s'infiltrent continuellement dans leur sous-sol perméable, et puis, comme on le verra dans la suite de ce Mémoire, si *l'atmosphère* du loam est aussi chargée d'acide carbonique que celle de la terre fertile qu'il supporte, cette atmosphère est beaucoup plus limitée. Quoi qu'il en soit, si l'eau d'imbibition possédait l'influence que nous lui avons supposée, l'air enfermé dans un sable stérile, pourvu que ce sable fût mouillé, contiendrait autant de gaz acide que l'air extrait de la terre végétale : nous avons cru devoir examiner s'il en était ainsi.

Expérience n° 20. — Les eaux pluviales arrachent aux montagnes arénacées des Vosges, du sable siliceux qu'elles déposent ensuite sur les pentes moins rapides. Ce sable est mis en tas pour être utilisé à la préparation du mortier, à l'ensablement des allées de jardin. C'est dans un de ces tas, exposés à toutes les intempéries depuis plus de deux mois, que nous avons pris 2 mètres cubes de sable humide pour remplir la caisse où était placé le loam dans l'expérience n° 27. Le 23 septembre, l'aspirateur a fonctionné depuis 2 heures de l'après-midi, jusqu'au lendemain à la même heure :

	En volume.	En poids.
	lit	gr
Air : à o degré, pression o^m,76 (1)......	26,550	34,4885
Carbonate de baryte, o^{gr},258 = ac. carb.	0,029	0,0578
	26,579	34,5463
Dans 100 parties d'air, acide carbonique..	0,11	0,17

Expérience n° 26. — Comme l'aspirateur avait puisé 27 litres d'air dans un volume de sable humide très-réduit, si on le compare à celui sur lequel on agit quand on opère en pleine terre, on a fait, le 2 octobre, une nouvelle observation en aspirant l'air avec plus de lenteur afin d'atténuer davantage les effets de l'air extérieur. Le sable provenait d'un autre tas. De 6 heures du matin à 1 heure de l'après-midi :

	En volume.	En poids.
	lit	gr
Air : à o degré, pression o^m,76 (2)......	3,8802	5,0404
Carbonate de baryte, o^{gr},067 = ac. carbon.	0,0076	0,0150
	3,8878	5,0554
Dans 100 parties d'air, acide carbonique...	0,19	0,29

On voit que l'air interposé entre les particules du sable humide ne contient pas au delà de trois à quatre fois autant d'acide carbonique que l'atmosphère normale. Nous

---

(1) *Expér.* n° 20. — Air mesuré, 30^l,30. Temp. 17°,5. Barom. 746^{mm},7.

	mm	
Colonne I.............	10,3	
Colonne a' a''..........	12,9	
Tension de la vapeur t.	14,9	38,1
Pression		708,6

(2) *Expér.* n° 26. — Air mesuré, 4^l,46. Temp. 15 degrés. Barom. 739^{mm},3.

	mm	
Colonne I.............	7,3	
Colonne a' a''..........	21,7	
Tension de la vapeur t...	12,8	41,8
Pression...........		697,5

ajouterons que le sable sur lequel ont porté ces observations n'est pas absolument exempt de matières organiques, bien que les pluies lui en aient enlevé la plus grande partie; il n'est donc pas permis d'affirmer que les 2 millièmes d'acide ne résultent pas de la décomposition ou de la combustion de cette matière, dont les effets ne sauraient être l'objet d'un doute, comme l'ont prouvé les expériences faites sur la terre récemment fumée, et comme l'établit encore de la manière la plus nette, l'observation que nous allons rapporter.

Expérience n° 24. — Le sable humide, dont l'air n'avait donné que 1 à 2 millièmes de gaz acide carbonique, fut amendé, dans la caisse même qui le renfermait, avec du fumier. L'opération eut lieu le 24 septembre; cinq jours après, le 30, à 8 heures du soir, on mit en train l'aspirateur; le 1er octobre, à 8 heures du matin, il y avait de mesure, par une pluie   lente :

	lit	gr
Air ramené à o degré, pression o^m,76 (1)...	3,866	5,0219
Carbonate de baryte, o^{gr},334 = ac. carbon.	0,038	0,0748
	3,904	5,0967
Dans 100 parties d'air, acide carbonique...	0,97	1,47

c'est-à-dire plus de six fois autant qu'avant l'introduction de l'engrais, et vingt-quatre fois autant que dans l'air atmosphérique.

L'air recueilli dans le ballon *d* a donné à l'analyse (2) :

(1) *Expér.* n° 24. — Air mesuré, 4^l,400. Temp. 10°,5 Barom. 738^{mm},8

		mm
Colonne I.............	9,6	
Colonne *a′ a″*..........	25,4	
Tension de vapeur *t*.....	10,3	45,3
	Pression...........	693,5

(2)	Air.................	3??
		327
	CO²	5
		262
		7?
	Oxygène	65

24

		Air privé d'ac. carb.
Acide carbonique.....	1,51	»
Oxygène...........	19,58	19,88
Azote.............	78,91	80,12
	100,00	100,00

Calculant la composition avec l'acide dosé par la baryte :

Acide carbonique	0,97	
Oxygène.............	19,69	} 20,66
Azote..............	79,34	
	100,00	

Expérience n° 30. — Ces observations seraient restées incomplètes si nous n'avions pu les faire dans un gisement de sable qu'on observe sur la route du Liebfrauenberg à Lembach, dans la forêt de Gœrsdorff et à moins de 1 kilomètre du point où nous avions opéré sur le loam. Le tube de plomb a été introduit à 45 centimètres, dans un trou de ,4 au-dessous de la terre végétale. Le sable était humide, mais il ne laissait pas suinter d'eau.

Le 21 octobre, le tube en plomb étant en place depuis vingt-quatre heures, l'aspirateur a fonctionné de 9 heures du matin à 6 heures du soir :

	En volume.	En poids.
Air : à 0 degré, pression 0^m,76 (1).......	3,322 ^{lit}	4,3153 ^{gr}
Carbonate de baryte, 0^{gr},070 = ac. carbon.	0,008	0,0157
	3,330	4,3310
Dans 100 parties d'air, acide carbonique....	0,24	0,36

Expérience n° 32. — Le 26 octobre, on fit une seconde observation dans le sable. Le tube en plomb fut introduit

---

(1) *Expér.* n° 30. — Air mesuré, 3^{lit},65. Temp. 10°,3. Barom. 744^{mm},4.

Colonne I..............	6,6 ^{mm}	
Colonne *a' a''*.........	10,3	
Tension de la vapeur *t*...	9,7	26,6
Pression...............		717,8

dans l'alluvion, toujours à 1^m,4 au-dessous de la terre végétale, mais à 1 mètre de distance du point où il avait pris
l'air dans l'expérience n° 30.

De 9 heures du matin à 5 heures du soir, on a mesuré :

	En volume.	En poids.
Air ramené à o degré, pression 0^m,76 (1).	3,281	4,2620
Carbonate de baryte, 0^{gr},075 = ac. carbon.	0,008	0,0168
	3,289	4,2788
Dans 100 parties d'air, acide carbonique....	0,24	0,39

Il résulte de ces deux dernières expériences qu'il y a,
dans l'air interposé dans le sable en place, plus d'acide carbonique que dans l'air du sable ameubli et depuis longtemps
exposé à l'action immédiate de l'atmosphère. Cela est tout
simple ; mais, ce qui l'est moins, c'est que la proportion de
cet acide soit notablement plus faible que celle que nous
avons constatée à plusieurs reprises dans le loam. Cependant le sable quartzeux, comme sous-sol de la forêt de
Gœrsdorff, est, en quelque sorte, la continuation du loam.
L'un et l'autre appartiennent, suivant un très-habile géo-
logue, M. Daubrée, à une alluvion moderne, dont le dépôt
est évidemment postérieur aux dernières dislocations des
Vosges.

§ XII. — *Air confiné dans la terre d'une culture
d'asperges.*

Expérience n° 18. — Des observations faites sur un carré
d'asperges du potager du Liebfrauenberg, montrent de nouveau l'influence presque immédiate de l'engrais sur le développement de l'acide carbonique.

---

(1) *Expér.* n° 32. — Air mesuré, 3^{lit},65. Temp. 10°. Barom. 734^{mm},0

	mm	
Colonne 1......	6,0	
Colonne a' a''......	10,3	
Tension de la vapeur.....	9,5	25,8
Pression.....		708,2

Les asperges n'avaient pas reçu de fumier depuis l'automne de l'année dernière. Le 22 septembre, lorsque les tiges furent coupées, on plaça un appareil qui fonctionna depuis 4 heures de l'après-midi jusqu'au lendemain 8 heures du matin. Le temps s'est maintenu au beau :

	En volume.	En poids.
Air : à 0 degré, pression 0^m,76 (1)	12,956^{lit}	16,8298^{gr}
Carbonate de baryte, 0^{gr},859 = ac. carb.	0,097	0,1925
	13,053	17,0223
Dans 100 parties d'air, acide carbonique..	0,74	1,13

On a trouvé dans l'air du ballon d (2) :

		Air sans l'ac. carb.
Acide carbonique....	1,47	»
Oxygène..........	18,88	19,16
Azote...........	79,65	80,84
	100,00	100,00

Prenant l'acide dosé par la baryte :

Acide carbonique......	0,74 }
Oxygène........ ...	19,02 } 19,76
Azote.............	80,24
	100,00

Expérience n° 25. — Le 25 septembre, le carré d'asperges fut recouvert de fumier qu'on enterra, comme de coutume, à une demi-profondeur de bêche. Le 30, on fit fonctionner un appareil, le tube bc prenant l'air à 30 centi-

---

(1) *Expér.* n° 18.--Air mesuré, 14^{lit},100. Temp. 7°,5. Barom. 753^{mm},4.

		mm	
Colonne I.............	9,5	
Colonne $a'\,a''$	18,4	
Tension de la vapeur t ..	8,0	35,9
Pression...............		717,5
Air..........	339	
CO^2..........	334 / 5	
Oxygène......	270 / 69 64	

mètres au-dessous de la surface. L'aspirateur, ouvert à
2 heures de l'après-midi, fut fermé, le 1er octobre, à
11^h 30^m :

	En volume.	En poids.
	lit	gr
Air : à o degré, pression 0^m,76 (1)........	5,451	7,0809
Carbonate de baryte, 0^{gr},417 = ac. carbon	0,047	0,0934
	5,498	7,1743
Dans 100 parties d'air, acide carbonique...	0,85	1,30

L'air qui remplissait le ballon *d* était composé de (2) :

	I.	II.	Moyenne	Air sans l'ac. carb.
Acide carbonique.	1,18	1,66	1,42	»
Oxygène........	19,56	19,06	19,31	19,58
Azote...	»	»	79,27	80,42
			100,00	100,00

Il y a, on le voit, une différence très-considérable entre
la proportion d'acide carbonique trouvée par l'analyse eudiométrique et celle résultant du dosage par la baryte. A
cette occasion, nous ferons remarquer que la détermination
de 0,01 à 0,02 de cet acide, quand elle est faite dans un
tube gradué, ne saurait être bien exacte. En effet, une
erreur de lecture d'une division, dans le cas particulier qui
nous occupe, et suivant le sens dans lequel elle serait com-
mise, donnerait pour l'analyse I : 1,47 ou 0,88 d'acide.
Cela provient de ce qu'une division de tube représente une

---

(1) *Expér.* n° 25. — Air mesuré, 6^{lit},100. Temp. 13°. Barom. 738^{mm},8.

		mm	
Colonne I.	....	10,0	
Colonne *a' a'*	....	5,9	
Tension de la vapeur *t*	11,4		2,5
Presslon...			711,5

	I.	II.
Air........	340,0	362
	336,0	356
CO²	4,0	6
	365,5	287
	70,5	75
Oxygène.	66,5	69

forte fraction du gaz acide carbonique que contient l'air. Dans le dosage par la baryte, où l'on opère toujours sur plusieurs litres de gaz confiné, une erreur de 1 centigramme sur le carbonate n'affecterait pas le résultat d'une manière sensible, par la raison que ce poids équivaut seulement à 1 centimètre cube, soit, pour l'expérience n° 25, à $\frac{1}{47}$ du volume du gaz acide carbonique renfermé dans l'air examiné. L'évaluation fournie par l'analyse eudiométrique ne doit donc être acceptée que comme un contrôle du résultat donné par la baryte. Par conséquent, nous considérerons l'air confiné comme composé de :

Acide carbonique....	0,85	20,26
Oxygène.	19,41	
Azote.	79,74	
	100,00	

Ainsi, par l'influence du fumier, l'acide carbonique a été porté de 0,75 pour 100 à 0,86. La totalité de l'effet de l'engrais était loin d'être produite comme on s'en est assuré par une nouvelle observation.

Expérience n° 28. — Afin que le fumier ait le temps d'agir, nous avons laissé passer huit jours avant de faire une nouvelle observation dans le carré d'asperges. Le 3 octobre, par une pluie continue accompagnée d'un vent extrêmement fort, l'aspirateur a coulé depuis 6 heures du matin jusqu'à 6 heures du soir :

	En volume. lit	En poids gr
Air : à o degré, pression 0^m,76 (1)	4,797	6,2313
Carbonate de baryte, 0^{gr},664 = ac. carbon.	0,075	0,1488
	4,872	6,3801
Dans 100 parties d'air, acide carbonique...	1,54	2,33

(1) *Expér.* n° 28. — Air mesuré, 5^{lit},00. Tempér. 10°. Barom. 738^{mm},8.

Colonne I.	9,6	
Colonne *a' a"*.	6,6	
Tension de la vapeur *t*. . .	9,5	25,7
Pression		713,1

L'air du ballon *d* renfermait (1) :

Air sans l'ac. carbon.

Acide carbonique....	1,79	»
Oxygène..........	18,75	19,09
Azote	79,46	80,91
	100,00	100,00

Prenant le dosage par la baryte :

Acide carbonique......	1,54	
Oxygène.	18,80	20,34
Azote....	79,66	
	100,00	

Depuis l'observation du 22 septembre, la proportion d'acide carbonique avait doublé.

§ XIII. — *Expérience* n° 13 : *Air confiné dans un sol abondant en humus.*

Dans une excavation pratiquée dans le jardin, on a déposé du bois pourri, du terreau ramassé dans les arbres décrépits de la forêt. En hiver, ce mélange a été arrosé plusieurs fois avec de l'eau de fumier. C'est dans cette sorte de compost que sont placés des *fuchsia* pendant la belle saison. L'épaisseur du terrain est de 40 centimètres, l'air a été pris à 35 centimètres.

Le 16 septembre, par un temps pluvieux, on a placé un appareil. L'écoulement a duré depuis 6 heures du soir jusqu'au lendemain à la même heure :

(1)

Air..............	336
	330
CO	6
	267
	69
Oxygène	63

	En volume.	En poids.
	lit	gr
Air : à o degré, pression o^m,76 (1)........	7,017	9,1151
Carbonate de baryte, 2^{gr},337 = ac. carbon.	0,265	0,5237
	7,282	9,6388
Dans 100 parties d'air, acide carbonique...	3,64	5,43

L'air du ballon d a donné (2) :

	I.	II.	Moyenne.	Air sans l'ac. carb.
Acide carbonique.	3,95	3,70	3,83	»
Oxygène........	16,45	16,40	16,43	17,07
Azote..........	»	»	79,74	82,93
			100,00	100,00

Avec l'acide dosé par la baryte, on a :

Acide carbonique	3,64	
Oxygène..	16,45	20,09
Azote....	79,91	
	100,00	

Comme on devait le prévoir, l'air confiné dans un terrain extrêmement riche en humus contenait une très-forte
proportion de gaz acide carbonique, et il est hors de doute,
d'après les résultats de l'analyse eudiométrique, qu'en péné-

---

(1) *Expér.* n° 13.— Air mesuré, 8^{lit},026. Temp. 12°. Bar. 740^{mm},5.

		mm
Colonne I...............	14,5	
Colonne $a'\,a''$...........	31,7	
Tension de la vapeur t...	10,7	46,9
Pression		693,6

		I.	II.
(2)	Air...........	76,0	94,5
		73,0	91,0
	CO^2..........	3,0	3,5
		60,5	75,5
		13,5	19,0
	Oxygène.......	12,5	15,5

trant dans la terre où étaient plantés les *fuchsia*, l'oxygène de l'atmosphère n'a pas seulement brûlé le carbone, mais aussi l'hydrogène de la matière organique dont le sol était presque entièrement formé.

§ XIV. — *Expérience n° 17 : Air confiné dans une sole de betteraves.*

Le champ qui avait été fumé en automne est situé dans la vallée de la Saüer. C'est une terre assez forte placée sur les débris du müschelkalk. Le tube bc était enfoui depuis 24 heures à 40 centimètres de profondeur, entre quatre betteraves.

Le 22 septembre, de 9 heures du matin à 5 heures du soir :

	En volume.	En poids.
	lit	gr
Air : à 0 degré, pression 0^{m},76 (1)	5,037	6,5431
Carbonate de baryte, 0^{gr},388 = ac. carbon.	0,044	0,0870
	5,081	6,6301
Dans 100 parties d'air, acide carbonique	0,87	1,31

Air reçu dans le ballon d (2) :

		Air sans l'ac. carbon.
Acide carbonique . . .	0,88	»
Oxygène	19,71	19,88
Azote	79,41	80,12
	100,00	100,00

---

(1) *Expér.* n° 17. — Air mesuré, 5^{lit},470. Temp. 13°. Bar. 761^{mm},1

	mm	
Colonne 1	10,0	
Colonne $a'\ a''$	6,6	
Tension de la vapeur t .	11,4	28,0
Pression		733,1

(2)

Air	340
	337
CO²	3
	270
	70
Oxygène	67

Acide carbonique dosé par la baryte.	0,87	
Oxygène	19,71	} 20,58
Azote.	79,42	
	100,00	

§ XV. — *Expérience* n° 21 : *Air confiné dans la terre d'une luzernière.*

Le 25 septembre, dans cette luzernière établie depuis cinq ans sur un terrain voisin et analogue à celui du champ de betteraves, un appareil a mesuré, de 8 heures du matin à 4 heures du soir :

	En volume.	En poids.
Air à 0 degré, pression 0^m,76 (1).	8,140 ^{lit}	10,5739 ^{gr}
Carbonate de baryte, 0^{gr},582 = ac. carbon.	0,066	0,1304
	8,206	10,7043
Dans 100 parties d'air, acide carbonique. .	0,80	1,22

L'air du ballon *d* était composé de (2) :

	I.	II.	Moyenne.	Air sans l'acide.
Acide carbonique.	1,18	0,95	1,06	»
Oxygène	20,06	20,00	20,03	20,21
Azote.	»	»	78,91	79,79
			100,00	100,00

---

(1) *Expér.* n° 21. — Air mesuré, 8^{lit},650. Temp. 16°. Bar. 754^{mm},1.

	mm	
Colonne 1.	9,6	
Colonne *a' a"*.	0,0	
Tension de la vapeur *t*. .	13,6	23,2
Pression.		730,9

(2)			
	Air	339	316
		335	313
	CO^2.	4	3
		267	250
		72	66
	Oxygène.	68	63

Par le dosage par la baryte :

Acide carbonique..... 0,80
Oxygène........... 20,04 } 20,84
Azote............. 79,16
____
100,00

§ XVI. — *Expérience n° 23 : Air confiné dans la terre d'un champ de topinambours.*

Les topinambours n'avaient pas reçu de fumier depuis le printemps de l'année dernière. La terre est extrêmement forte ; l'argile y domine. La végétation avait une belle apparence. Le 29 septembre, de 10 heures du matin à 5 heures du soir, on a mesuré :

	En volume.	En poids.
	lit	gr
Air à 0 degré, pression $0^m,76$ (1).........	4,191	5,4441
Carbonate de baryte, $0^{gr},248 =$ acide carb.	0,028	0,0556
	4,219	5,4997
Dans 100 parties d'air, acide carbonique...	0,66	1,01

Air du ballon d (2) :

		Air sans ac. carb.
Acide carbonique......	0,72	»
Oxygène............	19,97	20,12
Azote	79,31	79,88
	100,00	100,00

---

(1) *Expér.* n° 23. — Air mesuré, $4^{lit},750$. Temp. 15°. Bar. $739^{mm},2$.

Colonne I............ 9.6 mm
Colonne a' a''.......... 9,6
Tension de la vapeur t.. 12,8   32,0
            Pression........ 707,2

(2)   Air................ 348,0
                    345,5
        CO^2 2,5
                    276,0
                    72,0
        Oxygène 69,5

(360)

Acide carbonique dosé par la baryte	0,66	} 20,65
Oxygène.	19,99	
Azote	79,35	
	100,00	

§ XVII. — *Expérience n° 22 : Air confiné dans la terre d'une prairie.*

Le 26 septembre, par un beau temps, l'appareil a été établi dans une prairie située dans le fond de la vallée de la Saüer. A cause de la grande humidité du sol, le foin récolté est de qualité inférieure, mais la terre est très-fertile, comme on a eu l'occasion de s'en convaincre par un essai de culture de houblon. De 10 heures du matin à 5 heures du soir :

	En volume.	En poids.
Air : à 0 degré, pression $0^{m},76$ (1)	5,909 lit	7,6758 gr
Carbonate de baryte, $0^{gr},954 =$ acide carb.	0,108	0,2138
	6,017	7,8896
Dans 100 parties d'air, acide carbonique...	1,79	2,71

Air du ballon d (2) :

	I.	II.	Moy.	Air sans l'ac. carbon.
Acide carbonique.	1,86	2,29	2,07	»
Oxygène.	19,25	19,14	19,19	19,76
Azote	»	»	78,74	80,40
			100,0	100,00

---

(1) *Expér.* n° 22.— Air mesuré, $6^{lit},600$. Temp. 17°. Bar. $752^{mm},5$.

	mm
Colonne I.	10,0
Colonne a' a''.	5,2
Tension de la vapeur t. . .	14,5 29,7
Pression.	722,8

(2)		I.	II.
	Air.	322	350
		316	342
	CO².	6	8
		254	275
		68	75
	Oxygène.	62	67

(361)

Avec l'acide dosé par la baryte :

$$\left.\begin{array}{l}\text{Acide carbonique.....}\quad 1,79\\\text{Oxygène...........}\quad 19,41\end{array}\right\}21,20$$

Azote   78,80
───────────
100,00 (1)

§ XVIII.— *Expérience* n° 33 : *Air confiné dans la terre d'une serre chaude.*

Nous avons établi un de nos appareils dans la serre des palmiers du Jardin des Plantes, pour rechercher si l'air de la terre des bâches contenait autant d'acide carbonique que celui que nous avions puisé dans le sol des champs. Toutefois, nous ferons observer qu'à part la température, les conditions ne sont pas favorables au développement de cet acide. En effet, la terre dont l'épaisseur est de $2^{m},50$, n'a pas reçu d'engrais depuis dix ans ; c'est un mélange de terre ordinaire et de terre de bruyère qu'on arrose fort rarement, afin d'activer le moins possible la végétation ; autrement, les palmiers atteindraient bientôt des dimensions qui ne permettraient plus de les abriter dans la serre.

Le tube *bc* avait été enfoui à 40 centimètres dans le sol, 20 heures avant qu'on commençât l'expérience. Le 29 octobre, de 10 heures du matin au 30 octobre à midi, on a mesuré :

	En volume.	En poids.
	lit	gr
Air ramené à 0 degré, pression $0^{m},76$ (2)..	6,908	8,9736
Carbonate de baryte, $0^{gr},591$ = acide carbon.	0,067	0,1324
	6,975	9,1060
Dans 100 parties d'air, acide carbonique....	0,97	1,45

(1) Un thermomètre placé dans le sol d'un jardin, à 40 centimètres de profondeur, a marqué, durant le cours de nos expériences, de 15°,2 à 17°,9.

(2) *Expér.* n° 33. — Air $7^{lit},75$. Tempér. 17°,4. Barom. $758^{mm},8$.

$$\begin{array}{lr}
& \text{mm}\\
\text{Colonne } 1................ & 9,2\\
\text{Colonne } a' \, a''............ & 14,0\\
\text{Tension de la vapeur } t..... & 14,8 \qquad 38,0\\
& \qquad\qquad\qquad\overline{}\\
\text{Pression}......... & 720,8
\end{array}$$

Air recueilli dans le ballon d (1) :

	I.	II.	Moy.	Air sans l'ac. carb.
Acide carbonique	1,42	1,41	1,41	»
Oxygène	19,43	19,72	19,58	19,85
Azote	»	»	79,01	80,15
			100,00	100,00

Avec l'acide dosé par la baryte :

Acide carbonique	0,97	
Oxygène	19,66	20,63
Azote	79,37	

Expérience n° 34.—Le 1er novembre, une nouvelle observation, commencée à 3 heures de l'après-midi, a été terminée le 3 novembre, à 10 heures du matin. On a mesuré :

	En volume.	En poids.
	lit	gr
Air ramené à 0 degré, pression 0m,76 (2).	10,709	13,9120
Carbonate de baryte, 0gr,946 = ac. carb.	0,107	0,2120
	10,816	14,1240
Dans 100 parties d'air, acide carbonique..	0,99	1,50

		I.	II.
(1)	Air	211	213
		208	210
	CO_2	3	3
		167	168
		44	45
	Oxygène	41	42

(2) *Expér.* n° 34. — Air 12 litres. Températ. 19°,1. Barom. 758mm,7.

Colonne I	mm 9,6	
Colonne a' a''	7,0	
Tension de la vapeur t.	16,4	33,0
Pression		725,7

Air recueilli dans le ballon d (1) :

Acide carbonique..... 1,43
Oxygène.......... 19,52   déduction faite de l'acide car-
Azote............ 79,05   bonique 19,81.
————
100,00

Prenant l'acide dosé par le carbonate :

Acide carbonique...... 0,99 } 20,60
Oxygène.... .... 19,61 }
Azote...... 79,40
————
100,00

Expérience n° 35. — Elle a été faite à la même place, le 5 novembre. La terre a été fortement arrosée le 3 et le 4 novembre, de manière à faire pénétrer l'humidité à la profondeur de 50 centimètres environ. Nous avons pensé qu'il y aurait de l'intérêt à examiner si, sous l'influence de l'eau, la proportion d'acide carbonique serait plus grande que dans les deux expériences antérieures, où la terre était très-sèche. L'aspiration, commencée à $1^h 30^m$, a cessé le 6 novembre à $3^h 30^m$ du soir.

	En volume.	En poids.
	lit	gr
Air ramené à 0° et à la pression $0^m,76$ (2).	13,579	17,6401
Carbonate de baryte, $1^{gr},364 = $ ac. carb.	0,154	0,3057
	13,733	17,9458
Dans 100 parties d'air, acide carbonique.	1,12	1,70

____

(1)   Air............... 210
                              207
                              ———
           CO²...........   3
                              166
                              ———
                               44
           Oxygène..........   41

— *Expér.* n° 35. — Air $15^{lit},05$ Tempér. 19°.5. Barom. $763^{mm},6$

                              mm
Colonne I.............   9,9
Colonne a' a''...........   2,2
Tension de la vapeur t.   16,8   28,9
                                          ———
           Pression 734.7

23

Air recueilli dans le ballon d (1) :

	I.	II.	Moyenne.	Air sans l'ac. carbon
Acide carbonique.	2,01	1,82	1,91	»
Oxygène........	18,95	18,70	18,82	19,19
Azote.	»	»	79,27	80,81
			100,00	100,00

Calculant la composition de l'air confiné en faisant intervenir l'acide carbonique dosé par la baryte, on a, en volume :

Acide carbonique.....	1,12	
Oxygène.	18,97	} 20,09
Azote.	79,91	
	100,00	

Expérience n° 36. — Le 11 novembre, une nouvelle observation, commencée à 10 heures du matin, a été terminée le 12 novembre à 1 heure de l'après-midi. On a eu pour résultats :

	En volume.	En poids.
Air ramené à 0°, et à pression 0^m,76 (2)..	7,348 (lit)	9,5444 (gr)
Carbonate de baryte, 0^{gr},788 = ac. carbon.	0,089	0,1766
	7,437	7,7210
Dans 100 parties d'air, acide carbonique..	1,20	1,82

		I.	II.
(1)	Air..........	248	246,5
		243	242,0
	CO^2........	5	4,5
		196	196,0
		52	50,5
	Oxygène.....	47	46,0

(2) *Expér.* n° 36. — Air 8^{lit},25. Tempér. 16°. Barom. 753^{mm},2

Colonne 1.............	9,9	
Colonne a' a''..	13,2	
Tension de la vapeur t..	13,6	36,7
Pression	716,5	

Air recueilli dans le ballon d (1) :

		Air sans l'ac. carbon.
Acide carbonique...	1,69	»
Oxygène	18,83	19,15
Azote...........	79,48	80,85
	100,00	100,00

Établissant la composition en prenant l'acide carbonique dosé par la baryte, on a, en volume :

Acide carbonique....	1,20	
Oxygène...........	18,92	} 20,12
Azote.............	79,88	
	100,00	

On voit, par ces deux derniers résultats, que l'air con-finé a contenu une proportion d'acide carbonique un peu plus forte après que la terre a été arrosée. Ainsi, par l'influence de l'humidité, l'acide carbonique a été porté de 0,98 à 1,16 pour 100.

§ XIX. — Les analyses dont nous avons présenté les ré-sultats, établissent de la manière la plus nette que l'air atmo-sphérique, en séjournant dans la terre végétale, modifie singulièrement sa composition. En effet, à l'état normal il renferme, en volume, 0,0004 d'acide carbonique, soit 4 décilitres, par mètre cube, équivalent à $0^{gr},216$ de carbone si l'on suppose les gaz à la température de o degré et à la pression de $0^m,76$. Dans le sol, l'air est constamment plus chargé d'acide carbonique; par exemple, la moyenne ob-

---

(2)

Air	239
	235
CO²	4
	190
	49
Oxygène	45

tenue dans les cultures qui n'avaient pas été fumées depuis une année, serait, par mètre cube, de 9 litres de gaz acide contenant près de 5 grammes de carbone, c'est-à-dire 22 à 23 fois autant que l'air normal. Dans les sols récemment fumés, la différence a été bien plus grande encore, puisque l'air pris dans la terre d'un champ où le fumier était incorporé depuis neuf jours, renfermait 98 litres d'acide carbonique par mètre cube, soit 53 grammes de carbone ; environ 245 fois autant que dans l'air extérieur.

Le développement de cette quantité, relativement considérable, d'acide carbonique dans l'air atmosphérique engagé dans la terre végétale, provient évidemment, en grande partie, de la combustion lente du carbone des matières organiques, telles que l'humus, les débris de plantes, l'engrais. Cela semble si vrai, que, dans la plupart des cas, le volume du gaz acide carbonique développé représente, à peu de chose près, le volume du gaz oxygène qui a disparu.

Ainsi, d'après nos analyses, la somme de ces deux gaz dans 100 volumes de l'air pris dans le sol, a été :

Terre fumée depuis dix jours........	20,09
Terre fumée depuis seize jours......	20,14
Culture de carottes...............	20,43
Culture de vigne..................	20,78
Culture de forêt..................	20,48
Sous-sol de la forêt...............	20,45
Carré d'asperges non fumé........	19,76
Carré d'asperges fumé	20,30
Terre très-riche en humus.........	20,09
Culture de betteraves.............	20,58
Luzernière	20,84
Champ de topinambours..........	20,65
Ancienne prairie.................	21,20
Serre de palmiers................	20,36
Sable fumé......................	20,66

Dans 100 parties, en volume, d'air atmosphérique, il y

a 20,9 d'oxygène; et, bien que la somme des volumes de l'acide carbonique et de l'oxygène de l'air qui a séjourné dans le sol approche beaucoup de ce nombre, la différence qu'on a observée, toute faible qu'elle est, s'est présentée avec une telle constance, que nous n'hésitons pas à croire qu'une partie de l'oxygène est employée à brûler de l'hydrogène appartenant à la matière organique disséminée dans la terre végétale.

§ XX. — La connaissance de la proportion d'acide carbonique contenue dans l'air confiné du sol ne suffit plus lorsqu'on cherche à apprécier la quantité du même acide que la combustion lente de l'humus ou des engrais met à la disposition des plantes. Pour arriver à une approximation tant soit peu exacte de cette quantité, il fallait savoir ce qu'il y avait d'air enfermé dans une étendue donnée de terrain. Pour déterminer le volume de l'air enfermé dans la terre végétale, nous nous sommes servis d'un vase cylindrique en bois, d'une capacité de 34 litres, et de 35 centimètres de profondeur.

Nous remplissions ce vase avec de la terre jusqu'à ce qu'il fût comble, puis, avec une règle, nous nivelions la surface. Ensuite nous ajoutions peu à peu de l'eau jusqu'à ce que ce liquide fût sur le point de déborder, l'ouverture du vase étant maintenue, à l'aide de cales, dans un plan horizontal. On favorisait la sortie du gaz en remuant avec une tige de fer. Le volume d'eau introduit représentait nécessairement le volume d'air déplacé. L'opération est d'une exécution rapide, et la difficulté n'est pas dans la détermination du volume d'air, mais bien dans le degré de tassement que l'on doit donner aux 34 litres de terre; car on conçoit que, suivant que la compression aura été plus ou moins forte, on obtiendra des volumes d'air très-différents. On en jugera par les essais suivants :

On a tassé du sable humide en laissant tomber deux fois sur le sol le vase soulevé à 2 décimètres; on expulsa des

34 litres de sable :

litres.

Dans un premier essai, air........ 10,8

Dans un second essai, air......... 10,9

Ainsi tassé, le sable humide, autant qu'on pouvait en juger par le tact, par l'aspect, avait la consistance que possède la terre arable légère quelques mois après les labours. Le même sable ayant été fortement tassé en le comprimant avec le pied, à mesure qu'on le mettait dans le vase, on n'a plus retiré que 3 litres d'air.

Il y a dans le tassement de la terre mise dans le vase jaugé, un arbitraire fâcheux que nous nous empressons de signaler, tout en regrettant de ne pas l'avoir fait disparaître ; nous croyons, toutefois, pouvoir assurer que, dans nos essais, la terre a toujours été plus fortement tassée qu'elle ne l'est dans les champs, de sorte que l'estimation du volume d'air que nous avons déduite de nos expériences est plutôt trop faible que trop forte. Voici les résultats que nous avons obtenus :

	AIR CONFINÉ	
	Dans 34 litres.	Dans 1 mèt. cub. de terre végétale.
	lit	lit
Terre légère récemment fumée.................	8,0	235,3
Terre d'un champ de carottes..................	7,9	232,4
Terre d'une vigne, sol sablonneux..............	9,6	282,4
Terre de la forêt ; sol sablonneux, fortement tassé.	4,0	117,6
Loam, sous-sol de la forêt. Fortement tassé......	2,4	70,6
Sable, sous-sol de la forêt. Fortement tassé.......	3,0	88,2
Terre d'un carré d'asperges ; sol sablonneux.......	7,6	223,5
Sol très-riche en humus........	14,3	420,6
Terre d'un champ de betteraves, assez argileuse...	8,0	235,3
Terre d'une luzernière, argileuse et calcaire......	7,5	220,6
Terre d'un champ de topinambours, très-argileuse	7,0	205,9
Terre d'une prairie, argileuse, comprimée........	5,5	161,8
Terre d'une serre du Jardin des Plantes..........	12,3	361,8

L'épaisseur de la couche de terre végétale, dans les champs auxquels nos recherches se rapportent, varie de 3o ou 4o centimètres. Nous adoptons 35 centimètres pour l'épaisseur moyenne; pour faciliter les comparaisons, nous appliquerons cette même profondeur au loam et au sable sous-sols de la forêt, quoique ces alluvions aient une puissance qui atteint quelquefois plusieurs mètres. On a par conséquent, pour la terre d'un hectare, 35oo mètres cubes, dans lesquels les résultats des analyses indiquent les quantités suivantes d'acide carbonique :

NUMÉROS des expériences.	TERRES	ACIDE CARBONIQUE dans 100 parties d'air confiné.		AIR confiné dans 1 hectare de terre	ACIDE carbonique de l'air confiné dans 1 hectare de terre.
		En volume.	En poids.		
				mc.	mc.
1 et 2	Terre récemment fumée...	2,21	3,33	824	18
8	Terre récemment fumée...	9,74	14,13	824	8o
3 et 15	Champ de carottes.... ...	0,98	1,49	813	8
5 et 6	Vigne..............	0,96	1,46	988	10
11 et 12	Forêt de Goersdorff	0,86	1,3o	412	4
16 29 et 31	Loam, sous-sol de la forêt.	0,82	1,24	247	2
3o et 32	Sable, sous-sol de la forêt.	0,24	0,38	3o9	1
18 et 25	Asperges, anciennem. fum.	0,79	1,22	782	6
28	Asperges, récemm. fumées.	1,54	2,33	782	12
13	Sol très-riche en humus...	3,64	5,43	1472	54
17	Champ de betteraves......	0,87	1,31	824	7
21	Champ de luzerne........	0,8o	1,22	772	6
23	Champ de topinambours...	0,66	1,01	721	5
22	Prairie..........	1,79	2,71	566	10

Il ressort de ces recherches que l'air enfermé dans 1 hectare de terre arable, fumé depuis près d'une année, contient à peu près autant d'acide carbonique qu'il s'en trouve dans 18 ooo mètres cubes d'air atmosphérique ; et que dans l'air de 1 hectare de terre arable récemment fumée, l'acide carbonique, dans certaines circonstances, représente celui

qui est contenu dans 200000 mètres cubes d'air normal;
elles constatent, en outre, que dans le loam sous-sol de
la forêt, en prenant l'épaisseur de 35 centimètres adoptée
pour la terre arable, l'air confiné contient autant d'acide
carbonique qu'il y en a dans 5000 mètres cubes d'air pris
dans l'atmosphère. Si l'on considère que cette alluvion
atteint quelquefois une puissance de plusieurs mètres, on
doit croire que cette notable proportion d'acide carbonique
ajoute aux qualités qui, d'après un très-habile observateur,
M. E. Chevandier, ont fait placer le loam parmi les meil-
leurs terrains forestiers des Vosges et du grand-duché de
Baden.

La présence de l'acide carbonique dans une couche sous-
adjacente à la terre végétale, mérite certainement de devenir l'objet d'une étude particulière; car, quelle que soit
son origine, le gaz acide carbonique ne peut manquer
d'exercer une certaine influence sur la fertilité du sol.

MÉMOIRE

SUR

LE DOSAGE DE L'AMMONIAQUE

CONTENUE DANS LES EAUX ;

Par M. BOUSSINGAULT.

Lu à l'Académie dans la séance du 9 mai 1853.

§ Ier. — Dès que Théodore de Saussure eut constaté dans l'air de faibles quantités d'ammoniaque, il était facile de prévoir que la pluie présenterait des traces du même alcali. Cependant, bien que l'observation de Saussure ait été publiée en 1804, ce fut seulement en 1825 que M. Brandes signala, entre autres substances, des sels ammoniacaux dans les eaux pluviales. Depuis, alors que l'on commençait à comprendre le rôle important que l'ammoniaque remplit dans les phénomènes de la végétation, M. Liebig confirma le résultat énoncé par M. Brandes, en en mettant la présence hors de doute, non-seulement dans l'eau tombée pendant les orages, mais dans la pluie, dans la neige, et il insista très-particulièrement sur l'influence que cet alcali, apporté dans le sol par la pluie, exerce sur le développement des plantes. Pour apprécier cette influence, il est évident qu'il ne suffit pas de savoir que la pluie renferme de l'ammoniaque, mais qu'il faut encore connaître combien elle en contient. Aussi, dans un remarquable travail soumis tout récemment au jugement de l'Académie, M. Barral a-t-il rendu un véritable service à la science agricole en introduisant, dans la question de l'ammoniaque atmosphérique, la notion de quantité, sans laquelle il est absolument impossible de se former une idée tant soit peu exacte, de ce que 1 hectare de terre reçoit d'azote assimilable par les eaux météoriques.

Jusqu'à présent, l'attention des chimistes semble avoir été uniquement dirigée sur l'ammoniaque des eaux pluviales, bien que, au point de vue agricole, il y ait peut-être tout autant d'intérêt à doser cet alcali dans l'eau des fleuves, des rivières et des sources, si souvent employée à l'irrigation, surtout dans les contrées méridionales, où, pendant la plus grande partie de l'année, l'arrosage est le seul moyen possible d'humecter le sol (1). Il est vrai qu'il est tout naturel de déduire la présence de l'ammoniaque dans l'eau qui coule à la surface de la terre, de celle de l'ammoniaque dans la pluie; mais il reste toujours la question de quantité. J'ajouterai, toutefois, que c'est dans une eau de rivière, dans l'eau de la Seine, qu'on a rencontré, pour la première fois, cet alcali dans une eau potable; la découverte en a été faite en 1811, par notre illustre confrère M. Chevreul, alors qu'il étudiait le principe colorant du bois de campêche.

Si rien n'est plus facile que de déceler des traces d'ammoniaque dans une eau, le dosage, quand on l'applique

----

(1) Cette remarque n'est pas applicable à un très-habile chimiste de Fécamp, M. Marchand, qui, dans un travail considérable sur la composition des eaux de puits, de sources et de rivières des arrondissements du Havre et d'Yvetot, a dosé l'ammoniaque. M. Marchand a trouvé que les eaux analysées contiennent, par litre, de $0^{millig},23$ à $1^{millig},47$ d'ammoniaque. Le manuscrit du Mémoire de M. Marchand est encore entre les mains des commissaires de l'Académie.

à la détermination de très-petites quantités, offre de telles
difficultés, il exige d'ailleurs un temps si long, qu'il est à
craindre que, malgré tout l'intérêt qu'il y aurait à multiplier les observations, leur nombre ne soit jamais considérable. Cependant, ce n'est qu'en les réitérant dans les situa-
tions les plus diverses, qu'on parviendra un jour à savoir si
le climat, les saisons, l'état de l'atmosphère, la direction
des vents, la constitution géologique du sol, influent sur
la proportion d'ammoniaque contenue dans les eaux.

Dans l'espoir de faciliter ce genre de recherches, et pour
contribuer autant qu'il dépendait de moi à l'étude de questions qui intéressent, à un haut degré, l'agriculture et la
physique du globe, j'ai adopté une méthode de dosage qui,
tout en donnant une garantie suffisante d'exactitude, peut
être exécutée avec une grande rapidité. C'est de cette méthode dont j'ai à entretenir l'Académie; j'indiquerai ensuite
l'application que j'en ai faite à l'examen des eaux.

A la température ordinaire, l'ammoniaque manifeste
une très-forte affinité pour l'eau; cette affinité décroît rapidement par l'action de la chaleur : aussi une dissolution
ammoniacale perd-elle tout son gaz alcalin par l'ébullition. Il y avait donc tout lieu de croire qu'en distillant de
l'eau renfermant de l'ammoniaque, l'alcali serait dégagé en
grande partie, quand le liquide approcherait de 100 degrés, et que, par conséquent, l'eau distillée n'en retien-
drait qu'une quantité insignifiante. Cependant, en considérant qu'il est rare que les eaux de pluies, de rivières,
de sources, contiennent plus de $\frac{1}{100000}$ d'ammoniaque, j'ai
pensé que, malgré son peu d'affinité pour l'eau chaude, le
gaz ammoniac pourrait bien, en étant retenu par l'influence de la masse, ne se dégager qu'avec la vapeur aqueuse
qui, en se condensant dans le réfrigérant de l'appareil distillatoire, reconstituerait de l'eau ammoniacale. C'est, en
effet, ce qui arrive, et le procédé que j'ai suivi est fondé

sur cette proposition : *Quand on distille de l'eau renfermant une très-faible proportion d'ammoniaque, l'alcali
se retrouve en totalité dans les premiers produits de la
distillation.*

L'appareil distillatoire dont je fais usage, consiste en
un ballon de 2 litres de capacité A (*fig.* 1), placé sur un
fourneau. Le bouchon du ballon est traversé par deux
tubes : l'un *b* est droit et pénètre dans l'intérieur jusqu'à 2
ou 3 millimètres du fond du ballon ; c'est par ce tube qu'on
introduit l'eau à distiller, et qu'on la retire après la distillation. L'autre tube *c*, courbé comme on le voit dans la
figure, conduit la vapeur dans le réfrigérant *d*, dont le
serpentin et le manchon qui l'enveloppe sont en verre (1).
Le diamètre intérieur du tube *c* est d'environ 1 centimètre ;
il est nécessaire que ce tube ait au moins cette largeur, pour
que, pendant l'ébullition, il n'y ait pas de liquide entraîné. Le
bouchon *e* qui ferme le col du ballon, est recouvert par un
manchon de caoutchouc qu'entoure, sur toute sa surface,
un ruban de fil destiné à le maintenir. Ce caoutchouc est
façonné en *culotte*, de manière à ce que les tubes *b* et *c*
soient parfaitement liés au manchon. Le manchon *e* n'est
pas indispensable, surtout si l'on a de bon liége ; on peut,
dans ce cas, le remplacer par la disposition indiquée à la
fig. 2, consistant en un anneau de caoutchouc, qui assu-
jettit solidement le bouchon au col du ballon. L'extrémité
du tube *c* qui pénètre dans le serpentin, est également assu-
jettie au moyen d'un caoutchouc *o* recouvert d'un ruban
de fil. F est un réservoir contenant l'eau destinée à rafraî-
chir le serpentin : *g* un tube de Mariotte, pour régulariser
l'écoulement.

L'eau est introduite dans le ballon au moyen d'un petit

----

(1) J'ai trouvé, depuis, que le serpentin en verre peut être remplacé, sans
aucun inconvénient pour la précision des expériences, par un serpentin en
étain fin, établi dans un manchon en laiton.

entonnoir qu'on place à l'orifice du tube *b*. Lorsque les $\frac{7}{10}$ ou $\frac{8}{10}$ de l'eau qui doit être distillée ont pénétré dans le ballon, on verse quelques centimètres cubes d'une dissolution alcaline faite avec une quantité connue d'hydrate de potasse qu'on a calciné au rouge avant de le dissoudre, puis l'on ajoute le reste de l'eau pour entraîner la dissolution alcaline, et l'on ferme l'ouverture du tube *b* avec un petit bouchon. On peut alors procéder à la distillation : quand la vapeur commence à se condenser dans le réfrigérant, il est bon de modérer l'ébullition, à l'aide de la porte du cendrier : l'ébullition, cependant, doit être assez forte et bien soutenue. Le liquide distillé est reçu dans des fioles portant un trait indiquant une certaine capacité, soit de 50, de 100 ou de 200 centimètres cubes, si l'on agit sur 1 litre d'eau, *fig.* 3. On n'est parfaitement certain d'avoir toute l'ammoniaque, qu'autant qu'on a recueilli les $\frac{2}{5}$ du liquide soumis à la distillation. On peut, par exemple, retirer un premier et un second produit, chacun de 200 centimètres cubes.

La distillation terminée, le feu est retiré, et, bien avant que le résidu soit refroidi, on le retire du ballon. A cet effet on adapte, au moyen d'un caoutchouc, le tube courbé à angle droit *i*, à l'extrémité inférieure *h* du serpentin ; ensuite on fixe, par le même moyen, le tube courbe *j*, à l'orifice débouché du tube *b*, de manière à former un siphon. Il suffit de souffler par le tube *i* dans l'intérieur du ballon, pour amorcer ce siphon, par lequel sort le liquide. Après avoir enlevé les tubes *i* et *j*, on recharge de nouveau. Il n'est aucunement nécessaire, comme on voit, de démonter l'appareil pour en faire sortir l'eau lorsqu'une opération est achevée ; le travail est en quelque sorte continu.

L'ammoniaque, une fois isolée de ses combinaisons et concentrée dans les premiers produits de la distillation, est dosée par la méthode alcalimétrique par les volumes, imaginée par Descroizilles, perfectionnée par Gay-Lussac, et appliquée de la manière la plus heureuse, par M. Peligot, à la détermination de l'azote des matières organiques (1).

On dose l'ammoniaque en introduisant dans l'eau ammoniacale un volume déterminé d'acide sulfurique *titré*, c'est-
à-dire un volume d'eau acidulée dont on connaît l'acide
réel ; puis, on cherche quel est le volume d'une liqueur
alcaline nécessaire pour compléter la saturation de l'acide,

---

(1) A l'occasion du dernier paragraphe de ce passage de mon Mémoire,
M. Bineau, professeur à la Faculté des Sciences de Lyon, a adressé à
l'Académie une Lettre que je crois devoir reproduire ici : « La com-
» munication de M. Boussingault sur les eaux potables de Paris m'appelle
» à faire remarquer que les eaux de Lyon se signalent également par l'exi-
» guïté de la proportion d'ammoniaque. Pour une partie notable d'entre
» elles, cette situation s'est déjà trouvée établie dans le Rapport relatif à la
» question judiciaire qui me fit faire le travail mentionné dans les Mémoires
» de l'Académie de Lyon (1851, page 197), et à l'occasion duquel j'ai insisté
» sur la facilité d'évaluer l'ammoniaque, à quelques centièmes de milli-
» grammes près. Je fus amené alors à comparer une série assez considérable
» d'eaux potables, dont un certain nombre étaient prétendues infectées par
» les eaux d'infiltration d'une usine à gaz. Or, dans les eaux examinées,
» l'ammoniaque ne s'offrit jamais, à une dose supérieure à $\frac{1}{20}$ de milli-
» gramme par décilitre.... J'ai, depuis lors, essayé, à diverses époques, les
» eaux de nos rivières, ainsi que quelques autres, et l'ammoniaque s'y est
» toujours trouvée au-dessous de la proportion indiquée, même dans la
» source de notre Jardin des Plantes, où pourtant l'azote abonde, car elles
» renferment environ 2 décigrammes de nitrate par litre.

» Je me suis beaucoup moins occupé de l'ammoniaque des eaux de sources
» ou de rivières que de celle de l'air ou des pluies, faisant de celle-ci l'objet
» d'un assez long travail auquel je pense mettre bientôt un terme. Le genre
» d'appareil que j'ai décrit, il y a sept ans, à la Société d'Agriculture de
» Lyon, m'offrait habituellement une capacité suffisante. L'appareil que j'ai
» employé quand j'ai voulu opérer sur des litres de liquides, analogue au
» précédent, différait de celui de M. Boussingault principalement parce que,
» n'ayant pas de serpentin pour assurer la complète condensation des va-
» peurs, il eût exposé davantage à une déperdition d'ammoniaque, mais
» qu'on en évitait la chance en forçant les produits aériformes à ne s'échap-
» per au dehors qu'après avoir traversé un tube garni de fragments de verre
» humectés d'acide. C'était l'acide titré lui-même, quand la dose d'ammo-
» niaque devait être évaluée immédiatement ; mais quand le liquide distillé
» était fort considérable, je préférais évaporer la liqueur et opérer sur le ré-
» sultat de sa concentration....

» Pour des appréciations d'une grande délicatesse, j'ai reconnu, d'ailleurs,
» la nécessité (dans les expériences effectuées dans les appareils dont je me
» sers) d'introduire une correction relative à l'alcali fixe passant, sous une

commencée par l'ammoniaque qu'il s'agit de doser. Voici comment M. Peligot procède à la préparation de l'acide titré : On prend 61^{gr},250 d'acide sulfurique pur monohydraté; c'est l'acide sulfurique du commerce préalablement distillé, qu'on a fait bouillir dans une capsule de platine, et qu'on a laissé refroidir sous une cloche. Dans un matras d'une capacité de 1 litre, on met d'abord de l'eau pure, puis on y ajoute les 61^{gr},250 d'acide ; on lave la fiole dans laquelle cet acide a été pesé, le lavage est versé dans le matras-litre, qu'on achève de remplir avec de l'eau jusqu'à la marque tracée circulairement sur le col du matras, comme indicateur de la capacité de 1 litre. Les dernières portions d'eau qui doivent élever le liquide au niveau du trait indicateur, ne sont ajoutées qu'alors que la masse est à une température peu différente de celle à laquelle on doit opérer. La liqueur acide titrée est conservée, pour l'usage, dans un flacon ; il est clair que, par la manière dont on l'a préparée, 100 centimètres cubes d'acide contiennent 6^{gr},125 d'acide sulfurique monohydraté. Or, on sait que cette

---

» forme quelconque, à la distillation. Cette correction est fort légère et devient inutile, soit quand le dosage n'a pas besoin d'atteindre ses dernières
» limites de précision, soit quand il y a peu de liquide distillé, soit quand
» on cherche seulement à établir des différences entre des résultats d'opéra-
» tions semblablement exécutées.

» Je me félicite vivement de voir M. Boussingault déclarer hautement la
» préférence qu'il accorde aux procédés *ammonimétriques* basés sur les li-
» queurs titrées. Mais puisque, généralement à Paris, l'habitude se conserve
» encore d'en attribuer l'invention à un membre de l'Académie, qu'il me
» soit permis de rappeler ce que j'ai imprimé dans les Mémoires de l'Aca-
» démie de Lyon (année 1851, page 197); qu'on veuille bien se souvenir
» qu'aussitôt après la communication faite à l'Académie des Sciences, par
» M. Peligot, au sujet du procédé en question, j'ai eu l'honneur d'adresser
» un exemplaire de la description que j'en avais donnée déjà à la Société d'A
» griculture de notre ville l'année précédente, et qui avait été publiée dans
» ses *Annales*, tome IX, page 585. »

J'ajouterai qu'en appliquant son procédé de dosage, M. Bineau a trouvé
dans la pluie tombée à Lyon une quantité d'ammoniaque beaucoup plus
grande que celle constatée par M. Barral dans la pluie recueillie à l'Observatoire de Paris

quantité d'acide exige, pour être saturée, $2^{gr},120$ d'ammoniaque : 10 centimètres cubes de ce même acide, volume
qu'on prend ordinairement, quand ils seront saturés, équivaudront à $0^{gr},212$ d'ammoniaque.

On prépare la liqueur alcaline en dissolvant de la potasse à la chaux dans de l'eau distillée; il est bon d'en avoir
une réserve de quelques litres. Cette préparation se fait en
tâtonnant, de manière à obtenir un liquide dont l'alcalinité soit telle, qu'il en faille un peu moins d'une burette,
environ 33 centimètres cubes. On détermine d'ailleurs
exactement le titre de la liqueur alcaline par rapport au
titre de l'acide, en versant dans un verre 10 centimètres
cubes d'acide titré, mesurés avec une pipette graduée:
on met de l'eau jusqu'à ce que le volume du liquide occupe 50 à 60 centimètres cubes, et l'on colore en rouge
faible par l'addition d'un peu d'infusion de tournesol. Tenant alors la burette à l'alcali d'une main, pendant que de
l'autre on agite rapidement, avec une baguette de verre, le
liquide acide, on verse goutte à goutte, mais sans interruption, la dissolution alcaline, jusqu'à ce que la teinte
rouge de la liqueur contenue dans le verre vire au bleu;
c'est ce point qu'il faut saisir, c'est l'indice de la neutrali-
sation de l'acide par l'alcali : après quelques instants, la
liqueur bleue acquiert une nuance rouge dont il ne faut
nullement se préoccuper. La saturation doit être considérée
comme parfaite, lorsque la nuance bleue se manifeste dans
toute la masse du liquide; c'est alors qu'il faut lire, sur la
graduation de la burette, combien de centimètres cubes ont
été employés pour produire cet effet. Ce nombre de centimètres cubes exprime le titre de la dissolution alcaline,
c'est-à-dire ce qu'il faut de cette dissolution pour représenter le pouvoir saturant de $0^{gr},212$ d'ammoniaque.

Le titre de la dissolution alcaline une fois établi, rien de
plus simple que de déterminer la quantité d'ammoniaque
que renferme un liquide, à la seule condition que cet al-

cali soit à l'état caustique. Dans ce liquide, dont le volume doit être renfermé dans les limites fixées précédemment, on introduit une pipette de 10 centimètres cubes d'acide normal; on colore par le tournesol, et l'on cherche combien il faut d'alcali pour arriver au point de saturation convenu, pour faire virer la couleur rouge au bleu. Supposons, par exemple, que le titre de la dissolution alcaline soit $33^{cc},2$, et que, après avoir été mêlés avec le liquide ammoniacal, les 10 centimètres cubes d'acide normal n'exigent plus que $13^{cc},5$ de la même dissolution alcaline, pour être saturés ; on obtiendra le volume de l'acide qui a été saturé par l'ammoniaque, et, par suite, le poids de cet alcali, de la manière suivante :

L'acide normal exigeait . . . . . $33^{cc},2$ d'alcali v.

Il n'a plus exigé que. . . . . $13^{cc},5$ d'alcali v'.

Différence. . . . . . $19^{cc},7$ d'alcali $v - v'$.

Cette différence fait connaître le volume de l'acide qui a été saturé par l'ammoniaque que contenait la liqueur. En effet, $33^{cc},2$ d'alcali est à 10 centimètres cubes d'acide, comme $19^{cc},7$ d'alcali est à x; $x = 5^{cc},934$. Mais 10 centimètres cubes d'acide équivalent à $0^{gr},212$ d'ammoniaque; donc, $5^{cc},934$ d'acide équivaudront à $0^{gr},1258$ de cet alcali; ce qui revient à multiplier la différence $v - v'$ par le poids de l'ammoniaque p, que saturent 10 centimètres cubes de l'acide normal, et à diviser le produit par $33^{cc},2$. Quant au degré de précision qu'il est permis d'atteindre, il serait $\frac{0^{gr},212}{332} = 0^{gr},00064$, si l'on pouvait répondre de $\frac{1}{10}$ de centimètre cube dans la mesure de la dissolution alcaline; mais comme l'incertitude est certainement de $\frac{1}{10}$ de centimètre cube; qu'il y a deux opérations à faire en comprenant celle du titrage, il s'ensuit que l'erreur pourrait aller à $0^{gr},0013$, dans l'exemple que j'ai choisi. Dans les cas ordinaires de l'analyse organique, lorsque l'on dose l'ammoniaque pour fixer la proportion d'azote, ce degré d'exactitude est suffisant si l'on agit sur une quantité convenable de matière azotée; mais il n'en est plus ainsi quand on se propose de rechercher l'ammoniaque que renferme une eau, et que, d'ailleurs, pour rendre l'opération rapide sans renoncer à une grande exactitude, on opère sur un seul litre de liquide. Il faut alors prendre certaines précautions, qu'on peut négliger sans inconvénient dans les recherches ordinaires.

Puisque, par l'emploi des liqueurs titrées, le poids de l'ammoniaque est $\frac{(v - v')p}{v}$, il est clair que ce poids sera d'autant plus faible, que p le sera lui-même, v restant invariable. Or, comme les eaux de rivières, de sources, de pluie contiennent bien rarement plus de 5 milligrammes d'ammoniaque par litre, il est facile d'apprécier un poids très-minime d'alcali, en prenant 1 volume d'acide saturable par 5^{millig},3 d'ammoniaque. Il suffira, par exemple, de verser dans le matras-litre 25 centimètres cubes de l'acide normal de M. Peligot, dont j'ai donné plus haut la préparation ; en achevant de remplir le matras avec de l'eau pure bien exempte d'alcali, on aura une liqueur acide, dont une pipette de 10 centimètres cubes sera saturée par 0^{gr},0053 d'ammoniaque. Si, maintenant, on a une dissolution de potasse assez étendue pour qu'on soit obligé d'en ajouter 33 centimètres cubes pour saturer la pipette d'acide, il serait possible de doser $\frac{0^{\text{gr}},0053}{33o} = 0^{\text{gr}},000016$ d'ammoniaque, si l'on répondait de $\frac{1}{10}$ de centimètre cube dans l'emploi de la dissolution alcaline ; mais, admettant une incertitude des 2 divisions de la burette à alcali, on trouve qu'on arrive encore à doser $\frac{3}{100}$ de milligrammes d'ammoniaque. Afin que ce degré de précision ne soit pas illusoire, il faut prendre plusieurs mesures qui tendent à atténuer les causes d'erreurs que comportent les diverses parties du procédé.

Le verre, particulièrement le verre des vases qui n'ont pas servi, est alcalin. Les chimistes familiarisés avec les méthodes de l'analyse minérale savent que de l'acide sulfurique pur, récemment distillé, laisse, par l'évaporation, un résidu très-appréciable quand il a été conservé pendant quelque temps dans un flacon. On sait aussi que le verre est assez alcalin pour absorber, à la longue, du gaz acide carbonique. Il est donc nécessaire de mettre préalablement en contact avec de l'acide sulfurique assez fort, les flacons, les pipettes destinés à conserver ou à mesurer l'acide titré; les serpentins, les fioles où se rend le produit de la distillation.

L'infusion de tournesol est alcaline; il est bon d'en diminuer l'alcalinité. A cet effet, on divise une quantité donnée de teinture en deux volumes égaux; l'un des volumes est rougi par un acide, puis on le réunit à l'autre. On peut, en réitérant cette opération, obtenir une teinture bleue d'une très-grande sensibilité et très-peu alcaline; néanmoins, pour communiquer à la liqueur acide dont on a à fixer le titre, la teinte rouge, il faut compter le nombre de gouttes d'infusion de tournesol que l'on emploie, à l'aide d'un tube effilé, et, dans tous les cas, pour le même volume d'acide ajouter toujours le même nombre de gouttes. Les liquides ammoniacaux que l'on doit titrer, occupent un volume de 100 et même de 200 centimètres cubes. Je fais usage, pour opérer la saturation, de verres à fond plat, verres de table, de 250 à 500 centimètres cubes de capacité. La difficulté, quand on agit sur 100, et à bien plus forte raison sur 200 centimètres cubes de liquide acide à saturer, est de bien saisir le point où toute la masse a viré du rouge au bleu. La dissolution alcaline a, en raison de sa faiblesse, une densité si peu différente de celle de l'eau que, malgré une forte agitation circulaire imprimée au liquide lorsqu'on prévoit le point de saturation, le mélange de l'alcali avec les couches inférieures du liquide ne se fait qu'avec une certaine lenteur très-nuisible à l'instantanéité du phénomène de coloration. On obvie à cet inconvénient en préparant la dissolution alcaline avec de l'eau saturée de sulfate de potasse. Ce liquide, quoique très-faiblement alcalin, est assez dense pour gagner le fond de la liqueur acide, à mesure qu'il sort goutte par goutte, du bec de la burette ; et, par l'agitation le mélange a lieu très-rapidement. C'est mon préparateur, M. Houzeau, qui a eu l'idée d'augmenter ainsi la densité d'une liqueur très-faiblement alcaline, par l'intervention du sulfate de potasse.

Dans l'appareil que j'ai décrit, on soumet à la distillation un litre d'eau ; si l'on considère que par les liqueurs titrées on répond de 3 centièmes de milligramme dans le dosage de l'ammoniaque, on reconnaîtra que cette quantité est suffisante. Mais s'il y a lieu d'agir sur quelques litres, on introduit dans le ballon soit de l'eau dans laquelle, au moyen de plusieurs distillations successives faites avec soin, on a concentré l'ammoniaque provenant d'un certain nombre de litres d'eau, soit le résultat de l'évaporation d'une eau qu'on aura acidulée pour retenir l'ammoniaque.

S'il est très-important de disposer l'appareil de manière à ce que, pendant l'ébullition dans le ballon, il n'y ait pas de liquide entraîné, c'est qu'il y a nécessité d'ajouter à l'eau qu'on distille une certaine quantité de potasse, et cela pour deux raisons : d'abord, pour décomposer les sels fixes d'ammoniaque qui pourraient s'y trouver ; ensuite pour fixer l'acide carbonique qu'elle contient toujours, quelquefois même en telle proportion, qu'il imprime au produit de la distillation une réaction acide assez prononcée pour occasionner une perturbation grave dans le titre de la liqueur ammoniacale. Un appareil, s'il laissait passer, même en très-petite quantité, le liquide du ballon, devrait être rejeté, car son emploi obligerait à introduire une correction pour l'alcali fixe qui s'ajouterait à l'alcali volatil qu'il s'agit de doser. En se conformant aux dispositions que j'ai indiquées,

il arrive un moment où le liquide, distillé avec une addition de potasse, ne donne plus le moindre indice de la présence d'un alcali.

La première chose à faire pour juger le degré de précision
que comportait le procédé que j'avais adopté, c'était d'opérer sur de l'eau dans laquelle on introduirait des quantités
connues d'ammoniaque : ce qui était facile, en se servant de
liqueurs ammoniacales préalablement titrées, ou de sels ammoniacaux dont on connaissait le poids et la composition.
Les résultats fournis par les premières expériences furent
très-singuliers, en ce qu'on retirait le plus souvent plus
d'alcali qu'on n'en avait mis. C'est que l'eau distillée apportait quelquefois autant d'ammoniaque qu'il y en avait en
d'ajoutée. Dans quelques cas, le contraire arrivait; la liqueur distillée, loin d'amoindrir le titre de l'acide normal
en fournissant de l'alcali, l'augmentait sensiblement par
l'intervention de l'acide carbonique. Ces anomalies ne dis-
parurent que lorsqu'on fit usage d'eau successivement distillée avec du sulfate d'alumine et avec de la potasse ; ou
bien encore, en prenant de l'eau distillée, après l'avoir fait
bouillir jusqu'à la réduire à la moitié de son volume par
l'évaporation, afin d'en expulser, en totalité, l'acide carbonique et l'ammoniaque. Voici les détails de quelques-unes
des expériences exécutées dans ces conditions.

Une pipette d'acide normal, équivalant à $0^{gr},0106$ d'ammoniaque, était saturée par $32^{cc},3$ de liqueur alcaline.

A 10 centimètres cubes de liqueur ammoniacale préparée
pour ces expériences, on a mêlé deux pipettes d'acide normal, qui auraient demandé, pour être saturées, $64^{cc},6$ du liquide alcalin ; la saturation du mélange a eu lieu avec $27^{cc},0$:
différence, $37^{cc},6$:

$$64^{cc},6 : 0^{gr},0212 :: 37^{cc},6 : x = 0^{gr},01234$$

Dix centimètres cubes de la liqueur ammoniacale renfermaient donc $0^{gr},01234$ d'ammoniaque.

Dans un litre d'eau pure, on en a introduit 20 centimètres cubes, soit $0^{gr},02468$ d'ammoniaque. L'eau a ensuite été distillée dans l'appareil ; le produit a été fractionné par volume de 50 centimètres cubes, que l'on a *titrés* à mesure qu'on les obtenait, après y avoir mêlé, pour le premier *titrage*, deux pipettes d'acide normal saturant chacune $32^{cc},3$ du liquide alcalin. A partir du second *titrage*, on n'a plus employé qu'une pipette d'acide normal.

1°. 50^{cc}. Titre de l'acide : Avant. $32,3$ ^{cc}
       Après. $26,6$
     Différence... $5,7$

Pour la 2ᵉ pipette d'ac. normal. $32,3$
          $38,0$ éq. à ammoniaq. $0^{gr},01247$

2°. 50^{cc}. Titre : Avant....... $32,3$
      Après....... $13,8$
      Différence..... $18,5$ éq. à ammoniaq. $0^{gr},00607$

3°. 50^{cc}. Titre : Avant....... $32,3$
      Après....... $23,1$
      Différence..... $9,2$ éq. à ammoniaq. $0^{gr},00302$

4°. 50^{cc}. Titre : Avant....... $32,3$
      Après....... $27,7$
      Différence..... $4,6$ éq. à ammoniaq. $0^{gr},00151$

5°. 50^{cc}. Titre : Avant....... $32,3$
      Après....... $29,9$
      Différence..... $2,4$ éq. à ammoniaq. $0^{gr},00079$

6°. 50^{cc}. Titre : Avant....... $32,3$
      Après....... $31,0$
      Différence..... $1,3$ éq. à ammoniaq. $0^{gr},00043$

7°. 50^{cc}. Titre : Avant....... $32,3$
      Après..... . $31,6$
      Différence..... $0,7$ éq. à ammoniaq $0^{gr},00023$

8°. 50^{cc}. Titre : Avant . . . . $32^{cc},3$

Après . . . . . . $31,9$

Différence . . . . $0,4$ éq. à ammoniaq. $0^{gr},00013$

9°. 50^{cc}. Titre : Avant . . . . . $32,3$

Après . . . . . . $32,1$

Différence . . . . $0,2$ éq. à ammoniaq. $0^{gr},00007$

Ammoniaque retirée . . . . $0^{gr},02472$

Ammoniaque ajoutée . . . . $0^{gr},02468$

Gain pendant l'opération . . . . $0^{gr},00004$

On est donc retombé exactement sur la quantité d'ammoniaque introduite dans le litre d'eau, puisque la différence est à peu près sur la limite de la précision que présente le procédé. Dans cette expérience, on a eu soin d'ajouter dans le ballon, après chaque prise de 50 centimètres cubes de liquide distillé, 50 centimètres cubes d'eau pure, afin de conserver toujours le même volume d'eau en ébullition. Comme l'ammoniaque ajoutée à l'eau était à l'état caustique, on n'a pas eu besoin de faire intervenir la potasse dans la distillation.

On a mis dans 1 litre d'eau pure, 20 centimètres cubes de la même dissolution ammoniacale contenant $0^{gr},02468$ d'ammoniaque. Le liquide distillé a été titré par volume de 100 centimètres cubes.

La pipette d'acide normal saturait $32^{cc},5$ de liqueur alcaline.

1°. 100^{cc}. Titre : Avant . . . . . . $32^{cc},5$

Après . . . . . . $6,5$

$26,0$

Pour la 2e pipette d'ac. normal. $32,5$

Différence . . . . $58,5$ éq. à ammoniaq. $0^{gr},01908$

2°. 100^{cc}. Titre : Avant . . . . . $32,5$

Après . . . . . $19,6$

Différence . . . . . $12,9$ éq. à ammoniaq. $0^{gr},0042$

3°. 100^{cc}. Titre : Avant...... 32,5

Après...... 29,3

Différence ... 3,2 éq. à ammoniaq. 0^{gr},00104

4°. 100^{cc}. Titre : Avant...... 32,5

Après 31,7

Différence .... 0,8 éq. à ammoniaq. 0^{gr},00026

5°. 100^{cc}. Titre : Avant...... 32,5

Après...... 32,3

Différence .... 0,2 éq. à ammoniaq. 0^{gr},00007

Ammoniaque retirée............ 0^{gr},02465

Ammoniaque ajoutée.......... 0^{gr},02468

Perte pendant l'opération.......... 0^{gr},00003

Dans cette expérience, l'eau était remplacée après chaque prise de 100 centimètres cubes. On n'avait pas fait intervenir la potasse; dans l'expérience suivante, on a ajouté à l'eau ammoniacale introduite dans l'appareil, une solution renfermant 4 à 5 décigrammes d'hydrate de potasse, qu'on avait chauffé au rouge avant de le dissoudre. Cette introduction était faite pour voir s'il y aurait de l'alcali fixe entrainé pendant l'ébullition. On a titré par volume de 100 centimètres cubes. Une pipette d'acide normal équivalent à 0,0106 d'ammoniaque était saturée par 33^{cc},2 de la dissolution alcaline, titre de la liqueur ammoniacale.

Dix centimètres cubes étant mêlés à une pipette d'acide normal, on a eu :

Titre : Avant..... 33^{cc},2

Après..... 15^{cc},5

Différence ... 17^{cc},7 équiv. à ammoniaq. 0^{gr},005651.

On a fait entrer dans 1 litre d'eau pure, 20 centimètres cubes de cette liqueur, soit 0^{gr},01130 d'ammoniaque; l'eau volatilisée n'a pas été remplacée.

1°. 100^{cc}. Titre : Avant . . . . . . $33,2^{cc}$

Après . . . . . . $7,9$

Différence . . . . . $25,3$ éq. à ammoniaq. $0^{gr},00808$

2°. 100^{cc}. Titre : Avant . . . . . . $33,2$

Après . . . . . . $25,6$

Différence . . . . . $7,6$ éq. à ammoniaq. $0^{gr},00243$

3°. 100^{cc}. Titre : Avant . . . . . . $33,2$

Après . . . . . . $31,2$

Différence . . . . . . $2,0$ éq. à ammoniaq. $0^{gr},00064$

4°. 100^{cc}. Titre : Avant . . . . . . $33,2$

Après . . . . . . $32,8$

Différence . . . . . . $0,4$ éq. à ammoniaq. $0^{gr},00016$

5°. 100^{cc}. Titre : Avant . . . . . . $33,2$

Après . . . . . . $33,2$

Différence . . . . . $0,0$

6°. 100^{cc}. Titre : Avant . . . . . . $33,2$

Après . . . . . . $33,2$

Différence . . . . $0,0$

Ammoniaque retirée . . . . $0^{gr},01131$

Ammoniaque ajoutée . . . . $0^{gr},01130$

Perte pendant l'opération . . . . $0^{gr},00001$

L'ammoniaque a été retrouvée en totalité, et, à partir de la cinquième prise, l'acide normal ajouté a conservé son titre, ce qui prouve que, malgré la très-forte ébullition qui a lieu dans le ballon, il n'y a pas de potasse entraînée.

J'ai dû m'assurer que l'on obtenait aussi toute l'ammoniaque d'un sel fixe qu'on décomposerait par l'action de la potasse : $0^{gr},0145$ de sel ammoniac bien sec a été dissous dans 1 litre d'eau pure ; le liquide a été introduit dans le ballon avec une solution alcaline, renfermant 1 gramme d'hydrate de potasse.

La pipette d'acide normal équivalent à $0^{gr},0053$ d'ammoniaque était saturée par 34 centimètres cubes de liqueur alcaline. On a titré chaque volume de 100 centimètres cubes, retirés successivement pendant la distillation, et qu'on n'a pas remplacés.

1°. 100^{cc}. Titre : Avant . . . . . . 34,0^{cc}
Après 10,6
Différence . . . . 23,4 éq. à ammoniaq. 0^{gr},00363

2°. 100^{cc}. Titre : Avant 34,0
Après 28,8
Différence . . . . 5,2 éq. à ammoniaq. 0^{gr},00081

3°. 100^{cc}. Titre : Avant 34,0
Après 32,7
Différence . . . . 1,3 éq. à ammoniaq. 0^{gr},00020

4°. 100^{cc}. Titre : Avant 34,0
Après 33,6
Différence . . . . 0,4 éq. à ammoniaq. 0^{gr},00005

Ammoniaque retirée . . . . 0^{gr},00471
Dans 0^{gr},0145 de sel ammoniac, il y a, en alcali . . 0^{gr},00470

Toute l'ammoniaque du sel a été obtenue sans que le résultat ait été troublé par l'action de la potasse mise dans le ballon.

Pour retirer l'ammoniaque ajoutée à 1 litre d'eau, on voit qu'il faut pousser la distillation jusqu'à ce qu'on ait volatilisé environ les deux cinquièmes du liquide, ce qui, en titrant même par volume de 1 décilitre, demande encore quatre opérations. Indépendamment de la célérité, il y a, sans aucun doute, plus d'exactitude à diminuer le nombre des titrages; en procédant, par exemple, par volume de 2 décilitres, on peut, le plus souvent, ne titrer que deux fois, et cela avec tout autant de facilité, quand une fois on en a pris l'habitude.

Dans 1 litre d'eau pure, on a mis 10 centimètres cubes d'une dissolution ammoniacale renfermant 0^{gr},00413 d'alcali. La liqueur étant dans le ballon, on a ajouté une solution de potasse, dans laquelle il entrait 0^{gr},64 d'hydrate de potasse. La pipette d'acide normal équivalait à 0^{gr},0106 d'ammoniaque, et saturait 33 centimètres cubes de disso-

lution alcaline. On a titré par volume de 200 centimètres
cubes :

1°. 200^{cc}. Titre : Avant . . . . . . 33,0^{cc}

Après 20,8

Différence . . . . . 12,2 éq. à ammoniaq. 0^{gr},00392

2°. 200^{cc}. Titre : Avant 33,0

Après 32,7

Différence . . . . . 0,3 éq. à ammoniaq. 0^{gr},00016

Ammoniaque retirée . . . . 0^{gr},00408

Ammoniaque ajoutée . . . . 0^{gr},00410

Perte pendant l'opération . . . . 0^{gr},00002

Ces détails suffisent, et je me bornerai maintenant à présenter les quantités d'ammoniaque trouvées dans les premiers produits de la distillation, afin qu'on puisse se former
une idée du degré de précision que comporte le procédé
fondé, d'une part sur la distillation, et de l'autre sur le
dosage par les liqueurs titrées :

AMMONIAQUE ajoutée.	AMMONIAQUE trouvée.	DIFFÉRENCE.	SENS de la différence.
millig	millig	millig	
24,68	24,72	0,04	Gain.
24,68	24,65	0,03	Perte.
11,30	11,31	0,01	Gain.
4,70	4,71	0,01	Gain.
4,10	4,08	0,02	Perte.
12,30	12,24	0,06	Perte.
10,56 ?	10,40	0,16	Perte.
8,36	8,40	0,04	Gain.
4,13	4,10	0,03	Perte.
49,44	49,50	0,06	Gain.
0,36	0,37	0,01	Gain.
0,46	0,46	0,00	"

Dès le commencement des recherches exposées dans ce

Mémoire, on reconnut une relation fort simple entre les proportions d'ammoniaque contenues dans les produits obtenus successivement, et en volumes égaux, de la distillation d'une eau faiblement ammoniacale. L'ammoniaque décroît suivant une progression géométrique dont la raison est 2 lorsque, opérant sur 1 litre de liquide, on fractionne le produit distillé par volume de 50 centimètres cubes; de 4 lorsqu'on le retire par volume de 100 centimètres cubes. C'est ce qui ressort évidemment des tableaux où j'ai réuni les résultats obtenus dans l'une et l'autre de ces deux conditions. Quand on retire le liquide distillé par volume de 200 centimètres cubes, comme on l'a fait dans le plus grand nombre de cas, la relation que je signale ne se manifeste plus, parce que la presque totalité de l'ammoniaque se trouve dans le premier produit.

Produits de la distillation retirés successivement par volumes de 5o centimètres cubes.

1ʳ PRODUIT. Ammoniaque.	2ᵉ PROD. Ammon.	3ᵉ PROD. Ammon.	4ᵉ PROD. Ammon.	5ᵉ PROD. Ammon.	6ᵉ PROD. Ammon.	7ᵉ PROD. Ammon.	8ᵉ PROD. Ammon.
millig	millig	millig	millig	millig	millig	millig	millig
0,31	0,16	0,08	0,04	0,01	0,00	″	″
6,70	3,40	1,50	0,64	0,18	0,00	″	″
15,69	7,67	4,04	1,94	0,89	0,35	0,19	0,09
4,77	2,40	1,26	0,67	0,28	0,22	0,19	0,10
12,47	6,07	3,08	1,51	0,79	0,43	0,23	0,13

Produits de la distillation retirés successivement par volumes de 100 centimètres cubes.

6,64	1,72	0,43	0,11	0,03
9,12	2,42	0,52	0,15	0,03
0,28	0,06	0,02	0,00	0,00
8,03	1,70	0,41	0,16	0,04
1,26	0,36	0,12	0,03	0,01
7,59	2,00	0,52	0,19	0,05
8,08	2,43	0,64	0,16	0,04
19,08	4,20	1,04	0,26	0,07
3,65	0,81	0,20	0,05	0,01
Moy. 7,08	1,74	0,44	0,12	0,03
Calculé, on a.	1,77	0,44	0,11	0,03

Produits de la distillation retirés successivement de 1 litre de pluie, par volumes de 100 centimètres cubes.

0,597	0,099	0,026
0,729	0,182	0,050
0,132	0,033	″
0,429	0,099	0,017
0,380	0,099	0,017
1,279	0,328	0,082
0,742	0,182	0,049
0,231	0,066	0,017
Moy. 0,540	0,136	0,032
Calculé, on a.	0,135	0,034

Cette relation curieuse, qui ressort, sans exception, de toutes les expériences faites jusqu'à présent, permettrait peut-être de simplifier considérablement le dosage de l'ammoniaque dans les eaux. Il suffirait, par exemple, après avoir titré les premiers 100 centimètres cubes obtenus par la distillation de 1 litre de liquide, de calculer l'ammoniaque dans le deuxième, le troisième et le quatrième produit, en considérant la quantité d'alcali contenue dans chacun d'eux, comme le deuxième, le troisième, le quatrième terme d'une progression géométrique décroissante ayant pour raison 4, et pour premier terme l'ammoniaque dosée dans les premiers 100 centimètres cubes. On remarquera, d'ailleurs, qu'on aurait déterminé expérimentalement les $\frac{3}{4}$ de l'alcali. Toutefois, les résultats que je vais présenter ont été obtenus en titrant successivement 200 centimètres cubes du liquide distillé, et quand on l'a jugé nécessaire, une troisième prise de 200 centimètres cubes ; mais cette dernière opération n'a eu lieu que fort rarement, parce qu'il arrive presque toujours que la deuxième prise donne seulement des indices d'alcali, lorsque le litre d'eau ne renferme que quelques milligrammes d'ammoniaque :

MOIS dans lequel l'observ. a été faite.	EAUX DE RIVIÈRES.	AMMONIAQ. dans 1 litre d'eau.
		millig
Avril.	Eau de la Seine, prise au pont d'Austerlitz.....	0,12
Avril.	Eau de la Seine, prise au même moment au pont de la Concorde..	0,16
Sept...	Eau de la Seine, prise au pont d'Austerlitz...........	0.09
Mai ...	Eau de l'Ourcq, prise dans le bassin de la Villette....	0,03
Mai ...	Eau de l'Ourcq, prise dans un bassin du Muséum où l'on cultive des plantes aquatiques	0,00
Mai ...	Eau du bassin carré du Muséum ; culture de plantes aquatiques....................................	0,00
Mars .	Eau du Loing, prise à Montargis....................•...	0,14
Avril .	Eau de la Bièvre, prise au Pont-aux-Tripes, à Paris...	2,61
Mai ..	Eau du lac d'Enghien.................... .•........	0,07
Juin..	Eau du Rhin, prise près Lauterbourg................	0,49
Août .	Eau du Rhin, prise près Lauterbourg.............•...	0,43
Octob.	Eau du Rhin, prise près de Lauterbourg............	0,17
Juin ...	Eau de la Moder, prise à Haguenau	0,30
Juillet	Eau de la Seltz, prise à Merkwiller (Bas-Rhin).....	0,13
Juillet	Eau de la Saüer, prise le 13.....................	0,13
Juillet	Eau de la Saüer, prise le 14 après un orage..........	0,13
Juillet	Eau de la Lauter, prise à Wissembourg.	0,31
Août..	Eau de la Lauter, prise à Lauterbourg....	0,37

MOIS dans lequel l'observ. a été faite.	EAUX DE SOURCES.	AMMONIAQ. dans 1 litre d'eau.
Avril .	Eau d'un puits de Clignancourt, près Montmartre (Seine)	millig 0,31
Avril .	Eau d'un puits près l'Hôtel de Ville de Paris........	34,35
Mai ..	Eau d'un puits du quai de la Mégisserie, maison n° 28, Paris....................	33,86
Mai ..	Eau d'un puits du quai de la Mégisserie, maison n° 3o, Paris........	3o,33
Mai ..	Eau d'un puits de la rue du Parc-Royal, maison n° 5, Paris..........	1,32
Mai ..	Eau d'un puits de la rue des Lavandières , Paris......	0,26
Mai ..	Eau d'un puits de la rue de la Tabletterie, Paris. .. .	0,10
Avril .	Eau d'un puits très-profond de la rue de Reuilly, près la barrière, Paris........	0,02
Mars .	Eau d'un puits près Louzouer (Loiret)	0,o3
Avril .	Eau d'un puits de Montargis....................	3,84
Juin .	Eau d'un puits de la ferme Hüffel, près de Haguenau (Bas-Rhin); terrain tourbeux	3,45
Juillet	Eau d'un puits de la ferme de Merckwiller (Bas-Rhin); terrain tertiaire....................	0,00
Juillet	Eau d'un puits de la ferme de Bechelbronn (Bas-Rhin); terrain tertiaire....................	0,06
Juillet	Eau d'un puits d'extraction de la mine de bitume de Bechelbronn (6o mètres)..	1,00
Mai ..	Eau du puits artésien de Grenelle.............	0,23
Avril .	Eau d'une source d'Andilly, près Montmorency; eau très-calcaire.	0,00
Avril .	Eau de la source de Guermantes, près Lagny........	0,00
Avril .	Eau d'Arcueil, prise à Paris; eau très-calcaire.......	0,07
Juillet	Eau de la source du Liebfrauenberg (Bas-Rhin); grès des Vosges....................	0,o3
Juillet	Eau de la source de la Seltzbach, origine de la Seltz; grès des Vosges....	0,o3
	Eaux minérales.	
Mai .	Eau de la source sulfureuse d'Enghien............	2,00
Juillet	Eau de la source de Niederbronn (Bas-Rhin).... ..,	0,88

§ II. — Les recherches que j'ai pu faire jusqu'à présent m'ont conduit à constater que les eaux de sources et de rivières ne renferment réellement que des traces d'ammoniaque ; ces traces sont même quelquefois si peu apparentes, qu'il a fallu toute la sensibilité du dosage par les liqueurs titrées pour pouvoir les exprimer par des nombres. J'étais d'autant plus éloigné d'attendre un semblable résultat, que les consciencieux travaux de M. Barral portaient à 4 milligrammes par litre l'ammoniaque dans l'eau de pluie ; et, puisque les sources et les rivières ont la pluie pour origine, il était naturel de supposer que leurs eaux seraient au moins aussi ammoniacales.

Il semble, du moins dans la limite de mes observations, qu'elles sont bien loin de renfermer une telle proportion d'alcali. En effet, si l'on en excepte la Bièvre, qui, à cause des nombreuses industries établies sur ses bords, est plutôt un égout qu'une rivière, les eaux inscrites dans le précédent tableau contiennent bien moins d'ammoniaque. Il en est même, comme celle de la source de Guermantes, comme celle d'un puits percé dans la ferme expérimentale que j'ai fait construire à Merckwiller, dans lesquelles on n'en a pas trouvé du tout. La preuve que l'absence de l'ammoniaque est bien réelle, qu'elle n'est pas une illusion provenant de l'impuissance de la méthode, c'est que si, comme je l'ai fait, on ajoute à ces eaux la plus minime quantité d'ammoniaque et qu'on distille, on retrouve constamment cette minime quantité dans les produits de la distillation.

Ici se présente tout naturellement cette question : Est-on suffisamment fixé sur la proportion d'ammoniaque que contiennent les eaux pluviales, pour admettre que cette proportion est beaucoup moindre dans les eaux de sources et dans les eaux de rivières ?

M. Barral a trouvé, en moyenne, 3^{millig},35 d'ammoniaque dans 1 litre de la pluie tombée sur la terrasse de l'Observatoire de Paris, pendant le second semestre de 1851 : la pro-

portion la plus forte, 5^{millig},45 , a été obtenue en décembre ;
la plus faible, 1^{millig},08 , en octobre (1).

Lors de la lecture de ce Mémoire à l'Académie des
Sciences (2), je n'avais que fort peu d'observations faites
sur l'eau météorique ; toutefois, ces quelques observations
s'accordaient avec celles de M. Barral. Ainsi, dans 1 litre
de pluie recueilli à Paris dans la première quinzaine d'avril,
j'ai dosé 4^{millig},34 d'ammoniaque, c'est-à-dire vingt-sept fois
autant que dans l'eau de la Seine, examinée à la même époque,
par les mêmes moyens et par le même opérateur. De 1 litre
de pluie tombée le 8 mai, on a retiré 3 milligrammes d'ammoniaque. Depuis, j'ai continué à la campagne les recherches que j'avais commencées à Paris, et les résultats obtenus dans ces derniers mois paraîtraient établir
que la pluie tombée dans les champs renferme notablement moins d'ammoniaque que la pluie recueillie dans
une ville.

Du 26 mai au 18 octobre, j'ai eu l'occasion de faire
quarante-sept opérations, et dans les cas les plus nombreux,
aucune des eaux n'a contenu, à beaucoup près, 1 milligramme d'ammoniaque par litre. Une circonstance qui
tendrait à faire croire qu'il y a réellement une différence,
c'est que, dans les observations faites à la campagne, il en
est quelques-unes qui coïncident avec celles faites les mêmes
jours au Conservatoire impérial des Arts et Métiers par
M. Houzeau, et dans lesquelles cette différence se manifeste
de la manière la plus évidente. Il n'y aurait, au reste, rien
de surprenant à ce que la pluie, après avoir lavé l'atmosphère d'une grande cité, contînt plus d'ammoniaque.
Paris, sous le rapport des émanations, peut être comparé à un amas de fumier d'une étendue considérable.

---

(1) *Recherches analytiques sur les eaux pluviales ;* Paris, page 67.

(2) Ce Mémoire a été lu à l'Académie le 9 mai 1853 ; mais, depuis, j'ai
continué les recherches qui en font le sujet.

L'ancien monastère du Liebfrauenberg, où j'ai recueilli de la pluie pour l'examiner, est sur le versant oriental de la chaîne des Vosges, à l'extrémité de la vallée de Saüer, et sur la lisière de forêts qui s'étendent jusqu'en Bavière.

MOIS dans lequel les observations ont été faites.	EAUX DE PLUIE.	AMMONIAQ. dans 1 litre d'eau.
		millig
Mai 27......	Pluie continue..................	0,31
Mai 27......	Pluie recueillie à Paris...........	1,70
Mai 28......	Pluie.......................	0,51
Mai 29.....	Pluie d'orage.................	0,35
Mai 30 ou 31.	Pluie continue..................	0,25
Juin 2......	Pluie continue....	0,25
Juin 5.....	Pluie non interrompue pendant vingt-quatre heures..................	0,49
Juin 21 au 24.	Pluie continue..................	0,61
Juin 30......	Pluie mêlée de pluie d'orage...............	0,43
Juillet 1 au 2..	Pluie continue.	0,58
Juillet 13....	Pluie de 9 à 10 heures du soir, violent orage.	0,68
Juillet 16....	Pluie à 9 heures du soir ; il tonne ; il a été impossible de constater la présence de l'ammoniaque....	0,00
Juillet 25....	A 1 heure de l'après-midi, orage des plus violents ; il est tombé beaucoup de grêle dans la plaine. Au Liebfrauenberg, la pluie tombait par torrent, mais sans grêlons..................	0,45
	A $9^h 30^m$ du soir, pluie abondante, mais de peu de durée..................	0,06
Juillet 19 au 25.	A Paris.................	1,82
Juillet 25......	A Paris, pluie tombée le 25..........	1,56
Juillet 28......	Pluie tombée à 6 heures du matin.......	0,69
Juillet 29......	Orage à 4 heures du matin...........	0,15
Juillet 28 au 30.	A Paris.................	2,00
Août 5......	A 8 heures du matin, averse...........	2,48
Août 14....	Pluie continue...........	0,76
Août 15.....	Pluie continue..........	1,86
Août 17.....	Pluie.............	1,36
Août 24......	Pluie.............	3,38

MOIS dans lequel l'observation a été faite.	EAU DE PLUIE.	AMMONIAQ. dans 1 litre d'eau.
		millig
Août 26......	Pluie............	1,32
Août 26......	A Paris, pluie tombée le 26............	1,06
Août 27.....	Pluie........	2,13
Août 28......	Pluie........	0,49
Août 29......	Pluie........	0,37
Août 31......	Pluie...	0,79
Sept. 2.....	Orage; pluie........	0,43
Sept. 3.....	Pluie pendant la nuit............	0,50
Sept. 4......	Pluie; bruine............	1,33
Sept. 6.....	Pluie pendant le jour............	0,21
Sept. 6 au 7..	Pluie pendant la nuit	0,80
Sept. 7.....	Pluie pendant le jour............	0,36
Sept. 7 au 8..	Pluie pendant la nuit............	0,15
Sept. 8.....	Pluie pendant le jour............	0,11
Sept. 8 au 9..	Brouillard, pluie très-fine pendant la nuit..	0,29
Sept. 24.....	Pluie............	1,52
Sept. 25.....	Pluie............	0,24
Sept. 28.....	Bruine............	3,38
Sept. 29 au 30.	Pluie............	0,36
Oct.. 1......	Pluie............	0,61
Oct.. 2......	Pluie; grêle............	0,54
Oct.. 7......	Pluie............	1,40
Oct.. 8.....	Pluie, gros grêlons............	0,60
Oct.. 9.....	Pluie pendant la nuit............	0,53
Oct.. 12.....	Pluie pendant la nuit............	0,94
Oct.. 14......	Pluie pendant la nuit............	0,25
Oct.. 16......	Pluie............	0,90
Oct.. 17 au 18.	Pluie pendant la nuit............	0,72

Quoique ces proportions d'ammoniaque soient bien inférieures à celles trouvées par M. Barral dans la pluie mesurée à l'Observatoire de Paris, la remarque que j'ai faite
subsiste toujours ; les eaux qui circulent à la surface du sol
paraissent renfermer notablement moins d'alcali que les
eaux météoriques. Ainsi, sans attacher une grande valeur
à des moyennes déduites d'éléments peu nombreux et incom-
plets, on voit cependant que l'eau de rivière, j'en excepte la

Bièvre, contient en moyenne et par litre $0^{\text{millig}},17$ d'ammoniaque. En écartant certains puits évidemment souillés par les matières fécales, par les substances putréfiées dont le terrain des lieux habités est souvent pénétré (1), on reconnaît, d'après treize observations se rapportant à des localités assez diverses, que l'eau de source n'en contiendrait pas plus de $0^{\text{millig}},09$ par litre. Or, les quarante-sept déterminations faites sur les pluies tombées au Liebfrauenberg depuis la fin de mai jusqu'en octobre, donnent une moyenne de $0^{\text{millig}},79$ d'ammoniaque par litre. C'est quatre fois et demie plus que dans l'eau de rivière ; neuf fois plus que dans l'eau des sources et des puits.

§ III. — Jusqu'à présent, la quantité d'ammoniaque trouvée dans les eaux que j'ai examinées en suivant la méthode exposée dans ce Mémoire, serait :

Dans les eaux pluviales	0,00000072
Dans les eaux de rivières . . .	0,00000018
Dans les eaux de sources	0,00000009

Bien que ces nombres soient très-faibles, on pouvait supposer, cependant, qu'ils exprimaient des trop fortes proportions d'ammoniaque, par la raison que toutes les eaux étudiées jusqu'à ce jour ont présenté des traces non équivoques d'une matière organique de nature encore inconnue, mais dans la constitution de laquelle quelques essais autorisent à faire admettre l'azote. Brandes et Zimmermann l'ont signalée dans les eaux météoriques, et sa présence a toujours été constatée dans les eaux de rivières ou de sources, dont les analyses ont été faites avec une certaine précision. Quelle que soit d'ailleurs sa nature, il suffit de la supposer azotée, pour soutenir qu'elle peut fournir de l'ammoniaque par l'action de la potasse qu'on fait inter-

---

(1) On assure cependant que les boulangers de Paris préfèrent l'eau des puits à l'eau de la Seine, pour faire la pâte.

venir, ammoniaque qui s'ajouterait alors à celle que l'eau examinée renfermerait soit à l'état de carbonate, soit à l'état de sel fixe. Il est vrai que cette matière organique se trouve dans les eaux en si minime proportion, qu'il est en quelque sorte impossible de la saisir, et que, par conséquent, elle ne peut apporter, dans la plupart des cas, que des quantités d'ammoniaque qu'on jugerait négligeables si le procédé d'analyse ne permettait pas de doser des centièmes de milligrammes d'alcali. J'ai donc cru devoir rechercher combien d'alcali volatil pourrait fournir une substance riche en azote, facilement décomposable et dissoute dans de l'eau que l'on soumettrait au procédé à l'aide duquel on dose l'ammoniaque.

Dans 1 litre d'eau pure, on a dissous $0^{gr},5$ de gélatine ; la dissolution a été introduite dans le ballon de l'appareil et additionnée d'une solution de potasse dans laquelle il entrait 2 grammes d'hydrate de potasse. On a procédé à la distillation en recevant le liquide distillé par volumes de 200 centimètres cubes, dans chacun desquels on a dosé l'ammoniaque.

1°. 200^{cc}. La pipette d'acide saturait : Avant . . . . $31^{cc},9$ de dissolution alcaline (la pip. équiv. à $0^{gr},0106$ d'amm.)

         Après . . . . $31,6$

         Différence . . . . $0,3 =$ ammoniaque $0^{millig},10$

2°. 200^{cc}. Titre : Avant . . . . . . $31,9$

         Après . . . . . . $31,3$

         Différence . . . . . $0,6 =$ ammoniaque $0^{millig},20$

3°. 200^{cc}. Titre : Avant . . . . $31,9$

         Après . . . . $30,8$

         Différence . . . . . $1,1 =$ ammoniaque $0^{millig},37$

4°. 200^{cc}. Titre : Avant . . . . $31,9$

         Après . . . . $28,8$

         Différence . . . . . $3,1 =$ ammoniaque $1^{millig},03$

                                 $1^{millig},70$

Dans deux autres expériences conduites de la même manière, et en agissant toujours sur $0^{gr},5$ de gélatine dissoute
dans 1 litre d'eau pure, il y a eu de produit, dans un cas,
$1^{millig},64$, et dans l'autre, $1^{millig},84$ d'alcali volatil. Si l'on
considère que les $0^{gr},5$ de gélatine ont assez d'azote pour
donner naissance à 114 milligrammes d'ammoniaque, on
s'aperçoit combien l'action de la dissolution alcaline a été
peu prononcée. L'énergie de cette action a augmenté à mesure que la liqueur alcaline se concentrait; mais, en
somme, et après qu'on eut poussé la distillation jusqu'à réduire le volume du liquide, en ébullition dans le ballon, au
$\frac{2}{10}$ de ce qu'il était au commencement de l'opération, on n'a
obtenu encore que $\frac{1}{69}$ de l'alcali qu'auraient pu fournir les
$0^{gr},5$ de gélatine. Si, au lieu de pousser la concentration
aussi loin, on fût resté dans les conditions ordinaires, c'est-
à-dire qu'on eût arrêté la distillation après avoir recueilli
400 centimètres cubes d'eau condensée dans le serpentin, il
n'y aurait eu que $0^{millig},30$ d'ammoniaque, ou à très-peu
près $\frac{1}{400}$ de ce que la gélatine employée était capable de
produire. Dans ces essais, j'ai, avec intention, introduit une
dose exagérée de substance azotée dans l'eau qui, dans la
nature, n'en renferme que des quantités à peine pondéra-
bles ; si l'on eût agi sur cent fois moins de cette substance,
toutes circonstances égales d'ailleurs, il est clair que des
traces d'alcali qu'on aurait développées eussent échappé
même à l'appréciation si rigoureuse des liqueurs titrées.
C'est ce que l'expérience suivante établit, au reste, de la
manière la plus nette.

J'ai fait dissoudre dans 1 litre d'eau pure, 2 centigrammes
de gélatine pouvant, d'après leur teneur en azote, émettre
$3^{millig},76$ d'ammoniaque. La dissolution a été traitée dans
l'appareil, après avoir reçu $0^{gr},4$ d'hydrate de potasse. Voici
les résultats :

1°. 200^{cc} de liquide distillé. Titre de l'acide : Avant.... 32^{cc},7

Après.... 32^{cc},7

Différence.... 0^{cc},0

2°. 200^{cc}. Titre : Avant....................... 32^{cc},7

Après....................... 32^{cc},7

Différence....................... 0^{cc},0

La quantité d'ammoniaque produite dans cette circonstance est donc inappréciable.

Ayant à ma disposition de la glairine que M. Jules Bouis avait retirée d'une eau thermale sulfureuse des environs de Perpignan, j'ai été curieux d'examiner l'action d'une solution alcaline faible sur cette substance. La glairine desséchée a l'aspect de la cendre ; elle laisse, après la combustion, 0,70 de matières minérales ; d'après M. Bouis, elle renferme 0,04 d'azote.

Un gramme de glairine mise dans 1 litre d'eau pure avec 2 grammes d'hydrate de potasse, a été introduit dans l'appareil.

1°. 200^{cc} de liquide distillé. Titre de l'acide : Avant.... 31,9^{cc}

Après.... 29,7

Différence.. 2,2 = ammoniaque 0^{millig},73

2°. 200^{cc}. Titre : Avant..... 31,9

Après...... 31,3

Différence..... 0,6 = ammoniaque 0^{millig},20

0^{millig},93

On a, par conséquent, obtenu un peu moins de $\frac{1}{40}$ de l'ammoniaque qu'aurait pu constituer l'azote de la glairine. Comme 1 litre de l'eau sulfureuse d'où cette matière a été extraite, n'en contient guère que 1 centigramme, traité dans l'appareil, on n'en aurait probablement pas retiré plus de 0^{millig},01 d'ammoniaque.

Ces expériences, tout en prouvant que les matières organiques azotées que toutes les eaux contiennent, produisent de l'ammoniaque sous l'influence des dissolutions alcalines faibles, démontrent cependant que, dans la plupart des cas, cette production doit être si minime, qu'elle ne saurait porter atteinte à la précision du dosage.

Au reste, s'il se présentait une circonstance où il importerait de prévenir toute altération de la substance organique, il suffirait très-probablement de substituer la magnésie à la potasse. Du moins, l'expérience a prouvé que, dans les mêmes conditions, la terre alcaline ne réagit pas sur la gélatine. Dans 1 litre d'eau tenant en dissolution $0^{gr},5$ de cette matière azotée, on a mis 2 grammes de magnésie préalablement hydratée ; la distillation a été conduite comme à l'ordinaire, en retirant successivement du serpentin des volumes de liquide de 200 centimètres cubes qu'on a titrés.

			^{cc}
1°.	200^{cc}.	Titre de l'acide : Avant.....	32,7
		Après.....	32,7
			0,0
2°.	200^{cc}.	Titre : Avant.............	32,7
		Après.............	32,7
			0,0
3°.	200^{cc}.	Titre : Avant.............	32,7
		Après.............	32,7
			0,0
4°.	200^{cc}.	Titre : Avant.............	32,7
		Après.............	32,9 ?

§ IV.—On a vu dans un des tableaux précédents que, dans l'eau du lac d'Enghien, l'ammoniaque entre pour moins de $\frac{1}{10}$ de milligramme par litre. J'ai jugé intéressant de rechercher combien en contenait l'eau sulfureuse qui sort tout près du lac, et que M. Batailler, médecin inspecteur, avait bien voulu mettre à ma disposition : 1 litre d'eau en a donné $5^{\text{millig}},66$, équivalent à $18^{\text{millig}},1$ de bicarbonate. Il est possible que ce sel ammoniacal, qu'on ne mentionne même pas dans les plus récentes analyses, contribue pour quelque chose aux propriétés médicinales des eaux sulfureuses d'Enghien.

Dans l'eau minérale ferrugineuse de Niederbronn (Bas-Rhin), qui sort des couches inférieures du grès bigarré, j'ai trouvé $0^{\text{millig}},88$ d'ammoniaque par litre, soit $3^{\text{millig}},15$ de bicarbonate. La source principale débite seule 221 litres d'eau par minute.

§ V. — Il y aurait, dans la détermination de la quantité d'ammoniaque contenue dans l'eau des mers, un sujet de belles et importantes recherches. Dans les résultats des analyses publiées jusqu'à ces derniers temps, on ne voit pas figurer de sels ammoniacaux. M. Marchand, du moins à ma connaissance, est le premier qui ait signalé ces sels dans l'eau de la mer : de 1 litre de l'eau prise à deux lieues au large, devant le port de Fécamp, il a retiré $0^{\text{millig}},57$ d'ammoniaque.

Je n'ai pu exécuter que deux expériences sur de l'eau que M. Reiset avait eu la bonté de me faire venir de Dieppe ; l'examen en a été fait douze heures après qu'elle eût été puisée près de la plage : de 1 litre, on a obtenu $0^{\text{millig}},2$ d'ammoniaque.

Ces proportions sont bien faibles, sans doute ; mais puisque l'Océan recouvre plus des trois quarts du globe, si l'on envisage sa masse, il est permis de le considérer comme un immense réservoir de sels ammoniacaux, où l'atmosphère réparerait les pertes qu'elle éprouve continuellement.

Les fleuves portent d'ailleurs à la mer de prodigieuses quantités de matières ammoniacales. Je rapporterai un seul fait. D'après M. l'ingénieur Desfontaines, le Rhin, à Lauterbourg, débite, lors des eaux moyennes, 1106 mètres cubes par seconde (1). On a vu précédemment que l'eau de ce fleuve, prise dans la même localité, a donné, par litre :

En juin............ 0^{millig},19 d'ammoniaque.

En août............ 0^{millig},43

En octobre.......... 0^{millig},17

En adoptant le moins élevé de ces résultats, on trouve
encore qu'en vingt-quatre heures, le Rhin, en passant devant Lauterbourg, entraîne dans ses eaux 16 245 kilogrammes d'ammoniaque, c'est-à-dire près de 6 millions de kilogrammes par année.

§ VI.—La neige, comme l'eau de pluie, renferme de l'ammoniaque : 1 litre d'eau provenant de la fonte de la neige
tombée à Paris dans le mois de mars, en a donné 0^{millig},70.

La neige, en séjournant sur un champ, produit d'excel-
lents effets; c'est ce qu'admettent les cultivateurs. Elle re-
tarde le refroidissement de la terre en la protégeant contre
le rayonnement nocturne, souvent si intense ; elle agit alors
comme un écran. J'ai vu, il y a dix ans, dans un hiver rigoureux, un thermomètre couché sur la neige descendre à
— 12 degrés, pendant une nuit où l'air était calme et le ciel
étoilé ; tandis qu'un autre thermomètre, qui reposait sur le
sol, se maintenait à — $3°,5$, les deux instruments étant
séparés par une couche de neige de 1 décimètre seulement.

La neige, si l'observation que je vais rapporter est confirmée, pourrait bien encore produire un autre effet utile :
celui de condenser comme réfrigérant, et de retenir à la
manière des corps poreux, certaines substances volatiles
émanant de la terre. Ainsi, en mars dernier, je ramassai,
immédiatement après sa chute, de la neige qui recouvrait
une terrasse. Trente-six heures après, dans un jardin con-
tigu à la terrasse, je pris avec précaution de la neige déposée

____

(1) DAUBRÉE. *Description géologique du département du Bas-Rhin*, page 9.

sur la terre végétale. Dans l'eau provenant de la fusion de ces neiges, j'ai dosé par litre :

Eau de la neige ramassée sur la terrasse. $1^{millig},78$ d'ammoniaq.
Eau de la neige ramassée dans le jardin. $10^{millig},34$ »

Il me semble de la dernière évidence que l'ammoniaque trouvée en si forte proportion dans la neige du jardin provenait, pour la plus grande partie, des vapeurs émanant du sol.

La méthode que j'ai suivie pour doser l'ammoniaque dans les eaux est applicable à la recherche des vapeurs ammoniacales contenues dans l'atmosphère, pour laquelle je crois l'emploi des liqueurs titrées bien préférable à celui du bichlorure de platine.

MÉMOIRE

SUR LA

QUANTITÉ D'AMMONIAQUE CONTENUE DANS LA PLUIE,

LA ROSÉE ET LE BROUILLARD RECUEILLIS LOIN DES VILLES ;

Par M. BOUSSINGAULT.

Dans le cours des recherches entreprises au Liebfrauen-berg, pour déterminer la quantité d'ammoniaque contenue dans les eaux pluviales, j'ai eu l'occasion de constater que cette quantité est loin d'être la même au commencement et à la fin d'une pluie. Ainsi, pendant un orage, le 25 juillet, l'eau, que j'avais recueillie d'abord, renfermait, par litre, $0^{millig},49$ d'ammoniaque ; dans celle que l'on reçut ensuite, on n'en trouva plus que $0^{millig},40$. A la vérité, la diffé-rence était à peine en dehors de la limite des erreurs inhé-rentes au procédé de dosage ; mais, comme quelques heures plus tard on ne put y constater plus de $0^{millig},06$ d'alcali, ces faits suffirent pour attirer mon attention, et l'occasion de les vérifier se présenta bientôt.

Le 5 août je reçus $1^{lit},75$ d'une pluie qui commença à $8^h 30^m$ du matin ; ensuite, jusqu'à la fin, j'en recueillis en-core $3^{lit},8$. Dans la première eau, il y avait, par litre, 4 milligrammes d'ammoniaque ; dans la seconde, $1^{millig},71$. Il n'était plus possible de douter que la proportion d'ammo-niaque ne diminuât dans l'eau à partir du commencement de la pluie ; dès lors je me décidai à exécuter la série d'ex-périences dont je vais avoir l'honneur de communiquer les résultats à l'Académie.

Jusque-là, j'avais reçu la pluie dans des vases en fer-blanc ou en porcelaine, mais je dus prendre des dispositions qui permissent d'obtenir successivement des volumes d'eau suffisants pour être examinés, alors même que la pluie serait peu abondante ; c'est dire que le récipient devait offrir une grande surface. J'ai fait usage d'une toile très-fine, fixée à des pieux enfoncés en terre. La toile, légèrement déprimée vers son milieu, se trouvait tendue à $1^m,5$ d'un sol couvert de gazon. Sous la dépression était placé un entonnoir en fer-blanc, de 80 centimètres en diamètre, terminé par une douille assez petite pour pénétrer dans le goulot d'un flacon. Le cadre qui formait le périmètre de la toile comprenait une aire de $4^{mq},922$: un millimètre de pluie tombant sur cette surface aurait donc versé dans l'entonnoir $4^{lit},922$ d'eau, si la toile ne se fût pas imbibée. J'ai trouvé, pour le volume de l'eau d'imbibition, 80 centilitres (1), qu'il a fallu ajouter au volume de la pluie à la fin de chaque observation.

L'avantage que présente un récipient en toile, consiste en ce que, n'étant déployé qu'au moment où l'on prévoit l'arrivée de la pluie, il est moins exposé qu'un récipient fixe aux éventualités capables d'altérer la nature de l'eau. Lorsque l'air est peu agité, on y mesure la pluie avec une suffisante exactitude ; mais il n'en est plus ainsi quand il fait du vent ; aussi est-il indispensable d'avoir, à peu de distance, un udomètre dont on connaît la superficie. Celui dont je me suis servi avait une surface de $589^{cq},1$. Le rapport de cette surface à celle du grand récipient était, par conséquent, :: 1 : 83,57. Pour ramener, comme je l'ai fait généralement pour plus d'uniformité, le volume d'eau mesurée dans l'udomètre, à ce que, par un

(1) Poids de la toile : Imbibée d'eau, après une pluie. $1^k,540$
Séchée à l'air.......... 0,740
Eau d'imbibition.............. 0,800

temps calme, il eût été dans le grand récipient, on le multipliait par 83.57. Quand la pluie commençait, on plaçait successivement sous l'entonnoir des vases d'une capacité connue, de manière à fractionner l'eau fournie par l'appareil. Après chaque prise, lorsque le vent agitait la toile, on prenait le volume de la pluie entrée dans l'udomètre. dans un litre d'eau provenant de chacune de ces prises, on dosait l'ammoniaque par la méthode dont j'ai entretenu l'Académie dans la séance du 9 mai 1853.

Je donnerai maintenant le détail des observations faites depuis le 5 août jusqu'au 16 novembre. Durant cet intervalle il n'est pas tombé, au Liebfrauenberg, une pluie qui n'ait été mesurée et examinée.

5 août. — Il n'avait pas plu depuis le 29 juillet. A 8 heures du matin, il y a eu une averse dont la durée a été de quelques minutes :

Pluie en millimètr.	Eau reçue.	Ammoniaque dans 1 litre.	Ammoniaque dans l'eau reçue.	
mm		mg	mg	
0,35	1,75	4,00	7,00	1re prise.
0,77	3,8	1,71	6,50	2e prise.
1,12	5,55		13,50	

Ammoniaque dans 1 litre de pluie : Moyenne... 2mg,43

14 août. — 9 heures du soir au 15 août 1 heure du matin :

Pluie en millimètr.	Eau reçue	Ammoniaque dans 1 litre.	Ammoniaque dans l'eau reçue.	
mm	lit	mg	mg	
0,61	3,0	1,65	4,95	1re prise.
0,61	3,0	0,49	1,47	2e prise.
1,58	7,8	0,52	4,06	3e prise.
2,80	13,8		10,48	

Ammoniaque dans 1 litre : Moyenne... 0mg,76.

15 août. — Pluie de 6h 30m à 7 heures du matin :

Pluie en millimètr.	Eau reçue	Ammoniaque dans 1 litre.	Ammoniaque dans l'eau reçue.	
mm	lit	mg	mg	
0,41	2,0	1,91	3,82	1re prise.
0,51	2,5	1,35	3,38	2e prise.
0,92	4,5		7,20	

Ammoniaque dans 1 litre : Moyenne... 1mg,62

Averse à 11ʰ 30ᵐ du matin ; a duré quelques minutes ; eau légèrement opaline :

Pluie en millimètr.	Eau reçue.	Ammoniaque dans 1 litre.	Ammoniaque dans l'eau reçue.	
mm	lit	mg	mg	
0,30	1,5	3,49	5,24	une seule prise.

A 3ʰ 30ᵐ de l'après-midi, averse pendant un quart d'heure, suivie d'une pluie très-fine qui a duré une demi-heure.

Pluie en millimètr.	Eau reçue.	Ammoniaque dans 1 litre.	Ammoniaque dans l'eau reçue.	
mm	lit	mg	mg	
0,41	2,0	1,74	3,48	1ʳᵉ prise.
0,67	3,3	1,73	5,51	2ᵉ prise.
1,08	5,3		8,99	

Ammoniaque dans 1 litre : Moyenne... 1ᵐᵍ,70.

L'eau reçue à 7ʰ 30ᵐ du matin était parfaitement limpide. L'eau reçue à 11ʰ 30ᵐ du matin et celle tombée à 3ʰ 30ᵐ de l'après-midi, la première prise légèrement opaline ; la seconde prise était claire.

On remarquera que le litre d'eau, qui ne contenait plus que 1ᵐⁱˡˡⁱᵍ,35 d'alcali à la fin de la première pluie, en a contenu 3ᵐⁱˡˡⁱᵍ,49 lors de l'averse de 11ʰ 30ᵐ, après qu'il eut cessé de pleuvoir pendant quatre heures et demie. Cet accroissement dans la proportion d'ammoniaque, à la suite d'une interruption survenue dans la chute de la pluie, s'est reproduit fréquemment dans le cours de ces recherches.

17 août. — Du 17 au 24 août, il ne m'a pas été possible de fractionner l'eau tombée pendant des averses de très-courte durée. La plus forte de ces averses a eu lieu pendant la nuit :

DATES.	PLUIE en millimètr.	EAU REÇUE.	AMMONIAQ. dans 1 litre.	AMMONIAQ. dans l'eau reçue.	
	mm	lit	millig	millig	
17 août.	2,19	10,8	1,13	12,20	Averse de 3 à 4 heures du matin.
	0,14	0,7	1,19	0,83	Pluie fine à 7 heures du matin quelques minutes.
	0,20	1,0	4,03	4,03	Averse à 5 heures du soir, pendant le passage d'un nuage.
24 août.	0,22	1,1	3,38	3,72	Averse pendant quelques minutes, il n'avait pas plu depuis le 17.
26 août.	0,25	1,25	3,75	4,69	Première prise. 4 h. 30 m. du soir.
	0,20	1,0	1,91	1,91	Deuxième prise.
	0,20	1,0	1,33	1,33	Troisième prise.
	0,20	1,0	0,61	0,61	Quatrième prise.
	0,20	1,0	0,53	0,53	Cinquième prise.
	0,33	1,6	0,64	1,02	Sixième prise.
	1,38	6,85		10,00	

Ammoniaque dans 1 litre de pluie : Moyenne.. $1^{mg},17$

Le 26 août la pluie a commencé à tomber très-lentement à $4^h 30^m$ du soir; à 5 heures, il n'y avait encore que 1 litre d'eau dans le récipient. A 6 heures, le tonnerre se fit entendre; la pluie tomba alors avec abondance pendant un instant, qui a suffi pour recueillir la troisième, la quatrième et la cinquième prise. Ensuite la pluie n'arrivait plus dans le récipient que très-lentement et par intermittence. Il était $6^h 15^m$ quand on enleva la sixième prise; il ne pleuvait plus. A 9 heures du soir, il y eut une averse dont la durée fut d'une demi-heure; l'eau de cette averse renfermait une quantité d'ammoniaque à peu près double de celle qu'on avait dosée dans la sixième prise de la pluie tombée deux heures auparavant :

Pluie en millimètr.	Eau reçue.	Ammoniaque dans 1 litre.	Ammoniaque dans l'eau reçue.	
mm	lit	mg	mg	
1,52	7,5	1,20	9,16	Averse 9 h. s.

27 août. — Averse à 4 heures du soir, pendant deux ou trois minutes :

Pluie en millimètr.	Eau reçue.	Ammoniaque dans 1 litre.	Ammoniaque dans l'eau reçue.	
mm	lit	mg	mg	
0,25	1,25	2,13	2,66	1 seule prise.

28 août. — Il n'a pas plu dans la nuit. La pluie a commencé à $7^h 30^m$ du matin; elle a continué très-lentement jusqu'à 11 heures. La girouette est tournée vers l'ouest, mais il n'y a pas de vent; le ciel est resté très-couvert au sud.

À 6 heures du soir, il y a eu une forte averse pendant un quart d'heure; le ciel s'est découvert :

Pluie en millimètr.	Eau reçue.	Ammoniaque dans 1 litre.	Ammoniaque dans l'eau reçue.	
mm	lit	mg	mg	
0,20	1,0	1,15	1,15	1re pr. $7^h 30^m$ matin.
0,20	1,0	0,77	0,77	2e prise.
0,20	1,0	0,61	0,61	3e prise.
0,20	1,0	0,23	0,23	4e prise.
0,20	1,0	0,14	0,14	5e prise.
0,20	1,0	0,08	0,08	6e prise.
0,20	1,0	0,10	0,10	7e prise.
0,73	3,6	0,03	0,11	8e prise. 11^h matin.
2,13	10,6		3,19	

Ammoniaque dans 1 litre : Moyenne... $0^{mg},30$.

0,20	1,0	1,38	1,38	1re prise. 6^h soir.
0,47	2,3	0,96	2,21	2e prise.
0,67	3,3		3,59	

Ammoniaque dans 1 litre : Moyenne... $0^{mg},83$.

29 août. — Il a plu entre minuit et 1 heure du matin. De 9 heures à $10^h 45^m$ du matin il est tombé une pluie continue. A partir de 11 heures, la pluie tombe avec force. A midi, le ciel est très-nuageux; la pluie a cessé. A $4^h 30^m$ du

soir, on entend le tonnerre, et il commence à pleuvoir ; le vent d'ouest, qui a été très-faible depuis le matin , souffle avec une grande force à 5ʰ 30ᵐ ; la pluie ne continue pas :

Pluie en millimètr.	Eau reçue.	Ammoniaque dans 1 litre.	Ammoniaque dans l'eau reçue	
mm	lit	mg	mg	
0,28	1,4	0,51	0,71	une seule pr. Min. à 1ʰ.
0,20	1,0	0,58	0,58	1ʳᵉ prise. 9ʰ du matin.
0,20	1,0	0,48	0,48	2ᵉ prise.
0,41	2,0	0,67	1,34	3ᵉ prise.
0,41	2,0	0,42	0,84	4ᵉ prise.
2,44	12,0	0,14	1,60	5ᵉ prise.
0,63	3,1	0,06	0,19	6ᵉ prise. Midi.
4,29	21,1		5,11	

Ammoniaque dans 1 litre : Moyenne... 0ᵐᵍ,24.

0,20	2,0	0,53	0,53	1ʳᵉ pr.. 4ʰ30ᵐ du soir.
0,20	1,0	0,25	0,26	2ᵉ prise.
0,43	2,1	0,02	0,04	3ᵉ prise.
0,75	3,7	0,19	0,70	4ᵉ prise. 5ʰ30ᵐ du s.
1,58	7,8		1,53	

Ammoniaque dans 1 litre : Moyenne... 0ᵐᵍ,20.

Je ferai observer que, deux fois dans la journée, l'eau n'a donné, vers la fin de la pluie, que des traces d'ammoniaque, comme, au reste, cela était déjà arrivé le 28, avec l'eau de la huitième prise, dans laquelle il n'y avait plus, par litre, que 0ᵐⁱˡˡⁱᵍ,03 d'alcali.

31 août. — Il n'a pas plu depuis le 29 au soir, mais le vent d'ouest a soufflé avec force. Le 31, à 5ʰ 30ᵐ du matin, il y a eu une averse qui a produit 2ˡⁱᵗ,3 d'eau dans le récipient : le vent avait cessé. A 10 heures du matin, la pluie a commencé avec un très-faible vent d'ouest ; elle a continué jusqu'à midi. On a vu le soleil, bien que le ciel fût très-nuageux. A 2 heures, la pluie recommença, et continua jusqu'à 5 heures : le temps devint beau ; à 8 heures du soir il y eut une petite pluie.

Pluie en millimètr.	Eau reçue.	Ammoniaque dans 1 litre.	Ammoniaque dans l'eau reçue.	
mm	lit	mg	mg	
0,47	2,3	1,19	2,74	une seule pr. 5^h 30^m m.
0,41	2,0	1,35	2,70	1re prise. 10^h du matin.
0,41	2,0	0,77	1,54	2e prise.
1,95	4,7	0,48	2,26	3e prise. Midi.
2,77	8,7		6,50	

Ammoniaque dans 1 litre : Moyenne... 0^{mg},75.

0,41	2,0	0,84	1,68	1re prise. 2 h. apr. midi.
0,41	2,0	0,40	0,80	2e prise.
0,41	2,0	0,69	1,38	3e prise. 5 h. du soir.
1,23	6,0		3,86	

Ammoniaque dans 1 litre : Moyenne... 0^{mg},64.

0,53	2,6	0,75	1,95	une seule prise. 8 h. s.

2 septembre. — La pluie, interrompue depuis le 31 août à 8 heures du soir, a repris, le 2 septembre à 1^h 30^m du matin, avec un orage; elle a duré jusqu'à 11 heures : d'abord très-abondante, elle se ralentit après que le tonnerre eut cessé. Dans l'après-midi, le temps a été très-beau. A 7 heures du soir, on a aperçu un orage à l'est-est-sud-est, mais il n'a pas plu au Liebfrauenberg :

Pluie en millimètr.	Eau reçue.	Ammoniaque dans 1 litre	Ammoniaque dans l'eau reçue.	
mm	lit	mg	mg	
8,83	43,5	0,45	19,58	1re pr. Dep. 1^h matin.
1,44	7,1	0,30	2,13	2e prise.
10,27	50,6		21,71	

Ammoniaque dans 1 litre : Moyenne... 0^{mg},43.

3 septembre. — A 1^h 30^m du matin, pluie très-abondante par un vent d'ouest très-violent. Le temps est beau au lever du soleil :

Pluie en millimètr.	Eau reçue.	Ammoniaque dans 1 litre.	Ammoniaque dans l'eau reçue.	
mm		mg	mg	
5,42	26,75	0,50	13,37	une seule pr. 1^h 30^m m.

4 septembre. — A 6^h 30^m du matin, averse de courte

durée ; le temps reste très-brumeux jusqu'à midi. On trouve
dans le vase placé sous l'appareil $1^{lit},9$ d'eau provenant du
brouillard :

en millimètr.	Eau reçue.	Ammoniaque dans 1 litre.	Ammoniaque dans l'eau reçue.	
mm	lit	mg	mg	
0,27	1,35	0,77	1,04	une seule pr. $6^h 30^m$ m.
0,39	1,9	1,72	3,27	eau du brouillard.

6 septembre. — Dans la nuit du 5 au 6 septembre, il y a
eu un ouragan des plus violents ; des arbres ont été déra-
cinés. Le vent s'est maintenu avec une force extrême en
changeant fréquemment de direction , passant subitement
de l'est à l'ouest et de l'ouest à l'est. Il commence à pleuvoir à $10^h 30^m$ du matin. La pluie a continué sans interruption jusqu'au 7 septembre :

Pluie en millimètr.	Eau reçue.	Ammoniaque dans 1 litre.	Ammoniaque dans l'eau reçue.	
mm	lit	mg	mg	
0,20	1,0	1,43	1,43	1re pr. $10^h 30^m$ matin
0,20	1,0	0,49	0,49	2e prise.
0,41	2,0	0,31	0,62	3e prise.
2,19	10,8	0,31	3,35	4e prise.
6,50	32,0	0,21	6,72	5e prise.
3,55	17,5	0,08	1,40	6e prise.
7,78	38,35	0,08	3,07	7e prise.
20,84	102,65		17,08	

Ammoniaque dans 1 litre : Moyenne... $0^{mg},17$.

La septième prise provenait de l'eau tombée depuis
10 heures du soir, le 6 septembre, jusqu'à $5^h 30^m$ du matin,
le 7 septembre. On voit que les deux dernières prises de
cette pluie continue ne renfermaient plus que des traces
d'ammoniaque. La pluie cessa pendant une demi-heure.

7 septembre. — De 6 heures du matin à $8^h 30^m$ on a recueilli $5^{lit},7$ d'eau provenant d'une pluie très-fine. A 9 heures du matin, la pluie, pendant un temps très-court, tomba
avec force ; mais bientôt elle se changea en une pluie fine,
qui a continué jusqu'au 8 septembre à 5 heures du matin ;

Pluie en millimètr.	Eau reçue.	Ammoniaque dans 1 litre.	Ammoniaque dans l'eau reçue.	
mm	lit	mg	mg	
1,15	5,7	0,36	2,05	pluie très-fine. 1re prise. 5 à 8 h. du matin.
1,73	7,5	0,33	2,47	2e prise. 9h du matin.
3,83	19,0	0,29	5,51	3e prise.
12,32	60,7	0,15	9,11	4e prise. 8 sept. 5h mat.
19,07	92,9		19,14	

Ammoniaque dans 1 litre : Moyenne... 0^{mg},20.

A l'occasion de ces observations, je ferai remarquer que, dans les pluies qui tombent très-lentement, la proportion d'ammoniaque décroît bien moins rapidement. C'est à cette lenteur dans la chute, qui se manifeste ordinairement vers la fin d'une pluie, qu'il faut probablement attribuer l'augmentation dans la proportion d'ammoniaque que j'ai plusieurs fois constatée dans l'eau des dernières prises.

8 septembre. — Depuis ce matin il n'a pas plu, mais le ciel est couvert, l'air est calme. A $2^h 30^m$ aprè s-midi, averse par un vent de nord assez faible ; la pluie a continué jusqu'à 9 heures du soir.

Pluie en millimètr.	Eau reçue.	Ammoniaque dans 1 litre.	Ammoniaque dans l'eau reçue.	
mm	lit	mg	mg	
0,20	1,0	0,58	0,58	1re pr. $2^h 30^m$ s.
0,61	3,0	0,27	0,81	2e prise.
2,41	11,9	0,03	0,36	3e prise. 9 h. s.
3,22	15,9		1,75	

Ammoniaque dans 1 litre : Moyenne... 0^{mg},11.

Ici encore l'ammoniaque avait à peu près disparu dans les 12 litres d'eau de la dernière prise.

9 septembre. — Le 8 septembre, à 9 heures du soir, après la pluie, il y a eu un brouillard très-épais qui a persisté jusqu'au matin. Dans le récipient, je trouve $2^{lit},75$ d'eau provenant de ce brouillard :

Pluie en millimétr	Eau reçue	Ammoniaque dans 1 litre.	Ammoniaque dans l'eau reçue.	
mm	lit	mg	mg	
0,56	2,75	0,29	0,80	eau du brouill.

24 septembre. — Depuis le brouillard du 8 septembre,

il n'était pas tombé une goutte d'eau. Le temps avait toujours été très-beau, et la terre devint assez dure pour rendre les labours extrêmement pénibles. Le 24, par un léger vent d'ouest, il commença à pleuvoir entre 11 heures et midi. L'eau tomba d'abord en gouttes très-grosses, et si lentement, qu'il fallut une heure pour remplir un flacon de 1 litre placé sous le grand udomètre : peu à peu la chute devint plus rapide; il pleuvait à verse à $1^h 30^m$. De ce moment, la pluie s'affaiblit graduellement jusqu'à 3 heures de l'après-midi, où elle cessa :

Pluie en millimètr.	Eau reçue.	Ammoniaque dans 1 litre.	Ammoniaque dans l'eau reçue.	
mm	lit	mg	mg	
0,20	1,0	6,59	6,59	1re prise.
0,20	1,0	3,07	3,07	2e prise
0,41	2,0	1,40	2,80	3e prise.
0,41	2,0	0,39	0,78	4e prise.
0,72	3,55	0,36	1,28	5e prise.
1,94	9,55		14,52	

Ammoniaque dans 1 litre : Moyenne... $1^{mg},52$.

L'eau du premier litre recueilli était très-légèrement opaline; elle l'était moins lors de la deuxième prise : celle de la troisième prise présentait une limpidité parfaite.

Le résultat de l'observation du 24 septembre est intéressant, en ce qu'il montre que la pluie, après une forte sécheresse, est bien plus chargée d'ammoniaque que celle qui tombe par intermittence durant une période pluvieuse.

25 septembre. — La matinée avait été belle, il faisait très-peu de vent; le ciel s'est couvert à midi. La pluie a commencé à 5 heures, et a continué sans interruption jusqu'à minuit. Vers 9 heures, la pluie est tombée plus vite par un vent d'ouest des plus impétueux :

Pluie en millimètr.	Eau reçue.	Ammoniaque dans 1 litre.	Ammoniaque dans l'eau reçue.	
mm	lit	mg	mg	
0,41	2,0	1,06	2,12	1re prise.
0,73	3,6	0,73	2,70	2e prise.
7,00	34,5	0,14	4,81	3e prise.
8,14	40,1		9,63	

Ammoniaque dans 1 litre : Moyenne... $0^{mg},24$.

28 septembre. — Toute la journée le ciel est resté couvert. A 5 heures du soir, il a commencé à tomber une pluie excessivement fine, une brume qui s'est transformée en un brouillard très-épais. A 9 heures du soir, on avait reçu 1^{lit},8 d'eau. Le 29 au matin, on reconnut que le brouillard en avait encore produit 0^{lit},5 pendant la nuit; en tout 2^{lit},3. Vent d'ouest à peine sensible; il n'avait pas plu depuis le 25 au soir. L'eau était très-légèrement opaline :

Pluie en millimètr.	Eau reçue.	Ammoniaque dans 1 litre.	Ammoniaque dans l'eau reçue.	
mm	lit	mg	mg	
0,47	2,3	3,38	7,77	une seule prise.

29 septembre au 1er octobre. — La pluie a commencé à 5 heures du soir le 29 septembre; c'était une pluie très-fine, qui a continué toute la nuit avec un vent d'ouest assez fort. Le 30 septembre, la pluie n'a pas cessé. A $3^h 30^m$ après midi elle tombait plus vite ; la vitesse augmenta encore vers 5 heures du soir. Le vent d'ouest devint beaucoup plus fort. La pluie s'arrêta le 1er octobre à $5^h 30^m$ du matin :

Pluie en millimètr.	Eau reçue.	Ammoniaque dans 1 litre.	Ammoniaque dans l'eau reçue.	
mm	lit	mg	mg	
0,20	1,0	1,84	1,84	1re prise. Eau limpide.
4,69	23,1	0,94	21,71	2e prise.
1,22	6,0	0,61	3,66	3e prise.
1,22	6,0	0,73	4,38	4e prise.
1,98	9,75	0,61	6,95	5e prise.
6,09	30,0	0,23	6,90	6e prise.
6,09	30,0	0,08	2,40	7e prise.
9,61	47,35	0,16	7,58	8e prise.
30,90	153,20		55,42	

Ammoniaque dans 1 litre : Moyenne... 0^{mg},36.

DATES.	PLUIE en millimètres	EAU REÇUE	AMMONIAQ. dans 1 litre.	AMMONIAQ. dans l'eau reçue	
	mm	lit	mg	mg	
1 octob.	3,53	17,4	0,61	10,61	Pluie de 7 heures à midi. Vent O. fort.
2 octob.	3,93	19,6	0,50	9,80	Pluie de 2 heures à 3 heures du matin.
2 octob.	0,36	1,8	0,99	1,78	Pluie, grêle à 1 heure après midi.

7 octobre. — A $8^h\,30^m$ du matin, il a commencé à pleuvoir très-lentement, puisqu'il était $9^h\,45^m$ quand il y avait 1 litre d'eau dans le récipient. Ensuite la pluie est tombée beaucoup plus vite; elle a cessé à $11^h\,30^m$ du matin. Il soufflait un vent très-faible de ouest-ouest-sud-ouest.

A 6 heures du soir la pluie a recommencé, mais elle n'a duré que quelques minutes :

Pluie en millimètr.	Eau reçue.	Ammoniaque dans 1 litre.	Ammoniaque dans l'eau reçue	
mm	lit	mg	mg	
0,20	1,0	3,11	3,11	1re pr. $9^h\,45^m$.
0,41	2,0	1,41	2,82	2e prise.
0,69	3,4	0,84	2,86	3e prise.
1,30	6,4		8,79	

Ammoniaque dans 1 litre : Moyenne... 1^{mg},37.

0,39	1,9	1,49	2,83	Une seule prise. 6 h. du soir.

L'eau recueillie était très-limpide.

8 octobre. — Entre 3 et 4 heures du matin il y a eu une averse qui a fourni 8^{lit},15 d'eau très-claire. Dans la matinée, le ciel était découvert; à 4 heures après-midi, le ciel s'est obscurci par le passage d'un nuage très-noir, d'où il est tombé une pluie mêlée de grêlons tellement abondante, qu'en 25 minutes elle a donné 61^{lit},1 d'eau. On n'a pas entendu le tonnerre. on n'a pas vu d'éclairs :

DATES	PLUIE en millimètr.	EAU REÇUE.	AMMONIAQ. dans 1 litre.	AMMONIAQ. dans l'eau reçue	
	mm	lit	mg	mg	
8 oct..	1,65	8,15	0,70	5,71	3 à 4 heures du matin. Une seule prise.
	0,20	1,0	1,41	1,41	Première prise. 4 heures du soir.
	0,61	3,0	0,98	2,94	Deuxième prise.
	1,22	6,0	0,86	5,16	Troisième prise.
	6,09	30,0	0,51	15,30	Quatrième prise.
	4,28	21,1	0,51	10,76	Cinquième prise.
	12,40	61,1		35,57	

Ammoniaque dans 1 litre de pluie : Moyenne... $0^{mg},58$

9 oct...	7,81	38,5	0,53	20,40	Averse à 10 heures du soir.
12 oct...	3,90	19,2	0,94	18,05	Averse à 9 heures du soir.
14 oct...	9,47	46,65	0,25	11,66	Averse à 5 heures du soir
16 oct...	6,62	32,60	0,90	29,34	Pluie pendant la nuit.
17-18 oct.	4,04	19,9	0,72	14,33	Pluie pendant la nuit.
19 oct...	2,50	12,3	0,61	7,44	Pluie à 5 heures du soir.
20 oct...	2,03	10,0	0,61	6,10	Pluie à 3 heures du soir.
29 oct...	0,81	4,0	1,61	6,44	Averse de 6 heures à 6 h. 15 du soir.
6 nov..	1,48	7,2	2,18	15,70	Pluie fine de 8 heures du matin à midi.

Dans quelques circonstances, assez rares d'ailleurs, la rosée déposée pendant la nuit sur le grand udomètre a été assez abondante pour que j'aie pu en doser l'ammoniaque :

NUIT.	EAU en millimètr.	EAU REÇUE	AMMONIAQ. dans 1 litre.	AMMONIAQ. dans l'eau reçue	
	mm	lit	mg	mg	
Du 18 au 19 août.	0,25	1,25	3,14	3,93	
Du 9 au 10 sept.	0,16	0,8	6,20	4,96	
Du 11 au 12 sept.	0,18	0,9	6,20	5,58	
Du 21 au 22 sept.	0,20	1,0	6,20	6,20	
Du 24 au 25 sept.	0,33	1,6	1,02	1,63	Rosée après un jour pluvieux.
Du 27 au 28 sept.	0,18	0,9	6,20	5,58	

Brouillards. — Du 26 octobre dans l'après-midi, jusqu'au 27 à 10 heures du soir, il y a eu, au Liebfrauenberg, un brouillard très-épais qui a fourni 1^{lit},7 d'une eau très-limpide et sans odeur. Les jours suivants, j'ai saisi les occasions de doser l'ammoniaque dans les eaux déposées par les brouillards, toutes les fois qu'elles se sont présentées :

DATES.	EAU en millimètr.	EAU REÇUE.	AMMONIAQ. dans 1 litre.	AMMONIAQ. dans l'eau reçue.	
	mm	lit	mg	mg	
26 au 27 octobre.	0,35	1,7	5,28	8,89	Brouill. tr. épais.
27 au 28 octobre.	0,07	0,35	7,21	2,53	Brouillard pendant la nuit.
4 novembre.....	0,26	1,3	5,13	6,67	Brouill. de 9 h. du mat. à 5 h. s.
6 au 7 novemb..	0,33	1,6	2,56	4,96	Brouillard pendant la nuit.
7 novembre	0,33	1,6	3,00	4,80	Brouillard pendant la nuit.
8 novembre.....	0,24	1,2	4,56	5,47	Brouillard dans la matinée.
14 au 16 novemb.	0,50	2,5	49,71	124,27	

Le brouillard qui a duré du 14 au 16 novembre était remarquable par son étendue, son opacité, son odeur et sa permanence. L'eau qu'il a déposée était d'une grande limpidité; cependant elle contenait la plus forte dose d'ammoniaque que j'aie encore rencontrée dans une eau météorique, puisqu'elle renfermait près de 2 décigrammes de carbonate ammoniacal par litre. Une semblable dissolution devait avoir une réaction franchement alcaline ; en effet, l'eau du brouillard du 14 au 16 novembre ramenait instantanément au bleu le papier de tournesol rougi ; la plupart des eaux de brouillards que j'ai recueillies possédaient aussi une réaction alcaline, quoique moins prononcée.

On voit que, sous le rapport de la proportion d'ammoniaque, le brouillard a de l'analogie avec la rosée (1).

______

(1) Du givre déposé sur le grand udomètre, dans la nuit du 12 au 13 no

J'ai résumé dans un tableau les résultats consignés dans ce Mémoire. Pour chaque pluie, on trouve indiqué le nombre de litres d'eau tombés sur une surface de $4^{mq},922$; la hauteur de la pluie exprimée en millimètres ; la quantité d'ammoniaque contenue, en moyenne, dans un litre de la pluie reçue ; la quantité d'ammoniaque qu'un litre d'eau contenait au commencement et à la fin de la pluie ; enfin, la quantité d'alcali renfermée dans la totalité de la pluie.

---

vembre, contenait aussi une assez forte proportion d'ammoniaque. Dans $0^{lit},9$ d'eau provenant de la fusion du givre, il y avait, en rapportant à 1 litre, $1^{mg},24$ d'ammoniaque.

RÉSUMÉ DES OBSERVATIONS.

DATES.	AMMONIAQUE dans 1 litre de pluie.		NUMÉRO d'ordre de la dernière prise.	PLUIE TOMBÉE		AMMONIAQUE dans 1 litre de la pluie reçue.	AMMONIAQ. dans la totalité de la pluie reçue.	REMARQUES.
	Première prise.	Dernière prise.		en litres sur une surface de $1^{mq},922$	exprimée en millimetr.			
	mg	mg		lit	mm	mg	mm	
Mai 26	»	»	»	78,7	16,00	0,31	24,70	
28	»	»	»	73,8	15,00	0,51	37,64	
29	»	»	»	14,8	3,00	0,35	5,18	
30-31	»	»	»	77,7	15,80	0,25	19,43	
Juin 2	»	»	»	44,3	9,00	0,25	11,08	
5	»	»	»	34,4	7,00	0,49	17,06	
21-24	»	»	»	148,1	30,10	0,64	94,78	
30	»	»	»	42,3	8,60	0,43	18,19	
Juill. 1 2	»	»	»	56,2	11,40	0,58	32,60	
13	»	»	»	78,7	16,00	0,68	53,52	
16	»	»	»	24,1	4,90	0,00	0,00	
25	»	»	»	70,4	14,30	0,45	31,68	
28	»	»	»	7,9	1,60	0,69	5,45	Orage
29	»	»	»	53,6	10,88	0,15	8,04	Orage.
Août 5	4,00	1,71	2ᵉ	5,55	1,12	2,43	13,50	
14	1,65	0,52	3ᵉ	13,8	2,80	0,76	10,48	
15	1,95	1,35	2ᵉ	4,5	0,92	1,60	7,20	
15	»	»	»	1,5	0,30	3,49	5,24	
15	1,71	1,73	2ᵉ	5,3	1,08	1,70	8,99	
17	»	»	»	10,8	2,19	1,13	12,20	
17	»	»	»	0,7	0,14	1,19	0,83	
17	»	»	»	1,0	0,20	4,03	4,03	
18-19	»	»	»	1,25	0,25	3,14	3,93	Rosée.
24	»	»	»	1,1	0,22	3,38	3,72	
26	3,75	0,64	6ᵉ	6,85	1,38	1,47	10,09	
26	»	»	»	7,5	1,52	1,20	9,16	
27	»	»	»	1,25	0,25	2,13	2,66	
28	1,15	0,03	8ᵉ	10,6	2,13	0,30	3,19	
28	1,38	0,96	2ᵉ	3,3	0,67	0,83	3,59	
29	»	»	»	1,4	0,28	0,51	0,71	

 RÉSUMÉ DES OBSERVATIONS.

DATES.	AMMONIAQUE dans 1 litre de pluie.		NUMÉRO d'ordre de la dernière prise.	PLUIE TOMBÉE.		AMMONIAQUE dans 1 litre de la pluie reçue.	AMMONIAQ. dans la totalité de la pluie reçue.	REMARQUES.
	Première prise.	Dernière prise.		en litres sur une surface de 1mq. 922	exprimée en millimètr.			
	mg	mg		lit	mm	mg	mg	
Août 29	0,58	0,06	6ᵉ	21,1	4,29	0,24	5,11	
29	0,53	0,19	4ᵉ	7,8	1,58	0,20	1,53	
31	»	»	»	2,3	0,47	1,19	2,74	
31	1,35	0,48	3ᵉ	8,7	2,77	0,75	6,50	
31	0,84	0,69	3ᵉ	6,0	1,23	0,64	3,86	L'ammoniaque de 2ᵉ prise. 0.40 milligr.
31	»	»	»	2,6	0,53	0,75	1,95	
Sept. 2	0,45	0,30	2ᵉ	50,6	10,27	0,43	21,71	
3	»	»	»	26,75	5,43	0,50	13,37	
4	»	»	»	1,35	0,27	0,77	1,04	
4	»	»	»	1,9	0,39	1,72	3,27	
6	1,43	0,08	7ᵉ	102,65	20,84	0,17	17,08	
7	0,36	0,15	4ᵉ	92,9	19,07	0,20	19,14	
8	0,58	0,03	3ᵉ	15,9	3,22	0,11	1,75	
9	»	»	»	2,75	0,56	0,29	0,80	
9-10	»	»	»	0,8	0,16	6,20	4,96	Rosée.
11-12	»	»	»	0,9	0,18	6,20	5,58	Rosée.
21-22	»	»	»	1,0	0,20	6,20	6,20	Rosée.
24	0,59	0,36	5ᵉ	9,55	1,94	1,52	14,52	Pluie ; il n'avait pas plu depuis le 9.
24-25	»	»	»	1,6	0,33	1,06	1,63	Rosée précédée d'un jour pluvieux.
25	1,06	0,14	3ᵉ	40,1	8,14	0,24	9,63	
27-28	»	»	»	0,9	0,18	6,20	5,58	Rosée.
28	»	»	»	2,3	0,47	3,38	7,77	
29	1,84	0,16	8ᵉ	153,2	30,90	0,36	55,44	
Octob. 1	»	»	»	17.4	3,53	0,61	10,61	
2	»	»	»	19,6	3,98	0,50	9,80	
2	»	»	»	1,8	0,36	0,99	1,78	Pluie accompagnée de grêle.
7	3,11	0,84	3ᵉ	6,4	1,30	1,37	8,79	
7	»	»	»	1,9	0,39	1,49	2,83	
8	»	»	»	8,15	1,65	0,70	5,71	

RÉSUMÉ DES OBSERVATIONS.

DATES.	AMMONIAQUE dans 1 litre de pluie.		NUMÉRO d'ordre de la dernière prise.	PLUIE TOMBÉE		AMMONIAQUE dans 1 litre de la pluie reçue.	AMMONIAQ. dans la totalité de la pluie reçue.	REMARQUES.
	Première prise.	Dernière prise.		en litres sur une surface de 4mq,922.	exprimée en millimèt.			
	mg	mg		lit	mm	mg	mg	
Oct. 8	1,41	0,51	5ᵉ	61,6	12,50	0,58	25,57	
9	»	»	»	38,5	7,81	0,53	20,40	
12	»	»	»	19,2	3,90	0,94	18,05	
14	»	»	»	46,65	9,47	0,25	11,66	
16	»	»	»	32,6	6,62	0,90	29,34	
17-18	»	»	»	19,9	4,04	0,72	14,33	
19	»	»	»	12,3	2,50	0,61	7,44	
20	»	»	»	10,0	2,03	0,61	6,10	
26-27	»	»	»	1,7	0,35	5,28	8,89	Brouillard
27-28	»	»	»	0,35	0,07	7,21	2,53	Brouillard.
29	»	»	»	4,0	0,81	1,61	6,44	
Nov. 4	»	»	»	1,3	0,26	5,13	6,67	Brouillard pendant le jour
6	»	»	»	7,2	1,48	2,18	15,70	
6-7	»	»	»	1,6	0,33	2,56	4,10	Brouillard pendant la nuit.
7-8	»	»	»	1,6	0,33	3,00	4,80	Brouillard pendant la nuit.
8	»	»	»	1,2	0,24	4,56	5,47	Brouillard le matin.
13	»	»	»	0,9	0,18	1,24	1,12	Givre.
13	»	»	»	4,85	0,98	2,11	10,23	Pluie fine de 5 h. à 10 heures du soir.
				1755,75			909,25	

A l'inspection de ce tableau, on reconnaît que, constamment, la proportion d'ammoniaque a diminué à mesure que l'eau avait été recueillie plus longtemps après le commencement de la pluie. On voit aussi, et c'est une conséquence de ce qui précède, que cette proportion est généralement plus faible dans les pluies abondantes. La différence, toutefois, n'est très-prononcée qu'à partir des pluies ayant fourni une hauteur d'eau de 1 à 5 millimètres. En groupant les pluies par séries correspondantes aux mesures de l'udomètre, on a, pour l'ammoniaque dans 1 litre d'eau, les nombres que voici :

			Ammoniaq. par litre.
	mm		mg
De 0	à	0,5	2,94 (*)
De 0,51	à	1,0	1,37
De 1,01	à	5,0	0,70
De 5,01	à	10,0	0,43
De 10,01	à	15,0	0,43
De 15,01	à	20,0	0,36
De 20,01	à	31,0	0,41

Dans une même journée, et pour un volume d'eau déterminé, la fin d'une pluie tient moins d'ammoniaque que n'en tient le commencement de la pluie qui lui succède, quelque court d'ailleurs que soit l'intervalle pendant lequel la pluie a été interrompue. C'est ce qu'établissent les observations suivantes, que je prends dans le résumé général :

(*) En éliminant le résultat fourni par l'eau du brouillard qui a régné du 14 au 16 novembre, et dans laquelle on a dosé, par litre, $49^{mg},71$ d'alcali. En introduisant ce résultat, on aurait $6^{mg},19$ d'ammoniaque par litre de pluie.

DATES.	PREMIÈRE OBSERVATION.		TEMPS ÉCOULÉ entre la fin de la première observation et le commencement de la seconde.	SECONDE OBSERVATION.	
	AMMONIAQUE dans 1 litre de pluie			AMMONIAQUE dans 1 litre de pluie	
	pris au commenc.	pris à la fin.		pris au commenc.	pris à la fin.
	mg	mg	h m	mg	
15 août...	1,91	1,35	4.30	3,49	Une seule pr.
26 août...	3,75	0,64	2.45	1,20	Id.
28 août ..	1,15	0,03	7. 0	1,38	0,96
29 août...	0,58	0,06	4.30	0,53	0,19
31 août...	1,35	0,48	2. 0	0,84	0,69
6-7 sept.	1,43	0,08	0.30	0,36	Une seule pr.
7 octobre	3,11	0,84	6.30	1,49	Id.

Ces faits s'expliquent, d'ailleurs, par la nature même du carbonate qui fournit certainement à la pluie la plus forte proportion de l'ammoniaque qu'elle renferme. Ce carbonate est volatil et soluble; par suite de la première de ces propriétés, l'air le contient à l'état de vapeur, que le sol émet continuellement quand il est convenablement humide. On comprend, dès lors, qu'en raison de sa solubilité, ce sel fasse partie des eaux météoriques, et que la pluie qui commence en contienne plus que celle qui finit. Aussitôt que la pluie a cessé, le sel volatil tend à passer dans l'air en vertu de la tension qui lui est propre, et le passage est d'autant plus rapide, que la température est plus élevée, les conditions physiques et la constitution chimique de la terre plus favorables à l'émission. Un temps très-court, pendant lequel il ne pleut pas, suffit pour reporter dans les couches de l'atmosphère les plus rapprochées du sol, du carbonate d'ammoniaque, dont la prochaine pluie s'emparera pour le ramener sur la terre. C'est un jeu permanent d'émissions à l'état de vapeur, et de retours à l'état de dissolution. Quant au nitrate d'ammoniaque qu'on rencontre aussi dans les eaux météoriques, il y a sur son origine une distinction à établir.

Depuis les belles expériences de Cavendish, on sait que toutes les fois qu'une étincelle électrique est excitée dans l'air humide, il se forme de l'acide nitrique et de l'ammoniaque. Or, comme dans le cas le plus général, il pleut quand il tonne, le sel est immédiatement dissous. Il y a donc, au sein des nuages orageux, formation de nitrate d'ammoniaque.

Lorsque, il y a plus de quinze ans, je signalais l'influence que devait avoir ce phénomène sur la végétation, je ne dissimulais pas qu'en Europe, où les orages ne sont pas très-fréquents, on serait peu disposé à reconnaître à l'électricité des nuages une puissance de production aussi intense que celle que je lui accordais. Mais, à l'époque que je rappelle, j'établissais qu'en ne tenant même aucun compte de ce qui se passe en dehors des tropiques, en se bornant à considérer la zone équinoxiale, on pouvait prouver que, pendant l'année entière, tous les jours, à tous les instants, l'atmosphère était incessamment traversée par des décharges électriques, à ce point qu'un observateur placé à l'équateur, s'il était doué d'organes assez délicats, y entendrait continuellement gronder le tonnerre. En effet, il résulte des registres météorologiques tenus pendant quarante années par le célèbre botaniste espagnol don Celestino Mutis, des recherches précieuses dont notre illustre confrère, M. de Humboldt, a enrichi la science pendant son mémorable voyage aux régions équinoxiales du nouveau continent, et des observations que j'ai pu faire durant un séjour de dix années dans les mêmes régions, que, pour un point situé sur le continent de la zone intertropicale, la saison des orages est intimement liée à la position que le soleil occupe dans l'écliptique; elle se manifeste deux fois par an, alors que l'astre est dans la proximité du zénith, c'est-à-dire lorsque la déclinaison du soleil est égale à la latitude du lieu et de même dénomination.

L'ammoniaque du nitrate, amenée dans le sol par la

pluie, est transformée en carbonate par l'action des roches
calcaires ou de leurs détritus, et devient ainsi un des agents
les plus efficaces de la végétation, en concourant à l'élaboration des principes azotés des plantes. Je m'arrêtais à cette
conclusion, qu'en définitive, c'est une force électrique, la
foudre, qui prédispose l'azote de l'atmosphère à s'assimiler
aux êtres organisés. Aujourd'hui, je suis d'autant plus porté
à maintenir cette conclusion, que les expériences que j'ai
exécutées en 1851, en 1852 et 1853 s'accordent toutes pour
établir que le gaz azote n'est pas directement assimilable
par les végétaux.

Mais on ne rencontre pas le nitrate d'ammoniaque seulement dans les pluies d'orages ; M. Henri Ben-Jones, en
Angleterre, M. Barral, en France, l'ont signalé dans des
pluies recueillies à toutes les époques de l'année, et, par
conséquent, dans des circonstances où l'atmosphère ne présente aucune trace visible d'électricité. Si ce nitrate était
volatil, sa présence serait, comme pour le carbonate, la conséquence de cette propriété ; or ce sel est fixe, ainsi que je
m'en suis assuré, en en mettant un fragment à peine perceptible sous une grande cloche exposée au soleil pendant
les mois les plus chauds ; un thermomètre fixé sous la cloche montait souvent à 45 degrés. Pour peu que le sel eût
été volatil, il aurait fini par se dissiper ; il n'en a pas été
ainsi, et, pendant plus de trois mois d'exposition, la par-
celle de nitrate est restée intacte à côté d'un autre petit fragment de chlorure ammonique que j'avais soumis à la même
épreuve.

Le nitrate d'ammoniaque étant fixe, il doit donc, comme
le sel marin, les iodures et en général toutes les substances
solubles et non volatiles qu'on décèle dans les eaux météoriques, avoir fait partie des poussières tenues en suspension
dans l'air. Sans doute, on hésite à admettre que des corpuscules solides restent suspendus dans un milieu gazeux ;
mais quand on réfléchit à l'extrême ténuité que ces corpus-

cules acquièrent dans certaines circonstances, l'hésitation devient moins forte. Lorsque, par exemple, des particules d'eau de mer, si petites qu'il serait difficile de leur assigner un poids, sont enlevées par un vent impétueux à la buée que la vague, en se brisant, fait naître sur un récif, ces molécules liquides qu'Arago considérait comme les poussières de l'Océan, abandonnent bientôt à l'air, en se desséchant, des molécules solides de chlorure bien plus petites encore, puisque l'eau de la mer ne tient guère en dissolution que 0,03 de matières salines. Aussi, la pluie qui tombe loin des côtes contient-elle fréquemment, si ce n'est toujours, des indices très-appréciables de sel marin.

Les vents et les ouragans, en agitant violemment l'atmosphère, les courants ascendants dus aux inégalités de température, les volcans en émettant d'une manière incessante des gaz, des vapeurs et des cendres tellement divisées, que souvent elles vont s'abattre à de prodigieuses distances, portent et maintiennent dans les plus hautes régions, des corpuscules enlevés à la surface du sol ou arrachés à la partie interne et peut-être encore incandescente du globe. Dans les phénomènes liés à l'organisme des plantes et des animaux, ces substances si ténues, d'origines si diverses, dont l'air est le véhicule, exercent vraisemblablement une action bien plus prononcée qu'on n'est communément porté à le supposer. Leur permanence est d'ailleurs mise hors de doute par le seul témoignage des sens, lorsqu'un rayon de soleil pénètre dans un lieu peu éclairé; l'imagination se figure aisément, mais non sans un certain dégoût, tout ce que renferment ces poussières que nous respirons sans cesse, et que Bergmann a parfaitement caractérisées en les nommant les *immondices de l'atmosphère*. Elles établissent en quelque sorte le contact entre les individus les plus éloignés les uns des autres, et bien que leur proportion, leur nature, et, par conséquent, leurs effets, soient des plus variés, ce n'est pas s'avancer trop que de leur attribuer une partie de l'insalubrité qui se manifeste habituellement dans les grandes agglomérations d'hommes.

Les eaux météoriques entraînent ces poussières en même temps qu'elles en dissolvent les matières solubles, parmi lesquelles se trouvent des sels fixes ammoniacaux, comme elles dissolvent la vapeur de carbonate d'ammoniaque et le gaz acide carbonique répandus dans l'air. Une pluie, lorsqu'elle commence, doit donc renfermer plus de principes solubles que lorsqu'elle finit, et si cette pluie se prolonge sans interruption par un temps calme, il arrivera un moment où l'eau ne contiendra plus que de très-faibles indices de ces principes. C'est, en effet, ce qui a lieu, comme l'établissent, pour les sels ammoniacaux, les observations consignées dans ce Mémoire.

Je rechercherai maintenant quelle a été la quantité moyenne d'ammoniaque dans la pluie mesurée au Liebfrauenberg, depuis le 26 mai jusqu'au 8 novembre 1853.

Soixante et dix-sept pluies, en considérant comme telles les rosées et les brouillards, ont apporté dans le grand pluviomètre $1755^{litres},75$ d'eau, dans lesquels il y avait $909^{millig},25$ d'ammoniaque, ce qui donne, en moyenne, pour 1 litre d'eau météorique, $0^{millig},52$ (*).

Bien que cette proportion soit extrêmement faible, elle est cependant beaucoup plus forte que celle que j'ai dosée jusqu'à présent dans les eaux de rivières et dans les eaux de sources (1). Quant à l'infériorité constatée dans la proportion d'ammoniaque dans les eaux qui reposent sur le sol, j'ai pensé d'abord qu'elle dépendait de l'action que l'air pouvait exercer sur l'alcali volatil, soit en le détruisant,

---

(*) Toujours en ne faisant pas entrer le résultat obtenu avec l'eau extraordinairement chargée d'ammoniaque du brouillard du 14 au 16 novembre. En faisant intervenir ce résultat, que je considère provisoirement comme anormal, on a pour la pluie reçue $1758^{lit},25$, et pour l'ammoniaque dosée $1^{gr},03352$. Soit pour 1 litre d'eau $0^{mg},59$, au lieu de $0^{mg},52$.

(1) Mémoire sur le dosage de l'ammoniaque dans les eaux. (*Annales de Chimie et de Physique*, tome XXXIX, page 257.)

soit en le transformant en acide nitrique. Mais les expériences faites pour constater jusqu'à quel point cette conjecture était fondée, ont montré que de l'ammoniaque
ajoutée en très-minime quantité à de l'eau pure ne subit
aucune modification, alors même que cette eau renferme,
par litre, quelques centigrammes de potasse, et que les dissolutions restent pendant un mois au contact d'une atmosphère d'oxygène.

S'il est incontestable que les rivières et les sources proviennent des eaux pluviales, il ne l'est pas moins que
les eaux météoriques n'ont pas d'autre origine que les
eaux éparses à la surface du globe. Si l'on emploie de préférence la première définition, c'est que le phénomène
de la pluie, dans ses effets sur les fleuves, fait plus d'impression sur l'esprit que le phénomène de l'évaporation
dont l'action, en quelque sorte occulte, est de porter dans
l'atmosphère les vapeurs invisibles qui engendrent les mé-
téores aqueux. La pluie, pour peu qu'on y réfléchisse, est
le résultat de la volatilisation des eaux qui sont en contact
avec l'air. Or, dans la distillation d'une eau très-faiblement
ammoniacale, les premières parties de la vapeur liquéfiée
par le refroidissement sont toujours les plus chargées d'alcali. Quand, par exemple, avec l'appareil que j'ai décrit,
on opère sur 1 litre d'eau du Rhin renfermant $0^{millig},17$
d'ammoniaque, le premier décilitre reçu par le récipient
en renferme déjà $0^{millig},13$; soit, par litre, $1^{millig},30$; proportion beaucoup plus forte que celle qu'on rencontre généralement dans la pluie. Rien, en effet, ne ressemble plus
à ce qui se passe dans la nature qu'une semblable distillation ; l'eau, relativement très-ammoniacale qu'on reçoit
d'abord, vient d'une pluie que produit, en se condensant
dans le réfrigérant, la vapeur fournie par l'eau du Rhin.
L'analogie se soutient même pendant tout le cours de l'o-
pération, car, à mesure que la distillation avance vers sa
fin, l'eau débitée par le serpentin est de moins en moins al-

caline, comme cela est constamment arrivé aussi lorsque,
par un temps calme, une pluie continue tombait sur un
udomètre placé dans la vallée du Rhin.

Il y a, on n'en saurait douter, une connexion évidente
entre l'apparition de l'ammoniaque dans l'atmosphère et
l'évaporation accomplie à la surface des fleuves, des lacs et
des mers. La vapeur, malgré la température peu élevée à
laquelle elle se développe dans cette circonstance, nonobs-
tant une affinité énergique que doit encore exalter la masse
considérable du dissolvant, entraine avec elle une proportion d'alcali bien plus forte que celle qui est contenue dans
l'eau d'où elle émane, de sorte que cette vapeur, en se condensant, donne un liquide plus alcalin. C'est ce qu'établirait, au besoin, une expérience faite en avril dernier. Un
litre d'eau pure, dans lequel on avait introduit 12 milligrammes d'ammoniaque, a été exposé à l'air dans une large
capsule de porcelaine; après un mois, le volume de l'eau
était réduit à un demi-litre. Si l'ammoniaque s'était dissipée
proportionnellement à l'évaporation, l'eau restée dans la
capsule aurait dû en retenir 6 milligrammes. Or, par le
dosage, on a constaté qu'elle n'en contenait plus que 4 milligrammes. Ainsi, en s'évaporant spontanément, la moitié
du liquide avait entraîné les deux tiers de l'ammoniaque.
La vapeur émise, si elle eût été condensée, aurait donc produit un demi-litre dans lequel on eût trouvé 8 milligrammes
d'alcali, proportion répondant à 16 milligrammes pour
1 litre, et, par conséquent, bien supérieure à celle de l'ammoniaque contenue dans l'eau soumise à l'évaporation. Si,
aux considérations que je viens d'exposer, on ajoute que le
sol envoie continuellement à l'atmosphère des vapeurs de
carbonate d'ammoniaque et des poussières dans lesquelles
se trouvent des sels ammoniacaux fixes, on concevra peut-
être pourquoi l'eau de la pluie, des neiges et des brouillards
est notablement plus ammoniacale que les eaux des rivières
et des sources.

Observations faites à Paris.

Sur une terrasse placée entre deux jardins, dans la proximité de la place Royale, j'ai disposé un udomètre dont le récipient en métal a 80 centimètres de diamètre, soit une surface d'un demi-mètre carré.

Le 3 janvier 1854, vers 9 heures du soir, il tomba une pluie très-forte. Voici les volumes d'eau reçus successivement et dans lesquels on a dosé l'ammoniaque.

Pluie en millimètres.	Eau reçue.	Ammoniaque dans l'eau reçue.	Ammoniaque dans 1 litre.	
mm	lit	mg	mg	
1,34	0,67	3,37	5,03	1re prise.
1,70	0,85	3,73	4,39	2e prise.
2,20	1,10	3,30	3,00	3e prise.
1,38	0,69	1,52	2,20	4e prise.
1,52	0,76	0,60	0,79	5e prise.
8,14	4,07	12,52		

Ammoniaque dans 1 litre : Moyenne... $3^{mg},08$

Eau déposée par le brouillard.

J'ai recueilli dans l'udomètre l'eau déposée par les brouillards qui ont apparu à Paris du 18 au 23 janvier.

Le 23 le brouillard était tellement épais que, dans plusieurs quartiers, à 10 heures du matin, on a été obligé d'éclairer les appartements. L'eau obtenue était limpide, mais elle avait une légère teinte ambrée, due probablement aux vapeurs fuligineuses que tient en suspension l'atmosphère de Paris. Cette eau était remarquable par la proportion d'alcali qu'elle renfermait; en effet, dans un litre, on a trouvé $137^{mg},85$ d'ammoniaque; soit $0^{gr},64$ de bicarbonate, proportion près de trois fois aussi forte que celle que j'ai dosée dans l'eau provenant du brouillard observé à la campagne du 14 au 16 novembre 1853. Une aussi notable quantité d'ammoniaque expliquerait peut-être pourquoi, dans certaines circonstances, le brouillard est doué d'une odeur assez pénétrante pour affecter péniblement les organes de la respiration.

RECHERCHES SUR LA VÉGÉTATION

Entreprises dans le but d'examiner si les plantes fixent dans leur organisme
l'azote qui est à l'état gazeux dans l'atmosphère;

Par M. BOUSSINGAULT.

§ 1. La question de savoir si les végétaux fixent dans
leur organisme l'azote qui se trouve à l'état gazeux dans
l'air, n'est pas seulement intéressante au point de vue
de la physiologie; sa solution doit jeter une vive lumière
sur la théorie de la fertilité du sol. En effet, si le gaz
azote n'est pas assimilable, si son rôle est borné à tem-
pérer, en quelque sorte, l'action du gaz oxygène auquel il
est mêlé, on conçoit, dans les engrais, l'utilité de matières
organiques qui, par suite de leur décomposition spontanée,
apportent aux plantes les éléments des principes azotés
qu'elles élaborent. Si, au contraire, l'azote est fixé pendant l'acte de la végétation, s'il devient ainsi partie inté-
grante du végétal, on est tout naturellement conduit à cette
conséquence, que la plus grande part des propriétés fertilisantes des fumiers réside dans les substances minérales,
dans les phosphates, les carbonates terreux et alcalins qui

3o

s'y rencontrent toujours en proportion notable ; car l'é-
lément azoté serait alors surabondamment fourni par l'air
atmosphérique.

Il est vrai qu'à une époque déjà éloignée, alors que l'on
créait les méthodes eudiométriques, l'on crut reconnaître une absorption manifeste d'azote pendant le développement d'une plante ; mais, plus tard, Théodore de
Saussure, en employant des moyens plus précis, ne réussit pas à constater cette absorption ; tout au contraire, les
recherches de cet éminent observateur tendraient à faire
croire à une faible exhalation de gaz, et s'il est resté
quelques doutes à cet égard, c'est que les procédés manométriques dont Saussure s'est servi ne donnent des
résultats bien tranchés qu'autant qu'il survient un changement assez considérable, soit dans le volume, soit
dans la composition de l'atmosphère où la plante a séjourné ; ils suffisent amplement, par exemple, pour
mettre en évidence le fait de la décomposition de l'a-
cide carbonique par les parties vertes des végétaux, parce
que l'action des rayons solaires se révèle immédiatement
par l'apparition du gaz oxygène ; mais la méthode mano-
métrique devient insuffisante, lorsqu'il s'agit de décider
s'il y a eu quelques centimètres cubes de gaz absorbés
ou exhalés par une plante confinée dans quelques litres
d'air, quel que soit d'ailleurs le degré d'exactitude qu'on
apporte dans l'exécution des analyses. Aussi, lorsque, il y a
déjà bien des années, après avoir résumé les faits favorables
ou contraires à l'idée que les végétaux prennent de l'azote
à l'atmosphère, je trouvai que la question pouvait être
considérée comme indécise, je dus suivre, dans l'espoir
de la résoudre, une voie entièrement différente de celle
dans laquelle on était entré. Je comparai la composition
des semences à la composition des récoltes obtenues aux
dépens seuls de l'eau et de l'air. La plante se développait dans un sol préalablement calciné pour détruire

jusqu'aux moindres traces de matières organiques, et qu'on arrosait avec de l'eau distillée. On constatait ensuite ce que le végétal avait acquis en carbone, en hydrogène, en oxygène et en azote pendant le cours de son développement. Voici, sous le rapport de l'azote, les résultats fournis par les expériences exécutées par cette méthode en 1837 et en 1838 :

PLANTES cultivées.	DURÉE de la culture.	POIDS de la graine.	POIDS de la récolte.	AZOTE dans la graine.	AZOTE dans la récolte.	GAIN ou perte en azote.
		gr	gr	gr	gr	gr
Trèfle......	2 mois.	1,576	2,220	0,110	0,120	+ 0,010
Trèfle	3 mois.	1,632	6,288	0,114	0,156	+ 0,042
Froment...	2 mois.	1,526	2,300	0,043	0,040	— 0,003
Froment...	3 mois.	2,018	4,260	0,057	0,060	+ 0,003
Pois	3 mois.	1,211	4,990	0,047	0,100	+ 0,053

On voit : 1° que, cultivés dans un sol absolument privé d'engrais d'origine organique et sous les seules influences de l'air et de l'eau, le trèfle et les pois ont acquis, indépendamment du carbone, de l'hydrogène et de l'oxygène, une quantité d'azote appréciable par l'analyse ; 2° que le froment, cultivé dans les mêmes conditions, a pris à l'air et à l'eau du carbone, de l'hydrogène et de l'oxygène ; mais que l'analyse n'a pu accuser un gain ou une perte, sans qu'on puisse toutefois en conclure définitivement que cette céréale ne possède pas la faculté de fixer une certaine quantité d'azote (1). Quant à l'origine de l'azote assimilé dans ces circonstances, l'analyse a été impuissante pour la signaler, car ce principe avait pu entrer directement dans l'organisme des plantes, ou bien, comme l'avait pensé Théodore de Saussure, il pouvait pro-

---

(1) *Annales de Chimie et de Physique*, 2ᵉ série, tome LXVII, page 52.

venir des vapeurs ammoniacales dont l'atmosphère n'est jamais entièrement privée, quoiqu'elle n'en contienne qu'une proportion infiniment faible. Ainsi, en 1838, par suite des recherches que j'avais entreprises, la question se trouvait posée en ces termes : L'azote, assimilé par une plante cultivée à l'air libre dans un sol privé de matières organiques, provient-il du gaz azote ou de l'ammoniaque ? J'ajouterai que, depuis, les expériences tentées pour la résoudre ont conduit à des conclusions entièrement contradictoires.

Si l'on considère combien est faible la proportion des substances azotées élaborées par une plante placée dans un sol stérile, alors même que la végétation a été prolongée pendant plusieurs mois, on est peu disposé à croire à l'intervention du gaz azote de l'air ; car si ce gaz intervenait, on ne voit pas pourquoi l'assimilation en serait aussi restreinte, puisqu'il domine dans la composition de l'air. On conçoit mieux, au contraire, l'exiguïté de la dose d'azote assimilée dans l'hypothèse de l'intervention unique des vapeurs ammoniacales, par cette raison que l'atmosphère ne renfermant, pour ainsi dire, que des traces de carbonate d'ammoniaque, elle ne peut fournir qu'une quantité très-limitée d'éléments azotés à une végétation accomplie sous les seules influences de l'air et de l'eau.

§ 2. La première idée qui se présente à l'esprit pour décider si l'azote fixé provient de celui que l'atmosphère renferme à l'état gazeux, c'est de disposer un appareil dans lequel la plante croîtrait dans de l'air dépouillé d'ammoniaque et qu'on renouvellerait sans cesse pendant le jour, afin de lui assurer assez d'acide carbonique comme source de carbone.

Cependant, en y réfléchissant, on doit craindre qu'une semblable disposition n'offre pas toutes les garanties désirables ; car, si l'air traverse l'appareil avec une grande vitesse, et il devra en être ainsi dans le cas où l'on n'ajouterait pas de gaz acide carbonique, on ne serait pas certain de retenir toute la vapeur ammoniacale, tous les corpuscules organiques dans le système purificateur consistant naturellement en une série de tubes à ponce sulfurique. Il y a plus : en supposant même que la purification de l'air ait été complète et que, cependant, il y eût eu de l'azote fixé pendant la végétation, tout ce qu'il serait rigoureusement permis de conclure, c'est que cet azote ne proviendrait pas de l'ammoniaque ; car, pour admettre qu'il ait fait partie de l'air à l'état gazeux, il faudrait être à même d'affirmer que, indépendamment des composés ammoniacaux volatils et des poussières d'origine organique, l'atmosphère ne contient pas, en proportion assez faible pour échapper aux procédés ordinaires de l'analyse, d'autres principes capables de concourir à la formation des substances azotées dans les végétaux. Aussi serait-ce seulement dans le cas où l'expérience établirait qu'il n'y a pas assimilation d'azote, que la méthode pourrait être considérée comme satisfaisante.

Par ces motifs, dans les recherches que j'ai entreprises, j'ai préféré faire vivre la plante dans une atmosphère qui ne fût pas renouvelée ; mes expériences, commencées en 1851, ont été continuées jusqu'en 1853.

L'appareil employé dans l'été de 1851, *fig.* 1, consiste en une cloche de verre A, d'une capacité de 35 litres, reposant sur trois dés en porcelaine *b*, *b*, *b*, placés dans l'intérieur d'une cuvette en verre C.

Sur un support en verre S, formé par un vase renversé, se trouve un autre vase en cristal E dans lequel on entretient de l'eau pour arroser, par voie d'imbibition, le sol contenu dans le pot P où la plante se développe.

Dans la grande cuvette C, il y a de l'eau assez fortement acidifiée par de l'acide sulfurique ; l'orifice de la cloche A plonge de 2 à 3 centimètres dans la liqueur acide.

Au moyen du tube recourbé *i i*, on peut introduire de

l'eau dans le vase E. Le tube $h\,h'$, muni d'un robinet, est mis en relation quand cela est nécessaire avec un générateur de gaz acide carbonique.

La graine est plantée en P dans une substance terreuse qui a subi une chaleur rouge. La calcination a lieu dans P, qui est un creuset percé à son fond, afin de permettre à l'eau de pénétrer dans le sol. On évite ainsi de transvaser la matière terreuse après qu'elle a été calcinée. Le refroidissement du creuset-pot a lieu sous une cloche, en le plaçant sur un support en terre qu'on a aussi fait rougir. Lorsque la température du sol est suffisamment abaissée, on humecte avec de l'eau privée d'ammoniaque, dans laquelle sont délayées les cendres que l'on veut faire agir sur la végétation.

Le creuset-pot étant mis dans le vase E, on fait tomber assez d'eau pure par le tube $i\,i'$ pour que son fond y plonge de 1 à 2 centimètres. Les tubes une fois fermés en i et en h, l'orifice de la cloche étant baigné par la liqueur acide contenue en C, l'air se trouve confiné en A, non pas cependant d'une manière absolue, et cela pour deux raisons : par l'effet du changement dans le volume de l'air résultant des variations de température et de pression, et par la diffusion opérée à travers la liqueur acide ; mais, dans l'un et l'autre cas, l'air extérieur ne pénètre que très-lentement dans l'intérieur de la cloche, en abandonnant nécessairement l'ammoniaque et les poussières au bain qu'il est forcé de traverser.

Lorsque la graine a été déposée en P et qu'elle a germé, quand les parties vertes commencent à se manifester, on introduit par le tube $h\,h'$ assez d'acide carbonique pour que l'atmosphère confinée contienne plusieurs centièmes de ce gaz. L'acide carbonique extrait du marbre est d'abord lavé dans une dissolution de bicarbonate de soude, puis, avant d'arriver dans le tube h, il traverse un long tube à ponce sulfurique. Ces précautions sont nécessaires pour obtenir du

gaz acide carbonique exempt de vapeurs acides et d'ammoniaque. Comme, durant tout le cours d'une expérience,
ce gaz tend à disparaître, d'abord parce qu'il est consommé
par la plante, ensuite, et surtout, par la diffusion dont
j'ai parlé, et qui s'opère d'autant plus rapidement qu'elle
est favorisée par la solubilité, il faut, de temps à autre,
déterminer la proportion d'acide carbonique que renferme l'air de la cloche. A cet effet, on adapte en h un
tube qu'on engage sous une éprouvette graduée posée
sur une petite cuve pneumatique ; on fait l'opération
le matin, lorsque l'atmosphère de la cloche A , condensée pendant la nuit, est sur le point d'être dilatée par
l'action des rayons solaires. On ouvre le robinet h , afin de
faire entrer dans l'éprouvette graduée l'air qu'on doit examiner. On sait, après l'examen, s'il y a lieu d'introduire
du gaz acide carbonique dans l'appareil. La latitude est
grande, car la végétation s'accomplit également bien , soit
que l'atmosphère ne contienne que 1 centième de gaz acide,
soit que ce gaz y entre pour 8 centièmes ; cette dernière
proportion, rarement atteinte, n'a jamais été dépassée.

C'est dans des appareils semblables à celui que je viens
de décrire que les expériences ont été faites en 1851
et 1852. Les graines étaient mises dans de la pierre ponce
amenée à l'état de petits fragments qu'on débarrassait des
parties trop ténues par le tamis, puis lavés, calcinés et mis
à refroidir, en prenant les précautions indiquées précédemment. J'ai toujours introduit dans le sol ponce, après la
calcination, de la cendre obtenue du fumier de ferme par
une incinération opérée à une température peu élevée.
L'engrais avait d'abord été haché, bien mêlé, séché, puis
brûlé. Comme il est parfaitement établi que le fumier convient à toutes les cultures, ses cendres renferment naturellement toutes les substances minérales nécessaires à la
plante. Suivant le volume du sol, on ajoutait depuis 1 jusqu'à 10 grammes de cendre de fumier, et, le plus souvent,

de la cendre provenant de plusieurs des graines sur lesquelles l'expérience était faite.

La ponce étant bien humectée avec de l'eau exempte
d'ammoniaque, on la laissait séjourner sous la cloche A
pendant vingt-quatre heures, avant d'y planter la graine,
parce que j'avais eu l'occasion de remarquer que la germination ne réussissait pas toujours lorsqu'on plaçait la semence dans le sol ponce, immédiatement après avoir ajouté
l'eau.

L'appareil était solidement établi sur une dalle enfoncée
dans le sol d'un jardin, à peu de distance d'un mur recouvert par une vigne. Trois traverses en bois fixées en terre
permettaient d'assujettir la cloche A au moyen de plusieurs
fils de laiton ; il est à peine nécessaire d'ajouter que, à l'é-
poque des chaleurs, on recouvrait l'appareil d'un écran en
calicot, afin de préserver la plante d'une insolation trop
forte.

Le principe fondamental de la méthode consiste, comme
je l'ai dit, à déterminer la quantité d'azote contenue dans
une graine, puis ensuite la quantité d'azote renfermée
dans la plante issue d'une graine semblable à celle sur laquelle a été faite la première détermination, la végétation
s'étant d'ailleurs accomplie dans de telles conditions, que
tout concours de substances organiques azotées ait été sévè-
rement éloigné. Il s'agit, en effet, au moyen de l'analyse,
de rechercher s'il y a dans la récolte une quantité d'azote
égale ou supérieure à celle que renfermait la semence.

La proportion d'azote contenue dans la même graine
varie naturellement, suivant l'état plus ou moins avancé de
dessiccation. Comme au moment où l'on commence une expérience, il est indispensable de connaître exactement la
teneur en azote, j'ai toujours, à un moment donné, pesé
individuellement des graines de même origine, et immédiatement après les pesées, l'azote a été dosé sur plusieurs
d'entre elles. Chaque graine de celles qu'on n'avait pas ana-

lysées était enveloppée dans un papier portant l'indication
du poids et mise dans un flacon. On savait donc, d'après
ce poids, ce que chaque graine conservée contenait en azote,
et quand, plus tard, on l'employait dans une expérience,
il était indifférent qu'elle eût perdu de l'humidité; la
quantité absolue d'azote n'avait pas varié.

Lors de la récolte, on dose l'azote dans la plante, dans
le sol, et même dans le creuset-pot, dont la matière, en
raison de sa porosité, absorbe et retient de l'eau chargée
de substances organiques.

La plante, après dessiccation dans une étuve entretenue
à une douce chaleur, est coupée en très-petits fragments à
l'aide des ciseaux; lorsqu'elle est ainsi divisée, et toutes les
parties intimement mêlées, on peut en prendre une portion pour la soumettre à l'analyse, et conclure de l'azote
trouvé à l'azote contenu dans la totalité. C'est même ainsi
qu'on procède ordinairement, c'est ainsi que j'ai procédé
autrefois; mais aujourd'hui je crois devoir critiquer cette
pratique. La plante, bien que divisée et mêlée, n'est pas
suffisamment homogène pour qu'on puisse être sûr, lorsqu'il est question d'une appréciation très-délicate, que la
fraction sur laquelle on agit représente la constitution de
l'ensemble. Il est préférable, ainsi que je l'ai fait dans ces
nouvelles recherches, d'opérer sur la totalité de la récolte,
en employant des tubes à combustion de grandes dimensions, et en exécutant au besoin plusieurs opérations. L'erreur dont le résultat est alors affecté, est celle qui est inhé-
rente au procédé en lui-même, et quelle que soit sa valeur,
elle n'est pas multipliée par 3, par 4, par 10, par 100, selon qu'on a seulement analysé le tiers, le quart, le dixième,
le centième de la plante récoltée. C'est particulièrement
lorsqu'il s'agit du dosage de l'azote dans les débris organisés
épars dans le sol où ont séjourné les racines, qu'il est important d'opérer sur de fortes proportions de matières. J'ai pu,
au moyen de très-grands tubes en verre de Bohème, analyser

soit la totalité du sol, soit de fortes fractions, de manière
que, dans les cas les plus défavorables, l'erreur du dosage
était tout au plus triplée. En procédant autrement, en ne
soumettant, par exemple, à l'analyse que 1 gramme de matière et faisant deux ou trois opérations, on pourrait arriver
au résultat le plus erroné, par la raison que le sol desséché
venant d'une seule expérience, pèse quelquefois près de
1 kilogramme. L'erreur faite, et il n'y a pas d'analyse qui
en soit exempte, serait donc, dans l'espèce, multipliée
par 333 ou par 500, et, si on la suppose d'un demi-milli-
gramme seulement, celle que l'on commettrait sur la
quantité d'azote renfermée dans le sol pourrait atteindre
de $0^{gr},15$ à $0^{gr},25$. Mieux vaudrait certainement ne pas
tenir compte de la matière azotée retenue par la ponce ou
par les vases; car dans les cas où la plante n'a pas langui,
quand il n'y a pas eu chute de feuilles, et que les débris de racines ont été soigneusement enlevés, la substance organique mêlée au sol est fort peu de chose, et la
quantité d'azote qui entre dans sa constitution n'est pas de
nature à changer le sens des résultats déduits des analyses
comparées de la semence et de la récolte.

Le dosage de l'azote a été fait par la méthode de **M. War-
rentrap**, modifiée par **M. Peligot**. L'acide normal avait
été préparé avec le plus grand soin; cependant, comme il
s'agissait surtout de constater des différences, j'ai, autant
que possible, employé le même acide pour doser l'azote
dans les semences et dans les récoltes. Lorsqu'on devait
opérer sur une forte quantité de ponce sol, ne renfermant
d'ailleurs qu'une faible proportion de débris de plante, on
faisait entrer 20 à 30 grammes de matière dans un grand
tube, après les avoir bien mélangés avec la chaux sodée,
et l'on recevait dans une seule pipette d'acide normal
l'ammoniaque résultant de plusieurs combustions, afin
d'atténuer ainsi l'erreur propre à la détermination du
titre. En laissant refroidir lentement le tube en verre de

Bohème dans lequel on avait brûlé la matière, on en évitait presque constamment la rupture; j'ai pu, à l'aide de
cette précaution, faire servir le même tube à huit ou dix
dosages de matières terreuses.

J'ai apporté une attention toute spéciale au *balayage* que
l'on détermine à la fin de chaque analyse, par la décomposition de l'acide oxalique placé au fond du tube. On sait que
le but de cette opération est d'entraîner dans la liqueur
acide, avec l'hydrogène et la vapeur aqueuse produits
dans cette circonstance, les dernières traces de l'ammoniaque formées sous l'influence de l'hydrate alcalin. Cette
manipulation, quand elle n'est pas convenablement exécutée,
affecte très-sensiblement les résultats obtenus. La perte
en azote occasionnée par un balayage insuffisant est d'autant
plus prononcée, que la substance examinée est plus azotée,
ou bien, pour des quantités égales d'azote, que la substance
qui les renferme contient moins de matières organiques
capables de fournir du gaz hydrogène ou de la vapeur pendant la combustion. C'est ainsi, par exemple, que pour
une même quantité d'azote, une substance très-humide donnera peut-être toute l'ammoniaque produite avant qu'on
décompose l'acide oxalique, tandis que si elle a été desséchée avant d'être introduite dans le tube, on ne fera sortir
toute l'ammoniaque qu'à l'aide d'un courant bien soutenu
de gaz ou de vapeur aqueuse. La raison en est toute simple;
c'est que, dans le premier cas, l'ammoniaque sera entraînée par la vapeur qui se développera pendant toute la durée
de l'opération. D'après des essais fort nombreux, je suis
fondé à croire que 1 gramme d'acide oxalique, en se dé-
composant, ne suffit pas toujours pour expulser complète-
ment l'ammoniaque, lorsque l'on analyse une substance
tenant 3 à 4 pour 100 d'azote; aussi ai-je employé au moins
2 grammes de cet acide, dans les dosages exécutés durant
le cours de ces recherches.

Bien que la chaux sodée ait été préparée soigneusement, et l'acide oxalique purifié par plusieurs cristallisations successives, je ne les ai jamais employés avant d'avoir fait préalablement un dosage *à blanc*, c'est-à-dire sans introduire dans le tube autre chose que ces matières elles-mêmes, afin de me convaincre de l'absence de toute substance azotée.

Si, dans un sol dénué de matières organiques, contenant des cendres de fumier et convenablement humecté avec de l'eau exempte d'ammoniaque, on sème dru des graines de bonne qualité, et qu'ensuite on enferme le semis dans une atmosphère confinée sous une grande cloche et pourvue d'une proportion convenable de gaz acide carbonique, voici ce qui arrive ordinairement : toutes les semences germent. A une certaine époque, la couleur des feuilles, la grosseur et la rigidité des tiges, en un mot, la vigueur de la végétation est comparable à celle d'une culture qu'on aurait faite dans un terrain fertile. Mais si, de cet état prospère, et avant la récolte, on voulait conclure que les plantes ont trouvé dans l'air confiné et dans l'eau dont le sol est imbibé, tous les éléments qui ont concouru à leur développement, on s'exposerait à un mécompte que l'analyse ne tarderait pas à révéler. En effet, si les plantes ont acquis une grande vigueur, c'est qu'en réalité elles n'ont pas végété dans un sol stérile : il suffit de les compter pour reconnaître que leur nombre est bien inférieur à celui des graines qu'on a semées ; il n'y aurait pas eu place pour toutes, et celles qui ont succombé ont servi d'engrais à celles qui ont résisté. Dans ce cas, l'expérience, bien qu'intéressante, devient complexe, comme je le montrerai dans ce Mémoire : le sol, naturellement, reste chargé d'une forte proportion de substances organiques ; en somme, on n'est plus en état de juger comment se comporte le végétal qui, à part la matière de son organisme, n'a pour se développer que de l'air atmo-

sphérique, du gaz acide carbonique, de l'eau et des substances minérales.

Dans les recherches que je vais exposer, j'ai constamment obtenu un nombre de plantes égal au nombre, d'ailleurs très-limité, des graines que j'avais semées; j'y ai
trouvé cet avantage, que le sol ne contenait que très-
peu de débris organiques, parce que, ne portant qu'un ou
deux plants, j'arrêtais la végétation quand je voyais diminuer la vigueur de la plante, avant que les feuilles commençassent à tomber. Les récoltes une fois desséchées avaient
d'ailleurs un poids qui permettait de les analyser tout
entières, en une ou deux opérations, condition essentielle
et que je considère comme des plus favorables à la netteté
des résultats.

§ 3. première série, année 1851.

*Dosage de l'azote des semences, dans l'état où elles
ont été mises en expérience.* — Haricots nains récoltés
en 1850.

Dix centimètres cubes d'acide sulfurique normal équivalent à $0^{gr},0875$ d'azote.

I. Haricot pesant $0^{gr},780$.

Titre de l'acide : avant.	$32,7^{cc}$
après.	$19,7$
Différence.	$13,0$ éq. à azote $0^{gr},0348$; $4,46$ p. 100

II. Haricot pesant $0^{gr},798$.

Titre de l'acide : avant.	$32,7^{cc}$
après.	$19,3$
Différence.	$13,4$ éq. à azote $0,0358$; $4,485$ p. 100

III. Deux haricots pesant $1^{gr},040$. Dosage par l'oxyde de cuivre.
Gaz azote mesuré sur l'eau, $39^{cc},4$; température, 7 degrés.

Baromètre.	0,742
Tension.	0,007
Pression.	0,735

Gaz à o degré et pression $0^m,76 = 37$ centimètres cubes, en poids $0^{gr},0466$; 4,480 pour 100.

I. Azote pour 100.	4,460
II. Azote pour 100.	4,485
III. Azote pour 100.	4,480
Moyenne.	4,475

Végétation d'un haricot nain pendant deux mois.

Première expérience. — Un haricot nain pesant $0^{gr},780$ devant renfermer, d'après les analyses précédentes, $0^{gr},0349$ d'azote, a été mis, le 20 août, dans la ponce sol convenablement préparée, et contenant de la cendre de fumier.

Le 1er septembre, les feuilles séminales sont développées. Appareil A.

Le 4 octobre, indépendamment des feuilles séminales, on compte six feuilles d'un vert assez pâle.

Le 20 octobre, les feuilles séminales sont décolorées, les cotylédons flétris, mais adhérant encore à la tige.

Le 21 octobre, on termine l'expérience. La plante porte vingt-six feuilles bien conformées, mais pâles et petites. La surface des plus grandes ne dépasse pas 2 centimètres carrés. Quelques fleurs commençaient à se développer. La hauteur de la tige, à partir du collet de la racine, est de 14 centimètres. Desséchée à l'étuve, la plante a pesé $1^{gr},87$.

Dosage de l'azote dans la plante récoltée. — On a analysé la totalité de la récolte. Dix centimètres cubes d'acide normal équivalent à $0^{gr},0875$ d'azote.

Titre de l'acide : avant.	32,0
après.	21,4
Différence.	10,6 équiv. à azote $0^{gr},0290$

Dosage de l'azote dans la ponce sol. — La ponce sèche a pesé 24^{gr},5.

Les 24^{gr},5 de ponce ont été analysés en une seule opération. Dix centimètres cubes d'acide normal équivalent à 0^{gr},0875 d'azote.

Titre de l'acide : avant.   32,0
               après.   30,8
             Différence. . . . . .   01,2 équiv. à azote 0^{gr},0033.

Dosage de l'azote dans la matière du creuset-pot. — Le creuset desséché et pulvérisé a pesé 120 grammes. On a fait deux opérations en employant chaque fois 40 grammes de matière. Même acide normal.

      Première opération. . . .   sur 40 grammes
      Deuxième opération. . .   sur 40   »
                                  80

Titre de l'acide : avant.   32,0
              après.   31,6
             Différence. . . . . . .   00,4 équiv. à azote 0^{gr},0011
Pour les 40 grammes de matière restant. . . . . . .   azote 0^{gr},0006
Dans les 120 grammes de matière. . . . .   azote 0^{gr},0017

Résumé de la première expérience.

Dans la plante récoltée, azote.   0,0290
Dans le sol.   0,0033
Dans le vase.   0,0017
Dans la récolte.   0,0340
Dans la graine pesant 0^{gr},780   0,0349
Durant la culture, perte en azote. . .   0,0009

Conclusion. — Il n'y a pas eu d'azote fixé pendant la végétation.

Végétation de l'avoine pendant deux mois.

Deuxième expérience. — Comme l'observation ne devait porter que sur quelques graines, parce que la cuvette E de l'appareil A ne pouvait renfermer qu'un nombre assez limité de plants, j'ai dû chercher à doser l'azote avec une précision qui permît de répondre de quelques dixièmes de milligrammes. On a fait usage d'une liqueur acide, dont 10 centimètres cubes équivalaient à $0^{gr},0583$ d'azote; ce volume d'acide étant saturé, par exemple, par $31^{cc},7$ de dissolution alcaline, chaque centimètre cube répondait par conséquent à $0^{gr},00184$ d'azote; un dixième de centimètre cube, limite de la division de la burette, en représentait par conséquent $0^{gr},00018$.

Pour juger du degré de précision qu'on pouvait atteindre avec des liqueurs ainsi diluées, on a fait plusieurs déterminations d'azote, en opérant sur des graines de même poids, $0^{gr},0377$ à $0^{gr},0380$.

I. Quatre graines d'avoine.

Titre de l'acide : avant. $31^{cc},7$

après. $30,0$

Différence. $1,7$ équivalent à azote... $0^{gr},0031$

Pour une graine.... $0^{gr},00078$

II. Deux graines d'avoine.

Titre de l'acide : avant. $31^{cc},7$

après. $30,9$

Différence. $0,8$ équivalent à azote... $0^{gr},0015$

Pour une graine..... $0^{gr},00075$

III. Une graine d'avoine.

Titre de l'acide : avant. $31^{cc},7$

après. $31,3$

Différence. $0,4$ équivalent à azote... $0^{gr},00074$

Pour une graine. ... $0^{gr},00074$

IV. Vingt-six graines pesant o^{gr},973.

Titre de l'acide : avant.   31,7^{cc}
            après.   21,0

Différence.   10,7 équivalent à azote... o^{gr},0197
                       Pour une graine. ... o^{gr},00076

En moyenne, dans une graine, azote.... o^{gr},00076

Dix graines d'avoine ont été semées le 23 août dans un pot à fleur en porcelaine plein de pierre ponce préparée, dans laquelle on avait mis o^{gr},5 de cendres de fumier, et la cendre provenant de 10 graines. Le semis a été placé dans un appareil A.

Le 5 septembre, les tiges ont 3 centimètres de hauteur; les feuilles sont très-pâles.

Le 9 septembre, une des feuilles commence à jaunir à son extrémité supérieure.

Le 15 septembre, deux feuilles sont jaunes à la pointe, mais les tiges sont droites.

Le 4 octobre, chaque plant porte trois feuilles, dont deux sont jaunes.

Le 21 octobre, les feuilles sont très-pâles, les plus développées n'ont que 7 centimètres. Les tiges, bien qu'extrêmement grêles, se tiennent très-droites. On arrête la végétation. La plante sèche a pesé o^{gr},54.

Dosage de l'azote dans la récolte. — On a analysé la totalité de la plante récoltée.

On a fait usage des liqueurs employées dans l'analyse des graines.

Titre de l'acide : avant.   31,8^{cc}
            après.   28,8

Différence.   3,0 équivalent à azote... o^{gr},0056

Dosage de l'azote dans le sol. — La ponce sèche pesait 3o grammes; on a opéré sur toute la matière.

Titre de l'acide : avant. $31,8$ ^{cc}
après. $31,2$

Différence. $0,6$ équivalent à azote.... $0^{gr},0011$

Résumé de la deuxième expérience.

Dans la plante récoltée, azote... $0,0056$ ^{gr}
Dans le sol... .... $0,0011$

Dans la récolte............... $0,0067$ ^{gr}
Dans les dix graines semées.... $0,0078$

Durant la culture, perte en azote. $0,0011$

Conclusion. — Il n'y a pas eu d'azote fixé pendant la végétation.

§ 4. DEUXIÈME SÉRIE, année 1852.

Dosage de l'azote des graines. — Haricots flageolets récoltés en 1851.

Dix centimètres cubes d'acide normal équivalent à $0^{gr},0875$ d'azote.

I. Un haricot pesant $0^{gr},601$.

Titre de l'acide : avant. $33,6$ ^{cc}
après. $24,5$

Différence. $9,1$ éq. à azote $0^{gr},0237$; $3,943$ p. 100

II. Un haricot pesant $0^{gr},494$.

Titre de l'acide : avant. $33,4$ ^{cc}
après. $26,5$

Différence. $6,9$ éq. à azote $0^{gr},0181$; $3,664$ p. 100

III. Deux haricots pesant 1 gramme.

Titre de l'acide : avant. $34,8$
             après. $17,7$
       Différence. $17,1$ éq. à azote $0^{gr},0429$; $4,290$ p. 100

I. Azote pour 100. . . . . $3,943$
II. Azote pour 100. . . . . $3,664$
III. Azote pour 100. . . . . $4,290$
       Moyenne. . . . . $3,97$

Végétation d'un haricot pendant trois mois.

Première expérience. — Un haricot flageolet pesant $0^{gr},530$, devant contenir $0^{gr},0210$ d'azote, a été planté le 10 mai dans de la pierre ponce ayant reçu de la cendre de fumier, et la cendre provenant d'un haricot. Le pot a été mis dans l'appareil A.

Le 6 juin, le plant est vigoureux.

Le 12 juin, la végétation est belle, quoique les feuilles soient plus pâles et plus petites que celles des haricots poussant à l'air libre. On constate que l'atmosphère confinée renferme 5 pour 100 de gaz acide carbonique.

Le 28 juin, la tige est forte. Indépendamment des feuilles séminales qui ont pris un grand développement, il y a six feuilles normales.

Le 4 juillet, j'ai soulevé pendant un instant la cloche de l'appareil A pour détacher les feuilles séminales et les cotylédons qui étaient flétris et près de tomber. Les uns et les autres ont été conservés pour être réunis à la récolte. Après avoir replacé la cloche, on a donné du gaz acide carbonique.

Le 11 juillet, la chaleur étant devenue très-forte, on n'a enlevé l'écran qui recouvre la cloche qu'à cinq heures du soir. Le plan porte douze feuilles en bon état, quoiqu'un peu pâles, et beaucoup de feuilles naissantes.

· (454)

Le 6 août, on termine l'expérience; on compte seulement quinze grandes feuilles. Le 28 juillet, il y en avait vingt-deux. Depuis cette dernière date, des feuilles se sont détachées, à mesure qu'il en apparaissait de petites. Les feuilles détachées ont toutes été conservées pour être réunies à la récolte, qui, après dessiccation, a pesé 0^{gr},89. On l'a analysée en totalité.

Dosage de l'azote dans la récolte. — Dix centimètres cubes d'acide normal équivalent à 0^{gr},0875.

Titre de l'acide : avant.... 33,6^{cc}

après.... 26,85

Différence.... 6,75 équivalent à azote 0^{gr},0176

Dosage de l'azote du sol. — On a opéré sur la totalité qui, sèche, pesait 39 grammes.

Titre de l'acide : avant.... 33,4^{cc}

après.... 33,3

Différence.... 0,1 équivalent à azote 0^{gr},0003

Dosage de l'azote dans la matière du creuset-pot. — Le creuset pesait 140 grammes.

Soumis à l'analyse.. 35 grammes

35

70

Poids du creuset... 140

Reste........ 70

Titre de l'acide : avant.... 33,4^{cc}

après.... 33,2

Différence.... 0,2 équivalent à azote. 0^{gr},0005

Pour les 70 grammes de matière non analysée.... 0^{gr},0005

Dans le creuset, azote........ .... 0^{gr},0010

Résumé de la première expérience.

Dans la plante récoltée, azote..	0,0176
Dans le sol............	0,0003
Dans le creuset-pot..........	0,0010
Dans la récolte, azote...	0,0189
Dans la graine pesant 0^{gr},530...	0,0210
Durant la culture, perte en azote	0,0021

Conclusion.—Il n'y a pas eu d'azote fixé pendant la végétation.

Végétation d'un haricot pendant trois mois; floraison.

Deuxième expérience. — Un haricot flageolet pesant 0^{gr},618, et devant contenir 0^{gr},0245 d'azote, a été placé dans les conditions décrites dans la première expérience. Le creuset-pot renfermant la semence a été enfermé dans un appareil A, le 11 mai.

Le 8 juin, les feuilles normales sont développées; on s'assure que l'atmosphère contient quelques centièmes de gaz acide carbonique.

Le 30 juin, la tige est très-forte, surtout à la base. On détache les cotylédons et les feuilles séminales, et l'on restitue ensuite du gaz acide carbonique.

Le 11 juillet, l'écran reste en permanence pour empêcher la trop forte insolation. Il y a quinze feuilles développées, moins grandes et plus pâles que celles d'un haricot cultivé dans le jardin. On croit apercevoir des bourgeons floraux.

Le 28 juillet, dans son ensemble, la plante est d'une vigueur remarquable: elle porte vingt-quatre feuilles bien conformées, mais toujours plus petites et d'un vert moins foncé que celles des plants du jardin.

Le 6 août, les fleurs sont épanouies; elles n'ont guère que le tiers du volume des fleurs des haricots venus en pleine terre fumée. Comme elles ne peuvent tarder à tomber, je mets fin à l'expérience.

La plante séchée à une douce température a pesé 1^{gr},13.

Dosage de l'azote dans la récolte. — Même acide normal que dans l'expérience précédente. On analyse la plante entière.

Titre de l'acide : avant..... 33,4^{cc}

après..... 26,1

Différence..... 7,3 équivalent à azote 0^{gr},0191

Dosage de l'azote dans le sol. — La ponce sèche a pesé 30 grammes. On analyse le tout.

Titre de l'acide : avant..... 33,4^{cc}

après..... 32,3

Différence..... 1,1 équivalent à azote 0^{gr},0029

Dosage de l'azote dans le creuset-pot. — Le creuset pesait 144 grammes.

Soumis à l'analyse... 36 grammes

36
         72

Poids du creuset.... 144

Reste......... 72

Titre de l'acide : avant..... 33,4^{cc}

après..... 33,3

Différence..... 0,1 équivalent à azote 0^{gr},0003

Pour les 72 grammes de matière non analysée.... 0^{gr},0003

Dans le creuset, azote.................... 0^{gr},0006

Résumé de la deuxième expérience.

Dans la plante récoltée, azote.. 0,0191^{gr}

Dans le sol 0,0029

Dans le creuset-pot......... 0,0006

Dans la récolte............ 0,0226

Dans la graine pesant 0^{gr},618... 0,0245

Durant la culture, perte en azote 0,0019

Conclusion. — Il n'y a pas eu d'azote fixé pendant la végétation.

Végétation de l'avoine pendant deux mois et demi.

Troisième expérience. — Les graines employées ont été prises dans l'avoine pesée grain par grain, et dont l'azote avait été déterminé en 1851. Cette avoine avait été conservée dans un flacon fermé à l'émeri; aussi le poids des grains n'a-t-il pas varié. En effet, quatre de ces grains, pris parmi les plus beaux, pesaient $0^{gr},139$. Ils devaient contenir $0^{gr},00313$ d'azote.

Le 20 mai, on a semé les quatre graines dans de la ponce additionnée de cendre de fumier et de la cendre venant de la combustion de huit graines d'avoine. Le sol ponce était contenu dans un pot en porcelaine qu'on a enfermé dans un appareil A.

Le 31 mai, les plants d'avoine ont environ 12 centimètres de hauteur; on constate que l'air confiné renferme 5 pour 100 de gaz acide carbonique.

Le 8 juin, les tiges sont très-droites, et hautes de 20 à 25 centimètres. Les feuilles sont pâles, et plusieurs sont jaunes à leur extrémité.

Le 12 juin, les feuilles sont encore plus décolorées; sur quelques-unes, la décoloration s'étend sur le quart de la longueur. Les nouvelles feuilles sont d'un vert assez foncé.

Le 28 juin, les feuilles les plus anciennes sont entièrement jaunes et fanées; les plants se tiennent très-droits.

Le 22 juillet, les feuilles fanées ont été remplacées par de nouvelles feuilles. On peut dire qu'à mesure qu'une d'elles se flétrissait, il en surgissait une autre, comme si la plante n'eût contenu qu'une quantité limitée de matière propre à leur organisation.

Le 6 août, les tiges, toujours très-droites, ont plusieurs nœuds; les quatre plants sont sur le point d'épier. Je termine l'expérience.

Chaque plante porte trois feuilles vertes, et plusieurs

feuilles fanées encore attachées à la tige. Sur un pied, les feuilles ont 8 centimètres de longueur; sur les trois autres pieds, 23 à 25 centimètres. Les tiges sont droites, rigides, elles ont quatre nœuds. Les racines sont extrêmement développées. On ne remarque pas le moindre indice de moisissure. La récolte desséchée à une température peu élevée a pesé 0^{gr},44.

Dosage de l'azote dans les quatre plants récoltés. — Pour les motifs exposés à l'occasion de la deuxième expérience de la première série, je me suis servi d'un acide normal dilué, dont 10 centimètres cubes équivalaient à 0^{gr},0292 d'azote; comme il fallait 34^{cc},7 de dissolution alcaline pour saturer la pipette d'acide normal, un dixième de centimètre cube de cette dissolution représentait 0^{gr},000084 d'azote.

Dans le cas le plus défavorable, l'erreur que l'on pouvait commettre dans la détermination du titre de l'acide chargé de l'ammoniaque produite dans l'analyse, ne pouvait donc pas dépasser 0^{gr},0001 en azote.

Titre de l'acide : avant.....   34^{cc},7

après.....   31,7

Différence....   3,0 équivalent à azote 0^{gr},00252

Dosage de l'azote dans le sol. — La ponce sèche a pesé 28 grammes.

Titre de l'acide : avant.....   34,7

après.....   34,1

Différence......   0,6 équivalent à azote 0^{gr},00050

Résumé de la troisième expérience.

Dans les plantes récoltées, azote..   0^{gr},0025
Dans le sol................   0,0005

Dans la récolte, azote........   0,0030
Dans les quatre graines semées....   0,0031

Durant la culture, perte en azote..   0,0001

Conclusion. — Il n'y a pas eu d'azote fixé pendant la végétation.

§ 5. TROISIÈME SÉRIE, année 1853.

Dans cette nouvelle série d'expériences, j'ai modifié l'appareil où les plantes se développent. Une circonstance heureuse m'ayant permis de disposer de ballons en verre blanc, d'une capacité de 70 à 80 litres, voici comment j'ai procédé :

La pierre ponce concassée, débarrassée des poussières trop ténues, lavée, chauffée au rouge et refroidie sous une grande cloche, en présence de l'acide sulfurique, a reçu des cendres de fumier de ferme et de la cendre provenant de graines semblables à celles sur lesquelles on portait l'observation. On l'humectait avec de *l'eau exempte d'ammoniaque,* puis le mélange était introduit dans le ballon B, *fig.* 2.

La ponce humide, en tombant, se disposait en tas, comme on le voit en O.

L'ouverture du ballon B était immédiatement fermée avec un bouchon qu'on recouvrait d'une coiffe en caoutchouc. Quarante-huit heures après, on enlevait le bouchon pour ajouter de l'eau pure, de manière à baigner la base de la ponce. C'est alors seulement qu'on plantait la graine à l'aide d'un tube de verre dans lequel elle glissait jusqu'au point où l'on voulait la placer. La graine introduite, on fermait de nouveau le ballon, et lorsque la germination était suffisamment avancée, on chargeait l'atmosphère confinée de gaz acide carbonique. A cet effet, on substituait au bouchon un ballon D ayant à peu près le dixième de la capacité du grand ballon B, ce ballon était plein de gaz acide carbonique pur ; son col, rétréci en C, traversait un bouchon enduit de cire d'Espagne sur ses faces inférieure et supérieure ; on lutait avec de la même cire, et, pour plus de sûreté, on appliquait un manchon conique en caoutchouc, qui liait soli-

dement le col du ballon D au col du ballon B. Le caoutchouc
était entouré d'une longue bandelette de toile blanche, pour
lui donner de la résistance et le préserver de l'action du
soleil. La *fig.* 2, représente l'appareil B dans lequel la
plante est déjà développée.

En supposant que B ait une capacité de 80 litres, le
ballon D doit en avoir une de 6 à 7 litres; on a alors
une atmosphère de 86 à 87 litres, dans laquelle il entre
7 à 8 pour 100, en volume, de gaz acide carbonique, soit
12 à 14 grammes, contenant environ 3 grammes de carbone, quantité qu'on augmente facilement si cela devient
nécessaire à la végétation, en chargeant de nouveau, à
une autre époque, le ballon D de gaz acide. Pour remplir
le ballon D d'acide carbonique, sans employer une cuve à
eau qui pourrait apporter des traces d'ammoniaque, il
suffit, après avoir placé l'orifice en haut, d'y faire pénétrer
jusqu'au fond un cube en communication avec un appareil
d'où l'on fait dégager le gaz acide, en chauffant du bicarbonate de soude; le gaz, avant de pénétrer dans le ballon,
traverse de la ponce sulfurique. Lorsque le ballon D est plein,
on en ferme l'ouverture avec le pouce, et, après l'avoir re-
tourné, on le place sur le ballon B. Afin de donner à l'appareil une stabilité qui lui permette de résister à l'action du
vent, on enterre le ballon dans le sol du jardin, à une
profondeur de $1\frac{1}{2}$ décimètre; c'est d'ailleurs une condition très-favorable à la végétation, parce que les racines ne
sont pas, à beaucoup près, aussi échauffées par le soleil que
lorsque l'appareil reste entièrement hors de terre.

Les avantages des nouvelles dispositions adoptées dans
cette troisième série de recherches sont évidentes. Car, en
supposant, comme cela est vraisemblable, qu'il soit impossible de priver complétement d'ammoniaque ou de poussières de nature organique, l'eau, le sol et l'air que l'on fait intervenir, les causes d'erreur restent limitées à ce qu'elles sont
au commencement de l'expérience, puisque, dans le cas le

plus général, on ne renouvelle aucun de ces agents; il n'est plus nécessaire de remplacer l'eau qui aurait été dissipée par l'évaporation, la végétation s'accomplit dans la même atmosphère où la graine a germé, et dans un sol perméable constamment humide, bien qu'il soit dans la condition d'un terrain drainé.

Quand une expérience est terminée, on retire la plante du ballon, au moyen d'un gros fil de laiton ayant à son extrémité une fourche redressée, dont on engage les dents sous les aisselles des pétioles. La ponce est ensuite versée dans une grande capsule en porcelaine, et, après avoir enlevé le plus promptement possible les débris de la plante qui s'y trouvent mêlés, on dessèche pour procéder au dosage de l'azote.

J'ai disposé plusieurs appareils conformément aux prescriptions que je viens d'indiquer; les plus grands avaient 70 à 90 litres; les plus petits 10 à 30 litres de capacité.

Dans les expériences faites en 1853, je me suis attaché, sauf dans deux cas spéciaux, à examiner les plantes alors qu'elles étaient dans toute leur vigueur, c'est-à-dire avant qu'une seule des feuilles normales fût détachée; la chute arrive toujours à une certaine période, quoique la végétation continue avec activité, puisque les feuilles tombées sont bientôt remplacées par des feuilles naissantes. J'ai agi ainsi, afin d'éloigner l'action que doivent nécessairement exercer des débris végétaux en contact avec un sol humide et l'atmosphère, action comparable à celui des engrais, et que j'ai cru devoir étudier à part. Il est vrai qu'en restant dans cette limite, l'expérience a moins de durée, mais la végétation est néanmoins assez prolongée pour que l'assimilation de l'azote se manifestât nettement, dans le cas où elle aurait lieu.

Expériences faites avec des lupins blancs. — J'ai pris le poids d'un certain nombre de graines; après la pesée, chacune d'elles était enveloppée dans un papier portant un numéro d'ordre et mise dans un flacon.

Dosage de l'azote dans les graines. — Acide normal équivalent à 0^{gr},0875 d'azote.

I. Une graine pesant 0^{gr},413.

Titre de l'acide : avant. 32,7^{cc}
               après. 23,6

Différence... 9,1 éq. à azote 0^{gr},0245 ; 5,90 p. 100

II. Trois graines pesant 1 gramme.

Titre de l'acide : avant. 34,8^{cc}
               après. 11,8

Différence... 23,0 éq. à azote 0^{gr},0578 ; 5,78 p. 100

III. Une graine pesant 0^{gr},335.

Titre de l'acide : avant. 34,8^{cc}
               après. 27,3

Différence... 7,5 éq. à azote 0^{gr},0189 ; 5,64 p. 100

IV. Une graine pesant 0^{gr},374.

Titre de l'acide : avant. 34,8^{cc}
               après. 25,95

Différence... 8,85 éq. à azote 0^{gr},0223 ; 5,96 p. 100

Résumé.

I. Azote pour 100....... 5,90
II. Azote pour 100...... 5,78
III. Azote pour 100..... 5,64
IV. Azote pour 100...... 5,96

Moyenne......... 5,82

Végétation du lupin pendant six semaines.
(Première expérience.)

Graine n° 12, pes. 0^{gr},410 }
Graine n° 13, pes. 0^{gr},415 } 0^{gr},825 dev. conten. 0,0480 d'az.

Les graines ont été mises dans l'appareil le 17 mai. La ponce sol avait reçu des cendres de fumier de ferme et de la cendre de graines de lupin.

Le 3 juin, les deux plants sont très-beaux. Les feuilles, comme les cotylédons, sont d'un vert foncé.

Le 18 juin, la végétation est magnifique. .

Le 25 juin. A partir du 18, les cotylédons ont commencé à perdre leur belle couleur verte; ils sont maintenant décolorés; d'une des feuilles il est tombé cinq folioles complétement jaunes. La plante est toujours vigoureuse dans son ensemble; on remarque plusieurs bourgeons.

Le 28 juin. Depuis que les cotylédons ont perdu leur couleur verte, ils se rident de plus en plus; comme il est encore tombé quelques folioles, on termine l'expérience.

La hauteur des lupins, au-dessus du sol, est de 15 à 16 centimètres. Les racines sont extrêmement développées, une des fibres a 30 centimètres en longueur; les pétioles ont 7 à 8 centimètres; chaque plant porte sept de ces pétioles. La couleur des feuilles est moins foncée que celle de la plante venue en plein air et dans un terrain fumé. Il n'est, pour ainsi dire, pas resté de débris végétaux dans la ponce.

$$
\begin{aligned}
&\text{Après dessiccation, l'un des plants a pesé...} && 0,86 \\
&\text{l'autre plant a pesé.....} && 0,96 \\
&\text{Récolte sèche......................} && 1,82
\end{aligned}
$$

Dosage de l'azote dans la récolte. — Dix centimètres cubes d'acide normal équivalent à $0^{gr},0875$ d'azote.

On opère sur la totalité de la récolte, $1^{gr}.82$.

$$
\begin{aligned}
&\text{Titre de l'acide : avant....} && 32,7 \\
&\text{après....} && 14,9 \\
&\text{Différence.......} && 17,8 \ \text{équivalent à azote } 0^{gr},0476
\end{aligned}
$$

Dosage de l'azote dans le sol. — Dix centimètres cubes

de l'acide normal qu'on a employé pour doser l'azote du sol, équivalaient à o^{gr},o4375 d'azote. Cet acide étant saturé par environ 32 centimètres cubes de liqueur alcaline, on voit que chaque dixième de centimètres cubes de la burette représente o^{milligr},13 d'azote : en admettant, dans les cas les plus défavorables, une erreur de deux divisions, lors de la détermination des titres, on voit qu'on peut certainement répondre de o$^{mil\,li\,r}$,2 d'azote dans le dosage. C'est parce que la matière du sol est très-peu azotée, que j'ai préféré faire usage de liqueurs normales plus diluées, et par conséquent plus sensibles.

La ponce ayant servi de sol a pesé, sèche, 114^{gr},90. On a procédé à l'analyse en opérant chaque fois sur 22^{gr},98 de matière. L'opération a été exécutée sans accident, et la totalité de l'ammoniaque produite dans les cinq combustions a été condensée dans une seule pipette d'acide normal.

$$
\begin{array}{lr}
\text{Matière.} \dots\dots\dots & 22^{gr},98 \\
& 22,98 \\
& 22,98 \\
& 22,98 \\
& 22,98 \\
\hline
& 114,90
\end{array}
$$

On titre :

$$
\begin{array}{lr}
\text{Acide, avant.} \dots\dots & 32^{cc},2 \\
\text{après.} \dots\dots & 31,7 \\
\hline
\text{Différence.} \dots\dots & 0,5 \text{ équivalent à azote } 0^{gr},0007
\end{array}
$$

Résumé de la première expérience.

Dans les plantes récoltées, azote.....	o^{gr},o476
Dans le sol....................	o,ooo7
Dans la récolte, azote............	o,o483
Dans les graines...............	o,o48o
Durant la végétation, gain en azote..	o,ooo3

Conclusion. — Il n'y a pas eu une quantité appréciable d'azote fixée pendant la végétation.

Végétation du lupin pendant deux mois.

Deuxième expérience. — Le 25 mai, on a planté dans de la ponce enfermée dans un des plus grands appareils B, six graines de lupin blanc :

Graine n° 2, pesant..........	0,354
Graine n° 7, pesant.........	0,358
Graine n° 18, pesant........	0,375
Graine n° 19, pesant........	0,370
Graine n° 15, pesant........	0,372
Graine n° 17, pesant........	0,373
	2,202

devant contenir $0^{gr},1282$ d'azote.

À la pierre ponce étaient mêlées de la cendre de fumier de ferme et les cendres provenant de graines de lupin. Le ballon où la végétation devait s'accomplir avait une capacité de 86 litres, l'atmosphère confinée renfermait par conséquent environ 7 litres de gaz acide carbonique au commencement de l'expérience.

Le 3 juin, les six lupins ont levé.

Le 25 juin, la végétation a une belle apparence, les cotylédons sont pleins et d'un vert foncé.

Le 7 juillet. Depuis quelques jours, tous les cotylédons ont pris graduellement une teinte jaune; plusieurs folioles sont décolorées; deux des petites feuilles sont tombées. Cependant les plants paraissent très-vigoureux; il est poussé de nouveaux jets.

Le 21 juillet, les six plants de lupin sont remarquablement beaux; les quelques feuilles qui se sont détachées ont été remplacées par de nouvelles pousses; il y a plusieurs bourgeons-feuillus sur chaque plante. Les cotylédons sont flétris et prêts à se séparer des tiges.

Comme la végétation semble être parvenue à ce point où, dans un sol privé d'engrais, elle reste stationnaire, où tout ce qui naît vit aux dépens de ce qui meurt, je mets fin à l'expérience.

La hauteur du lupin a été trouvée de 20 à 25 centimètres; quelques fibres radiculaires avaient 40 centimètres de longueur. On a compté sur chaque plante de sept à huit pétioles garnies de feuilles, et les tiges étaient terminées par un bourgeon. Lors de l'ouverture de l'appareil, on n'a pas senti la plus légère odeur de moisissure. Les quelques folioles tombées avaient pris une couleur brune.

Après avoir enlevé les six plants de lupin et recueilli les folioles détachées, il est resté dans le sol des débris fort nombreux de chevelu provenant des racines. Mais, pendant la dessiccation de la ponce sol, on n'a pu constater la présence de l'ammoniaque. Les six plants desséchés, auxquels on avait réuni les feuilles détachées, ont pesé $6^{gr},73$.

Dosage de l'azote dans la récolte. — Les analyses ont été faites dans des tubes de verre de Bohême de grandes dimensions, afin de faire intervenir une forte proportion de chaux sodée, et en opérant successivement sur la moitié des plantes récoltées.

Dix centimètres cubes de l'acide normal équivalent à $0^{gr},0875$ d'azote. — Première moitié de la récolte :

Titre de l'acide : avant...... $32,6^{cc}$
      après...... $16,0$
  Différence........ $16,6$ équivalent à azote $0^{gr},0446$

Deuxième moitié de la récolte :

Titre de l'acide : avant...... $32,6^{cc}$
      après...... $18,4$
  Différence........ $14,2$ équivalent à azote $0^{gr},0381$
  Dans les plantes récoltées, azote.......... $0^{gr},0827$

J'avais procédé en deux opérations , à cause du poids de la matière, et aussi pour ne pas être exposé à perdre , par suite d'un accident, le résultat d'une expérience heureusement terminée. On voit que les deux dosages n'ont pas donné, à beaucoup près, la même proportion d'azote, bien que la matière eût été partagée en deux lots égaux. C'est probablement que le mélange des racines, des feuilles, des pétioles, des tiges, des tests, est resté imparfait, quoique toutes les parties des plantes eussent été coupées très-menues. Les deux analyses ont été parfaitement conduites, fortement chauffées et le balayage longtemps continué par le gaz venant de la décomposition de $3^{gr},50$ d'acide oxalique. Les tubes ayant été brisés après le refroidissement, j'ai reconnu qu'il ne restait pas sensiblement de charbon mêlé à la chaux sodée.

Rien ne montre mieux que la différence constatée dans ces analyses combien, dans des recherches aussi délicates, il est préférable d'opérer sur la totalité des plantes récoltées, plutôt que d'opérer sur une fraction même assez forte. En effet, si l'on eût conclu la quantité d'azote dans les six lupins de l'une ou de l'autre analyse, on aurait obtenu, en doublant le résultat :

Dans un cas, azote	$0^{gr},0892$
Dans l'autre cas, azote	$0,0762$
Différence	$0,0130$

Dosage de l'azote du sol. — La ponce sol, après dessiccation, pesait 840 grammes.

Dix centimètres cubes d'acide normal équivalent à $0^{gr},04375$ d'azote.

On a chauffé à la fois 42 grammes de ponce mêlée à de la chaux sodée ; on titrait après avoir reçu dans l'acide normal l'ammoniaque provenant de cinq opérations. Deux forts cubes en verre de Bohême, qu'on laissait refroidir lentement, ont suffi pour exécuter ce long et pénible travail (1).

I. Matière, 210 grammes.

Titre de l'acide : avant.... 32,0 ^{cc}

après.... 24,7

Différence...... 7,3 équivalent à azote 0^{gr},0100

II. Matière, 210 grammes.

Titre de l'acide : avant.... 32,0 ^{cc}

après ... 22,2

Différence...... 9,8 équivalent à azote 0^{gr},0134

III. Matière, 210 grammes.

Titre de l'acide : avant.... 32,2 ^{cc}

après. ... 26,3

Différence...... 5,9 équivalent à azote 0^{gr},0080

Dans matière ... 630   azote. 0^{gr},0314
Poids de la ponce. 840

Matière restante.. 210   Proportionnellement, azote. 0^{gr},0105

Dans le sol ponce, azote.... 0^{gr},0419

Résumé de la deuxième expérience.

Dans les plantes récoltées, azote.... 0,0827 ^{gr}
Dans le sol...................... 0,0419

Dans la récolte.................. 0,1246
Dans les six graines.............. 0,1282

Durant la culture, perte en azote... 0,0036

Conclusion. — Il n'y a pas eu d'azote fixé pendant la végétation.

Végétation du lupin pendant sept semaines.

Troisième expérience. — Le 4 juin, dans de la ponce

______

(1) J'ai exécuté, sans le concours d'aucun aide, tous les dosages d'azote mentionnés dans cette troisième série de mes recherches, et je ne m'en suis rapporté qu'à moi-même pour monter les appareils et surveiller les observations, dans les trois années qui viennent de s'écouler.

préparée, contenant de la cendre de fumier et de la cendre de lupin, on a planté deux graines qu'on a placées dans un appareil B :

Graine n° 1, pesant......... $0^{gr},300$
n° 20 pesant......... $0,300$
———
$0,600$

devant contenir $0^{gr},0349$ d'azote.

Le 18 juin, les plants sont peu avancés, mais en bon état.

Le 25 juin, les cotylédons sont entièrement ouverts. Apparition des feuilles.

Le 18 juillet, la végétation est très-développée. Sur l'un des plants, les cotylédons commencent à devenir jaunes.

Le 22 juillet, les cotylédons, qui étaient jaunes le 18 juillet, sont aujourd'hui complétement flétris; la végétation est belle sur ce plant, toutes les feuilles sont vertes. Les cotylédons de l'autre plant sont encore verts.

Le 27 juillet, tous les cotylédons sont devenus jaunes. Sur l'un et l'autre lupin, il y a deux folioles qui ont perdu la couleur verte.

Le 28 juillet, je termine l'expérience avant la chute des folioles pâles et des cotylédons. Les deux plantes sont très-vigoureuses; elles ont 16 et 17 centimètres de hauteur; chacune porte huit pétioles garnis de feuilles bien développées et d'un vert assez foncé. Les fibres des racines ont de 22 à 25 centimètres de long. Les plantes, séchées à une douce température, pesaient $1^{gr},95$.

Dosage de l'azote dans la récolte. — Dix centimètres cubes de l'acide normal équivalent à $0^{gr},0875$ d'azote.

On opère sur la totalité de la matière.

Titre de l'acide : avant.... $32^{rc},6$
après.... $20,7$

Différence....... $11,9$ équivalent à azote $0^{gr},0319$

Dosage de l'azote du sol. — La ponce sol sèche a pesé 134 grammes.

Dix centimètres cubes de l'acide normal équivalent à $0^{gr},04375$ d'azote.

La ponce a été traitée par la chaux sodée par cinquième.

I. Matière.........	$26,8^{gr}$
II. Matière.........	$26,8$
III. Matière.........	$26,8$
IV. Matière.........	$26,8$
	$107,2$
Poids de la ponce.........	$134,0$
Matière restante..........	$26,8$

Titre de l'acide : avant....	$32,2^{cc}$
après....	$31,0$
Différence......	$1,0$ équivalent à azote $0^{gr},0016$
Pour la matière restant, azote.......	$0^{gr},0004$
Dans le sol, azote.................	$0^{gr},0020$

Résumé de la troisième expérience.

Dans les plantes récoltées, azote.......	$0,0319^{gr}$
Dans le sol....................	$0,0020$
Dans la récolte..................	$0,0339$
Dans les deux graines..............	$0,0349$
Durant la culture, perte en azote.....	$0,0010$

Conclusion. — Il n'y a pas eu d'azote fixé pendant la végétation.

Végétation du lupin pendant six semaines.

Quatrième expérience. — Dans cette expérience, on a ajouté à la ponce préparée, ayant déjà de la cendre de fumier, 2 grammes de cendre d'os porphyrisée, afin d'augmenter la proportion des phosphates dans le sol. Une graine n° 16, pesant $0^{gr},343$, devant, par conséquent, contenir

0^{gr},0200 d'azote, a été plantée, le 28 juin, dans un des appareils B.

Le 12 juillet, la plante a une belle apparence.

Le 25 juillet, les cotylédons, très-charnus, sont d'un vert très-foncé ; la plante est couverte de feuilles.

Le 8 août, les cotylédons sont flétris, épuisés depuis quelques jours. Deux feuilles ont déjà une teinte jaune ; on termine l'expérience.

Le lupin a été un des plus beaux que j'aie obtenus, soit que la température très-élevée de juillet ait favorisé son développement, soit que le phosphate de chaux ajouté au sol, en sus des cendres de fumier, ait réellement exercé de l'influence. La plante avait 20 centimètres de hauteur ; elle portait onze rameaux garnis de feuilles d'un vert assez foncé et presque aussi grandes que celles d'un lupin venues en pleine terre. Le lupin, après dessiccation, a pesé 1^{gr},05.

Dosage de l'azote de la récolte. — Dix centimètres d'acide normal équivalent à 0^{gr},0875 d'azote. Matière employée, 1^{gr},05, la totalité de la plante employée.

Titre de l'acide : avant. . . .   32,6^{cc}

après. . . .   25,2

Différence. . . . . .   7,4 équivalent à azote   0^{gr},0199

Dosage de l'azote du sol. — La ponce sèche a pesé 94^{gr},3, elle a été passée au tube en trois opérations.

Dix centimètres de l'acide normal équivalent à 0^{gr},04375 d'azote.

I.   Matière. . . . .   31,43^{gr}

II.   Matière.   31,43

III.   Matière.   31,44

94,30

Titre de l'acide : avant. . . .   32,2^{cc}

après. . . .   31,8

Différence. . . . . . .   0,4 équivalent à azote   0^{gr},0005

Résumé de la quatrième expérience.

Dans la plante récoltée, azote........   0,0199 ^{gr}
Dans le sol...................... ..   0,0005

Dans la récolte................... ...   0,0204
Dans la graine....................   0,0200

Durant la culture, gain en azote......   0,0004

Conclusion. — Il n'y a pas eu une quantité appréciable d'azote fixée pendant la végétation.

Végétation du lupin pendant six semaines.

Cinquième expérience. — On a employé, comme sol, de la brique pilée et calcinée, dans laquelle on avait introduit des cendres de fumier et 5 grammes de cendre d'os porphyrisée ; le 5 juillet, on y a planté deux lupins :

Le n° 11, pesant......... 0,345 ^{gr}
Le n° 22, pesant......... 0,341
0,686

devant contenir 0^{gr},0399 d'azote.

Le 24 août, les cotylédons tombent ; quelques feuilles commencent à jaunir. La végétation est très-active ; mais j'arrête néanmoins la végétation, afin d'avoir la plante en pleine vigueur.

Les plants avaient 15 centimètres de hauteur, et chacun d'eux portait huit pétioles. Les fibres radiculaires, peu développées, ne dépassaient pas 10 centimètres en longueur. On se formera une idée de la proportion d'eau que renferme une plante élevée dans une atmosphère confinée, par cette circonstance que les deux lupins verts, en sortant de l'un des appareils B, pesèrent 8^{gr},1, et, après dessiccation, 1^{gr},53 seulement. En conséquence, dans la plante verte il entrait 81 pour 100 d'humidité.

Dosage de l'azote dans la récolte. — Dix centimètres cubes de l'acide normal équivalent à 0^{gr},0875 d'azote.

Matière employée, $1^{gr},53$, la totalité de la plante récoltée.

Titre de l'acide : avant.... $32,5$ ^{cc}

après.... $18,8$

Différence...... $13,7$ équivalent a azote $0^{gr},0369$

Dosage de l'azote du sol. — La brique pilée sèche a
pesé $318^{gr},40$. On a dosé l'azote dans $159^{gr},15$, en opérant
à la fois sur $3^{gr},5$ de matière.

Dix centimètres cubes de l'acide normal équivalent à
$0^{gr},04375$ d'azote.

$$
\begin{array}{ll}
\text{I. Matière} & 31,84 \\
\text{II. Matière} & 31,84 \\
\text{III. Matière} & 31,84 \\
\text{IV. Matière} & 31,84 \\
\text{V. Matière} & 31,84 \\
\hline
& 159,20 \\
\text{Matière} & 318,40 \\
\text{Reste} & 159,20
\end{array}
$$

Titre de l'acide : avant.... $32,0$ ^{cc}

après.... $31,0$

Différence...... $1,0$ équivalent à azote $0^{gr},0014$

Pour la matière restant, azote. $0^{gr},0014$

Dans le sol............... $0^{gr},0028$

Résumé de la cinquième expérience.

Dans les plantes récoltées, azote.. $0,0369$ ^{gr}

Dans le sol .... $0,0028$

Dans la récolte............... $0,0397$

Dans les deux graines......... $0,0399$

Durant la culture, perte en azote.. $0,0002$

Conclusion. —Il n'y a pas eu d'azote fixé pendant la végétation.

Végétation d'un haricot nain pendant deux mois.

Sixième expérience. — Les haricots employés dans cette expérience et les suivantes provenaient de la récolte de 1850; on les avait pesés quand on exécuta les dosages qui fixèrent leur contenu en azote à 4,475 pour 100. Depuis lors on les avait conservés dans un flacon, chaque haricot portant l'indication du poids qu'on lui avait trouvé. Ce poids était resté le même, à un milligramme près.

Le 7 mai, un haricot pesant 0^{gr},792, et devant contenir 0^{gr},0354 d'azote, a été planté dans de la ponce mêlée à de la cendre de fumier, dans un des grands appareils B.

Le 18 juin, le haricot a plusieurs feuilles dont la couleur est bien moins intense que celle des feuilles d'une plante venue en pleine terre.

Le 25 juin, la plante est vigoureuse, la tige se tient droite ; mais, depuis que les cotylédons sont flétris, les feuilles sont devenues plus pâles.

Le 9 juillet, on aperçoit plusieurs fleurs naissantes. Dans son ensemble, la plante est remarquablement belle ; malheureusement son extrémité étant arrivée au sommet du ballon, je suis, bien à regret, obligé de terminer l'expérience.

J'ai compté vingt feuilles bien formées; les plus grandes avaient 5, et les plus petites 2^{centim},5 de longueur mesurée de la pointe au pétiole. La racine présentait quelques fibres de 30 centimètres. Le diamètre de la tige, au point le plus fort, était d'un demi-centimètre; sa hauteur, de 50 centimètres.

La ponce humide, retirée du ballon, n'avait pas la moindre odeur de moisissure; une partie de cette ponce, desséchée en vase clos, n'a pas donné d'indices d'ammoniaque.

La plante verte pesait 11 grammes; après une dessiccation ménagée, 2^{gr},35, soit 79 d'eau pour 100.

(475)

Dosage de l'azote dans la récolte. — Dix centimètres cubes de l'acide normal équivalent à $0^{gr},0875$ d'azote.

Pour ne pas compromettre le résultat de cette expérience, on a fait deux dosages en opérant successivement sur la moitié de la matière.

Première moitié de la récolte :

Titre de l'acide : avant.... $32,6^{cc}$

après... $25,7$

Différence...... $6,9$ équivalent à azote $0^{gr},01852$

Seconde moitié de la récolte :

Titre de l'acide : avant.... $32,6^{cc}$

après.... $26,7$

Différence...... $5,9$ équivalent à azote $0^{gr},01584$

Dans la plante récoltée, azote............. $0,03436$

Ces dosages prouvent, une fois de plus, l'inconvénient qu'il y a à ne pas analyser la totalité de la plante récoltée.

Ainsi, la première moitié a donné :

Azote... $0,0185^{gr}$; soit pour la totalité.. $0,0370^{gr}$

La seconde moitié a donné :

Azote... $0,0158^{gr}$; soit pour la totalité.. $0,0316^{gr}$

Différence......... $0,0054$

différence bien supérieure à celle qui pourrait provenir d'une erreur due au procédé d'analyse.

Dosage de l'azote du sol.—Dix centimètres cubes de l'acide normal équivalent à $0^{gr},04375$ d'azote. La ponce sol desséchée a pesé $251^{gr},2$; on a dosé l'azote dans la moitié de cette quantité, en opérant chaque fois sur $29^{gr},12$ de matière.

I. Matière........... .. 25^{gr},12

II. Matière........... 25,12

III. Matière........... 25,12

IV. Matière........ ... 25,12

V. Matière........... 25,12

125,60

Poids de la ponce... 251,20

Reste............. 125,60

Titre de l'acide : avant.... 32,2^{cc}

après.... 31,6

Différence...... 0,6 équivalent à azote 0^{gr},0008

Pour la moitié restant............. 0^{gr},0008

Dans le sol..................... 0^{gr},0016

Résumé de la sixième expérience.

Dans la plante récoltée, azote...... 0,0344^{gr}

Dans le sol................... 0,0016

Dans la récolte................ 0,0360

Dans la graine................. 0,0354

Durant la culture, gain en azote.... 0,0006

Conclusion. — Il n'y a pas eu une quantité appréciable d'azote fixé pendant la végétation.

Végétation d'un haricot nain pendant deux mois et demi.

Septième expérience. — Le 17 mai, on a planté, dans de la ponce mêlée à de la cendre de fumier de ferme, un haricot pesant 0^{gr},665, devant contenir 0^{gr},0298 d'azote. La ponce fut mise dans un petit creuset percé, qu'on introduisit dans le ballon d'un appareil B.

Le 6 juillet, la plante portait six fleurs entièrement épanouies, et à peu près aussi volumineuses que celles des haricots du jardin. Les cotylédons et les feuilles séminales étaient fanés, mais encore adhérents à la tige.

Le 1er août, les feuilles étant sur le point de tomber, j'ai procédé à la dessiccation. On comptait sur le haricot douze feuilles moyennes et un nombre égal de petites feuilles; les plus développées avaient 4 à 5 centimètres, de la pointe à la naissance du pétiole, et 2 centimètres dans la plus grande largeur. La hauteur de la tige était de 30 centimètres; la plante sèche a pesé 2^{gr},80.

Dosage de l'azote dans la récolte. — Dix centimètres cubes de l'acide normal équivalent à 0^g,0875 d'azote. On a opéré sur la totalité de la plante sèche.

$$\text{Titre de l'acide : avant.... } \overset{cc}{32},6$$
$$\text{après. ... } 23,8$$
$$\text{Différence...... } 8,8 \text{ équivalent à azote } 0^{gr},02363$$

Dosage de l'azote du sol. — Dix centimètres cubes de l'acide normal équivalent à 0^{gr},04375 d'azote. La ponce desséchée pesait 28^{gr},52; on a opéré sur la moitié de la matière.

$$\text{Matière.............. } \overset{gr}{14},26$$
$$\text{Ponce............... } 28,52$$
$$\text{Reste................ } 14,26$$

$$\text{Titre de l'acide : avant..... } \overset{cc}{32},2$$
$$\text{après.... } 31,6$$
$$\text{Différence ..... } 0,6 \text{ équivalent à azote } 0^{gr},0082$$
$$\text{Pour la moitié restant......... } 0^{gr},0082$$
$$\text{Dans le sol.................. } 0^{gr},00164$$

Dosage de l'azote du creuset-pot. — Dix centimètres cubes de l'acide normal équivalent à 0^{gr},04375 d'azote. Le creuset sec a pesé 143^{gr},2. On en a analysé la moitié en opérant chaque fois sur 35^{gr},8 de matière.

$$\text{I. Matière............ } \overset{gr}{35},8$$
$$\text{II. Matière............ } 35,8$$
$$71,6$$
$$\text{Creuset............ } 143,2$$
$$\text{Restant............ } 71,6$$

Titre de l'acide : avant. . . . 32,2 cc

aprés. . . . 31,3

Différence. . . . . . . 0,9 équivalent à azote 0gr,00122

Pour la moitié restant. 0gr,00122

Dans le creuset-pot 0gr,00244

Résumé de la septième expérience.

Dans la plante récoltée, azote. . . 0,02363 gr

Dans le sol 0,00164

Dans le creuset-pot. 0,00244

Dans la récolte. 0,02771

Dans la graine. 0,02980

Durant la culture, perte en azote. 0,00209

Conclusion. — Il n'y a pas eu d'azote fixé pendant la végétation.

Végétation du cresson alénois pendant trois mois et demi.

Huitième expérience. — Cette expérience a offert un intérêt tout particulier, par cette circonstance que la plupart des plants étant morts faute d'espace, peu de temps après la germination, ont agi à la manière d'un engrais azoté sur ceux qui ont survécu. Comme résultat, elle devait nécessairement faire connaître si la présence d'un engrais favorise l'assimilation de l'azote gazeux contenu dans l'atmosphère confinée où la végétation s'accomplit.

L'expérience a été faite dans un petit appareil B ayant, par exception, une capacité de 5 litres seulement. Comme je désirais obtenir une végétation très-avancée, je n'ai dû semer qu'un nombre fort limité de graines. Il était donc nécessaire de prendre des mesures qui permissent de doser avec certitude de très-faibles quantités d'azote. La pipette d'acide normal dont j'ai fait usage équivalait à 0gr,0292 d'azote. Or, comme cet acide exigeait, pour être saturé, $34^{cc},7$ de dissolution alcaline, on voit que 1 centimètre cube de la burette à alcali représentait $\frac{0^{gr},0292}{34,7} = 0^{gr},00084$ d'azote ; soit pour un dixième de centimètre cube, $0^{milligr},084$. Une incertitude de 2 dixièmes de centimètre cube, survenue dans la détermination des titres, se traduisait donc par un gain ou par une perte de $0^{milligr},17$. On pouvait donc doser l'azote à $0^{milligr},2$ près. Le dosage de la récolte et celui des graines ont d'ailleurs été effectués avec le même acide normal et la même chaux sodée, car les semences n'ont été analysées qu'à la fin de l'expérience.

On a formé deux lots de treize graines de cresson alénois, chacun pesant $0^{gr},0335$.

Le 13 juillet, dans de la ponce préparée renfermant de la cendre de fumier, et mise dans le petit appareil B, on a semé un de ces lots ; l'autre a été réservé pour l'analyse.

Le 14 juillet, les treize graines du lot avaient germé. La végétation avançait rapidement ; mais, à peine les jeunes plantes étaient-elles montées de 3 à 4 centimètres, qu'on les voyait fléchir, s'affaisser et mourir. Trois plants seulement survécurent.

Le 14 septembre, les plants sont couverts de fleurs.

Le 17 septembre, les fleurs sont épanouies ; elles paraissent bien conformées, mais elles sont très-petites ; leur corolle pourrait être inscrite dans un cercle de 2 à 3 millimètres en diamètre. La longueur des feuilles est de 4 à 5 millimètres ; leur couleur est assez foncée. Les tiges, quoique extrèmement grêles, se tiennent parfaitement droites.

Le 5 octobre, de nouvelles fleurs ont remplacé celles qui sont tombées. Des feuilles de la partie inférieure sont flétries, mais il en est surgi de nouvelles à la partie supérieure.

Le 27 octobre. Depuis le 14 septembre, on a observé une succession non interrompue de feuilles et de fleurs qui remplaçaient celles qui tombaient. Cette végétation active était des plus curieuses, et elle aurait probablement duré long-temps encore si on ne l'eût arrêtée.

Chaque plant portait plusieurs graines beaucoup plus petites que les graines normales. Les tiges, bien qu'aussi déliées qu'un fil très-fin, n'ont pas fléchi; leur hauteur était 11, 14 et 16 centimètres. Les trois plantes desséchées ont pesé $0^{gr},065$; elles provenaient de trois semences dont le poids ne devait pas dépasser $0^{gr},008$; ces plantes, sans compter les débris épars dans le sol, renfermaient donc dix fois autant de matière organique que dans les graines.

Dosage de l'azote dans la récolte. — Dix centimètres cubes de l'acide normal équivalent à $0^{gr},0292$.

Matière, $0^{gr},065$.

Titre de l'acide : avant.... $34,7^{cc}$

après.... $33,5$

Différence....... $1,2$ équivalent à azote $0^{gr},00101$

Dosage de l'azote du sol. — Dix centimètres cubes de l'acide normal équivalent à $0^{gr},0292$ d'azote.

La ponce séchée pesait 120 grammes; on en a analysé le quart.

Matière. .... 30^{gr}

Ponce.......... 120

Reste..... 90

Titre de l'acide : avant... $34,7^{cc}$

après... $34,6$

Différence..... $0,1$ équivalent à azote $0^{gr},00008$

Pour la ponce restant.......... $0^{gr},00025$

Dans le sol.................. $0^{gr},00033$

Dosage de l'azote dans les treize graines de cresson. — Dix centimètres cubes de l'acide normal équivalent à $0^{gr},0292$ d'azote.

Titre de l'acide : avant. . . . 34,7^{cc}

après. . . . 33,1

Différence. . . . . . 1,6 équivalent à azote 0^{gr},00135

Si l'on considère que seulement trois de ces treize graines donnèrent les trois plantes ayant porté des fleurs et des fruits, on trouve que, pendant la végétation, il y a eu évidemment fixation d'azote. En effet,

Dans les trois graines il y avait, azote. . . 0,00045^{gr}

Dans les trois plantes récoltées. 0,00101

Durant la culture, gain en azote. 0,00056

On voit que, pendant les deux mois et demi de végétation, les plantes dont le développement a été complet, puisqu'elles ont donné des fleurs et des fruits, ont acquis une certaine quantité d'azote, mais que cette quantité ne dépasse pas celle que renfermaient les dix graines qui sont intervenues comme engrais azoté. Aussi, en résumant cette huitième expérience, on a :

Dans les plants récoltés, azote. . . . . 0,00101^{gr}

Dans le sol.. 0,00033

Dans la récolte. 0,00134

Dans les treize graines semées. 0,00135

Durant la culture, perte en azote. . 0,00001

Conclusion. — Les graines mortes, en agissant comme engrais, n'ont pas déterminé l'assimilation de l'azote de l'air pendant la végétation du cresson alénois.

Végétation du lupin pendant cinq mois.

Neuvième expérience. — Dans le plus grand de mes appareils B, dont le grand ballon contenait, comme sol, de la ponce à laquelle étaient mélangées de la cendre de fumier et de la cendre venant de la combustion de vingt graines, j'ai placé, en les répartissant dans toute la masse, huit lupins

auxquels on avait enlevé la faculté germinatrice en les tenant plongés dans de l'eau bouillante, qu'on a versée ensuite
sur la ponce sol, parce qu'elle devait nécessairement renfermer quelques principes solubles. Ces huit graines, introduites comme engrais, pesaient :

$$
\begin{aligned}
&\text{Le n}^\circ\ \ 3 \dots\dots\dots\dots\dots\quad 0,316^{\text{gr}}\\
&\phantom{\text{Le }}\text{n}^\circ\ \ 4 \dots\dots\dots\dots\dots\quad 0,310\\
&\phantom{\text{Le }}\text{n}^\circ\ \ 5 \dots\dots\dots\dots\dots\quad 0,316\\
&\phantom{\text{Le }}\text{n}^\circ\ \ 6 \dots\dots\dots\dots\dots\quad 0,316\\
&\phantom{\text{Le }}\text{n}^\circ\ \ 7 \dots\dots\dots\dots\dots\quad 0,312\\
&\phantom{\text{Le }}\text{n}^\circ\ \ 8 \dots\dots\dots\dots\dots\quad 0,312\\
&\phantom{\text{Le }}\text{n}^\circ\ \ 9 \dots\dots\dots\dots\dots\quad 0,316\\
&\phantom{\text{Le }}\text{n}^\circ\ 10 \dots\dots\dots\dots\dots\quad 0,314\\
&\phantom{\text{Le n}^\circ\ 10 \dots\dots\dots\dots\dots\quad }\overline{2,512}
\end{aligned}
$$

devant contenir $0^{\text{gr}},1462$ d'azote.

Le 4 juin, j'ai mis dans la ponce sol ainsi fumée deux
lupins :

$$
\begin{aligned}
&\text{Le n}^\circ\ 21,\ \text{pesant}\dots\dots\dots\quad 0,312^{\text{gr}}\\
&\phantom{\text{Le }}\text{n}^\circ\ 14,\ \text{pesant}\dots\dots\dots\quad 0,315\\
&\phantom{\text{Le n}^\circ\ 14,\ \text{pesant}\dots\dots\dots\quad }\overline{0,627}
\end{aligned}
$$

devant contenir $0^{\text{gr}},0365$ d'azote.

Le 25 juillet, les deux plants sont très-avancés ; tous les
cotylédons sont flétris.

Le 8 août, la végétation est magnifique, et, bien que,
depuis le 25 juillet, les cotylédons soient tombés, les deux
plants continuent à prospérer. On ne voit pas une seule
feuille *jaune*.

Le 14 août, les feuilles ont une belle couleur verte ; les
plantes paraissent aussi fortes que celles provenant de graines
semées le 4 juin dans le jardin, à côté de l'appareil B.

Le 1ᵉʳ septembre, un abaissement subit de température,
survenu pendant la nuit, a occasionné la chute de quelques
pétioles garnis de feuilles.

Les lupins venus en pleine terre ont mieux supporté le
froid.

Le 15 octobre, on termine l'expérience. Depuis le 1er septembre, il est encore tombé plusieurs pétioles; mais il y a eu de nouvelles pousses.

Durant cette observation, l'influence de l'engrais a été manifeste. Après la chute des cotylédons, la végétation a suivi son cours ordinaire; les parties vertes ont continué à se développer sans qu'on vît jaunir et tomber les premières feuilles, comme cela arrive constamment quand la plante croît dans un sol dénué de matières organiques azotées (1).

____

(1) Je puis ajouter qu'il en est ainsi à l'air libre, c'est-à-dire dans des conditions atmosphériques identiques à celles des cultures en plein champ. Pour l'établir, j'emprunterai au travail que je prépare la description de quelques expériences.

Le 18 mai, un lupin pesant 0^{gr},368 a été mis dans de la ponce munie de cendres et préparée comme celle introduite dans les appareils A et B. Le creuset-pot a été exposé en plein air, abrité seulement par un toit en verre pour empêcher qu'il ne reçût de la pluie.

Le 7 juillet, la végétation du lupin est magnifique.

Le 11 juillet, les cotylédons commencent à jaunir, quelques feuilles pâlissent, mais la plante conserve toute sa vigueur.

6 août. Depuis le 11 juillet, les cotylédons sont flétris. La plante a perdu plusieurs feuilles qui ont été remplacées par de nouvelles pousses. Dans leur ensemble, les feuilles sont moins vertes.

22 août. La plante perd tous les jours des feuilles, depuis que les cotylédons se sont détachés; on la dessèche pour l'analyser.

La plante sèche à pesé 1^{gr},58.

En trois mois de végétation, 1 de graine a produit 4,27 de plante sèche.

Dans l'air confiné, 1 de lupin a donné 3,1 de plante sèche, mais seulement en deux mois de végétation.

Le 28 mai, on a mis dans de la ponce préparée un lupin pesant 0^{gr},330 qu'on a cultivé en plein air, à l'abri de la pluie.

Le 25 juin, la végétation est remarquablement belle, les cotylédons sont encore verts.

Le 15 juillet, les cotylédons deviennent jaunes, quelques feuilles commencent à pâlir. J'arrête l'expérience pour avoir la plante dans sa plus grande vigueur. Le lupin sec a pesé 0^{gr},98.

En six semaines de végétation, 1 de graine a produit 2,36 de plante sèche.

Dans l'air confiné, et pour une végétation dont la durée a été de six semaines, 1 de graine a produit 3,06, — 2,23, — 2,13 de plante sèche.

Le 18 mai, on a planté dans de la pierre ponce préparée et exposée à l'air libre, un haricot flageolet pesant 0^{gr},537.

33

(484)

Lorsqu'on démonta l'appareil B, on put constater dans le grand ballon une légère odeur herbacée. Il fut impossible d'apercevoir, soit dans la ponce, soit sur les feuilles tombées et noircies, le moindre indice de moisissure. Comme je l'ai déjà fait remarquer, cette circonstance s'est reproduite dans presque toutes les expériences que j'ai faites dans des atmosphères confinées. Je l'attribue aux soins que j'ai mis à préparer la ponce, les cendres, l'eau distillée et les vases dans lesquels ces divers matériaux ont séjourné.

Les deux plants de lupin et leurs débris ont été enlevés avec précaution, mais très-rapidement. Les tiges avaient 30 centimètres de hauteur; les plus longues des fibres chevelues, des racines de 35 centimètres. Dans la ponce, à l'exception des tests, on ne reconnaissait plus aucune trace des graines mises comme engrais.

Les deux plantes sèches ont pesé $5^{gr},762$.

Dosage de l'azote dans les plantes récoltées.—Dix centimètres cubes d'acide normal équivalent à $0^{gr},0875$ d'azote.

Le 28 juin, la végétation est belle.

Le 4 juillet, six fleurs sont épanouies.

Le 11 juillet, les cotylédons sont détachés, les trois plus grandes feuilles ont pris une teinte très-pâle.

Le 22 juillet, deux des grandes feuilles sont tombées, elles sont presque décolorées; on voit des bourgeons feuillus.

2 août. Une des grandes feuilles s'est détachée après avoir perdu sa couleur verte. Depuis la séparation des cotylédons, la chute des feuilles n'a pas cessé. On met fin à l'expérience. La plante sèche a pesé $2^{gr},11$. En trois mois de végétation, 1 de graine a donné 3,93 de plante sèche.

Ainsi, à l'air libre, les plantes se sont comportées à très-peu près comme dans les atmosphères confinées. L'affaiblissement de la vie végétale s'est fait sentir aussitôt après que les cotylédons, que les feuilles seminales ont été épuisées. C'est un phénomène qui ne manque jamais de se manifester, lorsque la plante croît dans un sol dénué de matière azotée assimilable; il est l'indice certain de l'insuffisance et à plus forte raison de l'absence d'une semblable matière. Quand, après la chute des organes nourriciers, la végétation suit son cours normal, c'est qu'il y a, soit dans le sol, soit dans l'eau avec laquelle on abreuve la plante, des substances qui interviennent à la manière des engrais azotés.

(485)

La matière, après avoir été coupée très-menue, a été divisée en deux parties égales pesant chacune 2^{gr},881, qu'on a analysée séparément dans des tubes en verre de Bohème.

I. Matière, 2^{gr},881.

Titre de l'acide : avant. . . .   32,9^{cc}

          après. . . .   11,7

Différence. . . . . .   21,2 équivalent à azote   0^{gr},0564

Après l'analyse, on a brisé le tube, et l'on a reconnu que la chaux sodée, au point où elle avait été mélangée avec la matière, était d'un gris très-clair.

II. Matière, 2^{gr},881.

Titre de l'acide : avant. . . .   32,9^{cc}

          après. . . .   10,5

Différence. . . . . .   22,4 équivalent à azote   0^{gr},0596

On a trouvé à la chaux sodée qui avait été en contact avec la matière une couleur assez foncée pour faire craindre que la combustion du carbone n'ait pas été assez complète. J'ai recueilli cette chaux sodée pour l'analyser, après l'avoir mêlée à deux fois son volume de chaux sodée fraîche.

III.

Titre de l'acide : avant. . . .   32,9^{cc}

          après. . . .   32,7

Différence. . . . . .   0,2 équivalent à azote   0^{gr},0005

La chaux sodée retirée du tube ne contenait plus d'indice de charbon.

On a ainsi, pour l'azote des plantes récoltées :

    I.   Azote. . . . .   0,0564^{gr}

    II. Azote.   0,0596

    III. Azote.   0,0005

                        0,1165

Dosage de l'azote dans l'eau éliminée pendant la dessic-

33.

cation du sol. — Dix centimètres cubes d'acide normal équivalent à o^{gr},04375.

Comme on devait supposer que les lupins enfouis comme engrais avaient, en se putréfiant, donné naissance à des sels volatils ammoniacaux, j'ai procédé à la dessiccation en introduisant la ponce sol dans un alambic muni de son bain-marie. J'ai mis dans la cucurbite une dissolution saturée de sel marin bouillant à 110 degrés. On a chauffé jusqu'à ce qu'il ne se condensât plus d'eau dans le serpentin. Cette eau, qui devait retenir l'ammoniaque, n'avait, au reste, aucune odeur; elle était parfaitement limpide. L'ammoniaque a été dosée dans l'appareil dont j'ai fait usage pour déterminer les très-petites quantités de cet alcali contenues dans l'eau de pluie.

Il y avait 3oo centimètres cubes d'eau éliminée pendant la dessiccation. De ces 3oo centimètres cubes, on a retiré par la dessiccation 1oo centimètres cubes, c'est-à-dire le tiers du liquide distillé, dans lequel se trouvait certainement la totalité de l'ammoniaque à l'état caustique, parce qu'on avait ajouté de la potasse dans le ballon faisant office de cucurbite.

Pour titrer, l'on a employé un acide normal équivalent à o^{gr},0053 d'ammoniaque.

1°. Cent centimètres cubes d'eau retirés :

Titre de l'acide : avant...	31,6^{cc}
après...	11,5
Différence.....	20,1 éq. à ammoniaque o^{gr},00337

ou à o^{gr},00278 d'azote.

2°. Cent centimètres cubes d'eau retirée :

Titre de l'acide : avant...	31,6^{cc}
après...	31,6
Différence.....	0,0

il n'y avait plus d'ammoniaque dans le second produit de

la distillation. La ponce sol, après la dessiccation opérée au bain d'eau salée, paraissait sèche ; cependant elle contenait encore assez d'humidité pour qu'on ait pu la broyer sans qu'il se produisît de la poussière. En cet état, elle pesait $926^{gr},65$.

Dosage de l'azote dans le sol desséché. — Le dosage a été fait sur la moitié de la matière, c'est-à-dire sur $463^{gr},325$, après qu'on eut intimement mêlé les $926^{gr},65$. On a fait deux déterminations d'azote, correspondant chacune à $231^{gr},66$ de matière, analysés en cinq fois.

Dix centimètres cubes de l'acide normal équivalaient à $0^{gr},04375$ d'azote.

$$\text{I. Matière} \dots \dots \quad \begin{matrix} 46,33 \\ 46,33 \\ 46,33 \\ 46,33 \\ 46,34 \\ \hline 231,66 \end{matrix} \text{ gr}$$

Titre de l'acide : avant.... $31,6$
        après. ... $22,7$

Différence...... $8,9$ équivalent à azote $0^{gr},0123$

$$\text{II. Matière} \dots \dots \quad \begin{matrix} 46,33 \\ 46,33 \\ 46,33 \\ 46,33 \\ 46,34 \\ \hline 231,66 \end{matrix} \text{ gr}$$

Titre de l'acide : avant.... $31,6$
        après.... $22,3$

Différence...... $9,3$ équivalent à azote $0^{gr},0129$

           azote. $0^{gr},0252$

Pour les $463^{gr},33$ de matière restant . $0^{gr},0252$

Dans la ponce sol................ $0^{gr},0504$
Dans l'eau qui imbibait la ponce...... $0^{gr},0028$

Dans le sol .... $0^{gr},0532$

Si l'on compare les plantes récoltées aux graines d'où

elles sont sorties, on trouve que, pendant les cinq mois de végétation, elles ont acquis une très-notable proportion d'azote ; en effet, il y avait :

$$
\begin{array}{ll}
\text{Dans les deux plantes, azote....} & \text{0,1165}^{\text{gr}} \\
\text{Dans les deux graines........} & \text{0,0365} \\
\hline
\text{Gain en azote..............} & \text{0,0800}
\end{array}
$$

Les plantes récoltées contenaient donc, à très-peu près, trois fois autant d'azote que les graines ; mais si, résumant l'expérience dans son ensemble, on fait intervenir dans la comparaison les huit semences de lupin mises dans le sol, après qu'on eut détruit leur faculté germinative, on en tire cette conséquence, que l'azote acquis provient évidemment de ce que ces semences, en se putréfiant, se sont comportées comme un véritable engrais.

Résumé de la neuvième expérience.

$$
\begin{array}{lll}
\text{Dans les plantes récoltées, azote...} & \text{0,1165}^{\text{gr}} & \\
\text{Dans le sol..................} & \text{0,0532} & \\
\hline
& \text{0,1697} & \\
\\
\text{Dans les deux graines, azote.} & \text{0,0365}^{\text{gr}} & \\
\text{Dans les huit graines mises} & & \\
\quad\text{comme engrais........} & \text{0,1462} & \\
\hline
& \text{0,1827} & \text{0,1827} \\
\end{array}
$$

Durant la végétation, perte en azote....... 0,0130

Conclusion. — Les graines mortes, en agissant comme engrais, n'ont pas déterminé l'assimilation de l'azote de l'air pendant la végétation du lupin.

Dans cette expérience, dont la durée a été de cinq mois, l'azote qui a disparu représente à peu près le dixième de celui que contenait l'engrais. Il est extrêmement probable que cet azote est passé à l'état gazeux ; du moins je me suis assuré, en lessivant la moitié de la ponce sol qui n'avait pas été soumise à l'analyse, qu'il n'avait pas contribué à la formation d'un azotate alcalin.

J'ai réuni en un tableau les résultats des observations dont je viens de présenter tous les détails :

DÉSIGNATION DES PLANTES.	DURÉE de la végétation.	NOMBRE de graines employées.	POIDS de la semence.	POIDS de la plante récoltée ; sèche.	AZOTE dans les semences.	AZOTE dans la récolte et dans le sol.	GAIN OU PERTE en azote pendant la végétation.
			gr	gr	gr	gr	gr
Haricot nain............	2 mois.	1 graine.	0,780	1,87	0,0349	0,0340	— 0,0009
Avoine.	2 mois.	10 graines.	0,377	0,54	0,0078	0,0067	— 0,0011
Haricot flageolet..	3 mois.	1 graine.	0,530	0,89	0,0210	0,0189	— 0,0021
Haricot flageolet..........	3 mois.	1 graine.	0,618	1,13	0,0245	0,0226	— 0,0019
Avoine.	2 mois et demi.	4 graines.	0,139	0,44	0,0031	0,0030	— 0,0001
Lupin blanc	6 semaines.	2 graines.	0,825	1,82	0,0480	0,0483	+ 0,0003
Lupin blanc	2 mois.	6 graines.	2,202	6,73	0,1282	0,1246	— 0,0036
Lupin blanc	7 semaines.	2 graines.	0,600	1,95	0,0349	0,0339	— 0,0010
Lupin blanc.	6 semaines.	1 graine.	0,343	1,05	0,0200	0,0204	+ 0,0004
Lupin blanc............	6 semaines.	2 graines.	0,686	1,53	0,0399	0,0397	— 0,0002
Haricot nain............	2 mois.	1 graine.	0,792	2,35	0,0354	0,0360	+ 0,0006
Haricot nain......	2 mois et demi.	1 graine.	0,665	2,80	0,0298	0,0277	— 0,0021
Cresson alénois............	3 mois et demi.	3 graines.	0,008				
—	Comme engrais.	10 graines.	0,026	0,65	0,0013	0,0013	0,0000
Lupin blanc	5 mois.	2 graines.	0,627				
—	Comme engrais.	8 graines.	2,512	5,76	0,1827	0,1697	— 0,0130

Il ressort, de l'ensemble de cés expériences, que le gaz azote de l'air n'a pas été assimilé pendant la végétation des haricots, de l'avoine, du cresson et des lupins. Dans un autre Mémoire, je rechercherai les conditions dans lesquelles a lieu l'assimilation de cet élément, lorsque les plantes, placées dans un sol stérile, sont cultivées à l'air libre, c'est-à-dire lorsqu'elles se développent sous la double influence des vapeurs ammoniacales et des corpuscules organiques que renferme l'atmosphère.

FIN.

BOUSSINGAULT

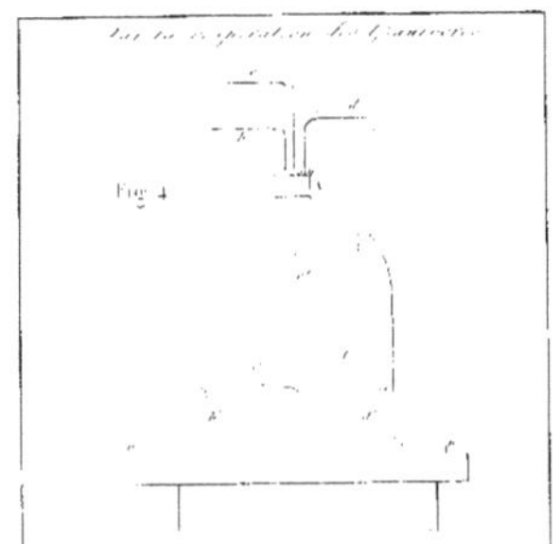

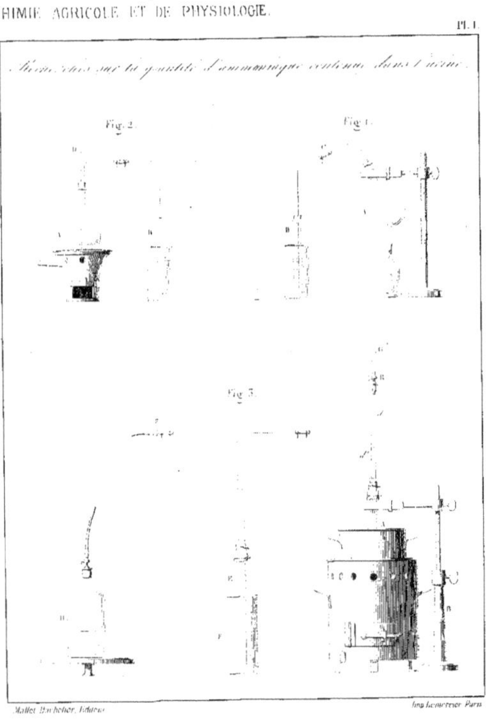

Mallet Bachelier, Éditeur.

Imp. Lemercier, Paris.

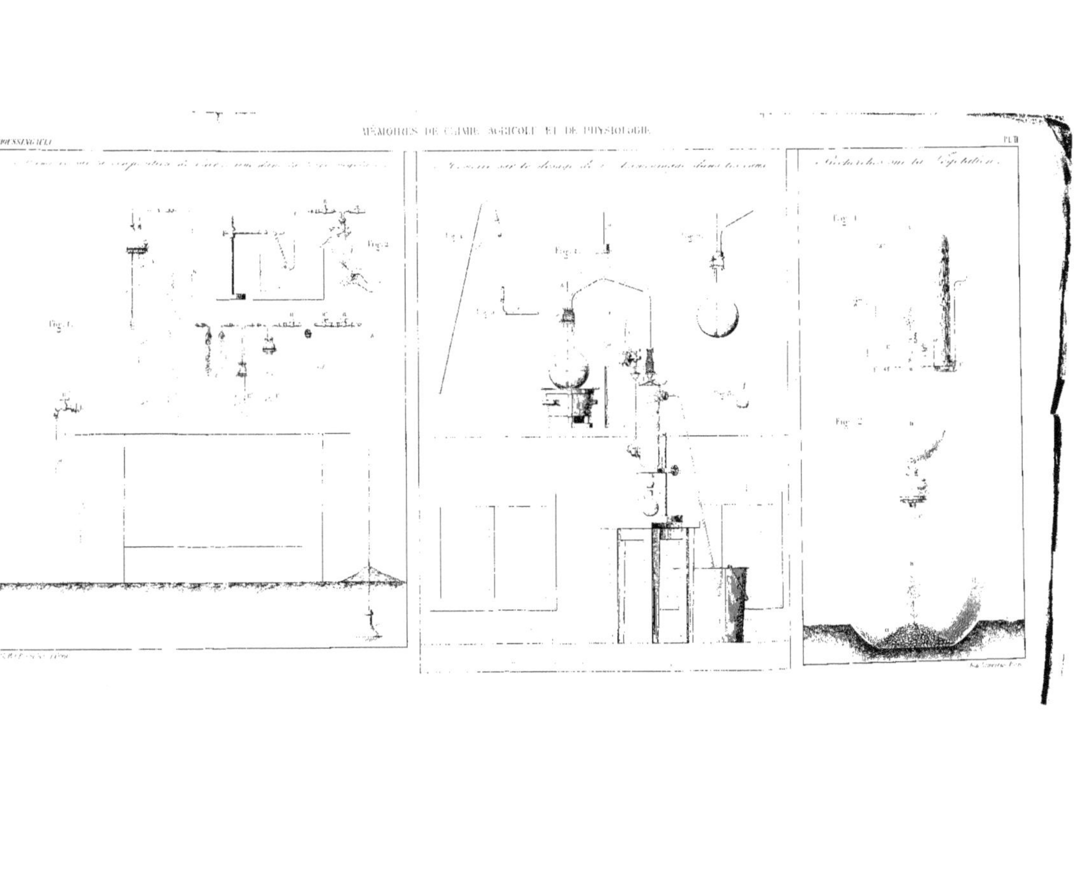